"十二五"普通高等教育本科国家级规划教材

数据仓库与数据分析教程

（第2版）

Data Warehouse and Data Analysis

(Second Edition)

李翠平 王珊 李盛恩

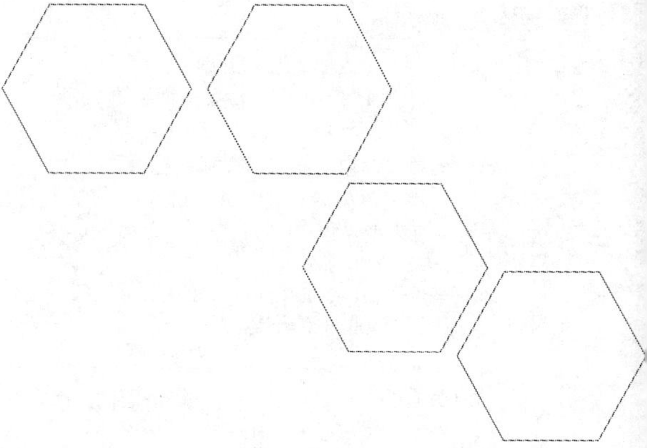

高等教育出版社·北京

内容提要

数据仓库和数据分析技术是信息领域的核心技术之一，是基于海量数据的决策支持系统体系化环境的核心。

本书详尽地介绍了数据仓库与数据分析技术的基本概念和基本原理、建立数据仓库和进行数据分析的方法及过程。全书分为数据仓库技术篇、联机分析处理技术篇、数据挖掘技术篇、大数据技术篇4部分，共12章。

本书可作为高校计算机、信息管理类专业本科生和研究生的教材，也可供企事业单位信息管理部门及行业应用人员参考使用。

图书在版编目(CIP)数据

数据仓库与数据分析教程/李翠平，王珊，李盛恩编著. --2版. --北京：高等教育出版社，2021.1

ISBN 978-7-04-054851-8

Ⅰ.①数… Ⅱ.①李… ②王… ③李… Ⅲ.①数据库系统-高等学校-教材 Ⅳ.①TP311.13

中国版本图书馆CIP数据核字(2020)第142196号

Shuju Cangku yu Shuju Fenxi Jiaocheng

策划编辑 倪文慧　责任编辑 倪文慧　封面设计 于文燕　版式设计 马　云
插图绘制 邓　超　责任校对 王　雨　责任印制 耿　轩

出版发行	高等教育出版社	网　址	http://www.hep.edu.cn
社　址	北京市西城区德外大街4号		http://www.hep.com.cn
邮政编码	100120	网上订购	http://www.hepmall.com.cn
印　刷	北京宏伟双华印刷有限公司		http://www.hepmall.com
开　本	787mm×1092mm 1/16		http://www.hepmall.cn
印　张	18.75	版　次	2012年8月第1版
字　数	420千字		2021年1月第2版
购书热线	010-58581118	印　次	2021年1月第1次印刷
咨询电话	400-810-0598	定　价	38.00元

物 料 号 54851-00

数据仓库与数据分析教程
(第2版)

李翠平 王珊 李盛恩

1 计算机访问http://abook.hep.com.cn/1865079，或手机扫描二维码、下载并安装Abook应用。

2 注册并登录，进入"我的课程"。

3 输入封底数字课程账号（20位密码，刮开涂层可见），或通过Abook应用扫描封底数字课程账号二维码，完成课程绑定。

4 单击"进入课程"按钮，开始本数字课程的学习。

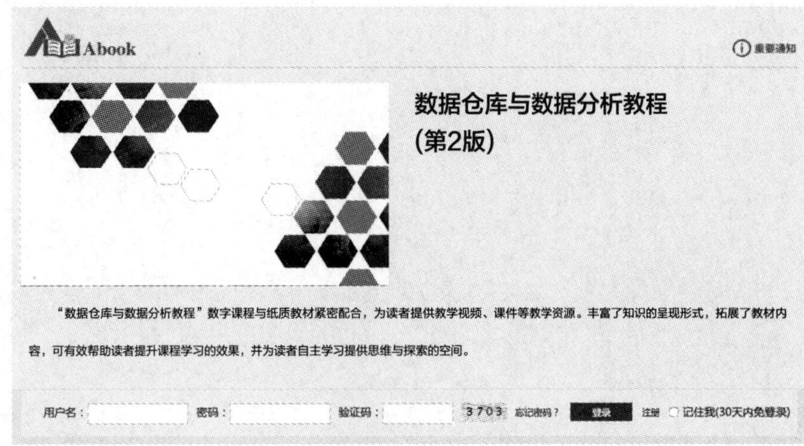

课程绑定后一年为数字课程使用有效期。受硬件限制，部分内容无法在手机端显示，请按提示通过计算机访问学习。

如有使用问题，请发邮件至abook@hep.com.cn。

http://abook.hep.com.cn/1865079

前　　言

本书第 1 版于 2012 年出版,2014 年入选“十二五”普通高等教育本科国家级规划教材。为了反映数据仓库与数据分析领域的新成果和新技术,适应大数据时代的发展,保持本书的先进性和实用性,我们对本书第 1 版进行了修订。

本书详尽地介绍了数据仓库和数据分析技术的基本概念和基本原理、建立数据仓库和进行数据分析的方法和过程。全书分为数据仓库技术篇、联机分析处理技术篇、数据挖掘技术篇、大数据技术篇 4 部分,共 12 章。

数据仓库技术篇包括第 1—3 章,论述数据仓库与数据库的差别和联系、数据仓库产生的原因、数据仓库的基本概念及体系结构;介绍操作型数据存储的定义、特点、功能及实现机制;讨论数据仓库中存放的数据内容及其组织形式。

联机分析处理技术篇包括第 4—6 章,论述联机分析处理技术的一些基本概念及其基本内容,包括多维数据模型、多维分析操作、多维查询语言、多维数据展示等;介绍数据方体的存储、预计算和缩减,以及数据方体的索引、查询和维护等相关技术。

数据挖掘技术篇包括第 7—11 章,论述数据挖掘技术的一些基本概念及其算法的组件化思想;介绍关联规则、序列模式和频繁子图挖掘方法,决策树、贝叶斯、支持向量机、人工神经网络等分类方法,对象间相似性度量方法和基于划分、基于密度、基于层次、基于模型和基于方格的聚类方法,以及用户建模、推荐引擎、开源大数据推荐软件等推荐系统的相关技术和方法。

大数据技术篇包括第 12 章,主要介绍大数据处理与分析的理论与技术、大数据的特征、大数据与数据仓库的区别与联系、大数据时代的数据仓库系统 Hive、大数据分析的挑战以及卷积神经网络、循环神经网络、LSTM 人工神经网络等深度学习模型的基本结构和原理。

第 2 版主要修改的内容如下:

① 为了应对非结构化数据分析尤其是文本数据分析的需要,在数据挖掘技术篇的第 9 章“预测建模:分类和回归”中增加了文本分类的内容,同时增加了一个文本分类的实践案例——精准营销中搜狗用户画像挖掘;在第 10 章“描述建模:聚类”中,针对文本聚类的典型应用——话题检测做了介绍,并增加了一个用 LDA 方法实现话题检测的实践案例。

② 互联网应用中信息量的指数级增长带来了信息过载问题,推荐技术随之变得越来越重要。本书在数据挖掘技术篇增加了第 11 章“推荐系统”,主要介绍推荐系统的产生和发展现状、用户建模和推荐引擎、典型推荐算法、大数据时代推荐系统的特点挑战和关键技术、开源大数据推荐软件、大数据推荐系统研究面临的问题等内容。

③ 随着大数据时代的到来,大数据的处理与分析能力成为推动生产力增长和保证国家安全与社会进步的关键因素。本书增加了第 12 章“大数据技术概述”,主要介绍大数据处理与分析

的理论与技术、大数据的特征、大数据与数据仓库、Hive、大数据分析的挑战以及深度学习模型等内容。

④ 限于篇幅,删除了附录部分。

本书可作为高校计算机、信息管理类专业本科生和研究生的教材,也可供企事业单位信息管理部门及行业应用人员参考使用。为尽可能面向不同类型的读者,我们在编写过程中力求使全书各篇章既是一个相互联系的整体,又能自成一体,读者可以根据需要选读其中的部分篇章。本书同时提供配套的知识点讲解视频、电子教案等教学资源。

本书由李翠平、王珊、李盛恩编著,参加本书研讨和写作的还有陈红、张磊、王静等。研究生张应龙、方艺璇、万杰、宋少华、耿怡娜、景婉婧、刘虹、赵婷婷、赵琳录、樊雅琪等也从不同方面分别做了一些工作,在此一并表示诚挚的谢意。

本书在修订过程中尽可能做到深入浅出,概念准确,理论联系实际。由于数据仓库与联机分析技术应用广泛,发展迅速,加之作者水平有限,故书中一定存在许多不足之处,希望同行和广大读者提出批评和建议。

李翠平

2020年12月于中国人民大学

第 1 版前言

21 世纪是信息的世纪，是知识的世纪，也是数据爆炸的世纪。数据的快速增长源于媒介类型的极大丰富。社交网站、在线视频、数码摄像、移动通信、电子商务、遥感卫星等，每天都在源源不断地产生着大量的数据。据美国国际数据公司预测，未来十年，全球总体信息量将是现在的 44 倍。如何对这些海量数据进行有效存储、分析和利用，以帮助企业管理人员及时准确地把握市场变化的脉搏，做出正确有效的决策，从而在日趋激烈的市场竞争中立于不败之地，将是技术人员面临的巨大挑战。

数据仓库和数据分析技术就是针对上述问题而产生的一种技术解决方案。数据仓库技术是基于海量数据的决策支持系统体系化环境的核心，是面向主题的、集成的、不可更新的、随时间不断变化的数据集合，主要面向分析型应用，用于支持管理层的决策。数据分析技术是在一定的数据基础上进行分析的方式和方法，主要包括联机分析处理和数据挖掘等内容。其中，联机分析处理从不同的角度快速灵活地对数据仓库中的数据进行复杂查询和多维分析处理，并以直观易懂的形式将查询和分析结果提供给决策人员；数据挖掘则从大量的、不完全的、有噪声的、模糊的、随机的数据中，提取隐含在其中的人们事先不知道但又潜在有用的信息和知识的过程。

本书详尽地介绍了数据仓库和数据分析技术的基本概念和基本原理，建立数据仓库和进行数据分析的方法和过程。全书分为数据仓库技术篇、联机分析处理技术篇、数据挖掘技术篇三部分，共 10 章。另外，附录中介绍了一些典型的数据仓库产品和工具。

数据仓库技术篇包括第一～第三章，论述了数据仓库与数据库的差别和联系、数据仓库产生的原因、数据仓库中数据的 4 个基本特征及数据仓库的体系结构；介绍了操作型数据存储（ODS）的定义、特点、功能及实现机制；讨论了数据仓库中存放的数据内容及其组织形式。

联机分析处理技术篇包括第四～第六章，论述了联机分析处理技术的一些基本概念及其基本内容，包括多维数据模型、多维分析操作、多维查询语言、多维数据展示等；介绍了数据方体的存储、预计算、缩减、索引、查询和维护等相关技术。

数据挖掘技术篇包括第七～第十章，论述了数据挖掘技术的一些基本概念及其算法的组件化思想；介绍了关联规则挖掘的基本概念、经典算法及价值评估方法，序列模式和频繁子图的挖掘方法，决策树、贝叶斯、支持向量机、人工神经网络等分类方法，对象间相似性的度量方法以及基于划分的、基于密度的、基于层次的、基于模型的和基于方格的聚类方法。

附录介绍了 IBM 的数据仓库解决方案（包括 IBM DB2 UDB 、IBM WareHouse Manager、IBM DB2 OLAP Server、IBM Cognos、IBM Intelligent Miner）、Oracle 的数据仓库解决方案、Microsoft SQL Server 的商务智能解决方案、Sybase 的数据仓库解决方案、Sagent 的商务智能应用平台以及 Informatica 的专业 ETL 工具。

本书可以作为高校计算机类、信息管理类、数据分析类专业本科生和研究生的教材和参考书，也可以作为企事业单位信息管理部门以及其他行业的开发者、管理者、设计者、信息分析人员、数据统计人员、科学研究人员的参考资料。为尽可能面向不同的应用者，在编写过程中注意做到既使全书各篇章是一个相互联系的整体，同时又使其能自成一体。读者可以选择其中的某些篇章来阅读。

作者所在的研究组对数据仓库和数据分析技术已进行了长时间的研究，早在1996年7月15日就在《计算机世界报》上发表了一组有关数据仓库的文章，引起了学术界、企业界很大的反响和浓厚的兴趣；1998年6月出版了国内第一本数据仓库方面的著作《数据仓库技术与联机分析处理》，受到了社会各界的好评。这些年随着研究工作的深入，我们对数据仓库和数据分析技术又有了更进一步的理解，为此，在1998年著作的基础上，结合国内外数据仓库技术的最新发展和应用需求编写了本书。

本书由王珊主编，王珊、李翠平、李盛恩等编著。参加本书研讨和写作的还有陈红、张磊、王静等。在本书的编写过程中，博士生张应龙以及硕士生方艺璇、万杰、宋少华、耿怡娜、景婉婧、刘虹、赵婷婷、赵琳录等从不同方面分别做了一些工作，在此一并表示诚挚的谢意。

清华大学计算机系的王建勇博士审阅了全书并提出了许多有益的意见，高等教育出版社的有关人员对书稿进行了仔细的编辑加工，在此向他们致以衷心的谢意。

本书在编写过程中，虽然尽可能做到深入浅出，力求概念正确、理论联系实际，但由于数据仓库应用领域很广，发展非常迅速，加之我们水平有限，故书中一定存在许多不足之处，希望同行和广大读者提出批评和建议。

王　珊

2012年6月于中国人民大学

目　录

第 1 篇　数据仓库技术

第 2 篇　联机分析处理技术

第 3 篇 数据挖掘技术

第 4 篇　大数据技术

第1篇 数据仓库技术

数据仓库(data warehouse,DW)是20世纪80年代中期信息领域迅速发展起来的数据库新技术。数据仓库的建立能使研究人员充分利用已有的数据资源,把数据转换为信息,从中挖掘出知识,提炼成智慧,最终创造出效益。所以,越来越多的企业开始认识到数据仓库应用所带来的好处。

计算机系统中存在着两类不同的数据处理工作:操作型处理和分析型处理,也称作联机事务处理(on-line transaction process,OLTP)和联机分析处理(on-line analysis process,OLAP)。

操作型处理是指对数据库联机的日常操作,通常是对一个或一组记录的查询和修改,例如火车票售票系统、银行通存通兑系统、税务征收管理系统等。这些系统要求快速响应用户请求,对数据的安全性与完整性、事务的一致性、事务吞吐量、数据的备份和恢复等要求很高。

分析型处理是指对数据的查询和分析操作,通常是对海量的历史数据的查询和分析,例如金融风险预测预警系统、证券股市违规分析系统等。这些系统要访问的数据量非常大,查询和分析的操作十分复杂。

两者之间的差异,使得传统的数据库技术不能同时满足两类数据的处理要求,数据仓库技术应运而生。

数据仓库是一个复杂的系统,包括数据源,后台数据抽取、转换和加载工具,数据仓库服务器,OLAP服务器以及前台数据分析工具。数据仓库不是一个单一的软件系统,而是由一组相关的软件系统组成。

第 1 章　从数据库到数据仓库

本章介绍数据仓库产生的原因,数据仓库的基本概念以及体系结构。读者从中可以学习到为什么有了数据库还需要数据仓库,数据仓库与数据库的区别与联系,数据仓库的核心技术有哪些,等等。

1.1　数据仓库产生的原因

微视频:
数据仓库产生的原因

顾名思义,数据仓库就是存放数据的地方,而数据库也是存放数据的地方,人们自然要问:有了数据库为什么还要数据仓库?数据仓库与数据库有什么不同?它们之间的关系是什么?本节从数据仓库产生的原因来阐述这些问题。

数据是企业或机构的重要资源,企业或机构的运营过程可以说是数据的收集、整理、加工、存储和检索的过程。数据处理可以大致划分为两大类:操作型数据处理和分析型数据处理。

操作型数据处理主要完成数据的收集、整理、存储、查询和增删改操作等,主要由一般工作人员和基层管理人员完成。分析型数据处理是对数据的再加工,往往要访问大量的历史数据,进行复杂的统计分析,从中获取信息,因此也称为信息型处理。分析型数据处理主要由中高级管理人员完成。

1.1.1　操作型数据处理

联机事务处理(OLTP)是操作型数据处理的典型例子,它是数据库系统的主要应用。

联机事务处理系统的主要功能是对事务进行处理,快速响应客户的服务要求,使企业的业务处理自动化。其主要性能指标是事务处理效率和事务吞吐率,即每个事务处理的时间越快越好,单位时间内能完成的事务数量越多越好。联机事务处理系统是数据库的主要应用之一,其基本架构如图 1.1 所示。其中,数据库管理系统(database management system, DBMS)是联机事务处理系统的主要组成部分。数据

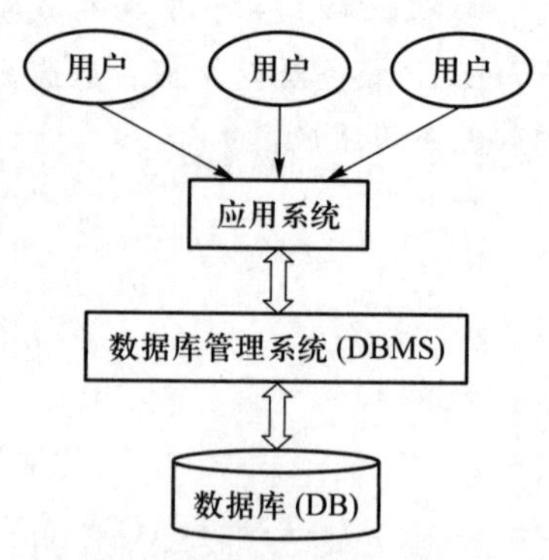

图 1.1　联机事务处理系统的基本架构

库管理系统是一种通用的系统软件，用于对数据进行有效的存储、管理和存取，是应用系统赖以运行的平台。应用系统是企业根据自己的需要开发的应用软件，用于处理日常业务。工作人员一般通过应用系统来完成日常工作。例如，银行工作人员根据用户的要求通过储蓄系统完成对某个账户的存款和取款操作，数据库管理系统在后台完成对数据库数据的增删改操作。

为了有效地对事务进行处理，数据库管理系统在技术和管理上采取了很多措施。

首先，数据库管理系统严格定义了事务的概念。所谓事务是用户定义的一个数据库操作序列，这些操作要么全做，要么全不做，是一个不可分割的工作单位。例如，在关系数据库中，一个事务可以是一条 SQL 语句、一组 SQL 语句或整个程序。需要注意的是，事务和程序是两个概念。一般地讲，一个程序中包含多个事务。

其次，数据库管理系统采用日志、备份等恢复技术和并发控制技术来保证事务的原子性（atomicity）、一致性（consistency）、隔离性（isolation）和持续性（durability），这 4 个特性简称为 ACID 特性（ACID properties）；采用索引技术来快速地定位数据；采用并行技术提高处理能力和系统的扩展性等。

在联机事务处理环境中，事务一般都是短事务，存取的数据量很少，需要处理的时间很短。数据库管理系统采用封锁技术提高并发度，允许多个用户同时使用数据库及系统资源，提高了事务的吞吐量。

在数据库应用系统的设计中广泛采用了关系规范化理论。每个表一般都要达到第三范式或 BC 范式，消除了表中属性间的部分依赖和传递依赖，各属性只依赖于主码。每个表表示一个自然的对象，例如一个实体、一个概念或实体间的一种联系。基本消除了数据冗余，这样在处理事务时不会存取冗余的数据，从而缩短了事务的处理时间。

在数据库中一般只存储最近最新的数据，对于历史数据一般只保存当年的数据，往年的数据被转移到其他数据库或从数据库中卸出保存，减少了数据库中的数据量，以便快速处理对当前数据库的增删改操作。

联机事务处理系统除了完成对业务的自动化处理外，还包含了一些简单的查询统计功能，例如输出生产日报、月报、年报等。

联机事务处理系统基本满足了业务处理的快速响应需求，保证了数据的安全性和完整性，对一般工作人员的日常业务处理和普通管理人员的常规管理工作提供了很好的支持，因此得到了广泛的应用。

1.1.2 分析型数据处理

分析型数据处理的典型例子是决策支持系统（decision support system，DSS）。决策支持系统需要具备的基本功能是建立各种数学模型，对数据进行统计分析，得出有用的信息作为决策的依据和基础。

企业的中高层管理人员经常要对数据进行分析，摸清企业的运行状态和运行规律。例如，销售经理希望通过调整商品在各零售店的分配数量来扩大某种商品的销售量。他首先要查询历史数据库中各零售店最近若干年(例如5年)内每天的销售记录,计算出近5年来每个零售店的年度销售量,通过对比确定销售量增长较快的零售店。为了进一步分析增长的原因,他还会计算出每月的销售量,判断增长原因是否与季节有关,还要分析是否其他商品的销售带动了目标商品的销售。他还会到其他部门获取5年来商品的促销计划,确定销售量的增长与促销的关系。经过综合分析后,确定每个零售店对这种商品的分配数量。

上面的简单例子说明,分析型数据处理是不同于操作型数据处理的。它需要访问大量的当前和历史数据,进行复杂的计算,既需要本部门的数据还会需要其他部门的数据,甚至是竞争对手的数据。

1.1.3 两种数据处理模式的差别

通过上面的论述,可以发现操作型数据处理与分析型数据处理是两种不同的操作。表1.1中列出操作型数据与分析型数据之间的主要区别。

表1.1 操作型数据和分析型数据的区别

操作型数据	分析型数据
细节的	综合的或提炼的
当前数据	历史数据
可更新	不可更新
操作需求事先可知道	操作需求事先不知道
生命周期符合 软件开发生命周期(SDLC)	完全不同的生命周期
对性能要求高	对性能要求宽松
一个时刻操作一个单元	一个时刻操作一个集合
事务驱动	分析驱动
面向业务处理	面向分析挖掘
一次操作数据量小,计算简单	一次操作数据量大,计算复杂
支持日常操作	支持管理需求

操作型数据处理主要用于企业的日常事务处理工作,数据库中存放的是细节数据。例如,零售店的数据库中存放了每个商品每次销售的情况,包括日期、时间、商品名称、单价、销售数量,有的还包括购买者。数据库中存放的数据是当前的,反映的是最近一次修改后的结果,如当前商品的库存量。对数据的操作是数据库的增加、删除、修改和查询操作,数据库中的数据可以修改,以反映最新的结果。数据的组织以方便事务处理,提高事务处理的性能为主要目标。

分析型数据处理主要用于企业的管理工作,数据库中一般存放的是历史数据和综合数据。

例如,零售店的数据库中存放了多年来积累的每种商品每天的销售情况,还存放了综合数据,例如存放每个月每种商品的销售总量。对数据的操作主要是查询和统计分析操作,需要涉及大量的数据。数据的组织以方便分析为主要目标,所以不同部门的数据会存放在一起;为了提高查询速度还允许某种程度的数据冗余,数据分析一般需要很长的处理时间。

1.1.4 数据库系统的局限性

微视频:数据库系统的局限性

传统的数据库系统在操作型数据处理应用中取得了巨大的成功。那么,能否将它应用到分析型数据处理中呢?答案是否定的,主要原因有以下几点。

1. 数据的分散问题

企业开发的联机事务处理系统一般只需要与本部门业务有关的当前数据,而对整个企业范围内的集成应用考虑很少,企业内部各事务处理的应用之间实际上几乎都是独立的,因此当前绝大部分企业内数据的真正状况是分散而非集成的。

出现这种现象有多种原因。有的原因是设计方面的,例如系统设计人员为了减少系统开发费用和加快开发进度,总是采用简单而"有效"的设计方案,这种"有效"仅指对解决当前面临的问题有效,而不能保证对以后新出现的问题继续有效。有的原因是经济方面的,当经费有限时,企业总是考虑先对关键的业务活动建立应用系统,然后再逐步建立其他业务的信息处理系统。还有的原因是机制等方面的,例如某个大公司由分散在各地的多个子公司组成,企业之间的重组兼并等。

2. "蜘蛛网"问题

解决数据分散的一种方法是对数据进行集成。在联机事务处理系统出现不久,就开始出现一种称为"抽取"的程序,它从各分散的数据库中选择符合条件的数据并将其汇总到一个新的文件或数据库中。由于抽取程序能将数据从联机事务处理系统中转移出来,而对转移出来的数据进行分析时不会影响联机事务处理系统的效率,因此受到了程序员的喜爱,得到大量的应用。

抽取程序解决了人们对数据的渴求,但也带来了"蜘蛛网"问题。起初只是抽取,随后是抽取之上的抽取,接着是在此基础上的再次抽取,这种不加控制的连续抽取最终导致企业的数据间形成了错综复杂的网状结构,人们形象地称之为"蜘蛛网"。企业的规模越大,"蜘蛛网"问题就越严重。虽然"蜘蛛网"上任意两个节点的数据可能归根结底是从一个原始数据库中抽取出来的,但它们的数据没有统一的时间基准,抽取算法和抽取级别也不相同,并且可能参考了不同的外部数据,因而对同一问题的分析,不同节点会产生不同甚至截然相反的结果,从而使决策者感到迷惑,无所适从。

3. 数据不一致问题

由于前述的数据分散和"蜘蛛网"等问题,导致了多个应用间的数据不一致。这些数据不一致的形式是多种多样的,举例如下:

① 同一字段在不同应用中具有不同的数据类型。例如,性别字段在 A 应用中的值为"M/F",在 B 应用中的值为"0/1",在 C 应用中又为"Male/Female"。

② 同一字段在不同应用中具有不同的名字。例如,余额字段在A应用中的名称为balance,在B应用中名称为bal,在C应用中又变成了currbal。

③ 同名字段,不同含义。例如,重量字段在A应用中表示人的体重,在B应用中表示汽车的重量。

为了将这些不一致的数据集成起来,必须首先对它们进行转换,消除不一致之后才能供分析之用。数据的不一致是多种多样的,对每种情况都必须专门处理,因此这种转换是一项繁重的工作。

4. 数据的动态集成问题

由于每次分析都进行数据集成的开销太大,一些应用仅在开始对所需的数据进行了集成,以后就一直以这部分集成数据作为分析基础,不再与数据源发生联系,我们称这种方式的集成为静态集成。静态集成的最大缺点在于,如果在数据集成后数据源中数据发生了改变,这些变化将不能反映给决策者,导致决策者使用的是过时的数据。

对于决策者来说,虽然并不要求随时准确地探知系统内的任何数据变化,但也不希望他所分析的是几个月以前的情况。如果每做一次分析都要进行一次这样的集成,将会导致极低的处理效率。因此,集成数据必须以一定的周期(例如24小时)进行刷新,我们称其为动态集成。显然,联机事务处理系统不具备动态集成的能力。决策支持系统对数据集成的迫切需要可能是数据仓库技术出现的重要动因之一。

5. 历史数据问题

联机事务处理一般只需要当前数据,在数据库中通常也只存储短期内的数据,且不同数据的保存期限不一样。一些历史数据即使保存下来了,往往也被束之高阁,没有得到充分利用。但对于决策分析而言,历史数据是相当重要的,许多分析方法必须以大量的历史数据为依托。没有对历史数据的详细分析,将会难以把握企业的发展趋势。

6. 数据的综合问题

在事务处理系统中积累了大量的细节数据,一般而言,决策支持系统并不对这些细节数据进行分析。这主要有两个原因:一是细节数据数量太大,会严重影响分析的效率;二是太多的细节数据不利于分析人员将注意力集中在有用的信息上。因此,在分析前往往需要对细节数据进行不同程度的综合。而事务处理系统不具备这种综合能力,根据规范化理论,这种综合还往往因为是一种数据冗余而被加以限制。

以上问题表明,在操作型数据处理的应用环境中直接构建分析型数据处理应用是一种失败的尝试。

数据仓库本质上是对存在的这些问题的解答。但数据仓库的主要驱动力并不是改正过去的缺点,而是市场商业经营行为的改变。市场竞争要求捕获和分析事务级的业务数据,而建立在事务处理环境上的分析系统无法达到这一要求。人们逐渐意识到,要提高分析和决策的效率和有效性,分析型处理及其数据将与操作型处理及其数据相分离,必须把分析型数据从事务处理环境中提取出来,按照决策支持系统处理的需要进行重新组织,建立单独的分析型处理环境。数据仓库正是为了构建这种新的分析型处理环境而出现的一种数据存储和组织技术。

1.2 数据仓库的基本概念

社会需求极大地推动了技术发展。人们逐渐尝试对数据库中的数据进行再加工,形成一个综合的、面向分析型的环境,以更好地支持决策分析。数据仓库的思想逐渐开始形成。但对于什么是数据仓库,许多人提出了不同的看法:

"数据仓库是作为决策支持系统服务基础的分析型数据库,用来存放大容量的只读数据,为制定决策提供所需的信息。"

"数据仓库是与操作型系统相分离的、基于标准企业模型集成的、带有时间属性的(即与企业定义的时间区段相关)、面向主题(subject-oriented)及不可更新的数据集合。"

这些观点都或多或少地道出了数据仓库及其数据的特点,如为制定决策服务、面向主题、数据的不可更新等。

如前所述,传统的数据库系统主要面向以操作型处理为主的联机事务处理应用,无法满足决策时的分析型处理要求。操作型处理和分析型处理在本质上存在很大差异,这种差异也导致了它们对数据有着不同的要求。数据仓库之父W.H.Inmon在其*Building the Data Warehouse*一书中总结了数据仓库中的数据应具备的4个基本特征:

微视频:
数据仓库的
基本概念

① 数据仓库中的数据是面向主题的;

② 数据仓库中的数据是集成的;

③ 数据仓库中的数据是不可更新的;

④ 数据仓库中的数据是随时间不断变化的。

并且给出了数据仓库的定义:数据仓库是一个面向主题的、集成的、不可更新的、随时间不断变化的数据集合,用以更好地支持企业或组织的决策分析处理。

下面着重讨论数据仓库数据的4个基本特征。

1.2.1 主题与面向主题

与传统数据库面向联机事务处理应用进行数据组织的特点相比较,数据仓库中的数据是面向联机分析处理应用按照主题进行组织的。主题(subject)是一个抽象的概念,是在较高层次上将企业信息系统中的数据综合、归类并进行分析利用的抽象。在逻辑意义上,它对应企业中某一宏观分析领域所涉及的分析对象。

面向主题(subject-oriented)的数据组织方式,就是在较高层次上对分析对象的数据的完整、一致的描述。它能完整、统一地刻画各分析对象所涉及企业的各项数据,以及数据之间的联系。所谓较高层次是相对面向应用的数据组织方式而言的,即按照主题进行数据组织的方式具有更高的数据抽象级别。

为了更好地理解主题与面向主题的概念，下面用例子来详细说明面向主题的数据组织与传统的面向应用的数据组织方式有什么不同。

1. 传统的面向应用的数据组织方式

例如，一家采用“会员制”经营方式的商场按业务已建立起销售、采购、库存管理以及人事管理子系统，并且按照其业务处理要求建立了各自的数据库模式。

销售子系统：
顾客（顾客号，姓名，性别，年龄，文化程度，地址，电话）
销售（员工号，顾客号，商品号，数量，单价，日期）

采购子系统：
订单（订单号，供应商号，总金额，日期）
订单细则（订单号，商品号，类别，单价，数量）
供应商（供应商号，供应商名，地址，电话）

库存管理子系统：
领料单（领料单号，领料人，商品号，数量，日期）
进料单（进料单号，订单号，进料人，收料人，日期）
库存（商品号，库房号，库存量，日期）
库房（库房号，仓库管理员，地点，库存商品描述）

人事管理子系统：
员工（员工号，姓名，性别，年龄，文化程度，部门号）
部门（部门号，部门名称，部门主管，电话）

这里以上述数据库模式为例，总结传统的面向应用的数据组织方式的特点如下：

① 面向应用的数据组织方式应对企业中相关的组织、部门等进行详细调查，收集数据库的基础数据及其处理过程。调查的重点是“数据”和“处理”，在进行数据组织时要充分了解企业的部门组织结构，考虑企业各部门的业务活动特点。

② 面向应用的数据组织方式应反映一个企业内数据的动态特征，要便于表达企业各部门内的数据流动情况以及部门间的数据输入输出关系，通俗地讲是要表达每个部门的实际业务处理的数据流程：从哪儿获取输入数据、在部门内进行什么样的数据处理，以及向什么地方输出数据；应按照实际应用即业务处理流程来组织数据，其主要目的是进行联机事务处理，以提高日常业务处理的速度和准确性等，提高服务质量。

③ 面向应用的数据组织方式生成的各项数据库模式，与企业实际业务处理流程中所涉及的单据或文档有很好的对应关系。这种对应关系使得数据库模式具有很强的操作性，因

而可以较好地在其上建立各项实际的应用处理。例如库存管理中的领料单、进料单和库存等是实际管理中存在的单据或报表,并且其各项内容也是相互对应的。在有些应用中,这种数据组织方式只是对企业业务活动所涉及数据的存储介质的改变,即从纸介质到磁介质的转变。

④ 面向应用的数据组织方式并没有体现"数据库"这一概念提出的原本意图——数据与数据处理的分离,即要将数据从数据处理或应用中抽象出来、解放出来,组织成一个独立于具体应用的数据世界。

由于以上特点,实际的数据库建设由于偏重对联机事务处理的支持,而将数据应用逻辑与数据在一定程度上又重新捆绑在一起,造成的后果是:

① 使得本来是描述同一客观实体的数据由于与不同的应用逻辑捆绑在一起而变得不统一;

② 使得本来是一个完整的客观实体的数据分散在不同的数据库模式中。

总体而言,面向应用来进行企业数据的组织,其抽象程度还不够高,没有完全实现数据与应用的分离。但是这种方式能较好地将数据的数据库模式和企业的现实业务活动对应起来,从而具有很好的操作性,便于将企业原来的各项业务从手工处理方式向计算机处理方式进行转变。所以在进行联机事务处理数据库系统开发时,面向应用的数据组织方式仍不失为一种有效的数据组织方式,它可以较好地支持联机事务处理。

2. 面向主题的数据组织方式

面向主题的数据组织应分为如下两个步骤:

① 抽取主题;

② 确定每个主题所应包含的数据内容。

前面提到,主题是对应某一分析领域的分析对象,所以主题的抽取应该是按照分析的要求来确定的。这与按照数据处理或应用的要求来组织数据的主要不同是,同一部门关心的数据内容不同。如在商场中,同样是商品采购,在联机事务处理数据库中人们所关心的是怎样更方便、更快捷地进行商品采购这项业务处理;而在进行分析处理时,人们则应关心同一商品的不同采购渠道。因此,

① 在联机事务处理数据库中,在进行数据组织时应考虑如何更好地记录下每一笔采购业务的情况,如可以用采购管理子系统中的"订单""订单细则"和"供应商"3个数据库模式来清晰完整地描述一笔采购业务所涉及的数据内容。这就是面向应用来进行数据组织的方式。

② 在数据仓库中,由于主要是进行数据分析处理,则商品采购时的分析活动主要是了解各供应商的情况,显然"供应商"是采购分析时的分析对象。所以并不需要组织像"订单"和"订单细则"这样的数据库模式,因为它们包含的是纯操作型的数据;但是仅仅只用联机事务处理数据库的"供应商"中的数据又是不够的,因而要重新组织"供应商"这个主题。

概括各种分析领域的分析对象,可以综合得到其他主题。仍以商场为例,它应有的主题包括商品、供应商、顾客等。每个主题有着各自独立的逻辑内涵,对应一个分析对象。这里首先列出

这3个主题所应包含的内容。

商品：

商品固有信息：商品号，商品名，类别，颜色等

商品采购信息：商品号，供应商号，供应价，供应日期，供应量等

商品销售信息：商品号，顾客号，售价，销售日期，销售量等

商品库存信息：商品号，库房号，库存量，日期等

供应商：

供应商固有信息：供应商号，供应商名，地址，电话等

供应商品信息：供应商号，商品号，供应价，供应日期，供应量等

顾客：

顾客固有信息：顾客号，顾客名，性别，年龄，文化程度，住址，电话等

顾客购物信息：顾客号，商品号，售价，购买日期，购买量等

以商品主题为例，可以看到关于商品的各种信息已综合在该主题中。主要包含两方面内容，一是商品的固有信息，如商品号、商品名、类别以及颜色等对商品进行描述的信息；二是商品的流动信息，如商品的采购信息、销售信息及库存信息等。

比照商场原有的数据库模式，可以看到：

① 在从面向应用到面向主题的转变过程中，丢弃了原来不必要的、不适合分析的信息。如有关订单信息、领料单等内容不再出现在主题中。

② 在原有的数据库模式中，关于商品的信息分散在各子系统中，如商品的采购信息存在采购子系统中，商品的销售信息存在销售子系统中，而商品的库存信息又存在库存管理子系统中，没有形成一个关于商品的完整一致的描述。面向主题的数据组织方式所强调的就是要形成关于商品的一致的信息集合，以便在此基础上针对商品这一分析对象进行分析处理。

同时，我们也看到，不同的主题之间也有重叠的内容（如图1.2所示）。这些重叠的部分往往是上面所说的第②方面的内容，如商品主题的商品采购信息与供应商主题的商品供应信息是相同的，它们都来自采购子系统，这表现了供应商和商品这两个主题之间的联系；商品主题的商品销售信息则与顾客主题中的顾客采购信息都来自销售子系统，这表现的是商品和顾客之间的联系。但特别要强调的是：

① 主题之间的重叠是逻辑性重叠，而不是同一数据内容的重复物理存储。

② 主题之间的重叠仅是细节级重叠，因为在不同的主题中的综合方式是不同的。

③ 主题间的重叠并不一定是两两重叠，如供应商和顾客主题

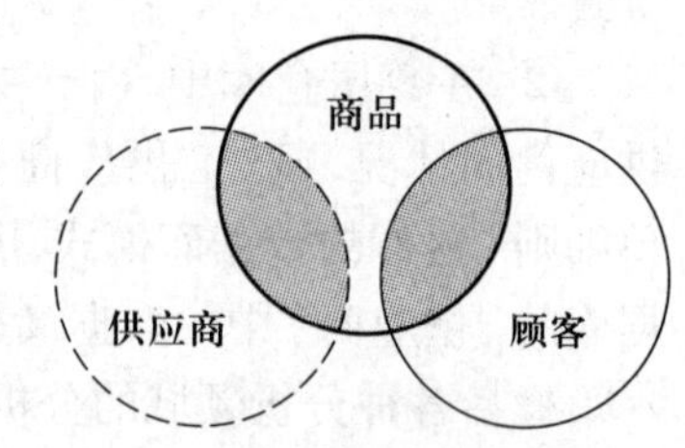

图1.2　主题间的重叠

间一般是没有重叠内容的，这表现了供应商和顾客之间不发生直接联系，而是通过商品主题来表现它们之间的间接联系。

需要指出的是，目前数据仓库主要有两种实现方式，一种是关系实现方式，即采用关系数据库技术来实现，用关系表来存储数据；另一种是多维实现方式，即采用多维数组的形式来存储数据。两种实现方式各有优缺点。在采用关系实现方式的数据仓库中，主题一般用一组相关的表来表示。例如，一个顾客主题的可能实现如图 1.3 所示。

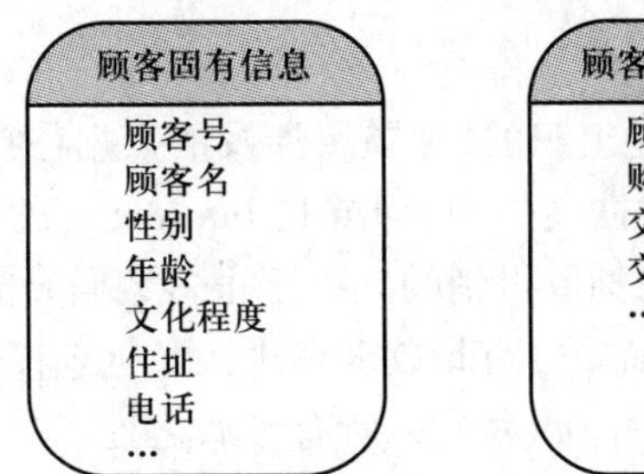

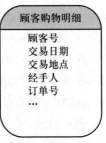

图 1.3　用顾客主题组织的数据仓库数据（关系实现方式）

图 1.3 中有 3 个相关的表，每个表构成顾客主题的一部分。其中，“顾客购物月综合”表（时间维）是根据顾客每月的购物活动编制的一张顾客购物月度综合记录表，“顾客购物明细”表（产品维）是顾客的详细购物活动表。

基于一个主题的所有表都含有一个称为公共码键的属性作为其主码的一部分。公共码键将各个表统一联系起来，从而体现它们是属于一个主题的。如在顾客主题中，所有的表都包含一个公共码键“顾客号”，该公共码键将顾客主题域中的所有数据联系起来。

根据数据被关心的程度不同，可以将同一主题的不同表分别存储在磁盘、光盘等不同介质中，而不必要求同一主题的表存在同样的介质中。一般而言，年代久远的、细节的或查询概率低的数据存储在相对廉价的慢速设备上，而近期的、综合的或查询概率高的数据则可以保存在快速存储设备上。另外，同一主题的数据可能既有综合级又有细节级。例如，图 1.3 中的“顾客购物月综合”表是综合级的，而“顾客购物明细”表是细节级的。

概括而言，面向主题的数据组织方式是根据分析要求将数据组织成一个完备的分析领域，即主题域。主题域应具有以下两个特点：

① 独立性。例如，针对商品进行的各种分析所要求的是商品主题域，该主题域可以和其他主题域有交叉部分，但它必须具有独立内涵，即要求有明确的界限，规定某项数据是否应属于商品主题。

② 完备性。例如，任何对商品的分析处理要求，应能在商品这一主题内找到该分析处理所要求的一切内容。如果对商品的某一分析处理要求涉及现存商品主题之外的数据，则应将这些数据增加到商品主题中来，从而逐步完善商品主题。或许有人担心，要求主题的完备性会使主题包含过多的数据项而显得过于庞大。这种担心是完全不必要的，因为主题只是一个逻辑上的概

念，在实现时如果其数据项过多，则可以采取各种划分策略来将其化大为小。

主题是一个在较高层次上对数据的抽象，这使得面向主题的数据组织可以独立于数据的处理逻辑，因而可以在这种数据环境下方便地开发新的分析型应用。同时，这种独立性也是建设企业全局数据库所要求的，所以面向主题不仅是适用于分析型数据环境的数据组织方式，同时也是适用于建设企业全局数据库的数据组织方式。

1.2.2　数据仓库数据的其他 3 个特征

1. 数据仓库中的数据是集成的

微视频：数据仓库的其他 3 个特征

数据仓库中的数据是按照主题组织的，主题所涉及的数据往往分散于多个操作型数据库中，或者是保存在数据文件中，抑或是 Internet 上的数据，因此数据仓库中的数据是从其他数据源中抽取得到的。由于很多数据分散于不同的数据源中，会有重复甚至是不一致的地方，因此数据在进入数据仓库之前，首先要进行清洗、转换并加以整合，要统一原始数据中所有矛盾之处，如字段的同名异义、异名同义，单位不统一，字长不一致等，然后将原始数据结构做一个从面向应用到面向主题的大转变，还要进行数据综合和计算。数据仓库中除了细节数据外，还需要大量的综合数据，这就需要进行复杂的计算，对抽取的数据进行再加工。数据仓库中的数据综合工作可以在抽取数据时生成，也可以在进入数据仓库以后进行综合时生成。

数据集成是建立数据仓库的过程中最繁杂、最重要的一步，它决定了数据仓库的成败。因为如果数据仓库中的数据不准确、不一致，数据分析的结果必然是错误的，据此做出的决策结果就不可靠。

2. 数据仓库中的数据是不可更新的

操作型数据库中的数据通常是根据业务的变化不断地更新。数据仓库中的数据主要供企业决策分析之用，所涉及的数据操作主要是数据查询。一旦某个原始数据进入数据仓库以后，一般情况下不允许再修改，并且会被长期保留。

数据仓库中的数据反映的是一段相当长的时间内历史数据的内容，是不同时刻的数据库快照的集合，以及基于这些快照进行统计、综合和重组的导出数据，而不是联机处理的数据。

只有当数据仓库存放的数据已经超过数据的存储期限，这些数据才从当前数据仓库中删去。也就是说，数据仓库中一般有大量的查询操作，但修改和删除操作较少，通常只需要定期加载和刷新。

数据仓库的这个特点使得数据仓库管理系统（DWMS）可以比数据库管理系统（DBMS）简单得多。在数据仓库环境中，数据库管理系统中与事务相关的并发控制、完整性检查控制等功能可以大大简化，有的几乎可以省去。例如，不再需要元组一级的封锁机制，可以省去大量的加锁解锁操作。但是由于查询操作往往要读取大量的数据，所以对海量数据的查询功能和查询效率提出了更高的要求，需要采用各种复杂的索引技术、查询优化技术、并行处理技术、数据分布技术等。同时由于数据仓库面向的是企业的高层管理者,他们会对数据查询的界面友好性和数据表示提出更高的要求。

3. 数据仓库中的数据是随时间不断变化的

数据仓库中的数据不可更新是针对具体的数据应用来说的,也就是说,数据仓库的用户在进行分析处理时一般不进行数据更新操作,但并不代表从数据集成加载进数据仓库到最终被删除的整个数据生存周期中,数据仓库中所有的数据都是永远不变的。

从宏观的角度看,数据仓库中的数据是随时间的变化不断变化的,具体表现在以下三个方面:

① 数据仓库会随时间变化不断增加新的数据。数据仓库系统必须不断捕捉联机事务处理数据库中新的变化的数据,并将其追加到数据仓库中去。也就是要不断地生成联机事务处理数据库的快照,经统一集成后增加到数据仓库中。例如,将新的商品销售数据、上个月末的商品库存量,经清洗转换后追加到数据仓库中。捕捉到新的变化数据,只不过又生成一个联机事务处理数据库快照添加到数据仓库中,而不会对原来的数据库快照进行修改。

② 数据仓库会将不需要的数据卸出,转存到其他存储设备。数据仓库的数据也有存储期限,一旦超过了这一期限,过期数据就要被卸载。只是数据仓库内的数据存储时限要远远长于操作型环境中的数据时限。在操作型环境中一般只保存 60~90 天的数据,而在数据仓库中则需要保存较长时限的数据(如 5~10 年),以适应决策支持系统进行趋势分析的要求。

③ 数据仓库中包含有大量的综合数据,这些数据中很多与时间有关。例如,数据经常按时间段进行综合,或者隔一定的时间片进行抽样等。这些数据要随时间的变化不断地进行重新综合。

因此,数据仓库中数据的主码一般都包含时间项,以标明数据的历史时期。

1.2.3 数据仓库的功能

数据仓库数据的 4 个特征表明,数据仓库实际上是一种数据存储,它将各种异构数据源中的数据集成在一起并保持其语义一致,从而为企业决策提供支持。

企业建立数据仓库的过程一般可分为构建和使用两步。数据仓库的构建过程需要对数据仓库进行规划和设计,并对数据进行集成、清洗和统一。数据仓库的使用过程指知识工作者根据数据仓库中的信息,借助一些数据分析技术和工具,快捷方便地得到数据的宏观视图,从而做出正确决策的过程。知识工作者一般指企业和公司的高层管理人员、分析人员和主管等。

例如,利用数据仓库中的信息,企业可以进行如下的商业决策活动:

① 分析顾客购买模式(如购买喜好、购买时间、预算周期、消费习惯等),增加顾客对本公司产品的关注度。

② 根据季度、年、地区的营销对比,对产品重新进行市场定位,调整生产策略。

③ 分析产品的销售规律,查找利润源。

④ 对顾客关系进行管理、对企业环境进行调整等。

从异构数据集成的角度看,数据仓库也是十分有用的。很多企业都从各种异构的、分布的、自治的数据源中收集并维护了大量的数据，如何对这些数据进行集成并能对其进行有效的访问，是一个非常迫切而又棘手的问题。工业界和各研究团体已为之奋斗多年，付出了非常艰辛的劳动。

对于异构数据源的集成，传统的做法是在多个异构数据源上建立一个包装（wrapper）程序和集成（integrator）程序，或仲裁（mediator）程序。IBM 的数据连接程序（IBM data-joiner）和 Informix 的数据刀片（Informix DataBlade）就属于这类程序。客户发出查询后，首先利用元数据（metadata）字典将其转换成相应的数据源所支持的查询，然后将查询发送到局部查询处理器，最后再将各局部查询处理器返回的结果加以集成。这种查询驱动的方法不但需要经过复杂的信息过滤和集成处理，而且会对局部数据源上进行的查询造成影响（和局部数据源上进行的查询竞争资源），因此对那些频繁发生的，尤其是需要聚集计算的查询来说，效率低且代价昂贵。

数据仓库为异构数据集成提供了另一种解决方案，它采用更新驱动的方法，而不是查询驱动的方法。更新驱动的方法将来自多个异构数据源的数据预先进行集成，并存储在数据仓库中，供用户直接查询和分析。与传统的支持联机事务处理操作的数据库不同，数据仓库中包含的数据可能不是最新的，但由于这些数据经过了预处理（包括抽取、转换、集成、汇总等一系列过程），而且在数据仓库上进行查询处理对在数据源上进行的查询处理不构成任何影响，从而不会出现与局部数据源上进行的查询竞争资源的现象。此外，数据仓库能够对历史数据进行集成和存储，从而可以支持更复杂的多维查询。

1.3　数据仓库的体系结构

1.2 节中给出的数据仓库定义只是一个逻辑概念，它强调了数据仓库是一组与分析目标有关的数据集合，这些数据是从现有的数据库及外部数据源集成得到的。本节将讨论数据仓库的体系结构。

1.3.1　体系结构

图 1.4 是一个典型的数据仓库系统的体系结构示意图。数据仓库系统由数据源、集成工具、数据仓库与数据仓库服务器、联机分析处理（OLAP）服务器、元数据与元数据管理工具、数据集市和前端分析工具等组成。

数据源是数据仓库系统的基础，也是整个系统的数据源泉，它通常包括企业内部信息和外部信息。内部信息包括存放于企业操作型数据库中（通常存放在关系数据库管理系统中）的各种业务数据和办公自动化系统包含的各类文档数据；外部信息包括各类法律法规、市场信息、竞争对手的信息以及各类外部统计数据和文档等。

集成工具包括数据抽取（extracting）、清洗（cleaning）、转换（transformation）、加载（load）、维护工具，简称为 ETL 工具，完成数据的集成工作。

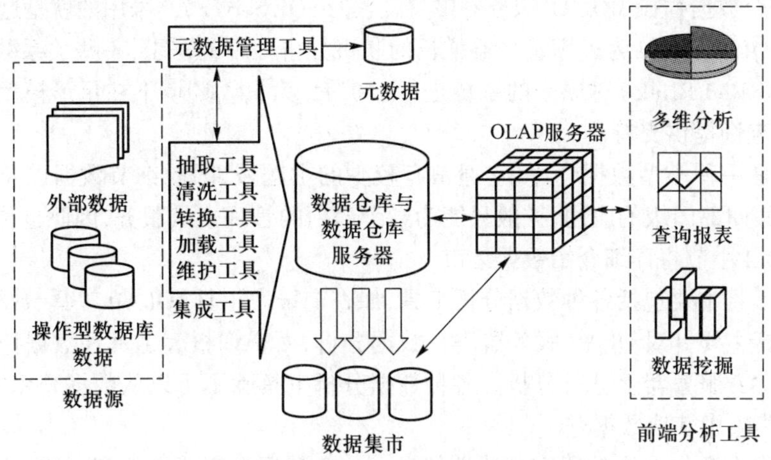

图 1.4 数据仓库系统的体系结构示意图

① 数据抽取:指从数据源中选择数据仓库需要的数据。数据抽取的技术难点在于要针对不同平台、不同结构、不同厂商的数据库,设计不同的抽取工具。

② 数据清洗:为了保证数据的质量,对抽取得到的数据要进行清洗。例如,消除不一致性(同名异义、异名同义等),统一计量单位,估算默认值,等等。

③ 数据转换:将清洗后的数据按照数据仓库的主题进行组织。

④ 数据加载:将数据装入数据仓库中。

此外,ETL 工具还负责建立元数据。元数据主要说明数据仓库中数据的来源、加工过程等。目前有很多性能良好的 ETL 工具,可以自动、源源不断地将高质量的数据装入数据仓库。

数据仓库服务器(data warehouse server)负责管理数据仓库中的数据,存储企业级的数据,为整个企业的数据分析提供一个完整、统一的视图。它一般由关系数据库管理系统扩展而成。

OLAP 服务器对分析需要的数据按多维数据模型进行再次重组,以支持用户多角度、多层次的数据分析。其具体实现可以分为 ROLAP 结构、MOLAP 结构、HOLAP 结构以及特殊 SQL 服务器几种类型。

① ROLAP(relation OLAP)结构:这种结构采用关系数据库管理系统或扩展的关系数据库管理系统来存储和管理数据,用 OLAP 服务器提供聚集计算、查询优化等功能。MicroStrategy 公司的 DSS 服务器和 Infomix 的 Metacube 均采用 ROLAP 结构。各种粒度的数据均以关系表的形式存储在数据仓库中。

② MOLAP(multi-dimension OLAP)结构:这种结构采用多维数组来存储数据,Arbor 公司的 Essbase 采用的就是 MOLAP 结构。多维数组存储的优点是可以对数据进行直接定位、计算速度快、不需要索引,但在数据稀疏的情况下需要进行数据压缩,以减少存储空间。

③ HOLAP(hybrid OLAP)结构:这种结构将 ROLAP 结构和 MOLAP 结构结合起来,同时利用了 ROLAP 结构可扩展性好和 MOLAP 结构计算速度快的优点。例如,可以将细节数据存在关系数

据库中，而将综合数据存在 MOLAP 服务器中。微软的 SQL Server 7.0 采用的就是这种结构。

④ 特殊 SQL 服务器：为了满足日益增长的联机分析处理的需求，一些关系数据库或数据仓库厂商（如 IBM Red Brick）对原来的系统进行了扩展，为只读环境下在星形模型或雪片模型基础上进行 SQL 查询提供支持。

数据集市是一种小型数据仓库，它通常有较少的主题域，因此细节数据以及历史数据都较少。数据集市面向部门级的应用，一般只能为某个部门的管理人员服务，因此也称为部门级数据仓库。本章 1.3.2 小节将详细介绍数据集市。

前端分析工具主要包括各种数据分析工具，如查询报表工具、OLAP 工具、数据挖掘工具等。其中 OLAP 工具主要针对 OLAP 服务器进行数据分析，而查询报表工具和数据挖掘工具可以在数据仓库和 OLAP 服务器上进行分析。各种数据分析工具除了可以从数据仓库中获取数据外，还可以从数据集市中获取数据。

元数据是整个数据仓库的所有描述性信息。一个数据仓库要想得到可持续发展，能够被很好地使用和充分发挥作用，元数据管理是必不可少的。

从图 1.4 可以看出，在数据仓库系统中，数据从数据源到最终的分析结果呈现给用户，中间需要经过如下一系列过程：

① 抽取适当的源数据。数据仓库不是简单的生产系统业务数据的堆积，如果简单地堆积生产系统的数据，其结果将会建成一个数据垃圾堆而不是数据仓库。我们只要选取对现在和将来决策分析有用的业务数据进行抽取就可以了。

② 转换、清洗等数据加工过程。数据仓库中的数据是面向分析和决策的，按照主题进行组织，必须将业务数据进行重组才能达到这个目的。数据仓库中主题的数据模式往往与业务系统中的数据模式具有非常大的差异。

③ 建立海量、高效的企业级数据仓库。这个企业级的数据仓库必须能够在海量数据基础上服务于大量并发用户，并且无论是数据处理速度还是查询速度，都应该满足一定的要求。

④ 针对特定的分析主题，建立专门的数据集市。仅仅依靠数据仓库进行分析，其速度往往不够快。为了使某些常用分析的速度足够快，有必要为这些分析问题分别单独做进一步的数据重组和优化，即建立数据集市，以加快分析速度。

⑤ 针对特定的业务问题，使用特殊的数理统计算法进行数据挖掘。特定的数据挖掘算法需要特定格式的数据输入，这种特定的格式往往不是数据仓库中直接具有的，需要大量的数据加工准备过程。

⑥ 前端展现应用。最终用户的界面必须简单易用且功能强大，必须具有良好的权限控制，且易于维护。

1.3.2 数据集市

1. 数据集市的产生

W.H.Inmon 在其 *Building the Data Warehouse* 一书中描述了建立一个数据仓库的第 1 天到

第 n 天现象(见图 1.5),形象地刻画了数据集市的产生过程及其必要性。W.H.Inmon 认为,建立数据仓库不是一蹴而就的。相反,数据仓库只能一步一步地进行设计和载入数据,即它是逐步进化的,而不是革命性的。

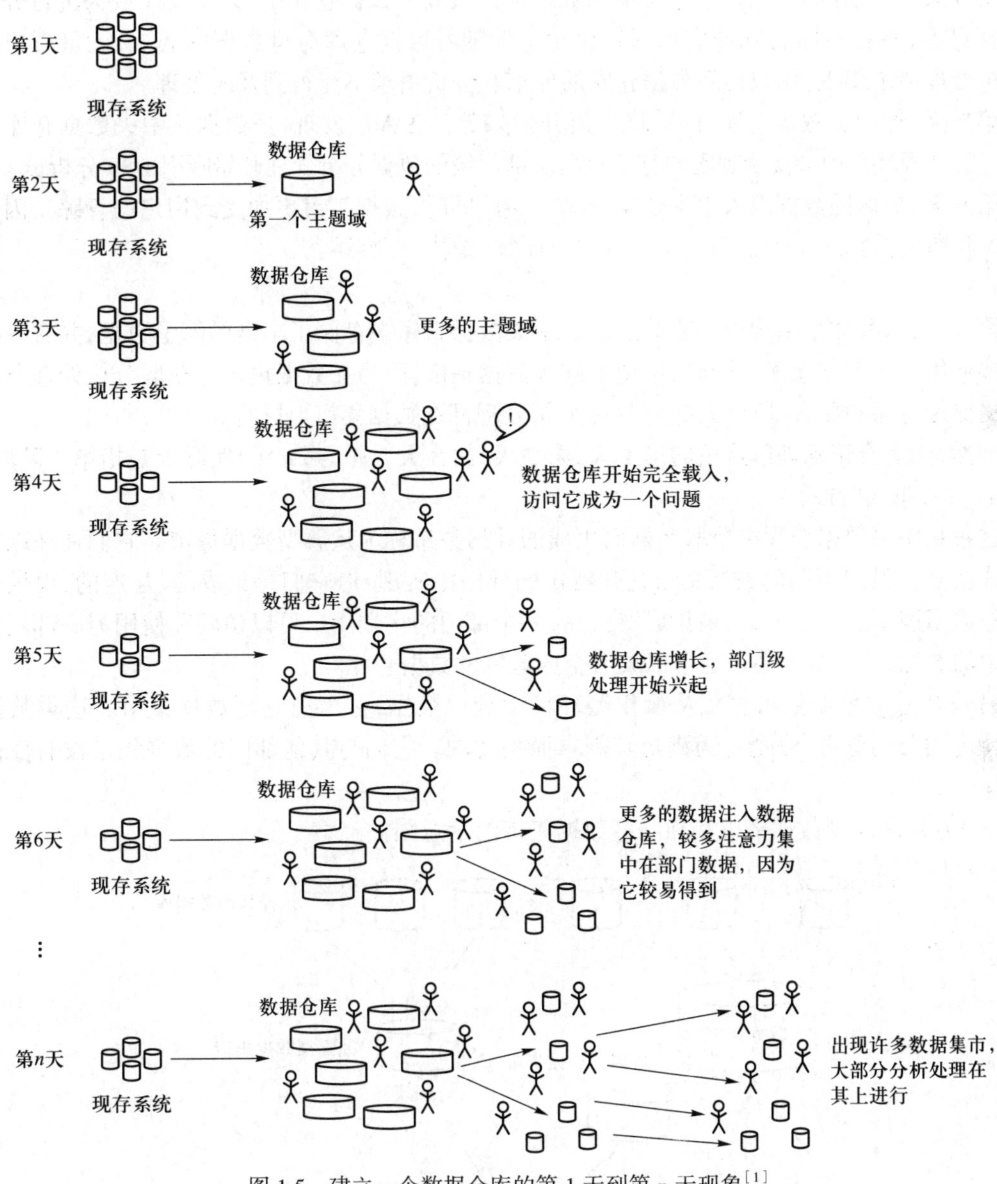

图 1.5　建立一个数据仓库的第 1 天到第 n 天现象[1]

第 1 天,搞懂进行操作型处理的若干系统。

第 2 天,建立数据仓库的第一个主题域,并将第一个主题域的最初几个表载入数据,此时用户开始使用数据仓库,并进行分析处理。

第 3 天,建立更多的主题域,更多的数据被载入数据仓库,并且随着数据量的增加将吸引更多的用户,DSS 分析员渐渐被吸引到数据仓库中。

第 4 天,一批存储在操作型环境中的数据都已被放入数据仓库中,数据仓库成为进行分析处理的信息源,各种各样的 DSS 应用开始出现。伴随着数据仓库海量数据的载入,大量用户和大量分析处理请求出现,用户访问数据仓库的要求和分析请求不能得到及时处理。

第 5 天,部门级数据仓库,即数据集市开始兴起。各部门发现,把数据从中央数据仓库输入本部门的处理环境中会使处理既便宜又容易。部门级的数据分析处理开始吸引 DSS 分析员。

第 6 天,更多的数据载入中央数据仓库。与此同时,数据集市更加受到用户的青睐。因为访问数据集市的数据比访问数据仓库的数据更便宜、更快、更容易。

……

第 n 天,这种体系结构得到充分发展。中央数据仓库中存储了丰富的海量数据,并有一些用户直接使用中央数据仓库。同时,出现了许多数据集市,因为在数据集市上获取分析处理所需要的数据更加容易和便宜,所以大部分 DSS 分析处理都在数据集市上进行。

当然,读者会正确理解这里的第 1 天,第 2 天,第 3 天, …,第 n 天,实际上是指第 1 阶段,第 2 阶段, …,第 n 阶段。

这种从中央数据仓库中获取数据而生成的数据集市称为从属型数据集市。它们往往以分布式方式实现。虽然不同的数据集市是在特定的部门中实现,但它们是集成的、互连的,提供全局范围的数据视图。实际上,如果集成层次高,一个部门的终端用户可以访问和使用另一部门数据集市中的数据,这些数据集市也可以成为企业范围的数据仓库。

另外有一类数据集市直接从操作型环境中获取数据,称为独立型数据集市。这类数据集市由特定的部门管理,完全是为满足其需求而构建的。它们与其他部门的数据集市没有任何连通性。

图 1.6 是从属型数据集市和独立型数据集市的示意图。

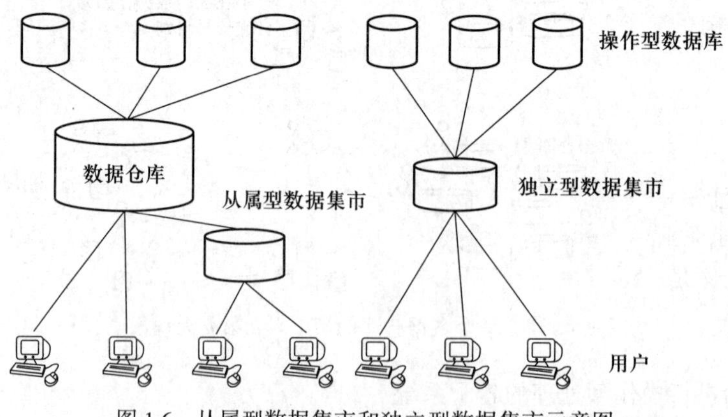

图 1.6　从属型数据集市和独立型数据集市示意图

实际上,这两种类型的数据集市反映了建立数据仓库的两种思想,即自顶向下思想和自底向上思想。

自顶向下地建立数据仓库,是指在原来分散的操作型环境中建立一个全局数据仓库(或称中央数据仓库),然后根据特定部门的特定需求建立数据集市,即建立多个从属型数据集市。

自底向上地建立数据仓库,是指先以最少的投资,根据部门的当前需求建立多个独立型数据集市,然后再不断扩充和完善,形成一个全局数据仓库。

2. 数据集市的作用

数据集市是一个很自然的想法,体现了分工协作,各负其责的管理理念,满足了企业和部门不同层次、不同范围的管理人员对数据的需求。

数据集市中一般包含与某一特定业务领域相关的数据,如人力资源、财务、销售、市场等不同业务领域。

数据集市可以按照业务的分类来组织,当数据集市的数据增长时,由于其结构简单,管理也较容易。除了按业务来划分外,也可以按照中央数据仓库的主题或数据的地理分布来组织。

数据集市的思想同时体现了分布式数据仓库的思想。如果按照数据的地理分布来组织数据集市,那么就形成了一个地理上分布的数据仓库。例如,可以为一个跨国集团的各子公司建立各自的数据集市,然后再在这些数据集市的基础上建立集团一级的全局中央数据仓库。

数据集市可以分布在不同的物理平台上,也可以逻辑地分布于同一物理平台上。这种灵活性使得数据集市可以独立地实施,因而部门人员可以快速获取信息进行分析处理工作。

3. 数据集市与数据仓库的区别

数据集市是部门级的数据仓库,和全局数据仓库之间有许多不同。

① 数据集市是为特定部门的主题域而组织起来的一批数据和业务规则。不同部门有不同的主题域,因而也就有不同的数据集市。例如,财务部有财务部数据集市,市场部有市场部数据集市,它们之间可能有一些关联,但本质上还是相互独立的。

② 构成数据集市的软硬件、数据和应用程序都隶属于不同的部门,这种部门拥有权和管辖权会对不同部门的数据进行协调造成不同程度的干扰。这也是最重要且可能是最严重的问题。

③ 一个设计正确的数据仓库,在数据的粒度上应当是多层次的——从最细粒度的数据单元到不同程度的综合数据。相反,数据集市则一般只包含综合数据,不会有大量的细节信息。

④ 数据仓库的数据结构本质上是规范化的,数据仓库所包含的数据无论从结构上还是从内容上都反映了整个企业对数据的需要,而不会是某个特定部门对数据的需要。另一方面,从数据的量上讲,数据仓库是海量的,数据集市的数据量则比数据仓库要少得多。

近年来,企业的IT主管最常思考的问题之一就是应该先建数据集市还是先建数据仓库。数据集市领域的厂商认为,建数据仓库相对于建数据集市不但技术上困难,而且代价昂贵。数据仓库需要花很长时间设计和开发,需要审慎思考和投入巨资,还须面对一系列繁琐冗杂的问题。例如,要考虑对原有数据的整合,要有效管理海量数据,还要考虑各种技术和非技术的因素，使其符合企业管理的初衷等。总之，在他们看来，建立数据仓库前景不容乐观，需要三思而后行。

这些厂商之所以对构建数据仓库持悲观态度，更多的理由不是在技术方面，而在经济方面。原因在于数据仓库分化了他们的市场，自然也就影响了他们的销售收入。所以，他们力图通过夸大数据仓库建设中的某些困难因素，让大家聚集到数据集市上来，并建议先有选择地建立一些数据集市，等到这些数据集市增长到一定规模再进行某些集成处理，从而形成了所谓的数据仓库。这种试图由数据集市直接升级为数据仓库的做法，实际上是避开了数据仓库建设中必须面对的核心问题：组织问题和设计问题。一个完全由数据集市简单叠加而成的“数据仓库”，不可能成为真正有用的决策分析平台。首先，数据集市设计中的不全面性导致了它不可能具有数据仓库所需要的长期稳定的体系结构。同时，这种简单叠加的“数据仓库”不仅会影响企业原有的业务系统，而且也会影响先期建立的数据集市，任何一方的轻微变动都可能给其他系统带来自底向上的一系列大的变动。

小　结

本章主要介绍了从数据库发展到数据仓库的必然性和必要性，以及数据仓库的一些基本概念及基本内容。通过学习本章，应主要做到以下几点：

① 掌握数据仓库与数据库的差别和联系。首先，数据仓库对数据库发展的贡献是将操作型数据处理和分析型数据处理区分开来，使得不同类型的数据处理在不同的数据环境中进行。其次，数据仓库与数据库是互补的，数据仓库不是要替代联机事务处理数据库，而是由两者共同组成一个企业的数据库体系化环境。

② 重点掌握数据仓库数据的 4 个基本特征，即面向主题、集成、不可更新和随时间不断变化。

③ 对数据仓库的体系结构有一个初步的概念。了解数据仓库系统是由数据源、集成工具、数据仓库服务器、联机分析处理服务器、元数据、数据集市和前端分析工具组成。数据仓库是企业信息系统中最为复杂的部分。

④ 了解数据集市产生的必要性和作用，以及数据集市与数据仓库的区别与联系。.

习　题　1

1. 简述操作型数据处理和分析型数据处理的区别。

2. 传统的数据库系统应用于分析型数据处理时有哪些局限性？

3. 什么是数据仓库？其基本特征有哪些？

4. 简述数据仓库与数据库的差别与联系。

5. 如何理解数据仓库的数据是不可更新的，又是随时间不断变化的？

6. 简述数据仓库的体系结构。

7. 在将数据源的数据加载到数据仓库前需要完成哪些工作？

8. 什么是数据集市？它有什么作用？

第2章　操作型数据存储

面向主题的数据仓库（DW）概念的提出，不仅为有效地支持企业经营管理决策提供了一个全局一致的数据环境，也为历史数据、综合数据的处理提出了一种行之有效的解决途径。数据仓库的主要贡献就在于它明确提出数据处理的两种不同类型：操作型处理和分析型处理，并将两者在实现中区分开来，建立起数据库～数据仓库（DB~DW）两层体系结构。

但是在很多情况下，DB~DW两层体系结构并不能涵盖企业所有的数据处理要求，因为企业的数据处理虽然可以划分成操作型和分析型两种类型，但是这两种数据处理类型之间并不是泾渭分明的。实际的数据处理往往是多层次的，也就是说，有些数据处理是操作型的，但不适合在操作型数据库中进行；而又存在着一些分析型数据处理，却不适合在数据仓库中进行。

比如一个商场的市场经理可能经常要解决这样的问题：某商品是否需要进货。他需要清楚该商品的存货是否充足，了解该商品的近期销售情况，还需从商场资金情况出发比照其他商品的库存和销售情况，等等。也就是说，要根据这些数据的综合信息才能做出较为合理、可行的决定。如果将这一决策过程放到面向应用的分散数据库系统中去完成，一是不一定能得到每个部门的准确一致的信息，二是需要各部门间的协调配合，工作量会很大。而将其放在数据量巨大的数据仓库中去处理，会涉及许多不必要的数据检索，显然会比较费时。

上述这类问题并不是联机事务处理，又算不上高层决策分析。这类对企业进行日常管理和控制的决策问题，往往是一个企业的中层管理者经常要解决的、较为普遍的问题。这种信息处理的多层次要求，导致了一种新的数据环境——操作型数据存储（operational data store，ODS）的建立。正是因为在两种数据处理类型之间存在着这样一个中间层次，才要求在DB~DW两层体系结构的基础上再增加一个新的层次——ODS，从而形成DB~ODS~DW的三层体系结构。

作为一个中间层次，一方面，ODS包含企业全局一致的、细节的、当前或接近当前的数据，可以进行全局联机操作型处理；另一方面，ODS又是一种面向主题、集成的数据环境，且数据量较小，适合辅助企业完成日常决策的数据分析处理。

本章将就ODS的定义、内涵和创建等问题展开论述，并着重阐述在DB~ODS~DW体系结构中ODS与DB、DW的关系及其地位和作用。

2.1 什么是 ODS

2.1.1 ODS 的定义及特点

ODS 是用于支持企业日常全局应用的数据集合。保存在 ODS 中的数据具有 4 个基本特点:面向主题的,集成的,可更新的,数据是当前或接近当前的。

和数据仓库一样,ODS 中数据的组织方式是面向主题的。而且为了满足支持企业全局应用的需要,ODS 中的数据在企业级上应保持高度的一致性,所以必须对进入 ODS 的数据进行转换和集成。从面向主题和数据是集成的这两个基本特点分析,虽然 ODS 的数据归根结底是来源于业已存在的、分散的各面向应用的操作型环境,但 ODS 是一种区别于面向应用的分散数据库系统的新的数据环境。面向主题、集成化的特点是这种区别的集中体现。

同时,ODS 中只存放当前数据或接近当前的数据,而且可以进行联机修改,包括增、删、改等操作。所谓"当前"是指数据在存取时刻是最新的,而"接近当前"则是指存取的数据是最近一段时间之前得到的。数据仓库中的数据是面向主题和集成的,但是一般不进行修改,这是 ODS 与数据仓库的区别之一。下文将会对两者之间的联系与区别从不同的方面进行剖析。

2.1.2 ODS 的功能和实现机制

前面提到,ODS 主要是为满足进行企业级全局应用的需求而产生的。这种全局应用还可以大致划分为两类:一类是进行企业级 OLTP,另一类为即时 OLAP。

1. 在 ODS 上可以实现企业级 OLTP

所谓企业级 OLTP,是指在实际数据处理中一个事务同时涉及多个部门的数据。在操作型数据库环境中,各应用所面对的仅是企业的某个部门,这些部门应用所处理的仅是企业的局部数据。在面向应用的分散数据库系统中,为了获得快速响应,每个数据库中不可能包含整个企业的完整数据,加上在实际数据库的构建过程中缺乏统一的工程化控制,某个操作型数据库的数据组织很少考虑其他数据库的特点和需求,因而数据缺乏一致性。所以在各分散的数据库上要进行企业级事务处理代价会很大,因为它首先要对分散在原有系统中的数据进行集成。而 ODS 中的数据已经是面向企业全局集成的,所以建立在 ODS 之上的 OLTP 可快速实现对企业中数据的全局集中管理。因此,ODS 的建立克服了原来面向应用的数据库组织分散的缺点。

为了实现企业级 OLTP,在 ODS 与数据库之间存在着如图 2.1 所示的双向映射关系,以保持双方的一致性。

一方面,ODS 中的记录系统定义表示 ODS 与数据库的数据抽取关系,各数据库记录系统上所做的任何修改操作都需要反映在相应的 ODS 记录中。

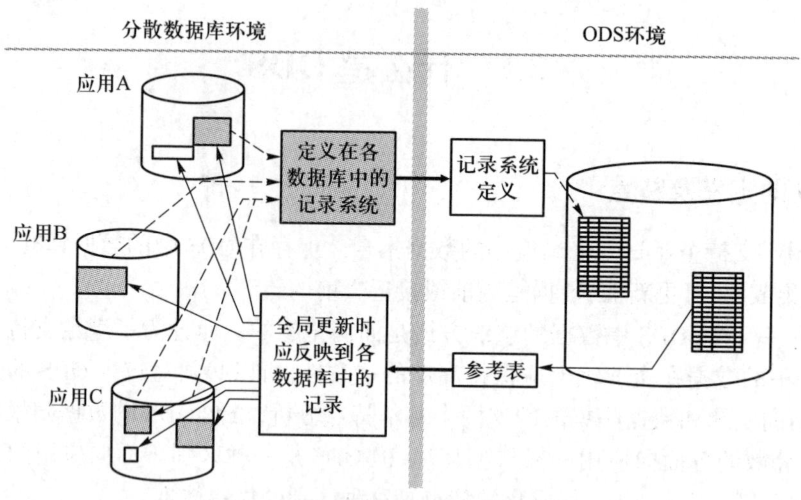

图2.1 ODS和数据库的双向映射关系

另一方面，ODS系统中还存放着一些参考表，它包含ODS全局更新时应反映到各数据库中相关记录的信息。

维护ODS与数据库间的一致性，可以由开发人员自己开发应用程序来完成，也可以利用现有的数据库复制产品来实现。在具体实现时，可以根据对ODS系统性能等不同要求，采取主从复制、对等复制和延时复制等不同策略。有关复制技术可以参考相关的资料。

2. 在ODS上可以实现即时(up-to-the-second)OLAP

一般来说，在数据仓库上实现OLAP是为了进行高层决策管理，如长期趋势分析。但由于数据仓库中的数据量庞大，所以OLAP的运行时间都较长。在企业的日常经营中，常常要进行一些非战略性的中层决策来实现对企业的日常管理和控制。在很多情况下，这类中层决策过程并不需要参考太多的历史数据，而主要参考和存取当前和接近当前的数据，并且要求有较快的响应速度，我们把这类对数据的即时分析处理称为"即时OLAP"。由于它不适宜于在数据仓库上进行，支持这类即时OLAP就成为建立ODS的一个主要目的。由于ODS中的数据量远较数据仓库为小，因此可以迅速获得决策信息，甚至可能达到秒级响应。因此，ODS的建立也克服了数据仓库系统过于"臃肿"、处理时间长的缺点。

企业级OLTP和即时OLAP这两类数据处理有着明显差别，又可分别称为操作型处理模式和信息型处理模式。所谓信息型处理模式就是只有查询操作的工作模式(非排他型的)，而操作型处理模式则指含有更新操作的工作模式(排他型的)。两种模式在数据处理上的差别导致所需的技术支持有着很大差异。在进行企业级OLTP时，ODS是一个操作型的环境，与面向应用的分散数据库系统一样，此时ODS所要求的支持技术包括事务管理、并发控制(如封锁管理、死锁检查)、数据恢复、日志管理以及数据存储管理等复杂技术。而在进行即时OLAP时，ODS又是一个分析型的环境，此时的数据管理要简单得多，实际所需的支持技术也少得多。

考虑到这种差别的存在，这里引进“动态切换”的思想。其思路就是在系统中设置一个状态切换开关，使 ODS 系统在操作型环境和分析型环境间进行动态切换。这样在进行信息型处理时，可以将开关设置到分析型环境，关闭事务管理、并发控制等模块，从而可以大大提高系统效率，真正使得在进行即时 OLAP 时获得较快的响应速度。同时在进行操作型处理时，打开这些模块，以保证联机事务处理时数据的完整性，保证事务的原子性、一致性、隔离性和持续性等。在实际应用中，这种动态切换的技术是非常有效的，特别是在企业全局应用主要是即时 OLAP 的情况下，它可以大大减少系统开销，保证系统的良好运作。这就要求关系数据库管理系统的核心支持动态切换机制，提供灵活的系统构架，并能把这种灵活性向用户开放。此外，还可以适当配置系统环境，例如采用多服务器复制技术，即让某一数据库服务器始终处于分析型环境，保证在其上进行的分析处理很快得到响应，该服务器再利用复制技术与其他服务器保持数据的一致性。

下面通过一个全局更新的例子来更好地说明 ODS 在这类应用中的作用。如图 2.2 所示，某学校的数据分散于学校的各部门数据库中，或是外部数据（没有建立数据库的部门）。

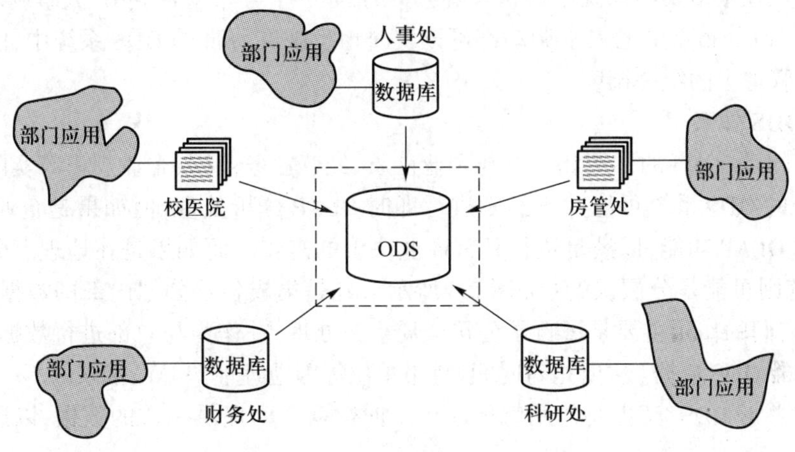

图 2.2 某学校的数据分布示意图

关于教职员工的完整信息可能被分散存放在人事处、房管处、科研处、财务处和校医院，而在每个部门的数据库中都没有有关员工的完整数据。现在若有某员工因故调离，那么学校一定有相应的规章制度规定了调离手续。现实生活中，这一调离手续往往办起来繁琐耗时，一则因为各部门所保存的该员工的信息不一致，从而需要进行核实工作，往往要为此花费很多时间；二则在现实中规定的调离手续不能得到严格执行，可能在人事组织关系上已调离人员在校医院却没有反映出来，仍然会有其医疗记录，该调离人员仍旧可以来学校看病，享受在职人员医疗待遇。这个例子说明，在分散的应用中进行需要部门间协调处理的操作时，往往会遇到各种各样的困难。

建立了 ODS 系统后，通过存放在其中的记录系统定义和一系列参考表在数据库和 ODS 间进行双向联系（参见图 2.1）。可以在学校的 ODS 系统中开发全局应用，如员工调离应用，这样就将学校的有关调离手续规定反映在应用系统中,从而可保证规章制度得以不折不扣地执行。与在分散数据库系统中进行全局应用相比较,在 ODS 系统上开发全局应用主要有以下两方面优点:

① 使得在进行全局应用时无须再进行数据集成。因为 ODS 中的信息已经是全局一致的,相当于预先进行了数据集成,这无疑会大大提高全局应用处理效率。如处理员工调离事务就可以在 ODS 上进行,各部门的更新均是对 ODS 中有关员工的同一个(组)关系模式进行,从而实现全局一致的更新。

② 使得在各部门的数据库中也可以进行全局应用。ODS 可以捕捉到在任何部门数据库中所做的全局操作,并将它真正全局化;而对各部门来说,进行全局应用和进行部门应用并没有任何区别。仍以员工调离的例子来说,如果该员工在人事处办理了调离手续,这一变化必将被 ODS 的感知程序捕捉到,从而可以转发这一变化给其他部门,实现全局更新操作。而对人事处来说,它并不需要知道自己所做的数据修改需要反映到哪些部门的数据库中,这一步工作由 ODS 系统来完成。这一点在很多实际系统中是非常有意义的,如一个分布型企业中,人事调动并不需要在总部进行,但任何分布点上的人事调动都可以实时地反映在总部的 ODS 系统中,因而仍可以保证总部在人事管理上的统一调度。

3. 分层 ODS 体系

需要说明的是,ODS 的作用和地位与企业性质、经营业务范围、企业规模等实际情况紧密相连。一个学校的 ODS 系统可能并不经常进行即时 OLAP 分析处理,但如果是企业的 ODS 则更多地要求即时 OLAP 功能,以满足进行日常商业决策的需要。而如果是在地理上分布的集团公司的 ODS 系统则可能是分层次的(如图 2.3 所示),先是集成各子公司内部的数据,建立起各子公司的 ODS,它们的作用主要是进行子公司全局事务处理,并作为与总部进行数据联系的接口。集成各子公司的 ODS 数据(主要是对时间、货币单位等因地理性差异而带来的不一致进行集成)而建立起来的总部 ODS,其主要作用就更注重于向数据仓库提供一致的数据,以进行高层决策管理。

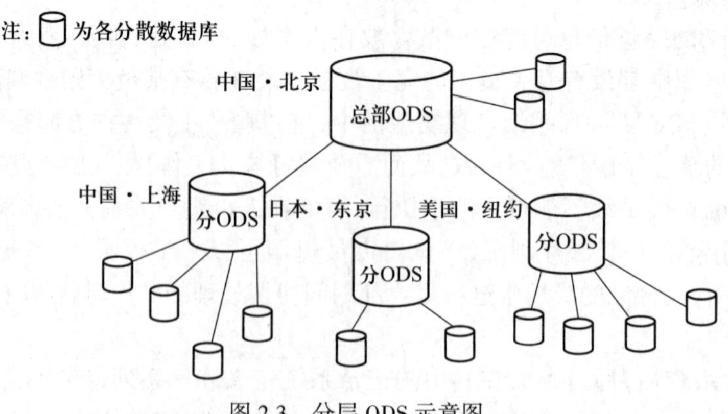

图 2.3　分层 ODS 示意图

2.2 DB~ODS~DW 体系结构

本节先对 ODS 和数据仓库（DW）做一较为详细的比较，以便读者更加明确地理解 ODS 在整个三层体系结构中的“承上启下”作用。

2.2.1 ODS 与 DW

面向主题和集成性使得 ODS 的数据在静态特征上很接近于 DW 中的数据。但是在 ODS 与 DW 之间仍然有许多差别。

① 最大的差别是两者存放的数据内容不同。从表 2.1 可以很容易地看出这一点。

表 2.1 ODS 和 DW 中存放数据的差别

操作型数据存储（ODS）	数据仓库（DW）
当前或接近当前的数据	历史数据
细节数据	细节数据和综合数据
可联机更新	不可变快照

在存放数据的时间跨度上，DW 和 ODS 的区别很明显。ODS 仅存放当前或接近当前的数据，而 DW 中是大量长期保存并可重复查询的历史数据。

在数据处理上，ODS 中主要保存的是细节数据，DW 中则不仅保存细节数据，也保存综合数据。ODS 也可以生成一定的综合数据，如在进行即时 OLAP 时经常也要生成一些统计数据，但这些综合数据只有在需要时才生成，并且由于 ODS 数据是随时可更新的，这些综合数据只有在生成时是准确的，因而在大部分情况下并不长期保存。相反，在 DW 中，由于历史数据不更新，新数据的增加不会十分频繁，所以可以保存相当数量的各级综合数据以备重复访问，而不必为维护这些综合数据付出许多代价。保存综合数据不仅可以提高 DW 分析处理的速度，而且能避免因综合方法等技术性差异而导致从相同数据源得出不同的综合结果。当然，ODS 也可以适当保存少量的综合数据。如果所生成的综合数据无须更新，且将被重复访问，那么 ODS 也可以将这部分综合数据长期保存起来。

② ODS 与 DW 的数据量是不同等级的，尤其是 DW 中保存了大量的历史数据，其数据量要远远超出 ODS。ODS 只存放当前和接近当前的细节数据，而且在后面的实例中还会看到，实际情况下 ODS 为了获得较高的系统性能，可以将一部分固定数据信息不包含在内。而 DW 则几乎无所不包，从细节数据到程度各异的综合数据，从当前数据到历史档案数据，有时还需参考一些外部数据。

③ 二者的技术支持不尽相同。ODS 要支持面向记录的联机更新，又要随时保证其数据与源

数据库系统中数据的一致性，因而需要的支持技术与面向应用的分散 DB 系统的支持技术一样复杂。而在 DW 中，则需要支持 ETL 技术和数据快速存取技术等。

④ 二者面向的需求不同。ODS 的需求有两方面：一是满足企业进行全局应用的需要，包括企业级 OLTP 和即时 OLAP；二是向 DW 提供一致的数据环境以供抽取。DW 则主要用于高层战略决策，如长期趋势分析、预测等。

⑤ 二者的使用者不同。ODS 的使用者主要是企业的中层管理人员，他们应用 ODS 进行企业日常管理和控制；DW 的使用者则主要是 DSS 分析员或企业高级决策层。

2.2.2　DB~ODS~DW 三层体系结构

从 2.2.1 小节各方面的分析可以看到，DW 与 ODS 是不能相混淆的。它们面向不同的用户，为适应不同的需求而产生，都有其不可替代的作用，彼此之间并不是相互包含的；同时两者又是可以相互结合、相互补充的。图 2.4 所示的 DB~ODS~DW 体系结构可以进一步说明 DW 和 ODS 之间的关系、ODS 存在的必要性及其在实际应用中所处的地位。

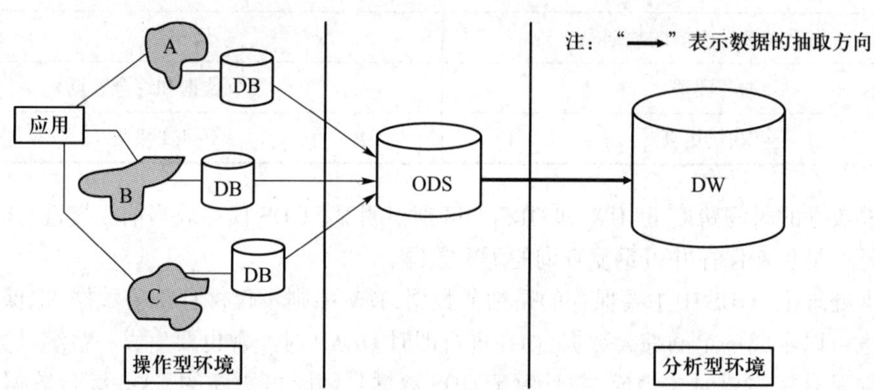

图 2.4　DB~ODS~DW 体系结构

在 DB、ODS、DW 三者并存的体系结构中，引入 ODS 具有许多新的特点。抛开 ODS 的自身需求，单独思考它在 DB~ODS~DW 体系结构中的作用，可以一言以蔽之：ODS 在这里充当了承上启下的角色。一方面，ODS 是一个全局"提纲挈领"者，它在原来独立的各 DB 基础上建立了一个一致的、面向主题的数据环境，从而使原有的 DB 系统得到改造。如前所述，ODS 的数据使得这些被人为孤立开来的 DB 间建立起实际存在的内在联系，从而得以实现全局一致性。另一方面，ODS 一致和完整的数据世界将 DW 和原有的 DB 隔离开来，使 DW 卸去数据集成、结构转换等一系列沉重负担，对 DW 的数据追加可通过 ODS 进行，从而大大简化了 DW 的数据传输接口及管理数据的复杂度。

无论是 DW 还是 ODS，数据都来源于各自的记录系统。在建立了 ODS 之后，ODS 的记录系统在各操作型数据库系统中，而 DW 的记录系统一般在 ODS 之中（如图 2.5 所示）。ODS 中的数据经变换后被装入 DW 之中,由于这些数据已经过 ODS 集成,并且是面向主题进行组织的,所以所做的变换仅限于数据模式上某些差异的转换,以及对码结构进行改造,如加上“时间”属性。这时 DW 与操作型环境的界面变得简单了,但是对原有 DB 系统的数据改造工作并没有因此得到简化。对于整个体系结构来说,ODS 的介入只是将数据集成的艰巨工作从 DB~DW 的界面转移到 DB~ODS 的界面上来,这时 ODS 记录系统的接口仍是比较复杂的,但由于 ODS 处理的是当前或接近当前的数据,其数据量远比 DW 小,故处理起来较为方便。

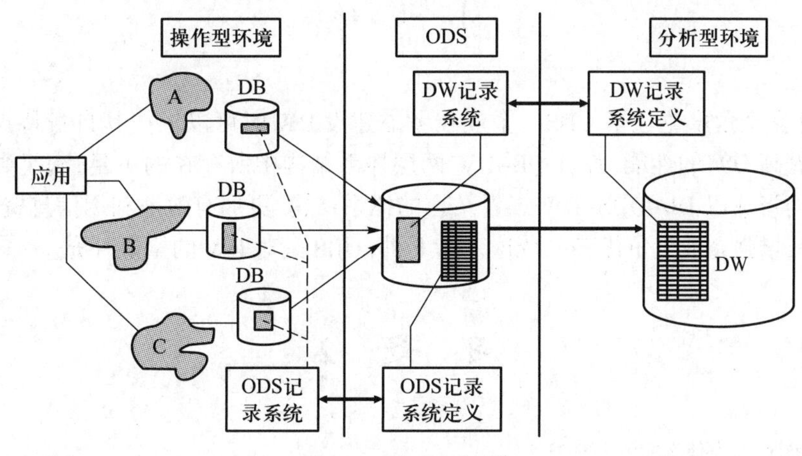

图 2.5 两级记录系统

前面已阐明 ODS 的产生并不单纯为了简化 DW~DB 界面,还由于它有其自身的需求——企业级全局应用。如果不引入 ODS,而仅建立 DB~DW 两层体系结构,则完成全局 OLTP、即时 OLAP 以及 DW 数据追加都会增加难度。例如:

① 若要实现全局 OLTP,显然这不可能在 DW 上进行,而只能在操作型 DB 上完成。此时将不得不由应用本身来进行各 DB 间的协调,在分布环境下尤其如此。这显然会大大增加应用的复杂度并增加许多额外开销。

② 若要实现即时 OLAP,获取全局决策信息,则要在 DW 上进行。但 DW 中历史数据的刷新周期一般要在 24 小时以上,则在 24 小时之内将不会获得更多的信息;或者缩短 DW 的刷新周期,而这又会导致 DW 的细节数据的时间粒度过小,DW 的数据增长过快。这样在进行趋势分析时,需预先对小粒度数据进行综合,而这会进一步增加 OLAP 的运行时间。

③ 在没有 ODS 时,DW 的记录系统分散于各非集成的数据库应用之中。这时由于各应用的数据分散且变化快速,则数据向 DW 集成时,DW 的转换接口将很复杂且要处理好各应用在时间上的同步等问题。

因此,ODS 系统的引入弥补了 DB~DW 两层体系结构的不足。但也要说明的是,ODS 不是必需的。换句话说,在整个体系结构中可以只有 DB 与 DW。一般来说,在不需要操作型集成信息的情况下,基于 DB~DW 的体系是优化的。但现实的系统多为非集成的复杂系统,同时在企业管理中，经理信息系统（executive information system，EIS）不仅要获得长期决策信息，也要进行日常决策。在 DB~ODS~DW 体系结构中，ODS 做出的即时决策是基于集成性、企业级的一致数据，这对企业进行中层管理，制定短期决策是极有帮助的。因此，要获得企业级操作型集成信息，建立 DB~ODS~DW 体系结构是较优的。如仍采用 DB~DW 体系结构则意味着把前面定义的 ODS 融入 DW 之中，无疑将增加 DW 的系统管理难度并降低系统效率。

小　结

本章通过多个角度论述了 ODS。企业在考虑建设 DW 时可以根据其自身特点建立相应的 ODS，以有效提高 DW 的性能，弥补 DB~DW 两层体系结构中所存在的不足，满足数据处理的多层次要求，从而形成以 DB~ODS~DW 三者结合的体系结构，更加有效地利用信息资源，为企业的决策分析服务，增强企业竞争优势。从这一点上讲，ODS 是对 DW 的重要补充。

习　题　2

1. 什么是 ODS？为什么要引入 ODS？
2. ODS 中的数据具有什么特点？
3. 简述 ODS 的功能。
4. ODS 和 DW 的区别是什么？
5. 在 DB~ODS~DW 三层体系结构中，存在着哪两级记录系统？
6. 什么是分层 ODS？
7. 什么是操作型处理模式？什么是信息型处理模式？二者如何切换？

第 3 章　数据仓库中的数据及组织

第一章介绍了数据仓库中数据的 4 个基本特征，那么数据仓库中存储了哪些数据？这些数据又是如何进行组织及存储的？它们的组织形式有哪些？本章希望通过对数据仓库中存放的数据内容及其组织形式的介绍来加深读者对 4 个基本特征的理解。

3.1　数据仓库中的数据组织

如图 3.1 所示，数据仓库中存储的数据包含两类：业务数据和元数据，其中业务数据又分为细节数据和综合数据。

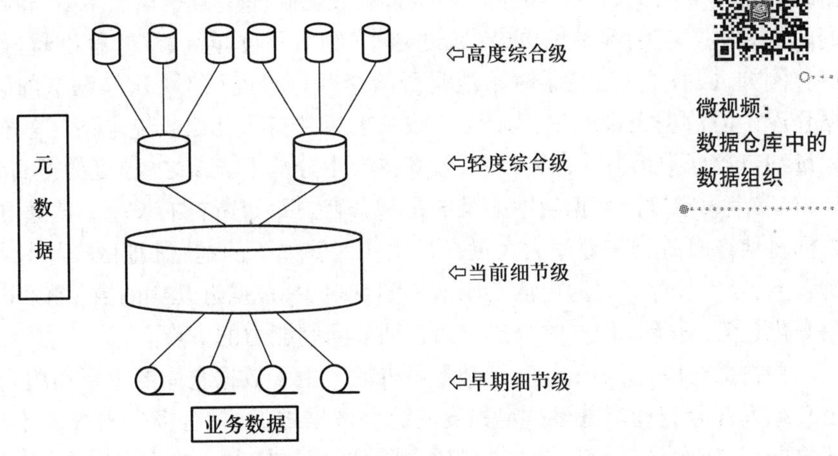

图 3.1　数据仓库中存储的数据

数据仓库中的业务数据可以大致分为 4 个级别：早期细节级、当前细节级、轻度综合级和高度综合级。源数据经过抽取、转换后首先进入当前细节级，并根据具体需要进行进一步综合，从而进入轻度综合级乃至高度综合级。老化的数据将进入早期细节级。

数据仓库中还有一部分重要数据是元数据（metadata）。元数据是“关于数据的数据”，如传统数据库中的数据字典就是一种元数据。关于元数据的概念将在本章 3.3 节进行详细介绍。

从图 3.1 可以看出，数据仓库中的数据存在着不同的综合级别，一般称为“粒度”。粒度越大表示细节程度越低、综合程度越高。级别的划分是根据粒度进行的。图 3.2 是一个关于数据组织结构的例子。

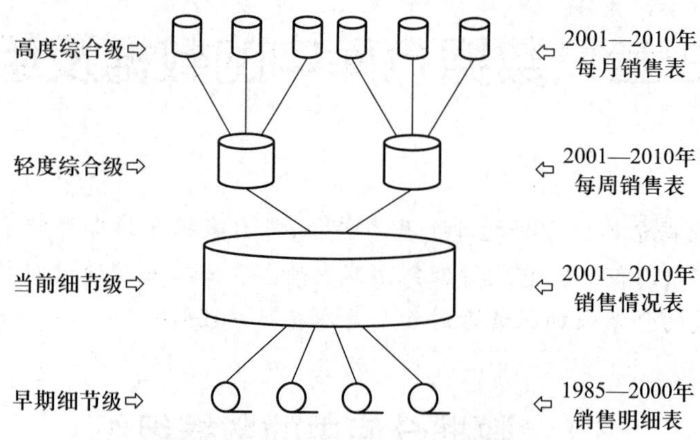

图 3.2 数据仓库的数据组织结构示例

1. 数据粒度

数据粒度是数据仓库的重要概念。粒度可以分为两种形式，第一种粒度是对数据仓库中数据的综合程度高低的一个度量。它既影响数据仓库中数据量的多少，也影响数据仓库所能回答询问的种类。我们容易推想出：粒度越小，细节程度越高，综合程度越低，回答查询的种类就越多。例如，回答“张三在某时某地是否给李四打过电话？”这样细节的问题。但这必然造成数据仓库中的数据大量堆积，当回答“张三去年共打了几次长途电话”这样的综合性问题时，要从大量细节数据中综合并计算答案，效率将会十分低下。反之，粒度的提高将会提高查询效率。例如，在一个大粒度的数据层中记录的是每个客户每年所打的长途 / 普通电话费用，那么这组综合数据将使许多查询的效率大大提高。比如回答如下问题：某地区今年长途与普通电话费用之比是多少，今年长途 / 普通电话费用增长率是多少，根据近几年的数据预测未来长途 / 普通电话费用变化趋势，等等。但同时也造成回答细节问题能力的下降。

在数据仓库中，多重粒度是必不可少的。由于数据仓库的主要作用是联机分析处理，因而决定其绝大部分查询都基于一定程度的综合数据之上，只有极少的查询涉及细节。所以应将大粒度数据存储于快速设备，如磁盘或磁盘阵列上，这样对于绝大多数查询性能将大大提高；而将小粒度数据存储于低速设备上，如有对于细节的查询也可以满足。当然，这样的查询代价将会是很高的，它并非数据仓库的典型应用。

第二种粒度是样本数据库。同通常意义的粒度不同，样本数据库的粒度级别不是根据综合程度的不同来划分，而是根据采样率的高低来划分的。采样粒度不同的样本数据库可以具有相同的综合级别，一般是以一定的采样率从细节档案数据或轻度综合数据中抽取的一个子集。

样本数据库是根据一定需求从源数据中得到的一个抽样，因而也就不能回答一些细节问题，如“张三是不是我们的顾客？”

抽样的方法很多,一般是随机抽取,样本数据可以代替源数据进行模拟分析。经验证明,在源数据量很大的情况下抽样数据量可大大下降,如达到源数据量的 1/100 或 1/1 000 得出的分析结果误差极小,而它的高效率是显而易见的。特别是在分析工作中,有许多探索的过程并不要求精确的结果,只需要建立起分析模型,得到相对准确、能反映趋势的数据,从而验证用户的猜想,为下一步策略确定方向或对当前分析程序做出相应调整。此时,样本数据就大有用武之地了。

2. 数据分割

数据分割是数据仓库中的另一个重要概念。它是指将数据分布到各自的物理单元中,以便能分别独立处理,提高数据分析效率。数据分割后的数据单元称为分片。

进行数据分割的理由是,在进行实际的分析处理时,对于相关数据集合的分析是最常见的,例如对某一时间或某一时段数据的分析,对某一地区数据的分析,对特定业务领域数据的分析等。如果将具有这种相关性的数据组织在一起,无疑将会提高效率。

数据分割的标准可以根据实际情况来确定,通常选择按日期、地域或业务领域等来进行分割,也可以按多个分割标准的组合来进行。一般而言,分割标准总应包括日期项,因为它自然而且分割均匀。分割之后,小单元内的数据相对独立,处理起来更快、更容易。

数据分割后要达到的目的是,使数据更易于重构、索引、重组、恢复、监控和顺序扫描。表 3.1 就是一个简单的分割例子,分片是按时间标准来组织的。

表 3.1 一个简单的分割例子

时间 / 年	健康保险	生命保险	事故保险
2008	分片 1	分片 2	分片 3
2009	分片 4	分片 5	分片 6
2010	分片 7	分片 8	分片 9

3.2 数据仓库中数据的追加

如何定期向数据仓库追加数据也是一种非常重要的技术。我们知道,数据仓库的数据来自 OLTP 数据库。数据仓库的数据初装完成后,再向数据仓库输入数据的过程称为数据追加。如果数据在 OLTP 数据库中并没有发生变化,则不需要向数据仓库追加,所以数据追加的内容仅限于上次向数据仓库输入后在 OLTP 数据库中变化了的数据。因此,要完成数据追加,必须能够确切地感知究竟哪些数据是在上一次追加完成之后新生成的,这项工作称为变化数据的捕捉。

微视频:
数据仓库中
数据的追加

捕捉变化数据的常用途径有如下几种:

① 时标方法。如果数据含有时标,对新插入或更新的数据记录,在记录中

加更新时的时标,则只需根据时标即可判断哪些数据是上次追加后变化了的。但许多数据库中的数据并不包含时标,需要对源数据库的数据模式加以修改,加上时标字段。

② DELTA 文件。它是由应用生成的文件,用来记录应用所改变的数据内容。利用 DELTA 文件来捕捉变化数据效率比较高,它避免了扫描整个数据库。但问题是生成 DELTA 文件的应用并不普遍。此外还有更改应用代码的方法,使得应用在生成新数据时可以自动将其记录下来。但应用成千上万,且修改代码十分繁琐,这种方法很难实现。

③ 前后快照文件的方法。在上次抽取数据库数据到数据仓库之后及本次将抽取数据库数据之前,对数据库分别做一次快照,然后比较两幅快照的不同,从而确定实现数据仓库追加的数据。这种方法需占用大量资源,可能会较大地影响系统性能,因此并无多大实际意义。

④ 日志文件。它是最可取的技术之一。因为日志文件是数据库的固有机制,因此不会影响 OLTP 的性能。同时它还有 DELTA 文件的优越性质,提取变化数据只局限于日志文件,而不需扫描整个数据库。当然,日志文件的格式是依据数据库系统的要求而确定的,它包含的数据对于数据仓库而言可能有许多冗余。比如对一个记录的多次更新,日志文件将全部变化过程都记录下来,而数据仓库则只需要最终结果,因此还要进行改进。但相比较而言,日志文件仍然是最可行的一种选择。

3.3　数据仓库中的元数据

数据仓库中还有一部分重要数据是元数据。传统数据库中的数据字典就是一种元数据。数据仓库是一种面向决策主题,由多数据源集成,拥有当前及历史数据、细节和综合数据,以查询为主的数据库系统,其目的是支持决策。数据仓库根据决策的需求收集、抽取、转换来自企业内外多个业务处理系统的有关数据。对于这样一个复杂的数据环境,存储和管理所有这些数据的有关信息,即元数据,具有十分重要的意义。它是数据仓库赖以实现和正常运行的基础。

3.3.1　元数据的定义

元数据是描述数据的数据。它描述数据的结构、来源,数据的抽取和转换规则,数据的存储;描述操纵数据的进程和应用程序的结构、功能等。其主要目标是提供数据资源的全面指南,使得数据仓库管理员和开发人员可以方便地了解数据仓库中有什么数据,数据在什么地方,它们来源于哪里,以及数据仓库系统是如何利用这些数据,如何管理这些数据的。

元数据不仅定义了数据仓库中数据的模式、来源以及抽取和转换规则等,而且整个数据仓库系统的运行都是基于元数据的。是元数据把数据仓库系统中各个松散的组件联系起来,组成一个有机的整体。有人说元数据是数据仓库系统的黏合剂,这是非常贴切的。很多数据仓库方案失败的原因之一,就是没有充分认识到元数据在数据仓库建设和运行维护中所发挥的重要作用。

元数据在数据仓库生命周期中有着重要的地位,不同供应商的数据仓库解决方案都涉及元数据管理。特别要指出,在数据仓库建设的各个阶段都会产生元数据,产生的元数据或者按照公用标准组织存储,或者以特殊的格式存储。

以下这些工具都与元数据的产生或者存储有关。

① 数据抽取工具:把 OLTP 业务系统中的数据抽取、转换、装载到数据仓库中。

② 前端展现工具:包括 OLAP 在线分析工具、报表工具和商务智能(business intelligence, BI)工具等。它们通过把关系表映射成与业务相关的事实表和维表来支持多维业务视图,进而对数据仓库中的数据进行多维分析。

③ 建模工具:为非技术人员准备的业务建模工具,这些工具可以提供更高层次、与特定业务相关的语义。

④ 元数据存储工具:以上三种工具所用到的元数据通常存储在专门的数据库中,该数据库就如同一个"黑盒子",外部工具不知道元数据是如何存储的。

3.3.2 元数据的分类

元数据可以按多种方式进行分类。例如,按使用元数据的用户分类,按来源的正式程度分类,按功能分类等。

1. 按使用元数据的用户分类

按使用元数据的用户分类,元数据可以分为技术元数据(technical metadata)和业务元数据(business metadata)两类。

(1)技术元数据

技术元数据是关于数据仓库系统技术细节的描述数据,是数据仓库的开发和管理人员需要使用的重要信息。技术元数据主要包括数据仓库结构的描述(各个主题域的定义,星形模式或雪片模式的描述定义等)、ODS 层的企业数据模型描述(描述关系表及其关联关系)、数据仓库和数据集市定义描述与装载描述(包括数据方体的维度、层次、度量以及相应事实表、概要表的定义及抽取规则)。另外,安全控制和安全认证数据(用户访问权限、数据备份历史记录、数据导入历史记录、信息发布历史记录等)也是元数据的一个重要部分。

技术元数据的主要用户是技术人员。技术人员包括数据建模员、DBA、ETL 程序员、数据仓库管理员等。他们需要利用技术元数据来进行数据仓库系统的开发和维护工作,并使数据仓库发展壮大。

(2)业务元数据

业务元数据从业务角度描述数据仓库中的数据,它提供了介于使用者和实际系统之间的语义层定义,使得不懂计算机技术的业务人员也能够理解数据仓库中的数据。

业务元数据主要包括使用者的业务术语所表达的数据模型、对象名和属性名,访问数据的原则和数据来源,系统所提供的分析方法及公式、报表信息等。

业务元数据的主要用户是商务人员,包括公司执行官和商务分析员。他们关心数据仓库中数据的位置,数据的可靠性,数据的上下文,数据源于哪些系统、使用了哪些转换规则,可以产生哪些分析报告等。

2. 按来源的正式程度分类

按来源的正式程度分类,元数据可以分为正式元数据和非正式元数据两类。

(1) 正式元数据

正式元数据是指经过认真讨论并由企业决策者同意的元数据。一般都经历了正式的归档过程,存储在整个企业公认的工具或文档中,并在整个企业范围内加以维护。

(2) 非正式元数据

非正式元数据由公司的政策、指导方针和常识组成,一般没有标准的形式,是人所皆知的信息。这类信息没有进行正式归档,但是这些信息与正式元数据一样有价值,因为它往往是和业务有关的。必须注意,在很多情况下许多业务元数据是非正式的,所以获取这些元数据并把它们在数据仓库中归档、正式化是非常重要的。这就是取得非正式元数据并把它转换成正式元数据的过程。由于每个组织情况不同,很难给出非正式元数据在哪里,但是最常见的非正式元数据的来源有业务规则、业务定义、竞争者产品列表等。

3. 按功能分类

按照元数据的功能,或者说按照组成数据仓库系统的各个功能模块所涉及的元数据,可以将元数据分为数据源元数据、ETL 规则元数据、ODS 元数据和 DW 元数据、报表元数据、接口数据文件格式元数据、商业元数据等。

(1) 数据源元数据

数据源元数据是为数据仓库提供数据的各种业务系统的数据字典。例如,在电信经营分析系统中,为数据仓库提供数据的业务系统包括综合营账系统(或专业营账系统)、结算系统、计费系统、客户服务系统等。

由于业务系统为数据仓库提供的数据一般只是业务系统全部数据中的一个子集,该子集构成业务系统对数据仓库的数据接口。数据仓库对数据源元数据的管理范畴仅仅涉及数据接口部分,因此数据源元数据与接口元数据可以合二为一。

(2) ETL 规则元数据

ETL 规则涉及 ETL 数据源、ETL 目标系统、ETL 流程、源与目标的映射关系等。因此 ETL 规则元数据包括 ETL 数据源元数据、ETL 目标系统元数据、ETL 流程元数据、源与目标的映射关系元数据等信息。在数据仓库项目中,如果 ETL 采用第三方专业工具(如 DataStage、Informatica 等),这些工具均有比较强的元数据管理能力,这时 ETL 规则元数据在数据仓库中就不独立考虑。

(3) ODS 元数据和 DW 元数据

ODS 元数据和 DW 元数据均属于数据仓库元数据,是数据仓库系统的核心元数据。在数据仓库系统中,数据仓库一般采用关系数据库管理系统进行数据的存储和管理,设计模式采用星形模式(star schema)、雪片模式(snowflake schema)等。设计模式遵循数据仓库的设计准则,实现主题、维、度量等多维概念模型。因为在关系数据库管理系统中这些元素物理上都是具体的数据表(table),这些表与多维模型的映射关系需要通过元数据进行描述和定义。因此,ODS 元数据和 DW 元数据是元数据管理模块中的重要管理对象。

(4) 报表元数据

报表元数据包括对报表和报表中具体指标的描述信息。如果在系统中报表数据的生成、录入、展现不依赖第三方工具,报表元数据也是元数据管理模块要管理的对象之一。

(5) 接口数据文件格式元数据

接口数据文件格式元数据包括接口数据文件的命名、传输周期、格式等说明信息,这些元数据已在 ETL 工具中进行管理。

(6) 商业元数据

商业元数据主要指在系统中对各项指标的业务含义的描述性信息。具体包括主题的分析目标描述、维的业务含义描述、度量的业务含义描述、报表指标的解释信息等。因此,商业元数据的管理可以分解为 ODS 元数据和 DW 元数据、报表元数据等部分。

3.3.3 元数据管理的标准化

元数据在数据仓库系统中占有十分重要的地位。遗憾的是,工业界的各种数据仓库管理和分析工具常常使用不同的元数据标准,使得元数据管理、不同系统之间的迁移与数据交换变得困难。因此,迫切需要建立一种统一的标准,使得不同的数据仓库和商务智能系统之间可以相互交换元数据。

近几年,元数据联盟(metadata coalition, MDC)的开放信息模型(open information model, OIM)和对象管理组(OMG)的公共仓库元模型(common warehouse metamodel, CWM)标准的逐渐完善,以及 MDC 和 OMG 两个组织的合并,为数据仓库厂商提供了统一的标准,从而为元数据管理铺平了道路。

从元数据的发展历史可以发现,元数据管理主要有两种方法:

① 对于相对简单的环境,按照通用的元数据管理标准建立一个集中式的元数据知识库。

② 对于比较复杂的环境,分别建立各部分的元数据管理系统,形成分布式元数据知识库,然后通过建立标准的元数据交换格式实现元数据的集成管理。

下面分别介绍 OIM 和 CWM 这两个数据仓库领域最主要的元数据标准。

1. MDC 的 OIM 标准

MDC 成立于 1995 年,是一个致力于建立与厂商无关、不依赖于具体技术的企业元数据管理标准的非营利技术联盟。该联盟有 150 多个会员,其中包括微软和 IBM 等著名软件厂商。1999 年 7 月 MDC 接受了微软的建议,将 OIM 作为元数据标准。

OIM 的目的是通过公共的元数据信息来支持不同工具和系统之间数据的共享和重用。它涉及信息系统(从设计到发布)的各个阶段,通过对元数据类型的标准描述来达到工具和知识库之间的数据共享。OIM 所声明的元数据类型都采用统一建模语言(universal modeling language, UML)进行描述,并被组织成易于使用和扩展的多个工具集。例如,

① 分析与设计工具集：主要用于软件分析、设计和建模。该工具集又进一步划分为UML包（package）、UML扩展包、通用元素包、公共数据类型包和实体联系建模包等。

② 对象与组件工具集：涉及面向对象开发技术的各个方面。该工具集只包含组件描述建模包。

③ 数据库与数据仓库工具集：为数据库模式管理、复用和建立数据仓库提供元数据概念支持。该工具集进一步划分为关系数据库模式包、OLAP模式包、数据转换包、面向记录的数据库模式包、XML模式包和报表定义包等。

④ 业务工程工具集：为企业运作提供一个蓝图。该工具集进一步划分为业务目标包、组织元素包、业务规则包、商业流程包等。

⑤ 知识管理工具集：涉及企业的信息结构。该工具集进一步划分为知识描述包和语义定义包。

上述工具集中的包都是采用UML定义的，可以说UML语言是整个OIM标准的基础。虽然OIM标准并不是专门针对数据仓库的，但数据仓库是它的主要应用领域之一。

2. OMG的CWM标准

OMG是一个拥有500多个会员的国际标准化组织，著名的CORBA标准即出自该组织。OMG制订的CWM标准的主要目的是，在异构环境下帮助不同的数据仓库工具、平台和元数据知识库进行元数据交换。2001年3月，OMG颁布了CWM 1.0标准。CWM既包括元数据存储，也包括元数据交换，它是基于以下三个工业标准制定的。

① UML：OMG建模标准，使用UML对CWM进行建模。

② MOF：元对象设施（meta object facility），是OMG元模型和元数据的存储标准，提供在异构环境下对元数据知识库的访问接口。

③ XMI：XML元数据交换（XML metadata interchange），OMG元数据交换标准，它可以使元数据以XML文件流的方式进行交换。

CWM为数据仓库和商务智能工具之间共享元数据制定了一整套关于语法和语义的规范。它主要包含以下4个方面的规范。

① CWM元模型：描述数据仓库系统的模型。

② CWM XML：CWM元模型的XML表示。

③ CWM DTD：数据仓库/商务智能工具共享元数据的交换格式。

④ CWM IDL：数据仓库/商务智能工具共享元数据的应用程序访问接口。

与OIM标准一样，CWM元模型也是由很多包组成的。

① 元模型包：构造和描述其他CWM包中的元模型类的基础。它是UML的一个子集，包含核心包、行为包、联系包、实例包4个子包。

② 基础包：表示CWM概念和结构的模型元素，这些模型元素又可以被其他CWM包所共享。它包含业务信息包、数据类型包、表达式包、关键字和索引包、软件发布包、类型映射包6个子包。

③ 资源包:用于描述数据资源,包含关系包、记录包、多维包、XML 包 4 个子包。

④ 分析包:定义如何对信息进行加工和处理,包含转换包、OLAP 包、数据挖掘包、信息可视化包、业务术语包 5 个子包。

⑤ 管理包:用于描述数据仓库管理和维护,包含仓库过程包和仓库操作包两个子包。

在数据抽取过程中,数据从各个业务系统统一转换存储到中央数据仓库中。CWM 中的转换模型定义了数据在源和目标之间移动的过程,其中不仅包括源和目标之间的参数,还包括转换中的业务逻辑。这些业务逻辑可能包括一些商业规则、类库甚至是用户脚本。数据仓库如果有一个规范的转换模型,将给工具软件厂商和专业服务提供商带来极大的好处。

最终用户同样也能从 CWM 中受益,在使用商务智能分析软件进行多维分析时,用户往往会对数据的含义和来源产生疑问。CWM 能够提供这些信息,使用户可以清楚地看到数据来自哪个系统,并且是如何组成的。

3. CWM 与 OIM 之间的关系

CWM 实际上是专门为数据仓库元数据制定的一套标准,而 OIM 不仅是针对数据仓库元数据的。OIM 所关注的元数据的范围比 CWM 要广,CWM 只限定于数据仓库领域,而 OIM 包括分析与设计、对象与组件、数据库与数据仓库、业务工程、知识管理 5 个领域。

OIM 与 CWM 在建模语言的选择(均为 UML 描述语言)、数据库模型的支持、OLAP 分析模型的支持、数据转换模型的支持方面都比较一致。但是 OIM 并不是基于元对象设施的,这意味着用 OIM 所描述的元数据需要通过其他接口才能访问,而 CWM 所描述的元数据可以通过 CORBA IDL 来访问。

在数据交换方面,OIM 必须通过特定的转换形成 XML 文件来交换元数据,而 CWM 可以用 XMI 来进行交换。

需要说明的是,MDC 与 OMG 两个组织已经合并,今后所有的工具都将遵循统一的 CWM 标准。不过支持 CWM 的工具才刚刚出现,而支持 OIM 标准的工具已经相对成熟。

小　　结

本章主要介绍数据仓库中的数据组织和元数据。通过学习本章,应主要做到以下三点:

① 对数据仓库中的数据组织有一定的认识,了解数据仓库中存储的业务数据有细节数据和综合数据。

② 掌握数据仓库数据中数据粒度、数据分割的概念,了解数据追加的概念以及捕捉变化数据的方法。

③ 掌握元数据的基本概念。了解元数据管理在数据仓库建设中的重要地位。

习　题　3

1. 数据仓库中存储的数据有哪些？
2. 简述数据粒度和数据分割的概念。
3. 捕捉变化数据的常用途径有哪些？
4. 什么是元数据？其在数据仓库中的地位和作用是什么？
5. 元数据的产生或存储与哪些数据仓库工具有关？
6. 元数据的分类有哪些？
7. 元数据的标准有哪些？试比较它们之间的异同。

第 2 篇 联机分析处理技术

第 1 篇主要介绍了数据仓库产生的原因、数据仓库的基本概念和体系结构、数据仓库和操作型数据存储（ODS）的关系、数据仓库中存储的数据及其组织形式等。数据仓库中存储了按照主题组织的大量数据，这些数据反映了企业的运行历史和现状，蕴含了许多宝贵的信息和有用的规律。数据仓库是进行决策分析的基础。建立数据仓库的目的是进行决策分析，因此数据仓库的应用过程离不开数据分析技术。数据仓库只有通过与数据分析技术的结合，才能发现以前未知的信息，为企业的科学决策提供依据。

数据分析技术是在一定的数据基础上进行分析的方式和方法，通常包括联机分析处理、数据挖掘等内容。本篇（第 4—6 章）将主要对联机分析处理（OLAP）技术进行介绍，下一篇（第 7—11 章）将主要对数据挖掘技术进行介绍。

需要说明的是，数据分析技术不一定非要建立在数据仓库基础上，也可以建立在数据库、文件或专门的数据集之上。但有了数据仓库之后，数据分析的能力和效率将大大提高。

第4章　概述及模型

联机分析处理（OLAP）技术是数据仓库中一种非常重要的分析技术，是数据仓库技术的自然延伸和继续。OLAP是以海量数据为基础的复杂分析技术，支持各级管理决策人员从不同角度快速灵活地对数据仓库中的数据进行复杂查询和多维分析处理，并能以直观易懂的形式将查询和分析结果提供给决策人员，以便其及时掌握企业内外的情况，辅助各级领导进行正确决策，提高企业的竞争力。

4.1　OLAP技术概述

1. OLAP的起源

微视频：OLAP技术概述

OLAP的概念最早是由关系数据库之父E.F.Codd于1993年提出的。当时，Codd认为联机事务处理已不能满足终端用户对数据库数据查询和分析的需要，SQL对大型数据库进行的简单查询也不能满足用户分析的需求，用户的决策分析需要对关系数据库进行大量计算才能得到结果，而简单的查询并不能满足决策者提出的要求。

不少软件厂商采取发展其前端产品的方式来弥补关系数据库管理系统支持的不足，他们通过专门的数据综合引擎，力图统一分散的公共应用逻辑，辅之以更加直观的数据访问界面，在短时间内响应分析人员的复杂查询要求。Codd将这类技术定义为OLAP。鉴于Codd的影响，OLAP的提出引起了很大反响，它逐渐被当作一类产品，并同联机事务处理（OLTP）明显区分开来。

2. OLAP的定义

不同的专家和组织对OLAP赋予了不同的含义。OLAP委员会给出的定义为：OLAP是使分析人员、管理人员或执行人员能够从多种角度对从原始数据中转化出来的，能够真正为用户所理解的，并真实反映企业多维特性的信息进行快速、一致、交互的存取，从而获得对数据更深入了解的一类软件技术。

从上面的定义可以看出，OLAP是供管理人员使用的一种软件，物理上要能对用户提出的各类复杂查询快速响应，逻辑上要具备多维建模的能力。其主要特点有：

① 快速性。用户对OLAP的快速反应能力有很高的要求，系统应能在很短的时间内对用户

的大部分分析要求做出反应。

② 可分析性。OLAP 系统应能处理与应用有关的各种逻辑分析和统计分析。

③ 多维性。系统必须提供对数据的多维视图和分析,包括对维层次和多重维层次的完全支持。多重维层次指同一个维所具有的多个维层次,比如时间维有两个维层次,一个是日、月、年,另一个是日、周。

④ 及时性。不论数据量有多大,也不管数据存储在何处,OLAP 系统应能及时获得信息,并且管理海量信息。

3. OLAP 与 OLTP 的区别

OLAP 是以数据库或数据仓库为基础的,与 OLTP 一样,其数据均来源于底层的数据库系统,但由于二者面对的用户不同,OLTP 面对的是操作人员和低层管理人员,OLAP 面对的是决策人员和高层管理人员,因而数据的特点与处理也明显不同(见表 4.1)。

表 4.1 OLTP 与 OLAP 数据比较表

OLTP 数据	OLAP 数据
原始数据	导出数据
细节性数据	综合性或提炼性数据
当前数据	历史数据
可更新	不可更新,但周期性追加和刷新
一次处理的数据量小	一次处理的数据量大
面向应用,事务驱动	面向分析,分析驱动
面向操作人员,支持日常操作	面向决策人员,支持管理需要

由表 4.1 可见,OLAP 与 OLTP 是两类不同的应用。OLTP 是对数据库数据的联机查询和增删改操作,它以数据库为基础;而 OLAP 更适合以数据仓库为基础的数据分析处理。OLAP 中历史的、导出的及经综合提炼的数据主要来自 OLTP 所依赖的底层数据库。OLAP 数据较之 OLTP 数据要多一步数据多维化或预综合处理的操作。例如,对一些统计数据,首先进行预综合处理,建立不同粒度、不同级别的统计数据,从而使其能满足快速数据分析和查询的要求。除了数据及处理上的不同之外,OLAP 前端产品的界面风格及数据访问方式也与 OLTP 不同。OLAP 大多采用非数据处理专业人员容易理解的方式(如多维报表、统计图形),查询及数据显示直观灵活,用户可以方便地进行逐层细化及切片、切块、数据旋转等操作;而 OLTP 大多使用操作人员常用的固定表格,查询及数据显示也比较固定、规范。有关 OLAP 的其他特点后面章节还要进一步论述。

4. OLAP 核心技术

OLAP 的核心技术包括多维数据模型、多维分析操作、多维查询及展示、数据方体技术等。多维数据模型是数据分析时用户的数据视图,是面向分析的数据模型,用于为分析人员提供多种观察的视角和面向分析的操作。

多维数据模型是数据仓库和联机分析处理技术的基础。多维数据模型的数据结构可以用多维数组(维$_1$,维$_2$,…,维$_n$;度量$_1$,度量$_2$,…,度量$_m$)来表示。例如,图 4.1 所示的产品销售数据是由地区、时间、产品,加上销售量组成的一个三维数组(地区,时间,产品;销售量)。三维数组可以用一个立方体来直观地表示。一般地,多维数组用多维超方体(通常称为数据方体)表示。数据方体中的维表示用户的观察角度,多维空间中的点表示度量的值。例如,在分析产品的销售情况时,用户感兴趣的角度有时间、产品和地区等,则可以把这三个因素作为维,销售量作为度量。这样,多维空间中的点就表示某种产品在某个地区某时间的销售量。

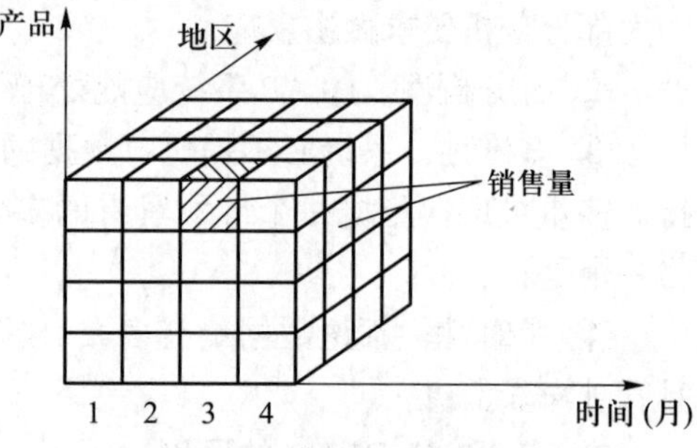

图 4.1　按数据方体表示的产品销售数据示例

为了便于分析,每个维还可以被组织成若干个层,层之间的半序关系构成一个或多个层次。如日、月、季度、年 4 个层构成了时间维的一个层次,而日、周、年 3 个层则构成时间维的另一个层次。

本章 4.2—4.5 节将对多维数据模型、多维分析操作、多维查询语言及多维数据展示进行具体介绍。有关数据方体的相关技术,包括数据方体的存储、预计算、缩减、索引、查询和维护等,将分别在第 5 章和第 6 章进行阐述。

4.2　多维数据模型

多维数据模型主要研究多维数据的抽象表示问题。通常用一个数据方体来表示一个多维空间,允许管理决策人员对多维数据从不同的角度进行快速、稳定和交互式的观察和存取。下面首先介绍多维数据模型的基本概念,然后介绍三种多维数据模型:星形模型、雪片模型和事实群模型。

4.2.1　基本概念

直观地讲,多维数据模型是一个多维空间,维表示用户的观察对象,多维空间中的点表示度量的值。OLAP 采用了多维数据模型。

与关系数据模型不同,多维数据模型是随着 OLAP 产品的流行而出现的,尚缺乏坚实的理论基础,也没有统一的多维数据模型。理论界从不同方面提出了一些模型,主要有用关系模型表示多维数据模型和把多维数据模型形式化为多维空间。前者不能表示多维数据模型中的一些半结构化特征,后者还没有得到广泛的认同。

本小节用描述性语言给出多维数据模型的核心概念,包括维、度量、数据方体、数据单元等,采用的是比较流行的术语。

1. 维(dimension)

维是人们观察数据的特定角度,是某个事物的属性。

例如,在分析产品销售数据时涉及时间、产品、地区。因为企业需要从时间的角度来观察产品的销售,观察随时间推移而产生的变化情况,查看在某个时间或时间段产品的销售量,所以时间就是一个维(时间维)。企业也时常关心自己的产品在不同地区的销售分布情况,这时是从地理分布的角度来观察产品的销售,所以地理分布也是一个维(地区维)。当然,企业更关心某个具体产品的销售情况,所以产品也是一个维。

维是商业活动中的一个基本要素。每个维都有一个唯一的名字,如时间维、地区维、产品维等。

(1)维成员(member)

维由一些维成员构成。维的一个取值称为维的一个成员,每个成员有一个名字,还可以有若干属性来描述成员的特征。如果一个维是多层的,那么该维的维成员是在不同维层上取值的组合。

例 4.1 假设时间维具有日、月、年 3 层,则分别在日、月、年上各取一个值组合就得到时间维的一个维成员,如“2019 年 8 月 8 日”。一个维成员并不一定在每个维层上都要取值,例如“2019 年 5 月”“10 月 1 日”“2019 年”等都是时间维的维成员。

例 4.2 在企业中地区维一般用于描述企业的销售管理网络。一个跨国大型零售商在世界各地设立了商店,为便于管理,在每个城市设立管理机构来管理该城市中的所有商店;同样,在每个地区、每个国家也都设有管理机构。总部负责管理全部业务。地区维的维成员是该公司所有的商店和管理机构,它们构成了如下所示的一个集合:

{商店$_1$,商店$_2$,商店$_3$,…,北京,上海,济南,…,华北,华东,…,中国,芝加哥,洛杉矶,…,美国,…,总部}

本例中,维成员之间存在隶属关系或管理与被管理的层次关系,图 4.2 给出了该层次关系的一个示例。

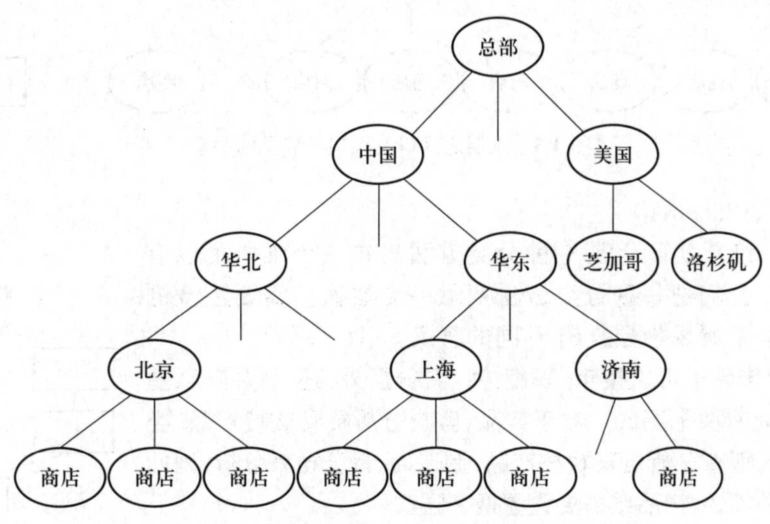

图 4.2 某企业地区维的维成员之间的层次关系示例

（2）维层（level）

人们观察数据时除了要从某一个角度去观察外，还需要从不同的细节程度去观察，我们称这些不同的细节程度为不同的维层。例如，对于时间维，日、月、季度、年是不同的细节。我们需要知道每天的产品销售量，也需要知道每月、每季度、每年的产品销售量。那么日、月、季度、年就是时间维的维层；同样，商店、城市、地区、国家，总部等构成了地区维的多个维层。维层描述现实中的细节程度、抽象级别，每个层都有一个名字，层之间一般存在由抽象级别决定的关系。

层除了名字外，还有成员。例如，例4.2的地区维中有商店、城市、地区、国家和总部5个层。在城市层，有成员“北京”“上海”“济南”“芝加哥”“洛杉矶”等；在国家层，有“中国”“美国”等。因此，维层实际上是对维成员的一种组织分类方法。

例4.2地区维的维层之间的关系，维层与成员之间的所属关系见图4.3所示。

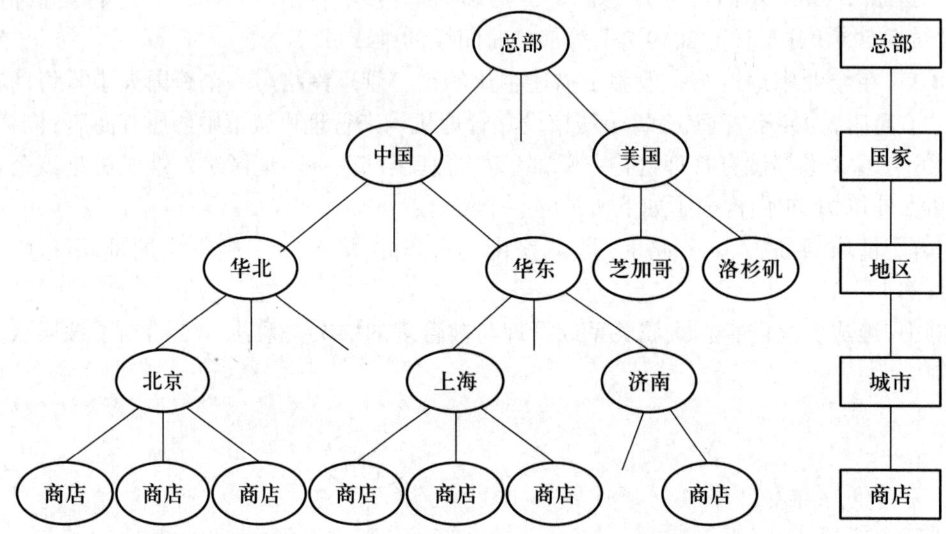

图4.3　维层之间以及维层与成员的关系

（3）维层次（hierarchy）

上面谈到，维层实际上是一种分类方法。在一个维中可以有多种分类方法，我们把每种分类方法叫做一个层次。需要注意的是，它和我们平常所说的层次有不同的含义。

例如，时间维除了可以按年、季度、月、日分层外，还可以按年、星期、日分层，因此有两个层次。对于产品，客户分析员喜欢按产品、类型、种类来分析，股票分析员喜欢按产品、制造商、母公司来分析，因此为了满足分析的需要，产品维需要设置两个层次。

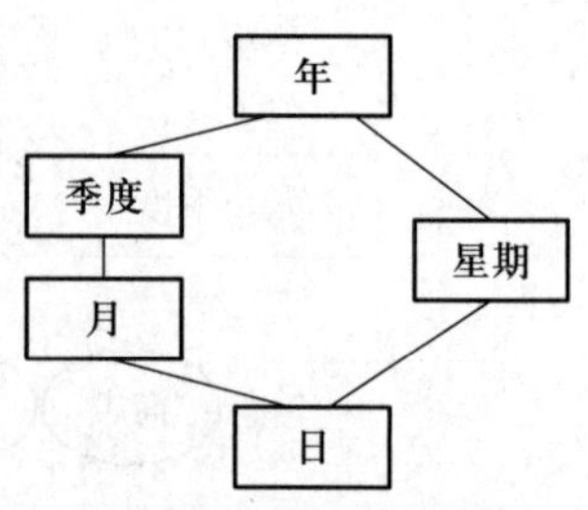

图4.4　时间维的两个层次

图4.4描述了时间维的两个层次。从图中可以看出，同一个层

(例如年或者日)可以属于两个以上的层次。

(4)维属性(attribute)

维属性说明维成员所具有的特征。维属性可以在每个维成员上定义,也可以在维层上定义。在维层上定义属性意味着维层中的每个维成员都具有该属性。例如,可以在地区维的商店层上定义"负责人""开业时间""商店类型"等属性,也可以在城市层上定义"人口""面积"等属性。

在维层上定义属性操作起来简单,但缺乏灵活性,不能有效地处理一些复杂情况,因为即使是处在同一层的不同维成员也可能有不同的属性。例如在产品维中,洗衣机和电视机同属于家电类(假设家电类是产品维中的一个层),但是洗衣机有"洗涤重量"属性,电视机没有;而电视机有"制式"属性(NTSL,PAL 等),洗衣机没有。因此,在这种情况下,则需要针对每一个维成员定义维属性。

2. 度量(measure)

度量是要分析的目标或对象。常见的度量有销售量、供应量、利润等。度量一般有名字、数据类型、单位、计算公式等属性。

度量有输入度量和导出度量之分,前者的值从业务处理活动中获取,后者需要经过计算得到。例如,销售量是输入度量,利润是导出度量。

度量还可以分为可累计型和不可累计型。不可累计型的度量不能沿时间维做聚集运算,例如库存量就属于不可累计型度量,不能把一年 12 个月的库存量累加起来作为全年的库存量。

3. 数据方体(cube)

多维数据模型构成的多维数据空间称作数据方体(data cube,简记为 cube),也称为数据立方体、超级立方体、多维超方体等。一个数据方体由多个维和度量组成。尽管最直观的数据方体是三维的结构,实际上它可以是 n 维的。

一个简单的二维数据方体可以是如表 4.2 所示的一张表示商店销售额的表。它显示在时间和产品两个维上山东省所有商店 2009 年的产品销售情况,其中的度量是销售额。

表 4.2 山东省所有商店 2009 年的销售情况

时间 / 季度	山东省所有商店的销售额 / 万元			
	产品类型			
	彩电	冰箱	洗衣机	家用电脑
第一季度	500	200	240	1 500
第二季度	200	300	420	2 100
第三季度	240	500	250	1 000
第四季度	80	100	320	1 700

假定现在想增加一个维，希望在时间、产品和地区三个维所构成的空间中来观察数据，则可以用表 4.3 的形式来表示数据，它由一系列二维表组成。

表 4.3　三维表——山东、河北、福建各省所有商店 2009 年的销售情况

时间 / 季度	山东省所有商店的销售额 / 万元				河北省所有商店的销售额 / 万元				福建省所有商店的销售额 / 万元			
	产品类型				产品类型				产品类型			
	彩电	冰箱	洗衣机	家用电脑	彩电	冰箱	洗衣机	家用电脑	彩电	冰箱	洗衣机	家用电脑
第一季度	500	200	240	1 500	500	200	240	1 500	500	200	240	1 500
第二季度	200	300	420	2 100	200	300	420	2 100	200	300	420	2 100
第三季度	240	500	250	1 000	240	500	250	1 000	240	500	250	1 000
第四季度	80	100	320	1 700	80	100	320	1 700	80	100	320	1 700

当然，可以更直观地用图 4.5 所示的三维数据方体来表示和表 4.3 同样的数据。

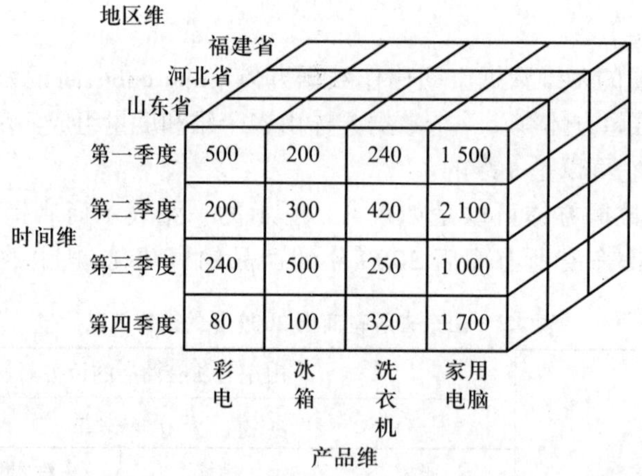

图 4.5　三维数据方体示例——山东、河北、福建各省所有商店 2009 年的销售情况

假定想再增加供应商维，则生成一个 4 维的数据方体，可以将其看作由一系列三维数据方体组成。同理，n 维数据方体可以看作是由一系列 n−1 维数据方体组成的。

虽然从逻辑上看数据方体是用多维方式表达的，但实际的物理存储方式未必是多维存储方式，可以用任意的方式存储。

4. 数据单元(cell)

数据方体以维为数轴。在一个数据方体中,当每个维上都确定了一个维成员时,就会唯一地确定多维空间中的一个点。我们把这个点称作一个数据单元。

如在图 4.5 中,山东省第一季度彩电的销售额"500"万元就是一个数据单元。一个数据单元可以有多个度量,如销售额、利润等。

一般地,当数据方体的所有维都选定一个维成员,这些维成员的组合就唯一地确定了一组度量值。那么数据单元就可以表示为

(维$_1$维成员,维$_2$维成员,…,维$_n$维成员;度量值$_1$,度量值$_2$,…)

如图 4.5 所示,在地区、时间和产品维上各取维成员"山东省""2009 年第一季度""彩电",就唯一地确定了度量"销售额"的一个值"500"万元,则该数据单元可表示为

("山东省","2009 年第一季度","彩电";"500")

假如该数据方体有两个度量,除了"销售额"之外,还有一个度量是"利润",并且当地区、时间和产品维上的维成员分别为"山东省""2009 年第一季度""彩电"时,"利润"为"50"万元,则该数据单元可表示为

("山东省","2009 年第一季度","彩电";"500","50")

4.2.2　星形模型、雪片模型和事实群模型

常见的多维数据模型有星形模型、雪片模型和事实群模型。下面分别加以介绍。

1. 星形模型

微视频:
星形模型和
雪片模型

星形模型是多维数据模型的基本结构,通常由一个很大的中心表和一组较小的表组成,如图 4.6 所示。大的中心表通常称为事实(fact)表,用来存储事实的度量值及各个维的码值。与事实表相连接的周围那组小的表通常称为维表。维表用来保存维的信息,即每个维成员的信息,包括维的属性信息和维的层次信息等。事实表通过所存储的每个维表的码值和每一个维表联系在一起。图 4.6 中的销售事实表为事实表,它包含 4 个维表:时间维表、产品维表、地区维表和销售商维表。在销售事实表中存储着这 4 个维表的主码"时间代码""产品代码""销售商代码"和"地区代码"。这样,通过这 4 个维表的主码就将事实表与维表连接在一起,形成星形模型。建立模型后,就可以在关系数据库中模拟数据的多维查询。通过维表的主码对事实表和每一个维表做连接操作,一次查询就可以得到数据的值以及对数据的多维描述(即对应各维上的维成员)。该方式使用户及分析人员可以用商业名词(元数据名或标记)来描述一个需求,然后该需求被重新翻译成每一个维的代码或值。

星形模型不支持维的层结构。每个维只有一个维表,实现时将所有的维层属性存放在这个表中,没有进行规范化。因为要表示所有的层,每个层有自己的属性,所以有很多冗余。当不同的维层有相同的属性时,只能用换名的方法,但这会影响到一些查询。例如商店→城市→地区→国家→总部层次确定了商店的隶属关系,如果在每一层上都有一个 manager 属性,查询 manager="Jone Smith" 的结果应该是所有的叫"Jone Smith"的经理,而不论他在哪一级。

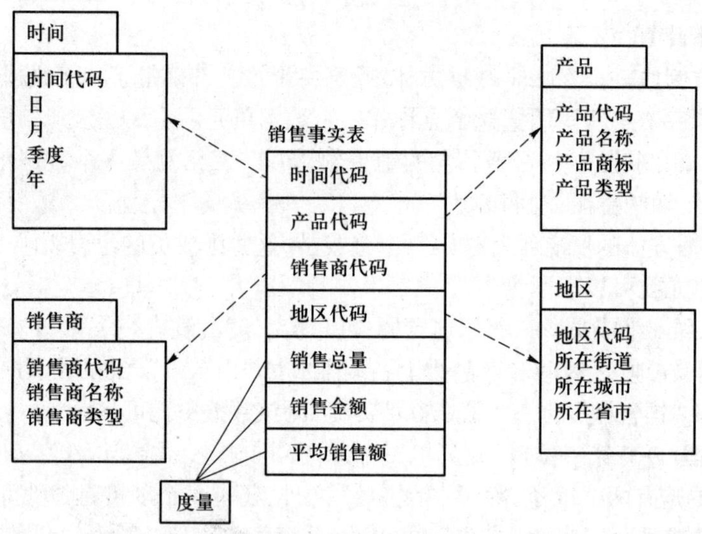

图 4.6　星形模型

对于维内层次比较复杂的维，为了避免冗余数据占用过大的空间，同时也为了支持针对不同层上相同属性的查询，可以用多张表来描述一个复杂维。比如，产品维可以进一步划分为商标表、类型表等，这样在“星”的角上又出现了分支，这种变种的星形模型称为“雪片模型”。

2. 雪片模型

雪片模型也称雪花模型，是对维表进行规范化后形成的。如图 4.7 所示，产品维和地区维都用了多于一张的维表来表示，而时间维和销售商维仍只用一张维表。

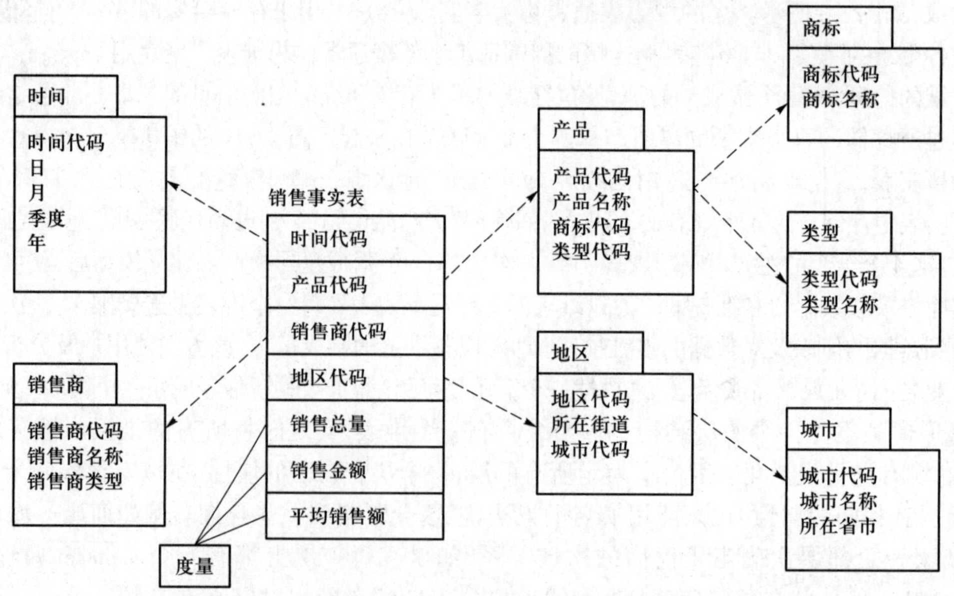

图 4.7　雪片模型

星形模型和雪片模型的主要区别在于雪片模型中的维表是规范化的,这样的维表易于维护且节省存储空间。例如,在商店→城市→地区→国家→总部维层次中,如果在每一层上都有一个 manager 属性,则只需在相应的表上存储当前层的 manager 属性值即可,而不需要在同一个表里存储所有层上的 manager 属性值。

但是,雪片模型的这种结构在执行查询时需要进行较多的连接操作,可能影响系统的性能。例如,若查询某地区下属所有商店的 manager 时,需要将地区表、城市表和商店表进行连接操作。

折中的解决方式是将星形模型和雪片模型结合起来使用,对大的维表进行规范化以节省存储空间,对小的维表仍然采用星形模型中的不规范形式,以避免由于多表连接引起的性能衰减。

雪片模型更好地体现了维的层结构,对于数据库建模和设计人员来说,它非常易于理解和进行维分析。但对于一般用户来说,它较之星形模型相对复杂一些。

3. 事实群模型

在某些复杂的应用中可能需要多个事实表来共享维表,这种模型类似于星形模型的集合,称为星系模型或事实群模型。例如,图 4.8 所示事实群模型中的销售事实表和货运事实表共享时间维、产品维和地区维。

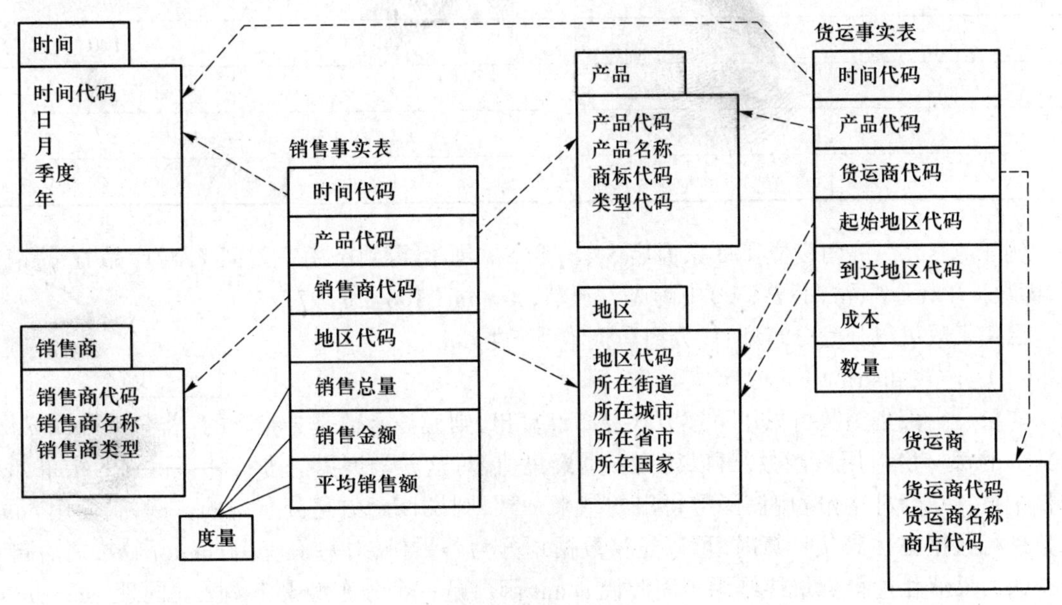

图 4.8 事实群模型

4.3 多维分析操作

关系数据模型的核心概念是关系。关系的基本操作有选择、投影和连接,这些操作的结果也是关系。相比之下,多维数据模型结构复杂,操作的种类也相对较多。常用的多维分析操作有切片、切块、旋转、下钻、上卷等，还有维操作、属性操作等。聚集是多维分析的基础，下面先介绍聚集操作，然后再介绍多维分析操作。

4.3.1 多维分析的基础：聚集

聚集是对细节数据进行综合的过程，是多维分析的基础。最常用的 5 种聚集函数是求和（sum）、计数（count）、求最大值（max）、求最小值（min）和求平均值（average）。聚集函数还有求中间值（median）、排序（rank）等。

例 4.3 零售商对产品的销量进行分析时，设置了时间维（Time）、地区维（Store）和产品维（Product），度量是销售额（Sales）。这里的地区维是商店所在的地区（仍使用图 4.2 中的地区维）。假设数据仓库中有一张如表 4.4 所示的销售表，为简单起见，表 4.4 中只列出了在时间 T_1，产品 P_1 在济南地区的商店（S_1、S_2、S_3）的销售额。从表 4.4 中可以得到数据方体中的数据单元，（T_1, S_1, P_1; 100），（T_1, S_2, P_1; 78），（T_1, S_3, P_1; 97）。

表 4.4 一张销售表

Time	Store	Product	Sales
T_1	S_1	P_1	100
T_1	S_2	P_1	78
T_1	S_3	P_1	97
…	…	…	…

例 4.3 假定在济南设立了 3 家商店 S_1、S_2 和 S_3。如何得到济南在时间 T_1 对产品 P_1 的销售额，即数据单元（T_1，济南，P_1; X）中的 X？显然，X=sum（100，78，97）。

聚集函数可以分为分布型、代数型和整体型三类。

（1）分布（distributive）型聚集函数

如果一个聚集函数可以用下述方式分布计算出，则说该函数是分布型的：将数据分成 n 份，对其中的每一份应用该函数，可以得到 n 个聚集值，对这 n 个聚集值进行计算得到的结果如果和整个数据（不划分）应用该函数得出的结果一致，则说该函数是分布型的。例如，使用 count 函数进行数据方体聚集计算时，可以先将数据划分为若干份，对每份应用 count 函数，之后再将所有的结果值相加得到最终结果。因此说 count 函数是一个分布型聚集函数。同理，sum、min、max 也是分布型聚集函数。分布型聚集函数具有可以累计的特性。

（2）代数（algebraic）型聚集函数

如果一个聚集函数可以由若干个分布型函数进行代数运算得出，则说该函数是代数型的。例如，avg 可以通过 sum/count 得出，而其中的 sum 和 count 都是分布型函数，因此说 avg 是代数型函数。类似的，求最小的 N 个数所用的 min_N 函数，求最大的 N 个数所用的函数 max_N，求标准方差的函数 standard_deviation 等都是代数型函数。代数型函数的典型特征是可以转化为分布型函数。

（3）整体（holistic）型聚集函数

如果一个聚集函数不能由其他函数进行代数运算得出，则说该函数是整体型的。例如，median、rank 等。这类函数在计算时要同时用到所有的数据，需要消耗较多的资源，具有较大的计算代价。

不同类型的聚集函数有不同的特性和不同的应用场合，使用不当会导致产生错误的结果，因此要了解函数的分类特性。

4.3.2 常用的多维分析操作

多维分析操作是指对数据方体执行切片、切块、旋转等各种分析操作，剖析数据，使用户能从多个角度、多个侧面观察数据库中的数据，从而深入了解包含在数据中的信息和内涵。

1. 切片（slice）

在数据方体的某一维上选定一个维成员的动作称为切片。即在多维数组（维$_1$，维$_2$，…，维$_n$；度量）中选定一个维$_i$，取维$_i$的一个维成员（设为“维成员 v_i”），所得到的多维数组的子集（维$_1$，…，维成员 v_i，…，维$_n$；度量）称为在维$_i$上的一个切片。

如图 4.9 所示是一个按产品维、地区维和时间维组织起来的产品销售数据，用多维数组表示为（地区，时间，产品；销售额）。如果在时间维上选定一个维成员（设为“2009 年 1 月”），就得到了在时间维上的一个切片。

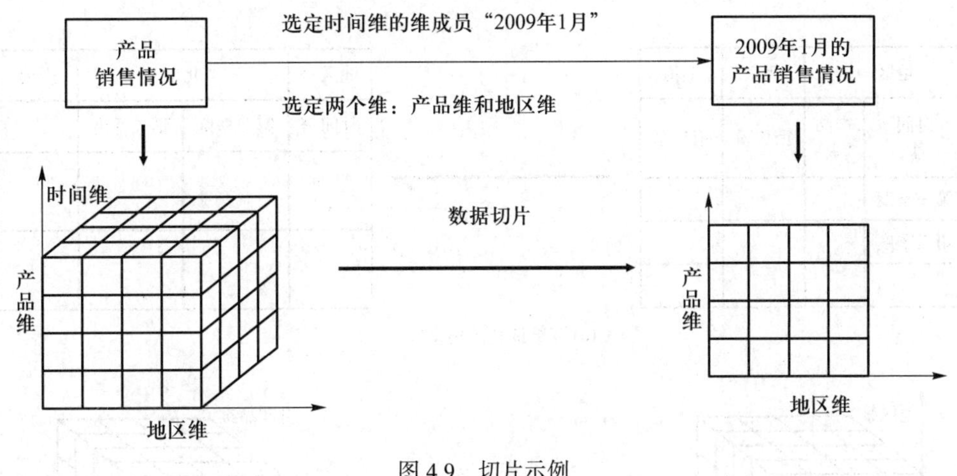

图 4.9 切片示例

2. 切块（dice）

在数据方体的某一维上选定某一区间的维成员的动作称为切块，即限制多维数组的某一维的取值区间。显然，当这一区间只取一个维成员时即得到一个切块。

切块与切片的作用与目的是相似的。切块可以看成是在切片的基础上进一步选定维成员的区间得到的片段体，即切块由多个切片叠合组成。如在图 4.9 所示的切片示例中，将时间维上的取值设定为一个区间"2009 年 1 月至 2009 年 10 月"就得到一个数据切块,可以看成是由 2009 年 1 月至 2009 年 10 月的 10 个切片叠合而成。

3. 旋转(rotate)

改变数据方体维的次序的动作称为旋转。旋转操作并不对数据进行任何改变,只是改变观察数据的角度。例如在分析的过程中,有些分析人员可能认为感兴趣的数据按列表示比按行表示更为直观,因此他们将感兴趣的维放在 *Y* 轴的位置。

例如,图 4.10(a)表示把一个横向为时间,纵向为产品的报表旋转成为横向为产品、纵向为时间的报表。图 4.10(b)表示把一个纵向为时间和产品、横向为地区的报表,旋转变成一个纵向为产品、横向为地区和时间的报表。这个旋转操作是一个列换到行的操作,即把时间维从列换到行来进行分析。图 4.10(c)中表示的是一个三维旋转的例子,即(时间,产品,地区)旋转为(地区,时间,产品)。

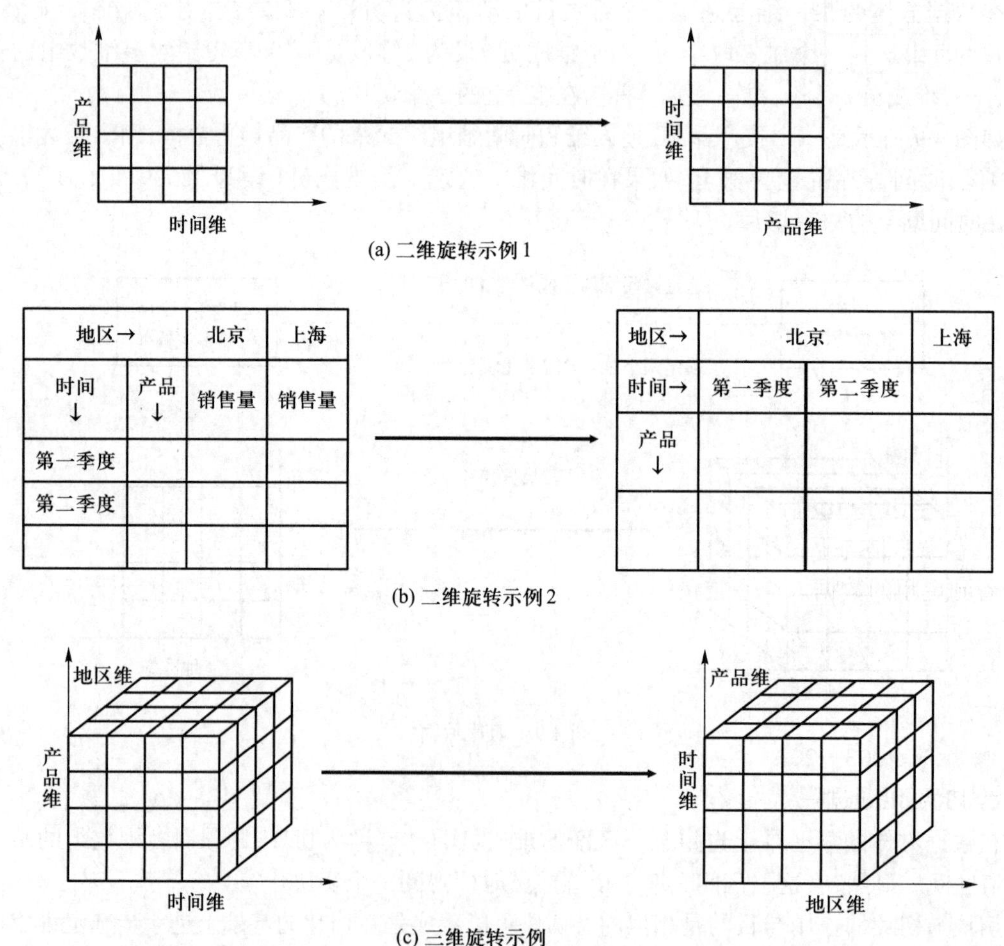

图 4.10　旋转示例

4. 下钻(drill down)

在某个分析的过程中,可能需要从更多的维或者某个维的更细层次上来观察数据,这时可以通过下钻操作来进行更深入的分析。

图 4.11 表示在分析时发现 2007 年第 2 季度的数据有异常情况,因此先通过切片操作切出 2007 年第 2 季度的数据进行详细分析。如果还不能发现问题,就需要看第 2 季度每个月的情况。此时采用下钻操作钻取到时间维上更低的层次"月",这样就可以看到更细层次的数据。如果发现异常情况是因 6 月数据异常引起的,则再对 6 月的数据进行钻取。当钻取到时间维最低的层次"日"时,就可以有更详细的数据来支持分析。

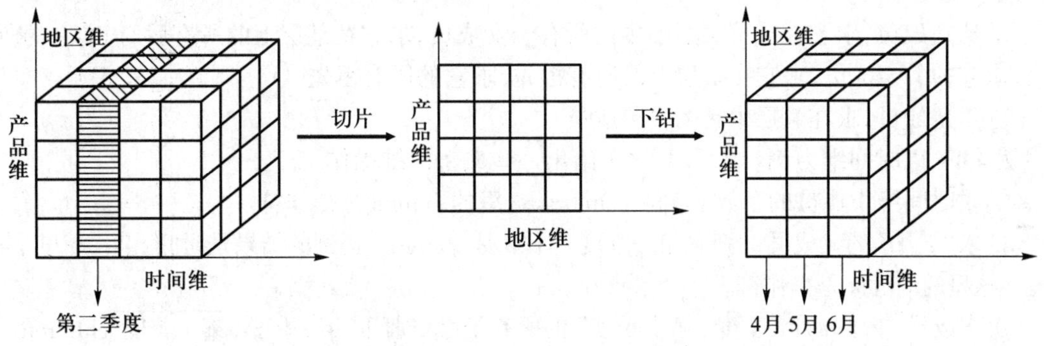

图 4.11 下钻

下钻操作分为两种类型,一种是在现有的维上钻取到更细一层的数据,如图 4.11 的例子;另一种是增加更多的维来钻取数据。比如有一个 10 个维的数据方体,在开始进行分析时可能仅从最关心的 3 个维的综合数据去进行分析。当分析到一定程度后,发现这 3 个维度不能满足分析要求,这时就需要通过下钻操作钻取更多的维来进行分析。

5. 上卷(roll up)

上卷操作是与下钻操作相反的操作类型。下钻操作是为了看到更细的数据,而上卷操作是为了看到更粗的数据。与下钻操作类似,上卷操作也分为两种类型,一种是上卷到现有的某个维的更高层次去进行分析,另一种是减少一个维来进行分析。

切片操作和上卷操作都可以减少一个维。不同的是,切片操作通过在某个维上取定一个具体的值来减少这个维,而上卷操作是在某个维上做汇总来减少这个维。

例如,有 2003—2007 年的数据,在完成由月到季度的分析后,如果要分析这 5 年来数据的变化趋势,就可以通过一个上卷操作将数据汇总到时间维的"年"这一层。

4.3.3 其他多维分析操作

1. 维操作

维是多维数据模型中的核心概念之一。一个维中又包含有层次、层和成员等。对维的各元素的表示有很多方法。由于维中有层次、层和成员等元素,它们构成了一个层次结构。一个简单直观的表示法是点表示法,即按照它们在层次中的位置,用点把它们的名字连接起来,如同 Internet 中的 URL 一样。如时间维上的成员“2 月”可以表示为时间 . 年 . 季度 . 月 .2 月,时间维上的成员“第 5 周”可以表示为时间 . 年 . 星期 . 第 5 周。

维的操作比较多,大体上可以归纳为以下几类操作。

① 给定维标识求维名字,给定维名字求维标识,求一个维中成员的个数。

② 给定层次的标识或名字,求层次中的所有层。

③ 给定层标识或名字,求层中成员的个数,求层中所有的成员,求层所属的层次;求层的上级层或下级层。

④ 给定成员,求它在成员关系图中的所有子女成员,求它在某层上的所有后裔,求它的所有后裔,求它的父亲成员,求它在某层上的所有祖先,求它的所有祖先。

⑤ 给定成员,求在某层中它的兄弟成员。

例 4.4 以时间维为例(参照图 4.4),给出一些典型的维操作。

① 求时间维中成员的个数:时间 .counts。这里的 counts 是操作符。

② 求“2 月”的父成员:时间 . 年 . 季度 . 月 .2 月 .parent。得到的结果是时间 . 年 . 季度 . 第 1 季度。这里的 parent 是操作符。

③ 求成员“时间 . 年 . 季度 . 第 1 季度”的所有子女:时间 . 年 . 季度 . 第 1 季度 .children。得到的结果是时间 . 年 . 季度 . 第 1 季度 .1 月,时间 . 年 . 季度 . 第 1 季度 .2 月,时间 . 年 . 季度 . 第 1 季度 .3 月。这里的 children 是操作符。

④ 求层“时间 . 年 . 季度”的所有成员:时间 . 年 . 季度 .members。得到的结果是时间 . 年 . 第 1 季度,时间 . 年 . 第 2 季度,时间 . 年 . 第 3 季度,时间 . 年 . 第 4 季度。这里的 members 是操作符。

⑤ 求成员“时间 . 年 . 季度 . 月 .2 月”的前一个成员:时间 . 年 . 季度 . 月 .2 月 .premember。结果是时间 . 年 . 季度 . 月 .1 月。这里的 premember 是操作符。

2. 属性操作

前面提到,成员除了有名字外,还可以有属性以说明各自的特征。成员属性丰富了多维数据分析,使得既可以按维的层次关系进行钻取分析,也可以按成员的属性进行**特征分析**。需要指出的是,在实际的数据分析应用中,往往既要在层次关系上分析,又要在属性上进行分析。

例 4.5 假设产品维的一个层次为 ArticleID(产品代码)→ Family → Group → Area → Top(如表 4.5 所示),商店维的一个层次是 ShopID(商店代码)→ City → Region → Country → Top(如表 4.6 所示)。ArticleID 和 ShopID 是主属性,层次中出现的其他属性是分类属性。产品维的层 Group 有成员“Video”,层 Family 有两个成员“CAMC”和“VCR”,在成员关系中它们是“Video”的子女结点。商店维的层 Region 有两个成员“North”和“South”。商店维的销售方式属性有 3 个值“C&C”“Retail”和“HyperM”。产品维的品牌属性有 3 个值“Sony”“JVC”“Grundig”。这两个维的信息在表 4.5 和表 4.6 中列出。

表 4.5 例 4.5 中产品维的信息

维层	维层成员	属性	属性值
Top			
Area			
Group	"Video"		
Family	"CAMC""VCR"		
ArticleID		品牌	"Sony""JVC""Grundig"

表 4.6 例 4.5 中商店维的信息

维层	成员	属性	属性值
Top			
Country			
Region	"North""South"		
City			
ShopID		销售方式	"C&C""Retail""HyperM"

CAMC 的 Video 在德国北部销售了 89 台,在德国南部销售了 137 台。VCR 的 Video 在德国北部销售了 193 台,在德国南部销售了 210 台。这一组值是按层次分析得到的,如表 4.7(a)所示。如果将这组数据按照商店的销售方式和产品的品牌进一步分析,可以得到更详细的数据,如表 4.7(b)所示,商店的销售方式和产品的品牌是属性而不是层。

表 4.7 层次分析和特征分析

(a)层次分析

<table>
<tr><td colspan="2" rowspan="2">Sales</td><td colspan="2">P.Group = "Video"</td></tr>
<tr><td>CAMC</td><td>VCR</td></tr>
<tr><td rowspan="2">S.Country=
"Germany"</td><td>North</td><td>89</td><td>193</td></tr>
<tr><td>South</td><td>137</td><td>210</td></tr>
</table>

(b)特征分析

<table>
<tr><td colspan="3" rowspan="3">Sales</td><td colspan="4">P.Group = "Video"</td></tr>
<tr><td colspan="2">CAMC</td><td colspan="2">VCR</td></tr>
<tr><td>Sony</td><td>JVC</td><td>JVC</td><td>Grundig</td></tr>
<tr><td rowspan="4">S.Country=
"Germany"</td><td rowspan="2">North</td><td>C&C</td><td>12</td><td>11</td><td>37</td><td>58</td></tr>
<tr><td>Retail</td><td>31</td><td>35</td><td>32</td><td>66</td></tr>
<tr><td rowspan="2">South</td><td>HyperM</td><td>22</td><td>18</td><td>32</td><td>67</td></tr>
<tr><td>Retail</td><td>51</td><td>46</td><td>54</td><td>57</td></tr>
</table>

4.3.4 聚集的一些限制

在某些情况下聚集计算是非常复杂的,需要非常小心才能保证聚集结果的正确性。本小节介绍几种特殊的情景,在这些情景下进行聚集计算时需要满足一定的限制条件。

1. 计算公式

从上面的讨论可以知道,数据方体中很多的数据单元是通过计算得到的,在这些数据单元中要定义计算公式,有点类似于 Excel 的做法。公式中可以出现常数、其他数据单元的内容、聚集函数以及四则运算符等。计算公式十分复杂,可以从以下几个方面去理解掌握。

(1) 公式的定义可以是显式的或隐式的

例如在例 4.3 中,可以定义隐藏公式:每个数据单元的销售额等于其子数据单元销售量的和。这里要注意,一个数据单元的子数据单元不是指多维空间中位置相邻的数据单元,而是指那些子数据单元,它们在指定维上的坐标有父子关系,在指定维以外的其他维有相同的坐标。在例 4.3 中,数据单元(T_1,济南,P_1; X)的子数据单元是(T_1, S_1, P_1; 100),(T_1, S_2, P_1; 78),(T_1, S_3, P_1; 97),因为在地区维中济南和 S_1、S_2、S_3 具有父子关系。

(2) 公式的定义需要指定适用范围

公式可以适用于一个具体的数据单元,也可以适用于一组数据单元。一般可以通过说明维中出现的成员来确定范围。例如,可以出现所有的成员、指定的单个成员、指定层上的所有成员、指定成员的所有后代、指定层上指定成员的所有后代等。

(3) 多个公式作用于同一个数据单元时,需要指定优先级

由于不同计算公式的适用范围会重叠,某个特定的数据单元上会有多个适用该数据单元的计算公式,数据单元的内容是几个计算公式交互的结果。很多情况下计算公式的运用次序对数据单元的内容没有影响,但有时不同的计算顺序将会产生不同的结果,需要指定公式的优先级。

例 4.6 在表 4.8(a)中,用 Excel 形式描述一个二维数据方体,其中的数据是两种产品在两个商店的销售额。在水平方向定义公式一 $C=A+B$,在垂直方向定义公式二 $c=a+b$。这样在数据单元(C, 3)中就有两个公式。根据计算公式一,(C, 3)的内容为 110+100=210;根据计算公式二,(C, 3)的内容为 90+120=210。无论按照计算公式一、计算公式二的次序,还是计算公式二、计算公式一的次序,(C, 3)的内容都一样。

在表 4.8(b)中,水平方向定义公式一 $C=A/B$,垂直方向定义公式二 $c=a+b$。按照计算公式一、计算公式二的次序,(C, 3)的内容是 2.5;按照计算公式二、计算公式一的次序,(C, 3)的内容是 110/100=1.1。可以看出不同的计算顺序(C, 3)的结果不一样,有的是错误的。因此,当多个公式作用于同一个数据单元时,注意有些情况需要指定这些公式计算顺序的优先级。

2. 可汇总性

前面讲过,层描述了抽象程度的不同。在层关系图中有两个相邻层 L_1 和 L_2,如果 L_1 的

抽象程度比 L_2 高，那么说明层 L_1 中的成员和 L_2 中的成员在成员关系图中有父子关系。例如，图 4.3 地区维中有商店、城市、地区、国家、总部 5 个层。总部抽象程度最高，国家次之，地区比城市抽象程度高，城市比商店抽象程度高，所以这 5 层中上一层和下一层有父子关系。

表 4.8　计算公式的优先级

（a）求和

	A：商店 1	B：商店 2	C：小计
a：牛奶	30	60	90
b：面包	80	40	120
c：小计	110	100	210

（b）求和与比值

	A：商店 1	B：商店 2	C：比值
a：牛奶	30	60	0.5
b：面包	80	40	2
c：小计	110	100	?

有了层这个概念，既方便了成员的分类和多维操作，也对成员内容的计算提供了新的途径。例如，地区和城市有父子关系，成员“华东”属于地区这一层，在计算它的销售额时，可以把城市所在层中隶属于“华东”地区的城市的销售额累加起来作为“华东”地区的销售额。毫无疑问，这样做比累加最底层商店中属于“华东”地区的商店的销售额要便捷得多。

那么，是否对任何两个相邻层都可以采用上面的处理办法呢？答案是否定的。两个相邻层之间必须满足一定的条件，才可以进行上述的聚集计算。这些条件包括：

① 分离性。L_2 中的任何一个成员只能是 L_1 中某一个成员的子女，不能是两个或两个以上成员的子女。

② 完全性。L_2 中的任何一个成员必须是 L_1 中某一个成员的子女，L_1 中的任何一个成员必须在 L_2 中有至少一个子女。

③ 兼容性。度量必须是可累计型，聚集函数不能是整体型函数，只能是分布型或代数型函数。

不满足分离性，会导致多计错误；不满足完全性，会出现少计或无值的现象。如图 4.12 所示。

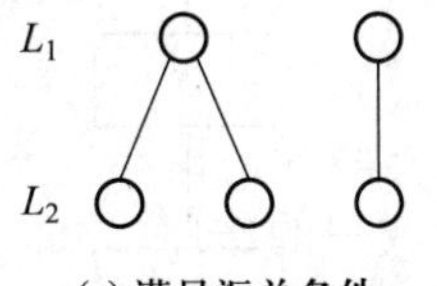

(a) 满足汇总条件

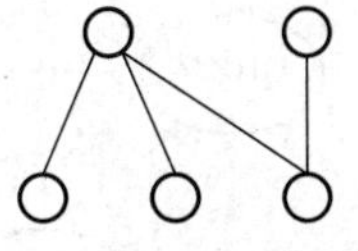
(b) 不满足分离性

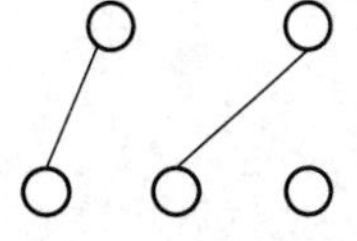
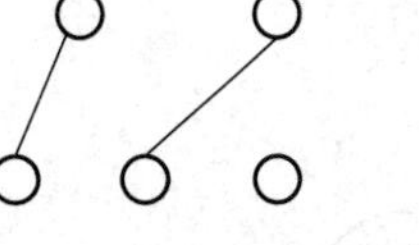
(c) 不满足完全性

图 4.12　汇总条件

如果两个相邻层 L_1 和 L_2 满足上述三个条件，则称 L_1 和 L_2 之间具有可汇总性（summarizability）。

4.3.5　水平层次结构和非水平层次结构

前面介绍的时间维和地区维是一种简单的、有良好特性的维，构成它们层次的层之间有线性关系，相邻层之间满足可汇总性。这样的维层次称为水平维层次，除此之外还有其他类型的维层次。分清不同的维层次是对多维数据进行正确分析的保证。

一般的，如果在成员关系图中，从根结点到任何一个叶子结点的路径长度相同，并且每个成员的父结点属于成员所在层的上一层的成员，这样的层次结构称为水平层次结构。该结构具有良好的可汇总性。

例 4.7　时间维有一个层次：月→季度→年，这个层次是水平层次结构。如图 4.13 所示。

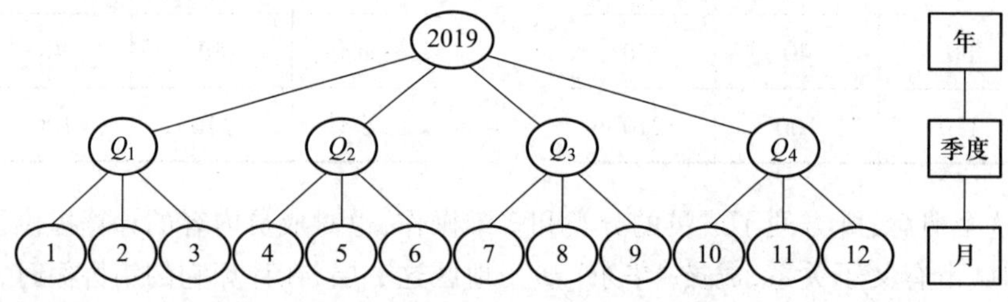

图 4.13　时间维的一个水平层次结构

如果在成员关系图中存在有不满足分离性或者完全性的父子层，则把这样的层次结构称作非水平层次结构。

例 4.8　如图 4.14 所示，在地区维上定义层次结构：商店→城市→省→国家，则这个层次结构是非水平层次结构。因为北京、上海直接隶属于“国家”一层，它们不是“省”这一层的任何一个结点的子女，违反了完全性。这样的层次结构不具有可汇总性，因此在回答“中国的销售额是多少”这个问题时必须小心。如果仅把省所在层中每个省的销售额累加起来作为答案，则结果是错误的。因为还有北京、上海的销售额应该统计在内，尽管它们不属于任何一个省。

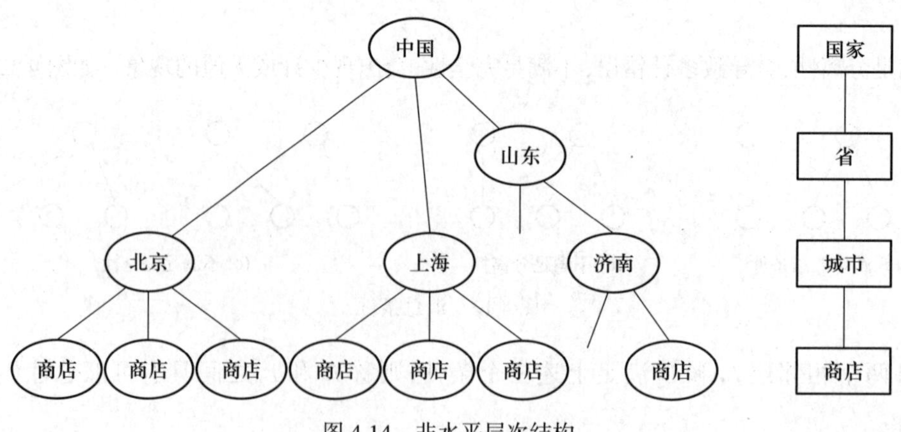

图 4.14　非水平层次结构

4.4 多维查询语言

对象链接嵌入数据库（object linking and embedding database，OLE DB）是 Microsoft 公司提出的数据访问规范。众所周知的开放式数据库互连（open database connectivity，ODBC）工业标准数据访问接口就是该规范的一部分，它用于访问不同数据库中的关系数据。OLE DB for OLAP 是 OLE DB 中定义的用于访问多维数据的接口，它独立于多维数据的具体存储结构，任何关系或多维的数据提供者均可以使用这套接口将多维数据描述或表达给最终用户使用。

MDX 是 OLE DB for OLAP 接口规范中定义的一组用于对多维数据进行查询的语句，类似于关系数据库中的标准 SQL 语句。创建 MDX 的主要目的是方便用户对多维数据进行访问。MDX 是一种表达式语言，它的函数可以用来定义新的计算成员，创建局部的数据方体，通过 OLE DB 或 ActiveX 数据对象（activeX data objects，ADO，用于存取数据源的组件）等对数据方体中的数据进行访问。在 MDX 中用户还可以自己定义函数来满足某些特殊要求。

4.4.1 MDX 简介

MDX 查询语言的语法在很多方面力求和 SQL 保持一致。很多用 MDX 实现的功能也可以用 SQL 实现，尽管实现的手段各异。不过，MDX 使得很多功能的实现更加有效、更为直观，尤其更适合多维数据的操作。

MDX 语言和 SQL 语言一样，语句具有 SELECT、FROM 和 WHERE 结构。但是 MDX 语言采用其他关键字来查询数据方体，返回可以进一步加以分析的数据，并提供了可以对返回的数据进行操作的相应的函数。MDX 语言还增强了用户自定义函数的功能，可以扩展或者定制用户某些特殊的商业需求。

MDX 语言所提供的数据定义语言（data description language，DDL）也和 SQL 类似。例如，提供了对数据方体、维、度量等 OLAP 环境下的对象进行创建、修改和删除的命令。

SQL 的数据定义语言 / 操纵语言返回或操纵的数据都是二维的，而 MDX 返回或操纵的数据是多维。为了定义和抽取数据，不管是针对单个数据单元（cell）还是多个数据单元（统称为一个数据集合），MDX 都采用一套坐标系统来对它们进行定义。该坐标系统中的每一个**坐标轴**上可以有多个维。各个维上成员的不同组合就构成了该坐标轴上不同的**坐标点**。

例如，如果地区维和产品维都在 x 轴上，则该轴上的坐标点是类似于（美国，计算机）的形式。本例中地区维的维成员“美国”和产品维的维成员“计算机”共同组成一个实体来表示一个坐标点，如图 4.15 所示。这里（美国，计算机）实体称作**元组**，英文也是 tuple，但要注意，它和传统的关系表中元组的概念是不一样的。各个轴坐标的交叉点表示数据单元。

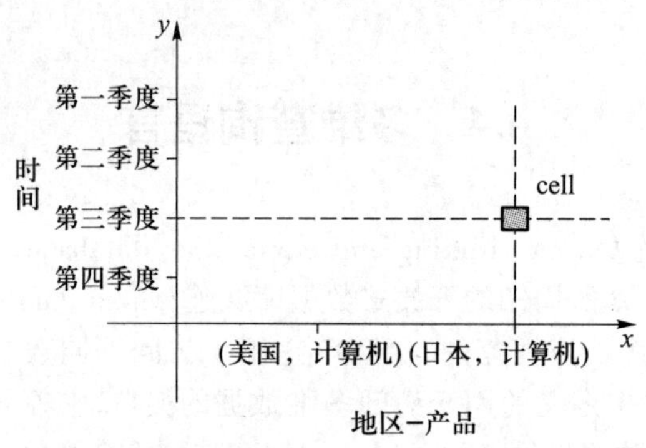

图 4.15　MDX 坐标系统示例

要产生一个数据集合，需要写出它的多维表达式，就像在关系数据库中要查询某些数据必须写 SQL 语句一样。一条 MDX 语句至少包含以下几部分：

① 查询所涉及的数据方体；

② 产生的结果数据集合中轴的个数；

③ 数据方体的维与结果数据集合中轴的对应关系；

④ 每个维上所要查询的成员。

下面给出一个 MDX 查询的实例，在本章后面的叙述中将始终使用该例来说明有关的概念和方法。

例 4.9　假设要对一个具有三个维的数据方体 SALESCUBE 进行查询，该数据方体的三个维分别是时间维、地区维和产品维，它有一个度量销售额。现在用户需要了解北京和上海地区第一季度和第二季度的 4 月所销售的电视机的情况和第一、二季度销售的衬衣的情况，并且要求结果数据集合中产品维和时间维在同一个轴上。则生成该查询的 MDX 语句格式如下：

```
SELECT{(TV, Qtr1)},{(TV, Qtr2.Apr)},{(Clothes.Shirt, Qtr1)},
        {(Clothes.Shirt, Qtr2)} ON COLUMNS
        {Beijing, Shanghai} ON ROWS
FROM    SALESCUBE
WHERE Sales
```

该语句中的 SELECT、ON、COLUMNS、ROWS、FROM、WHERE 等都是 MDX 的关键字。其中，Qtr2.Apr 指第二季度的 4 月，Clothes.Shirt 指服装下的衬衣，因为一个维上有不同的层，在写 MDX 语句时要指出某个成员在该层次上的完整路径。

在该例中，FROM 语句后指定了所要查询的数据方体 SALESCUBE；地区维、产品维和时间维出现在 SELECT 语句所指定的轴上，称为**轴维**；度量 Sales 出现在 WHERE 语句中，称为**切片维**。在轴维上通常可以取多个成员，而切片维上通常只取一个成员。该查询产生的结果数据集合显示如表 4.9 所示。

表 4.9 MDX 查询所产生的数据集合

Store	TV		Clothes.Shirt	
	Qtr1	Qtr2.Apr	Qtr1	Qtr2
Beijing	4 622	1 356	2 324	3 456
Shanghai	34 069	5 847	4 063	5 847

4.4.2 MDX 对象模型

MDX 查询语言采用一套以元组为单位的坐标系统来定义所要的数据集合。一个 MDX 查询可能包含有多个轴,每个轴上又会有多个维,每个维上用户又可以选择若干个维成员。参照 OLE DB 标准,可以定义用于系统内部处理的各种对象类型。

① 查询(Query)对象:用来描述用户的查询信息,一个查询对应用户发出的一个 MDX 语句。

② 轴(Axie)对象:描述查询中一个轴的信息,一个查询可包含多个轴。

③ 嵌套维(Dimension)对象:描述位于某个轴上某个维的信息,一个轴可嵌套多个维。

④ 成员查询(MemberQuery)对象:查询所涉及的某一轴的某一维上所有成员的集合。

⑤ 轴序列(AxieSeq)对象:描述某个轴上由各个嵌套维中的成员组合而成的轴坐标的信息。它是一个数组,其中每个数据元素对应一个元组,即对应该轴上的一个坐标点。

例 4.9 中的查询包含两个轴,即 Column 轴和 Row 轴。Column 轴上有产品维和时间维两个嵌套维。Row 轴上只有一个嵌套维,即地区维。Column 轴上第一个嵌套维(产品维)上的成员查询共有两个值,分别是 TV 和 Clothes.Shirt;第二个嵌套维(时间维)上的成员查询共有三个值,分别是 Qtr1、Qtr2 和 Qtr2.Apr。Row 轴上在唯一的嵌套维(地区维)上的成员查询共有两个值,即 Beijing 和 Shanghai。可以看出,Column 轴上的轴序列共有 4 个坐标点,分别是(TV, Qtr1),(TV, Qtr2.Apr),(Clothes.Shirt, Qtr1),(Clothes.Shirt, Qtr2)。Row 轴上的轴序列共有 2 个坐标点,分别为(Beijing),(Shanghai)。Column 轴和 Row 轴共有 8 个交叉点,表示 8 个数据单元。

4.5 多维数据展示

计算机屏幕是二维的,可以直观地展示一维、二维和三维物体。多维数据往往超过三维,那么如何在计算机屏幕上方便、清楚地展示多维分析的结果呢?为了后面内容的表达,在本节中简单介绍一下多维展示方法。

1. 三维数据展示

三维数据的展示要解决两个问题：一是某个具体的维安排在空间中的哪个方向，二是如何展示维层次。核心思想之一是“切片”，即将三维数据沿 z 轴切片，每一个坐标单位切一片，将切片的 x 轴、y 轴在计算机屏幕的水平和垂直方向展示，z 轴的坐标值用一个点表示。核心思想之二是“嵌套”，按照层的抽象程度，依次在水平或垂直方向排列。

例 4.10 假设一个数据方体有时间维、地区维和产品维。产品维有两个层，具体产品层和产品大类层。时间维有年、季度、月和日 4 个层。地区维有商店、城市、地区和国家 4 个层。表 4.10 展示了北京在 2018 年 4 个季度中部分产品的销售额。

表 4.10 三维数据的一个分片

北京		食品				日用品	
		面包	牛奶	大米	面粉	洗衣粉	肥皂
2018	Q_1	100	34	200	320	120	230
	Q_2	102	35	206	311	130	220
	Q_3	98	30	230	340	121	245
	Q_4	105	33	240	330	141	236

从表 4.10 中可以看出，我们对地区维进行了切片，地区维只给出一个成员，即“北京”，时间维和产品维分别被安排在垂直方向和水平方向。另外，利用嵌套的方法，时间维展示出了年和季度两个层，产品维给出了产品大类和具体产品两个层。

2. 高维数据展示

展示高于三维的数据要解决的关键问题是如何安排其他的维。答案是只能安排在水平或者垂直方向，用嵌套的方法在水平或垂直方向表示多个维。

例 4.11 假设例 4.10 中的数据方体增加了一个维——场景（scenario），它有计划和实际两个成员。增加这个维的目的是分析计划销售额和实际销售额的差异。

假设时间维和产品维的安排不变。场景维可以安排在水平方向，和产品维相邻；也可以安排在垂直方向，和时间维相邻。

如果是安排在垂直方向和时间维相邻，还有两种选择，即安排在时间维的左边或右边。不同的安排方法展示效果不一样，如表 4.11 和表 4.12 所示。

比较表 4.11 和表 4.12 可以发现，采用切片和嵌套的方法表示多维数据，高维的情形不如三维的效果清晰。因为既用嵌套表示同一个维的不同层（如时间维的年和季度两层），也表示两个相邻的维（时间维和场景维），具有二义性。在分析过程中，需要仔细区分才能知道相邻数据的关系。

表 4.11　场景维安排在时间维的左边示例

北京			食品				日用品	
			面包	牛奶	大米	面粉	洗衣粉	肥皂
实际	2018	Q_1	100	34	200	320	120	230
		Q_2	102	35	206	311	130	220
		Q_3	98	30	230	340	121	245
		Q_4	105	33	240	330	141	236
计划	2018	Q_1	101	34	210	320	120	220
		Q_2	102	34	200	310	120	220
		Q_3	100	30	220	340	120	220
		Q_4	103	30	240	340	120	220

表 4.12　场景维安排在时间维的右边示例

北京			食品				日用品	
			面包	牛奶	大米	面粉	洗衣粉	肥皂
2018	Q_1	实际	100	34	200	320	120	230
		计划	101	34	210	320	120	220
	Q_2	实际	102	35	206	311	130	220
		计划	102	34	200	310	120	220
	Q_3	实际	98	30	230	340	121	245
		计划	100	30	220	340	120	220
	Q_4	实际	105	33	240	330	141	236
		计划	103	30	240	340	120	220

小　结

本章概要介绍了 OLAP 技术的基本概念及基本内容,并重点对多维数据模型进行了介绍。OLAP 技术是数据仓库中一种非常重要的分析技术,是数据仓库的主要应用;多维数据模型是

OLAP 的核心技术之一。通过本章,主要应做到以下几点:

① 掌握什么是 OLAP 及其主要特点。OLAP 是供管理人员使用的一种软件,快速性、可分析性、多维性和及时性是其主要特点。

② 掌握 OLAP 与 OLTP 的区别。OLTP 适合对数据库数据进行联机查询和增删改操作,它以数据库为基础;而 OLAP 则适合以数据仓库为基础的数据分析处理。

③ 掌握多维数据模型的基本概念,掌握什么是维、维成员、维层、维层次,理解 3 种不同的多维数据模型(星形模型、雪片模型、事实群模型)之间的区别与联系。

④ 了解常用的多维分析操作,了解聚集的概念以及进行聚集计算时的一些限制条件。

⑤ 简单了解多维查询语言 MDX 及其对象模型,初步了解多维数据的展示方法。

习　题　4

1. 什么是 OLAP,它的主要特点是什么?
2. OLAP 数据和 OLTP 数据有什么异同?
3. 多维数据模型的核心概念有哪些?
4. 三种常用的多维数据模型是什么? 它们之间有什么区别与联系?
5. 常用的多维分析操作有哪些?
6. 多维查询语言 MDX 与结构化查询语言 SQL 有什么异同?
7. 举例说明高维数据应如何展示。

第 5 章 数据方体的存储、预计算和缩减

数据仓库及联机分析处理工具的实现涉及多种技术,最核心的是数据方体的存储、预计算和缩减等相关技术,这些技术均以一个数据方体格结构为基础。本章 5.1 节介绍数据方体的格结构,5.2 ~ 5.4 节分别介绍基于该格结构的数据方体的存储、预计算和缩减技术。有关数据方体的索引、查询和维护技术将在第 6 章进行介绍。

5.1 数据方体格结构

5.1.1 导出关系

第 4 章已介绍了多维数据模型的基本概念。多维数据模型可以用一个数据方体来表示,一个数据方体由多个维和度量组成,而由不同维或维上的不同层又可以组合出多个数据方体,通常用 cuboid 表示。例如,假设数据集有 A、B、C 3 个维,每个维上只有一个层,则可以组合出 8 个 cuboid,分别是 ABC、AB、AC、BC、A、B、C、ALL。

一般来讲,对于一个 n 维的数据集,如果不考虑层次,其 cuboid 总数是 2^n。如果考虑层次,其 cuboid 总数是 $T = \prod_{i=1}^{n}(L_i + 1)$,其中 L_i 是维 i 的层数(没有包括最顶层 ALL,因为聚集到 ALL 相当于去掉一维)。例如,一个 10 维的数据集,如果每维具有 4 个层次,则 cuboid 的总数是 5^{10} 个。其中包含维的个数最多的那个 cuboid 就是事实表,通常称作基 cuboid。包含维的个数最少的那个 cuboid 通常称为总 cuboid,一般用 ALL 表示。

不同的 cuboid 之间存在导出(聚集)关系。导出关系的定义如下:

如果 cuboid A 是由 cuboid B 通过减少维的个数或上升维的层次得到的,则称 cuboid A 可以由 cuboid B 导出。

例如,cuboid AB、cuboid BC、cuboid AC 可以由 cuboid ABC 导出;cuboid A、cuboid B 可以由 cuboid AB 导出。

5.1.2 数据方体格

根据导出关系可以将所有的 cuboid 组织成一个格结构,如图 5.1 所示。这样的一个格结构

称为一个数据方体格。其中层次最低的 cuboid 就是基 cuboid,层次最高的 cuboid 就是 ALL,即总 cuboid。

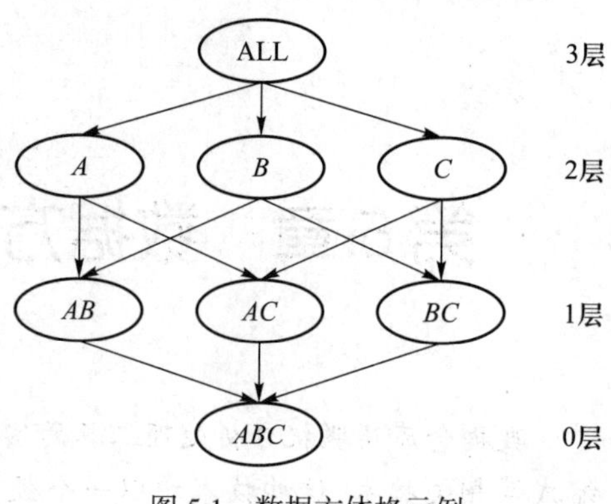

图 5.1　数据方体格示例

数据方体格结构实际上是一个有向图,图中的每个结点表示一个 cuboid,图中的每条边表示结点之间的导出关系。通常用一个二元组(L, ≤)来表示,其中 L 表示格中所有的 cuboid,≤表示 cuboid 间的导出关系。

为了叙述方便和不引起混淆,在本章和第 6 章所讲的数据方体技术中提到的数据方体均指这种数据方体格结构,而用 cuboid 来指代前几章中所提到的数据方体。

5.2　数据方体的存储

数据方体的存储具有两种形式,一种是采用多维数组的形式存储,另一种是采用传统的关系表的形式存储。通常将基于多维数组存储的联机分析处理实现方式称为 MOLAP(multi-dimensional OLAP),而将基于关系表存储的联机分析处理实现方式称为 ROLAP(relational OLAP)。下面分别对这两种存储方式加以介绍。

5.2.1　MOLAP

微视频:
MOLAP

MOLAP 使用多维数组存储数据方体。由于多维数组的特点,可以实现对多维数据的快速访问。但是并非维间的每种组合都会产生具体的值,实际上许多组合没有具体值而为空或者值为零。因此,MOLAP 必须具有高效的稀疏数据处理能力,能略过零元、缺失和重复数据。下面对 MOLAP 存储的优缺点进行详细分析。

1. 多维数组存储的优点

这里通过一个实例来说明用多维数组作为存储结构具有什么优点。假设有一组产品冰箱、彩电和空调,它们在东北、西北和华北三个地区的销售数据如图 5.2 所示,其中图 5.2(a)表示用关系表存储,图 5.2(b)表示用二维数组存储。

通过对图中两种表示方法的比较,可以得到如下结论。

(1) 多维数组表达清晰,占用的存储空间少

在多维数组中,横向可以清楚地看出每种产品的销售额,纵向可以得到每个地区的销售额;而以关系表存储这些数据,只能是便于查看产品或地区的销售额,很难兼顾两方面。

以关系表存放多维数据,维成员需要重复存放,如冰箱要重复 3 次;而多维数组不需要存放坐标值。因此,一般地说,多维数组占用的存储空间较少。

产品名称	地区	销售量
冰箱	东北	50
冰箱	西北	60
冰箱	华北	100
彩电	东北	40
彩电	西北	70
彩电	华北	80
空调	东北	90
空调	西北	120
空调	华北	140

(a) 关系表存储

产品名称	东北	西北	华北
冰箱	50	60	100
彩电	40	70	80
空调	90	120	140

(b) 二维数组存储

图 5.2 关系表存储与二维数组存储的比较

(2) 多维数组查找速度快,维护代价小

根据数据结构的知识,一个多维数组被存放在一个线性空间中,知道了数据单元的坐标后,可以由数组线性化函数快速地确定数据单元在线性空间中的地址,从而找到该数据单元。在采用行优先存放策略并假设从地址 0 开始存放数据单元的情况下,数组的线性化函数为

$$P(a_1,a_2,\cdots a_i,\cdots,a_n)=a_n+\sum_{i=1}^{n-1}a_i\prod_{j=i}^{n}|A_j|$$

其中 $0\leqslant a_i<|A_j|$, $a_1,a_2,\cdots,a_i,\cdots,a_n$ 为数组单元下标,$|A_j|$ 是第 j 维的基数,即第 j 维所具有的维成员的个数。

假设要查询"彩电在东北的销售量是多少?"若以多维数组存储,只需要计算得到它在线性空间中的位置,就可以得到它的销售量。而在关系表中,首先要看是否有合适的索引,否则要遍历整个关系表。假设在产品名称列上建立了 B^+ 树索引,通过索引查到三条与彩电有关的记录,逐个读出这些记录,再比较在地区列上的值才能找到查询所要的东北地区的销售量,查找速度慢而且建立和维护索引也需要一定的开销。

(3) 多维数组有利于多维计算

假设要查询"冰箱的销售总量是多少?"需要进行计算,涉及多个数据项求和。在使用关系表存储的情况下,系统必须在大量的数据记录中选出产品名称为"冰箱"的记录,然后把它们的销售量加到一起,系统效率较低。由于关系数据库统计数据的方式是对记录进行扫描,而多维数组对此类查询只要按行或按列进行求和,因而具有极大的性能优势。

(4) 多维数组有利于预综合

在实际应用中,为了获得快速一致的响应,决策分析人员经常对一些数据进行预综合,存放在数据库中。例如,可以在关系表中加上一行总和的记录,如图 5.3 所示。

在这张关系表中,由于已经预先对产品在各地区的销售量进行了求和(综合),查询时就不用再进行计算了。如果所求的总和都已被综合,则只要读取单个记录就可以回答按产品(或按

地区)求和的问题。这样处理就可以得到快速一致的查询响应。这种做法在数据库不算太大时综合效果较好,但在数据库规模很大时预先计算这些总和就要花费很长时间。另外,"总和"项破坏了列定义的统一语义,例如图 5.3"地区"列中的值表示的是地区名称,而"总和"就成为一个例外。查询时用户必须了解这种约定。

多维数组的优势不仅在于多维概念表达清晰,占用存储少,更重要的是它有着高速的预综合速度。在多维数组中数据可以直接按行或列累加,并且由于多维数组中不像关系表那样重复出现产品和地区信息,因此其综合速度远远超过关系表,数据库记录数越多其效果越明显,如图 5.4 所示。

产品名称	地区	总和
冰箱	东北	50
冰箱	西北	60
冰箱	华北	100
冰箱	总和	210
彩电	东北	40
彩电	西北	70
彩电	华北	80
彩电	总和	190
空调	东北	90
空调	西北	120
空调	华北	140
空调	总和	350
总和	东北	180
总和	西北	250
总和	华北	320
总和	总和	750

图 5.3　关系表中预综合数据的存放

输入成员（东北、西北、华北）　导出成员（总和）

产品名称	东北	西北	华北	总和
冰箱	50	60	100	210
彩电	40	70	80	190
空调	90	120	140	350
总和	180	250	320	750

输入成员（冰箱、彩电、空调）　导出成员（总和）

图 5.4　多维数组中综合数据的存放

2. 多维数组存储的缺点

多维数组存储方式的最大缺点是数据稀疏问题。例如,一个由时间维、商店维和产品维构成的多维数组,如果存储 10 000 种产品在 1 000 个商店 10 年中每天的销售额,则这个多维数组中有 3.6×10^{10} 个数据单元,是一个庞大的多维数组。但实际上并不是每一天、每个商店都会产生 10 000 种产品的交易。因此,这是一个相当稀疏的多维数组。相对地,在关系表存储模式下,只有当某一交易确实发生时才在相应的表中留下记录。

因此,如果采用多维数组存储方式,必须很好地解决数据稀疏的问题,否则将丧失多维数组的优势。

为了解决稀疏问题,可以把维分成稀疏维(sparse)和紧密维(dense),然后区别对待。稀疏维和紧密维的确定需要根据具体的数据分布来决定。确定以后,由紧密维构成多维数组,数组是密实的,不稀疏。稀疏维作为关系表的列。这样,一个巨大的稀疏多维数组实际上被划分成两部分:索引和若干个数据块。索引是一个关系表,数据块是一个密实的多维数组。采用这样的结构,在查找一个数据单元时,首先通过索引找到它所在的数据块,然后利用数组线性函数在数据块中查找该数据单元。

由于构成索引的维很稀疏,并且每个数据块只需一个指针来标识,因此索引项较小,只占数据空间的一小部分,可以完全放进内存。上述办法既解决了由于数组稀疏而占用巨量存储空间的问题,又具有查询速度快的优点。

例 5.1 假设有一个由商店维、产品维、时间维、情节维以及度量维(这里把度量也称为维,包含销售量和利润两个度量)构成的数据集,其中情节维有计划和实际两个成员。由于时间维、情节维和度量维比较密集,将其作为紧密维对待,采用多维数组存储,作为数据块的组成部分。而商店维和产品维比较稀疏,将其作为稀疏维对待,采用关系表存储,作为索引项的组成部分。图 5.5 给出该数据集的部分存储结构作为示意图。

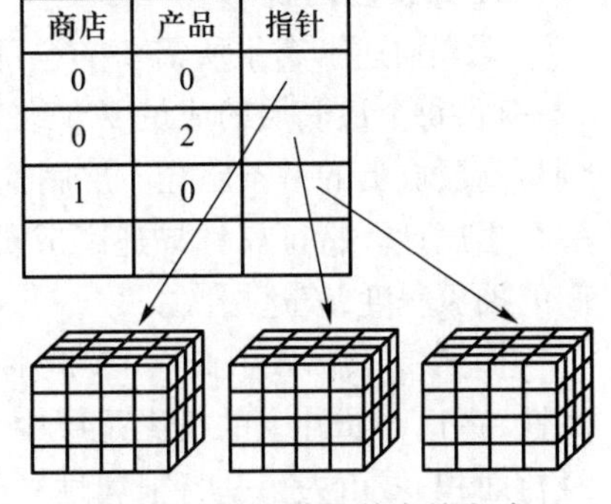

图 5.5 稀疏数据的存储方式

稀疏维和紧密维的引入,一定程度上降低了数据方体的存储冗余问题。此外,通过数据压缩技术可进一步缩减多维数组的存储空间。

3. 维的表示方法

MOLAP 采用多维数组来表示多维数据模型中的数据方体。另外,还需要有效地存储多维数据模型中的维、成员、层、层次、成员关系等。由于可以实现的方法比较多,也相对简单,这里不再赘述。

另一个需要注意的问题是,为了便于建模,多维数据模型采用文字来描述成员等,而多维数组的下标是数字,需要进行转换。一般可以采用对照表来实现。

例如,假设地区维的成员是东北、西北、华北,而在多维数组中,它们分别用第 0、1、2 个成员来表示,则需要如下一个对照表:

东北	0
西北	1
华北	2

同理,如果产品维的成员是冰箱、彩电、空调,则同样需要如下一个对照表:

冰箱	0
彩电	1
空调	2

5.2.2 ROLAP

微视频：ROLAP

ROLAP 将多维数据存储在关系表中，由关系数据库管理系统负责管理，而多维查询语言翻译、多维计算、元数据管理等由 OLAP 服务器负责。采用关系表存储数据可以有效地处理海量数据，但是对多维数据的处理涉及大量昂贵的连接运算，查询速度较慢，必须采用预计算和索引等技术加以克服。

ROLAP 通常采用星形模型或雪片模型来组织数据，维表和事实表均采用关系表来实现。

1. 维表的内容

维表描述一个维所需要的全部信息。属性有 3 种：主码、层属性、特征属性。主码唯一地标识一行，每个最底层的成员要在维表中有一行，同其他属性一起表示成员关系图中从最底层成员到最高层成员的一条路径。层属性表示一个层的名称，其值是层中成员的集合，有一个层就要有一个层属性。特征属性描述了成员的特征。维表是一个反规范化的表，通过函数依赖表示层之间的抽象程度，表达层次。

例如，在图 5.6 中商店 ID 是主码，它唯一地标识一个商店。商店名称、城市、地区、国家是层属性，在这些属性上的投影是层中的成员集合，例如城市列中是所有的城市成员。商店负责人、经营面积、城市人口是特征属性。很明显，在表中存在函数依赖，商店名称→城市，城市→地区，地区→国家，这些函数依赖表示了一个层次，即商店名称→城市→地区→国家。每个商店在表中有对应的一行，或者说每个最底层的成员在表中要占用一行，每一行是层次关系图中的一条路径。因此，维表有效地表达了成员关系图。

商店ID	商店名称	商店负责人	经营面积	城市	城市人口	地区	国家
1	海淀1店	张明	100	北京	1 000	华北	中国
2	海淀2店	李海林	86	北京	1 000	华北	中国
…	…	…	…	…	…	…	…
685	历下1店	王兆文	90	济南	300	华东	中国

图 5.6　地区维的维表内容

显然，维表中存在大量的冗余数据。如果对维表进行规范化处理，那么表示一个维就需要多个关系表，星形模型也改变为雪片模型。对上面的维表进行规范化处理可以得到 4 个关系表，它们的模式是（商店 ID，商店名称，商店负责人，经营面积，城市 ID）、（城市 ID，城市，城市人口，地区 ID）、（地区 ID，地区，国家 ID）、（国家 ID，国家）。规范化后消除了数据冗余，但是对维的操作要涉及很多连接运算，计算代价很高。对 OLAP 来说响应速度至关重要，因此一般不对维表进行规范化处理而允许冗余，以空间换取时间。

与事实表相比维表中的记录数较少，一般少的可能只有几百行，多的会达到百万级。维表中存放的是描述信息，大多为文字资料。维表中的信息可以修改。

2. 事实表中的内容

事实表的属性分为两类：主码和度量。主码是一个复合码，每个分量是维表的主码。多维数据模型中的度量都作为一个属性出现在事实表中，一般都是数值型的量。

时间ID	商店ID	产品ID	销售量
1	1	1	300
1	2	1	450
1	3	1	360
1	1	2	400
1	2	3	130
2	3	2	200

图 5.7　销售事实表

图 5.7 是一个销售事实表，前三列分别是时间维、商店维和产品维的关键字，最后一列是度量。表中的每条记录表示一条事实，即在某时、某地，某种产品的销售量。从图 5.7 可以看出表中的量都是数值型的量。特别的，时间维也是数字，它是对时间的一个编号，即使跨越十年的时间，也不过 3 600 多天，两个字节就足够了。更主要的是，用数字作为维关键字可以加快连接操作。因此，星形模型把大量描述性的文字信息存放在维表，而在事实表中只存放数字型的信息，可以大大减少存储量，加快处理速度。

事实上，事实表是十分庞大的，记录数多，度量列多，图 5.7 只是一个示意图。想象一下，一个大型连锁店十年来在上百个商店，对上万种产品的销售记录数，一定是非常惊人的。另外，在实际分析过程中需要用到很多输入度量和导出度量，事实表中的度量列也相当多。

3. 星形连接

ROLAP 以关系数据库的表的形式存放维表和事实表，由关系数据库管理系统来管理这些表，从而把 OLAP 服务器从数据存储管理中解脱出来。OLAP 服务器从客户端接受多维查询语句并进行分析后，生成相应的 SQL 语句从关系数据库中获得数据，进行多维计算后以多维的形式返回客户端。

在这种存储模式下，对维的基本操作，如查找维的一个成员，查找某个层的所有成员，查找某个成员在某层的所有后继成员等，只需要对维表进行操作。由于维表相对比较小，查询速度比较快。对数据方体的查询若只涉及事实表中存储的数据，以目前关系数据库的技术水平而言，查询速度也有保障。但是多维数据分析中经常用到聚集操作，该操作通常要提升维层，例如事实表中存放的是每天的销售量，要求出每月的销售量，则在时间维上将维层从日期层提升到月份层。这时就需要把时间维维表和事实表做连接，获得每个月每天的销售量，进行累加后作为月销售量。在极端情况下，每个维的维表需要同时和事实表做连接操作，这种连接称为星形连接，如图 5.8 所示。因此，星形连接操作的效率成为制约 ROLAP 系统性能的一个关键因素。关系数据库管理系统必须针对星形连接采用有效的查询优化以及索引技术来提高系统的性能。

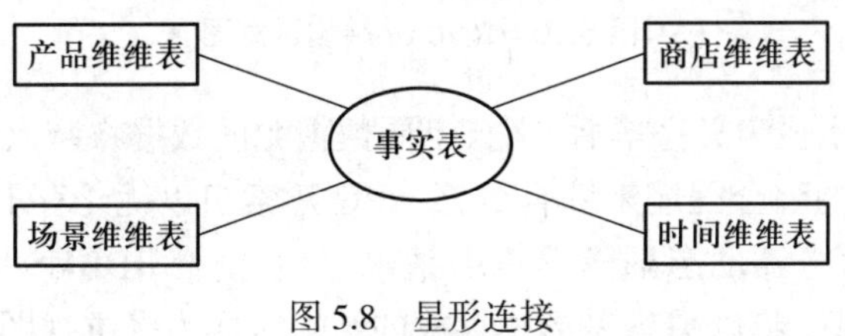

图 5.8　星形连接

4. 预综合数据

和 MOLAP 一样,为了提高查询响应时间,ROLAP 也采用对数据进行预综合的技术来减少实时计算时间。不同的是,ROLAP 更依赖这种技术。我们将在 5.3 节详细介绍数据方体的预综合(计算)技术。

5.2.3 MOLAP 和 ROLAP 实现机制的比较

存储方式的不同导致 MOLAP 和 ROLAP 的实现机制存在很大差异。哪一种技术比较好呢? 事实上,这两种技术各有特色。在下面讨论的一些技术上,双方观点是各执一词。

1. 结构

MOLAP 结构如图 5.9 所示。

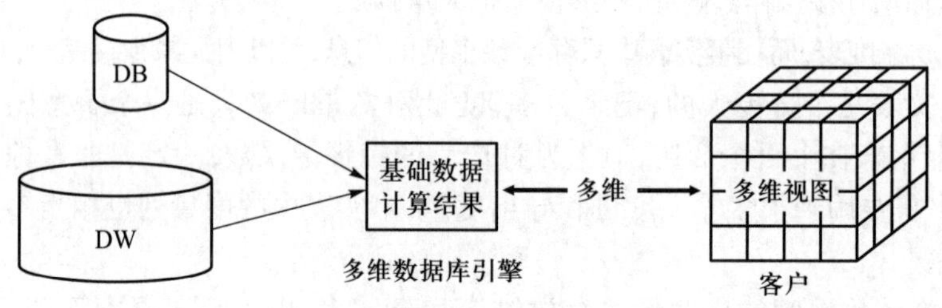

图 5.9 MOLAP 结构示意图

从图 5.9 可以看出,MOLAP 将数据库服务器与 OLAP 服务器合二为一,数据库服务器(DB 或 DW)不仅负责数据的存储、存取及检索,同时也负责所有 OLAP 需求的执行。来自不同事务处理系统的源数据经过一系列批处理过程被加载到数据库服务器中,以多维数组形式存储并建立索引、进行预综合来提高查询性能。

ROLAP 结构如图 5.10 所示。

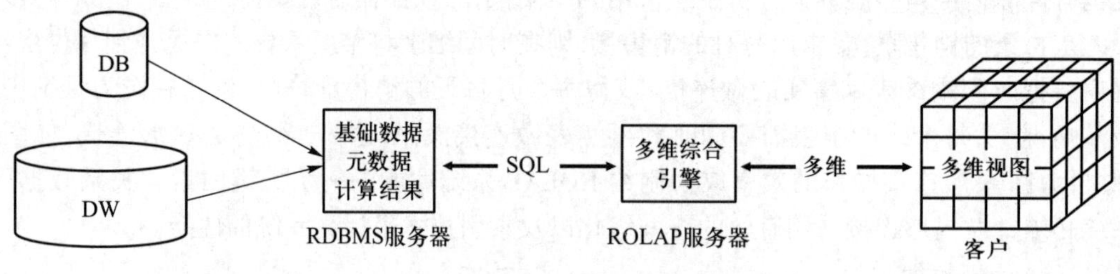

图 5.10 ROLAP 结构示意图

数据仓库的数据模型在定义完毕后,来自不同数据源的数据将装入数据仓库中,接着系统将根据数据模型运行相应的综合程序来综合数据,并创建索引以优化存取效率。最终用户的多维分析请求通过 ROLAP 服务器动态翻译成 SQL 请求,然后交给 RDBMS 服务器来处理 SQL 请求,最后查询结果经多维处理(将以关系表形式存放的结果转换为多维视图)后返回给用户。

这两种技术都满足了 OLAP 数据处理的一般过程，即数据装入、汇总、建立索引和提供给最终用户使用，但可以发现 MOLAP 较之 ROLAP 要简明一些。MOLAP 的索引及数据综合可以自动进行，并且可以根据元数据自动管理所有的索引及模式。这为应用开发人员设计物理数据模式和确定索引策略节省了不少时间和精力，不过这也丧失了一定的灵活性。相比而言，ROLAP 的实现较为复杂，但灵活性较好，用户可以动态定义统计或计算方式。下面就 MOLAP 与 ROLAP 进行较为深入的分析。

2. 数据存储

如前所述，MOLAP 以多维数组为主要存储结构，聚集计算通过数组下标的直接偏移进行。ROLAP 以传统的关系数据库系统为基础，以关系表为主要存储结构。

在数据的存储容量上，由于关系数据库的技术较为成熟，因此 ROLAP 占优势，并且可以支持的维数也较 MOLAP 大。但值得注意的是，限制 MOLAP 数据量的不是维数，而是数据单元数。如果 MOLAP 能在数据单元的存储管理上有进一步提高，再辅之以高效的稀疏处理能力，其数据量也可以达到很大。另一点需要注意的是，尽管 ROLAP 的数据容量大，但为了提高分析响应速度，须构造大量的中间表（即预综合）以避免重复连接，因此数据冗余也大。

3. 数据存取

前面已经提到，由于 ROLAP 是用关系表来模拟多维数据，因此其存取较 MOLAP 复杂。首先用户的分析请求由 ROLAP 服务器转为 SQL 请求，然后交由 RDBMS 处理，处理结果经多维处理后返回给用户。而且 SQL 并非可以处理所有的多维分析和计算工作，有时只能依赖附加的应用程序来完成。而 MOLAP 可以利用多维查询语言（如 MDX）或其他方式直接将用户查询转为 MOLAP 可以处理的形式，基本不借助附加程序。

4. 适应性

可以从以下几个不同的方面对 MOLAP 和 ROLAP 的适应性进行比较。

① 适应分析维数动态变化。由于 MOLAP 的预综合度相当高（85% 以上），因而增加一维则数据方体的规模会迅猛增长。而 ROLAP 的预综合度相当灵活，大多根据用户需要进行，一般在 85% 以下，增加一维意味着增加一些维表及与用户分析相关的综合表，还有事实表中的相应内容，相对来说比较容易。

② 适应数据变化。同样，因为 MOLAP 的预综合度高，因此当数据或计算频繁变化时，其重新计算量相当大，甚至需要重新构建多维数据库。相比而言，ROLAP 的预综合度低，适应数据变化的范围大。

③ 适应海量数据。由于 RDBMS 已有 20 多年的历史，其技术比较成熟，加之近年来并行处理技术的发展和应用，ROLAP 在适应海量数据方面的能力强于 MOLAP。

④ 适应软硬件的能力。理由同上，ROLAP 在软硬件方面的适应力明显强于 MOLAP。

尽管 ROLAP 在适应性方面明显强于 MOLAP，但这种差距是历史造成的，可以预见，随着时间的推移，MOLAP 的技术会不断成熟，诸如并行处理等 RDBMS 上用到的技术也会逐渐用到 MOLAP 上来。

综上所述，MOLAP 和 ROLAP 各有所长。总体来说，MOLAP 是近年来应多维分析而产生的，它以多维数组为核心，多维数组在数据存储及综合上都有着关系表不可比拟的一些优点。但它毕竟是一种新技术，在许多方面还有待于进一步提高。而 ROLAP 则以广泛应用的 RDBMS 为基础，因此在技术成熟及各方面的适应性上较之 MOLAP 要占一定的优势，但 ROLAP 的实现不如 MOLAP 简明，对开发人员的经验及技术要求较高，并且维护工作量也比较大。

5.3　数据方体的预计算

前面提到，多维数据分析需要对具有不同综合程度的数据进行探查，因而需要对细节数据进行综合。数据综合是一件非常耗时的操作。为了缩短查询响应时间，一个比较好的方法是根据统计分析用户的查询习惯，对常用的 cuboid 预先计算并存储，以减少实时计算时间。如果存储空间足够，可以预计算整个数据方体并存储。如果没有足够的存储空间，可以只计算部分 cuboid 并存储。

5.3.1　预计算相关概念

假设现在有一张关于产品销售记录的事实表，如图 5.11 所示。该表的 3 个属性时间（T）、商店（S）、产品（P）是 3 个维，该表的属性销售量（Sales）是度量值。

T	S	P	Sales
1	1	1	10
1	1	2	20
1	2	1	30
1	2	2	40
2	1	1	50
2	1	2	60
2	2	1	70
2	2	2	80

图 5.11　产品销售表

假设现在用户希望对产品的销售情况进行时间和空间上的分析，例如用户想查询在时间 1 商店 1 中所有产品的销售量。为了回答这个查询，需要对数据单元（T: 1, S: 1; Sales）计算其销售量的和，结果为 30。我们把类似于（T: 1, S: 1; Sales）的数据称为综合数据。数据仓库中一开始并没有存储任何综合数据，只存储有从数据库中抽取来的详细数据（事实表）。综合数据需要根据事实表数据进行计算，然后将计算结果存储在数据仓库中。这个过程就是数据方体的预计算过程。

需要说明的是，无论是 ROLAP 还是 MOLAP 都涉及数据方体的预计算（预综合）问题。下面主要以 ROLAP 为例，介绍数据方体的预计算方法。

5.3.2　单表和多表

在 ROLAP 实现中用关系表来存储数据方体中的数据单元。前面提到，一个 n 维的数据方体，如果不考虑层次的话，它所包含的 cuboid 总数是 2^n。ROLAP 的一种常用存储方式是将属于不同 cuboid 的数据单元存放在单个表中，如图 5.12 所示。

T	S	P	Sales
1	1	1	10
1	1	2	20
1	2	1	30
1	2	2	40
2	1	1	50
2	1	2	60
2	2	1	70
2	2	2	80

T	S	P	Sales
ALL	1	1	60
ALL	1	2	80
ALL	2	1	100
ALL	2	2	120
1	ALL	1	40
1	ALL	2	60
2	ALL	1	120
2	ALL	2	140

T	S	P	Sales
1	1	ALL	30
1	2	ALL	70
2	1	ALL	110
2	2	ALL	150
1	ALL	ALL	100
2	ALL	ALL	260
ALL	1	ALL	140
ALL	2	ALL	220

T	S	P	Sales
ALL	ALL	1	160
ALL	ALL	2	200
ALL	ALL	ALL	360

图 5.12　用单个表存储所有 cuboid 中的数据单元（为了显示方便，这里将单个表进行了切分）

从图 5.12 中可以发现一个问题，表中存在很多冗余的 ALL 值。为了消除冗余，ROLAP 有时也采用另一种实现方式，将每个 cuboid 单独用一个表来存储，这样整个数据方体需要用多个表来存储，如图 5.13 所示。比较这两种方法，第二种要清晰一些，在后面的叙述中采用这种存储方法。

T	S	P	Sales
1	1	1	10
1	1	2	20
1	2	1	30
1	2	2	40
2	1	1	50
2	1	2	60
2	2	1	70
2	2	2	80

S	P	Sales
1	1	60
1	2	80
2	1	100
2	2	120

T	P	Sales
1	1	40
1	2	60
2	1	120
2	2	140

T	S	Sales
1	1	30
1	2	70
2	1	110
2	2	150

T	Sales
1	100
2	260

S	Sales
1	140
2	220

P	Sales
1	160
2	200

Sales
360

图 5.13　用 8 个表存放一个数据方体

仔细观察图 5.13 中的关系表可以发现，任何一个关系表除了可以从事实表聚集得到外，还可以从其他包含该表所有维的表中计算出来。例如，表（T, Sales）可以从表（T, S, P, Sales）、（T, P, Sales）和（T, S, Sales）中计算出来。那么，要计算表（T, Sales），应选择后面三个表中的哪一个来计算呢？不同的算法具有不同的策略和不同的效率。

5.3.3　完整数据方体预计算方法

在存储空间充足的情况下，可以采取将一个完整的数据方体全部预计算出来并进行存储的方法。这样对任何一个查询，只需要找到满足条件的数据单元就可以回答查询，不需要实时计算，可以大大加快查询响应时间，是一种以空间换时间的策略。完整数据方体预计算的方法有很多，经常采用的策略是尽量一次同时计算多个 cuboid；对每个 cuboid，计算时尽量选择在数据方体格结构中离自己最近的 cuboid 来进行聚集计算；多个 cuboid 同时计算时尽量共享排序结果、扫描结果、缓存结果、划分结果等。下面介绍两种典型的数据方体计算方法，一种是流水线算法，另一种是 BUC 算法。

1. 流水线算法

在数据方体的计算过程中，开销比较大的主要操作是排序。例如，在图 5.14 中，从表（*T*,*S*,*P*,Sales）计算表（*T*,*S*,Sales）时，首先要对表（*T*,*S*,*P*,Sales）按照属性 *T*、*S* 排序，然后做聚集计算。事实表一般会达到 GB 或 TB 的级别。可想而知，对这样海量的数据做外排序操作，计算代价是非常大的。

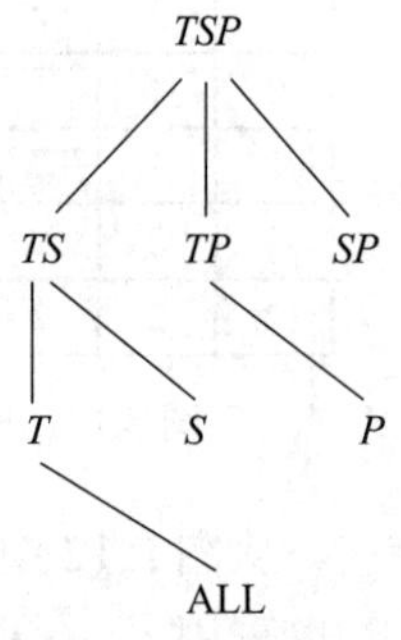

图 5.14　自顶向下

在数据方体的计算方法中，首先要考虑的问题就是如何减少排序操作，或者说如何共享排序结果，以提高计算速度。

例如，如果首先从表（*T*, *S*, *P*, Sales）中计算出表（*T*, *S*, Sales），再从表（*T*, *S*, Sales）中计算（*T*, Sales），最后从表（*T*, Sales）中计算（Sales）。这个计算次序只需要对表（*T*, *S*, *P*, Sales）做一次排序操作。因为表（*T*, *S*, Sales）的维属性的排列是表（*T*, *S*, *P*, Sales）的维属性排列的前缀，所以不需要对表（*T*, *S*, Sales）进行排序。同理，也不需要对表（*T*, Sales）进行排序。从而使得该方案减少了排序次数。

但是仔细分析可以发现，表（*T*, *S*, Sales）和（*T*, Sales）从内存写到磁盘以后，还要在下一次计算中按照写出元组的次序再把这些元组从磁盘读入内存。如果生成（*T*, *S*, Sales）的一个元组后不写到磁盘，而是立刻用于计算（*T*, Sales）的元组，这样可以减少读磁盘操作。这就是流水线算法的基本思想。流水线算法采用自顶向下的方式，即按照构成 cuboid 的维数由多到少的顺序进行数据方体的计算，如图 5.14 所示，先算 *TSP*，再算 *TS*，再算 *T*……

下面用一个实例来说明流水线算法的原理。以图 5.11 中的数据为例子，说明流水线（*T*, *S*, *P*, Sales）→（*T*, *S*, Sales）→（*T*, Sales）→（Sales）的计算过程。

在图 5.15 中，从左到右表示一条流水线，演示了数据在流水线中的流动。从上到下，表示读入一个元组后，流水线发生的变化情况。

流水线中为每个表分配了一个存储单元，可以存放表中的一个元组。初始时，流水线中所有结点的内容为空，即最上面那条流水线。

从表（*T*, *S*, *P*, Sales）读入第一条记录（1, 1, 1, 10）后，由于第二个结点为空，将该条记录的 *T* 和 *S* 两个维属性的值和度量的值都复制到第二个结点中，其他结点没有任何变化。

读入第二条记录（1, 1, 2, 20）后，第二个结点不为空，但是维属性 *T*、*S* 的值和第二条记录的相等，因此把第二条记录的度量值和第二个结点的度量值累加（这里的聚集函数是 sum）。

读入第三条记录（1, 2, 1, 30）后，第二个结点不为空，其内容是 T=1 S=1 $\sum$=30，它与当前记录在属性 *T* 和 *S* 上的值不相等，这时首先要把第二个结点中的内容流动到第三个结点，由于第三个结点为空，就把 *T* 属性的值和度量值复制到第三个结点中。其次，将第二个结点的内容作为一条记录输出到表（*T*, *S*, Sales）。最后，将第三条记录的 *T* 和 *S* 两个维属性的值和度量的值都复制到第二个结点中。

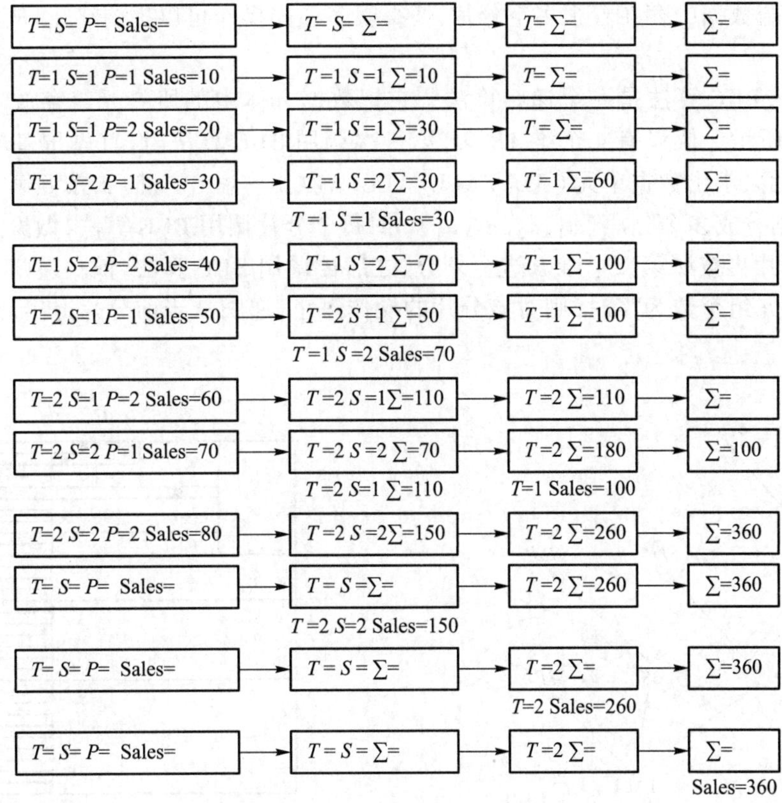

图 5.15 流水线算法执行过程示意

当处理完表（*T*, *S*, *P*, Sales）的所有记录后，流水线中有些结点不为空，这时按照从左至右的次序把不为空结点的内容流动到下一个结点，并组织一条记录输出到对应的表中，然后清空结点，直到所有结点都为空为止。

从上面的分析可以发现，流水线组织简单，控制容易，需要的存储空间很少。

2. BUC 算法

流水线算法在计算一条流水线时，把流水线的输入表按照多个属性排序，由流水线中的各个 cuboid 共享排序结果。它按照构成 cuboid 的维数由多到少的顺序进行数据方体的计算。比如先算 *TSP*，再算 *TS*，再算 *T*……直至 ALL。和流水线算法相反，BUC（Bottom-Up Computation）算法采用自底向上的方式，即按照构成 cuboid 的维数由少到多的顺序进行数据方体的计算。如图 5.16 所示，BUC 算法先算 ALL，再算 *T*，再算 *TS*……这实际上是对数据方体格结构进行深度优先遍历的顺序。

BUC 算法非常适合于稀疏数据的方体计算，是目前一个比较好的算法。其基本思想是分而治之，把数据划分成若干个分片，对每个分片递归调用 BUC 算法，再继续划分……如此下去，直到无法划分为止。当某个分片包含 0 条元组时（称为空分片），则针对该分片的操作终止，递归退出。由于稀疏数据中存在着很多空分片，使得很多递归操作可以提前终止，从而提高了计算的效率。

如上所述，BUC 算法是一个递归算法。它把数据方体中的所有元组存放在一个关系表中，如图 5.17 所示。假设有 4 个维 *ABCD*，第一次调用 BUC 算法时，首先把基本表中的所有元组做聚集运算，求出数据单元（ALL, ALL, ALL, ALL）并输出。然后，按照第一个维 *A* 的取值，把基本表划分成多个分片（a_1, a_2, a_3, a_4）。对每个分片调用 BUC 算法，做聚集运算、输出，对 *A* 的每个分片再按照第二个维 *B* 进行划分，之后再调用 BUC 算法，依次递归下去。当某个分片所包含的元组个数为零时，则对该分片的操作停止，递归从当前分片退出，继续对下一个分片的操作。

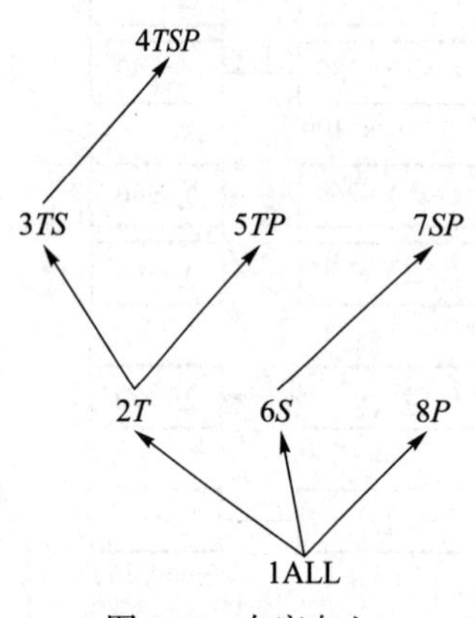

图 5.16　自底向上

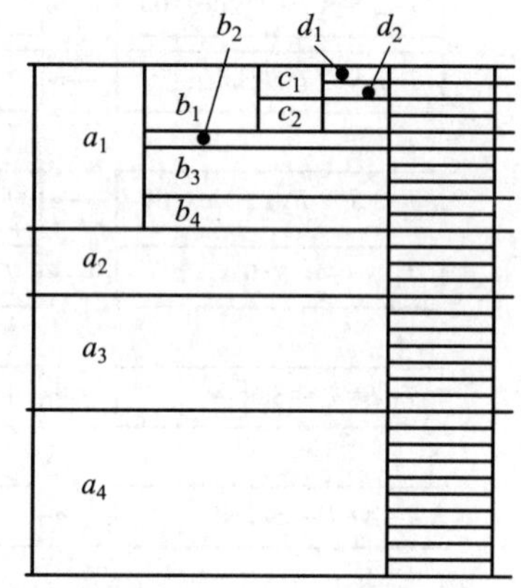

图 5.17　递归划分过程[88]

算法 5-1 为 BUC 算法，其中使用了以下一些变量和函数。

① input：基本表的部分元组集合。

② input.count( )：input 中元组的个数。

③ outputRec：存放一个要输出的元组。

④ dim：要进行划分操作的维的编号。基本表中的每个维属性有一个编号，从左往右依次为 0, 1, 2, …。

⑤ numDims：维的个数。

⑥ cardinality[d]：第 *d* 维的基数，即基本表中元组在第 *d* 列投影后所得到的集合 ϕ 的基数。

⑦ dataCount[d][i]：第 *d* 维中具有集合 ϕ 中第 *i* 个元素值的元组的个数。

⑧ Partition(input, d, C, dataCount[d])：把 input 中的元组在第 *d* 维上进行划分，得到 *C* 个分片，每个分片中的元组在第 *d* 维上有相同的值，并把每个分片中元组的个数存放在 dataCount[d]中。

⑨ WriteAncestors(input[0], dim)：递归生成基本表中一个元组所有的综合元组。

算法 5-1 数据方体预计算算法 BUC

输入：元组集合、维数、当前划分维

输出：预综合之后的数据方体

```
Procedure BUC ( input, numDims, dim )
1: Aggregate ( input );
2: if input.count ( ) == 1 then                    // 优化
       WriteAncestors ( input [ 0 ], dim ); return;
3: write outputRec;                                 // 输出结果至 outputRec
4: for d = dim; d < numDims; d++ do
5:     let C = cardinality [ d ];
6:     Partition ( input, d, C, dataCount [ d ] );
7:     let k = 0;
8:     for i = 0; i < C; i++ do                     // 对每个分片调用 BUC 算法
9:         let c = dataCount [ d ][ i ]
10:        outputRec.dim [ d ] = input [ k ] .dim [ d ];
11:        BUC ( input [ k⋯k+c ], d+1 );
12:        k += c;
13:    end for
```

下面以图 5.11 的事实表为例，说明 BUC 算法的执行过程。BUC 算法的主要操作是划分，划分的结果是一组分片。为了描述方便，用符号 ABC_{ijk} 表示一个分片，其中大写字母表示对基本表进行划分的属性和划分的先后次序，小写字母是分片中所有元组在划分属性上的值。例如，TS_{11} 表示首先对基本表按照属性 T 划分，然后再在属性 S 上划分得到的分片，这个分片中所有的元组在属性 T 上的值是 1，在属性 S 上的值也是 1。图 5.18 给出了几个分片的示意图。

T	*S*	*P*	Sales
1	1	1	10
1	1	2	20
1	2	1	30
1	2	2	40

分片 T_1

T	*S*	*P*	Sales
1	1	1	10
1	1	2	20

分片 TS_{11}

T	*S*	*P*	Sales
1	1	1	10

分片 TSP_{111}

T	*S*	*P*	Sales
1	1	1	10
1	1	2	20
2	1	1	50
2	1	2	60

分片 S_1

图 5.18 分片示意图

BUC 算法首先把基本表看作一个分片 F，input=F，outputRec=(ALL, ALL, ALL)，dim=0，调用 BUC。算法对 F 中的所有元组做聚集运算（算法第 1 行），然后输出元组 outputRec (ALL, ALL, ALL, 360)（算法第 3 行）。再按属性 T 划分，得到两个分片 T_1 和 T_2（算法第 6 行），依次处

理 T_1 和 T_2。先处理 T_1，设置 outputRec=（1，ALL，ALL，？），dim=1，input=T_1，递归调用 BUC（算法第 9—11 行）。

对 T_1 中的所有元组做聚集运算，输出 outputRec=（1，ALL，ALL，100）。因为 dim=1，所以对分片 T_1 在属性 S 上划分，得到分片 TS_{11} 和 TS_{12}。先处理分 TS_{11}，设置 outputRec=（1，1，ALL，？），dim=2，再调用 BUC。

对 TS_{11} 做聚集运算，输出设置 outputRec=（1，1，ALL，30）。对 TS_{11} 在属性 P 上划分，得到分片 TSP_{111} 和 TSP_{112}。处理 TSP_{111}，设置 outputRec=（1，1，1，？），dim=3，再调用 BUC。

此时，input 中只有一个元组，WriteAncestors 函数处理后，输出元组（1，1，1，10），返回上一次调用时的断点，继续处理分片 TSP_{112}。

处理完 TSP_{112} 后，返回处理 TS_{12}，同上，再处理 TSP_{121} 和 TSP_{122}。

算法返回，将 T_1 在属性 P 上划分，得到分片 TP_{11} 和 TP_{12}，依次处理 TP_{11} 和 TP_{12}。

处理完分片 T_1 后，再继续处理 T_2……

图 5.19 所示为利用 BUC 算法从图 5.13 所示的基本表计算出数据方体的数据单元的次序。

序号	*T*	*S*	*P*	Sales	序号	*T*	*S*	*P*	Sales
1	ALL	ALL	ALL	360	15	2	2	ALL	150
2	1	ALL	ALL	100	16	2	2	1	70
3	1	1	ALL	30	17	2	2	2	80
4	1	1	1	10	18	2	ALL	1	120
5	1	1	2	20	19	2	ALL	2	140
6	1	2	ALL	70	20	ALL	1	ALL	140
7	1	2	1	30	21	ALL	1	1	60
8	1	2	2	40	22	ALL	1	2	80
9	1	ALL	1	40	23	ALL	2	ALL	220
10	1	ALL	2	60	24	ALL	2	1	100
11	2	ALL	ALL	260	25	ALL	2	2	120
12	2	1	ALL	110	26	ALL	ALL	1	160
13	2	1	1	50	27	ALL	ALL	2	200
14	2	1	2	60					

图 5.19　BUC 生成数据单元的次序

5.3.4　部分数据方体预计算方法

在联机分析中可以从数据仓库中得到细节数据，即维表和事实表，但分析人员可能需要查询数据方体中的任何一个数据单元。如前所述，如果把数据方体中的所有数据单元预先计算并存储下来，则对任何一个查询只需找到满足条件的数据单元即可，不需要进行实时计算，从而可以大大加快查询响应时间。这是一种以空间换时间的策略。前面介绍的流水线算法和BUC算法都可以计算出数据方体中的所有数据单元(假设每个维只有一个层)。但是,随着维数的增加和事实表的增大,数据方体中的数据单元的个数将呈"爆炸式"增长,要存储数据方体中所有的数据单元几乎是不可能的事情。这时,经常采用的方法就是:不计算数据方体中的所有cuboid而只计算一部分,在回答查询时,如果满足条件的数据单元在某个已经计算出来的cuboid中,则直接到其对应的表中查找;否则,根据其他已经计算出来的cuboid临时计算。我们把已经计算出来的cuboid叫做实体化视图。使用实体化视图来提高查询性能需要解决以下几个问题:

① 如何选择实体化视图。实体化视图的存在一方面可以提高查询性能,但同时也带来负面作用,例如占用磁盘空间、必须对这些实例化视图进行一致性维护等。因此必须有效地对应该实体化的视图进行选择。

② 如何利用实体化视图进行查询优化。对于某一组给定的查询,通常存在多个可用的实体化视图对其进行回答。因此需要进行查询优化,选择查询代价最小的一组实体化视图来回答查询。

③ 在数据装载和刷新时需要对实体化视图进行维护,以保证其中的数据与数据源中的数据保持一致。

本节将介绍实体化视图的选择问题。如何利用实体化视图进行查询优化以及如何对实体化视图进行维护的技术将在第6章中介绍。

实体化视图占用存储空间,花费维护时间。选择哪些视图进行实体化是一个优化问题。给定的限制条件可以是空间、时间或二者兼而有之。例如给定一个存储空间上限M,要求实体化视图占用的存储空间不能超过M。给定一个时间上限T,要求维护实体化视图的时间不能超过T。

本节讨论在给定的空间限制下实体化视图的选择问题,即给定存储空间上限M,选择一组实体化视图S,使得S所占用的存储空间不超过M,且用S来回答查询所用的查询代价最小。

要使查询代价最小,需要考虑两个问题:

① 用户会提出什么样的查询,或者说,用户的查询模式是什么。用户可以提出各种形式的查询,但是任何一个查询都可以重写为对一个视图的查询。因此,用户查询的种类等于视图的个数。在这个意义上讲,查询与视图等价,后面会交替使用这两个词,但含义相同。一般情况下,用户的查询是不可预测的,可以假定每种查询的概率相同。

② 利用实体化视图去回答一个查询的代价是多少,即要有一个代价模型。在不考虑索引的情况下,完成对视图的查询一般需要扫描整个视图,查询代价与视图中的元组数成正比,即利用视图v去回答一个查询的代价$\text{cost}(v)=n$,n是v中元组的个数,称这个代价模型为线性代价模型。

从理论上讲,实体化视图的选择问题是一个NP问题,一般都是求近似解。下面介绍两个算法:BPUS算法和PBS算法。

1. BPUS 算法

BPUS 是一个贪心算法，它有两个输入参数，第一个输入参数是给定的存储空间限制 M，第二个输入参数是数据方体中所有的视图集合 VS（包括每个视图的体积，即视图中元组的个数）。BPUS 算法的输出是一个视图集合 S，它所占用的存储空间不超过存储空间限制 M，且用 S 来回答查询。

算法 5-2 为 BPUS 算法。因为事实表必须实体化，所以算法开始时，S 中只包含事实表。之后，算法每次从 VS 中选择一个最好的视图 v 放入 S 中，直到用完给定的空间。我们说视图 v 最好，是指 v 所能带来的收益最大，或者说，在已对 S 中所有视图进行实体化的情况下，再多实体化一个视图 v 后所能减少的查询代价最大。

算法 5-2　实体化视图选择算法 BPUS

输入：存储空间限制 M，视图集合 VS

输出：优化的视图集合 S

```
BPUS(M, VS)
    S = {base table}
    VS=VS - S
    while(1)
        从 VS 中选择一个视图 v，使得 B(v, S)的值最大；
        if(Space of S ∪ {v} < M)
            S = S ∪ {v}
        VS = VS - {v}
```

BPUS 算法的核心是计算视图 v 的收益 $B(v, S)$。对每个可以从 v 中计算出来的查询 w，用 $v \leqslant w$ 表示。实体化 v 以前，要回答对 w 的查询必须扫描 S 中的某个视图 u，查询代价是 $\mathrm{cost}(u)$。实例化 v 以后，可以扫描 v 回答对 w 的查询，代价是 $\mathrm{cost}(v)$。如果视图 v 的体积比 u 少，则可以减少 w 的查询代价，这就是实体化 v 带来的收益。

算法 5-3 为计算收益的算法。

算法 5-3　计算收益的算法 Benifit

输入：已选择的视图集合 S，将要选择的视图 v

输出：实体化视图 v 带来的收益 $B(v, S)$

```
Benifit(v, S)
    对每一个 w，如果满足 v ≤ w
        从 S 中找出代价最小的视图 u 且满足 u ≤ w
        /* 因为事实表肯定存在 S 中，所以 S 中至少存在一个满足条件的视图 */
        如果 cost(v) < cost(u)
            则 B_w = cost(v) - cost(u)
        否则 B_w =0
```

下面以图 5.20 所示的数据方体格结构为例，说明利用 BPUS 算法进行实体化视图选择的过程。该数据方体格由产品 P、地区 G 和时间 T 3 个维构成，共有 8 个视图。图 5.20 中括号里的数字代表视图的体积（元组的个数）。假设给定的存储空间限制 M=155，即实体化后的视图所能存储的元组总数是 155 条。

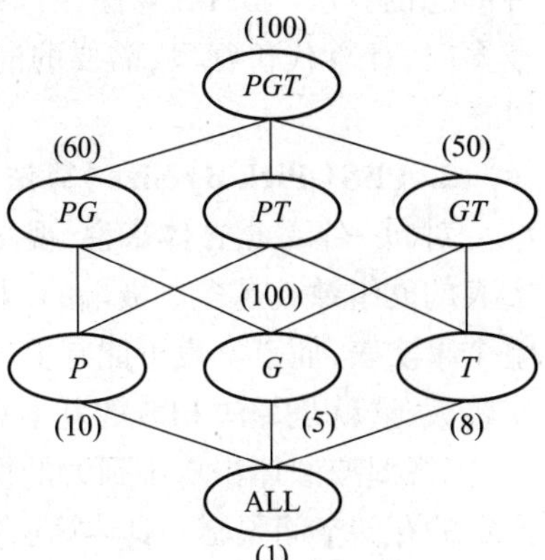

图 5.20 数据方体格结构

首先 S={ PGT }。下一步要从其他视图中选择一个收益最大的视图进行实体化，需要计算各个视图的收益。

① 如果实体化 PG，则视图 PG、P 和 G 就不需要从 PGT 中计算，而是从 PG 中计算。$B(PG,S)=(100-60)+(100-60)+(100-60)=120$。

② 如果实体化 PT，则视图 PT、P 和 T 可以从 PT 中计算。$B(PT,S)=(100-100)+(100-100)+(100-100)=0$。

③ 如果实体化 GT，则视图 GT、T 和 G 就不需要从 PGT 中计算，而是从 GT 中计算。$B(GT,S)=(100-50)+(100-50)+(100-50)=150$。

④ 如果实体化 P，则视图 ALL 可以从 P 中计算，也不用再计算 P。$B(P,S)=(100-10)+(100-10)=180$。

⑤ 如果实体化 G，则视图 ALL 可以从 G 中计算，也不用再计算 G。$B(G,S)=(100-5)+(100-5)=190$。

⑥ 如果实体化 T，则视图 ALL 可以从 T 中计算，也不用再计算 T。$B(T,S)=(100-8)+(100-8)=184$。

⑦ 如果实体化 ALL，则不需要再从 PST 中计算 ALL。$B(\text{ALL},S)=(100-1)=99$。

从上面的计算发现，实体化 G 的收益最大。因此，S={ PGT, G }，占用的存储空间为 105。

算法继续选择：

① 如果实体化 PG，则视图 PG 和 P 就不需要从 PGT 中计算，而是从 PG 中计算。$B(PG,S)=(100-60)+(100-60)=80$。

② 如果实体化 PT，则视图 P 和 T 可以从 PT 中计算，PT 也不需要计算。$B(PT,S)=(100-100)+(100-100)+(100-100)=0$。

③ 如果实体化 GT，则视图 T 和 GT 不需要从 PGT 中计算。$B(GT,S)=(100-50)+(100-50)=100$。

④ 如果实体化 P，则视图 ALL 从 G 中计算的代价比从 P 中计算的代价少，因此只有利于视图 P 自己。$B(P,S)=(100-10)=90$。

⑤ 如果实体化 T，则只有利于视图 T。$B(T,S)=(100-8)=92$。

⑥ 如果实体化 ALL，则不再从 G 中计算 ALL。$B(\text{ALL},S)=(5-1)=4$。

从上面的计算发现，实体化 GT 的收益最大。因此，S={ PGT, G, GT }，占用的存储空间为 155。由于使用完了给定的存储空间，算法结束。

BPUS 算法没有考虑索引对问题的影响，也没有考虑用户查询模式是不断变化的，属于一种静态的算法。BPUS 算法在选择具有最大收益的视图时采用的是一种枚举的方法，在维数比较多时，计算代价很大，需要的时间很长，实用性比较差。针对 BPUS 算法的缺陷，提出了算法 PBS。

2. PBS（Pick By Size）算法

对同一个数据方体来说，视图中的元组个数越少，计算该视图中的某个元组时所需读取的事实表的元组数就越多。极端的例子是视图 ALL，它只有一个元组，为了计算这一个元组，要扫描整个事实表，而事实表可能有上千万个元组。因此，一般情况下，实体化体积小的视图的收益会比较大，这就是算法 PBS 的基本思想。PBS 算法主要分为两个步骤：第一步，估算每个视图的大小，把视图按照体积从小到大的次序排序。第二步，按照排好的次序逐个选择视图，直到要超过给定的存储空间限制。具体算法如算法 5-4 所示。

算法 5-4　实体化视图选择算法 PBS

输入：存储空间限制 M，视图集合 VS

输出：优化的视图集合 S

```
PBS(M, VS)
    将 VS 中的所有视图从小到大排序
    S = { base table }
    VS=VS − S
    while(1)
        从 VS 中选择一个最小的视图 v
        if(Space of S ∪ { v } < M)
            S = S ∪ { v }
        VS = VS − { v }
```

下面采用 PBS 算法重新计算图 5.20 中需要实体化的视图。

① 按照体积的大小对视图排序：ALL（1）、G（5）、T（8）、P（10）、GT（50）、PG（60）、PT（100）。

② 算法开始时，S 中只包含事实表。故 $S=\{PGT\}$。

③ 逐个选择视图 ALL、G、T、P，添加到 S 中，$S=\{PGT, \text{ALL}, G, T, P\}$，占用的存储空间是 124。如果再实体化视图 GT 会超过给定的限制条件，算法终止。

这里通过图 5.20 这个具体的数据方体格结构，比较一下 BPUS 算法和 PBS 算法。按照 BPUS 算法的结果，实体化 PGT、GT 和 G，则视图 PG、PT 和 P 需要从 PGT 中计算，视图 T 从 GT 中计算，视图 ALL 从 G 中计算。因此，用户总的查询代价为

$$
\begin{aligned}
TC&=C(PGT)+C(PG)+C(PT)+C(GT)+C(P)+C(G)+C(T)+C(\text{ALL})\\
&=100+100+100+50+100+5+50+5\\
&=510
\end{aligned}
$$

按照 PBS 算法的结果，实体化 PGT、G、T、P 和 ALL，则视图 PG、PT 和 GT 需要从 PGT 中计

算,其他的视图已经被实体化。因此,用户总的查询代价为

$$
\begin{aligned}
TC&=C(PGT)+C(PG)+C(PT)+C(GT)+C(P)+C(G)+C(T)+C(\mathrm{ALL})\\
&=100+100+100+100+10+5+8+1\\
&=424
\end{aligned}
$$

算法 PBS 运行速度快,但是得到的结果与最优解的差距变化不定。算法 BPUS 虽然运行速度慢,理论上可以保证在最坏情况下得到的解是最优解的 0.63。这两个算法没有考虑索引对问题的影响,也没有考虑用户查询模式是不断变化的,属于一种静态的算法。

5.4 数据方体缩减技术

数据方体的预计算技术可以将所有的数据单元预先计算并存储下来,从而提高查询处理的效率。但随着维数的增加和事实表的增大,数据方体中数据单元的个数将呈“爆炸式”增长,要存储下所有的数据单元几乎是不可能的事情。因此,大多数情况下只能采用折中的方法,对数据方体中的部分数据单元进行预计算,不过这样做的结果又会损失部分查询效率。

于是人们提出了一类新的技术,称为数据方体缩减技术。该技术采用一种特殊的数据压缩手段将整个数据方体存储下来,从而为高效查询处理提供了支持。其主要思想是按照数据方体中数据所代表的不同语义(或模式)信息将数据进行划分后压缩存储,从而有效地缩减了数据的存储空间。该技术最具代表性的有 Sismanis 等提出的 Dwarf 数据方体[2],它利用数据的前缀和后缀语义信息将数据方体进行压缩;Wang Wei 等提出的 Condensed 数据方体[3],它利用单元组语义信息对数据方体进行压缩;Lakshmanan 等提出的 Quotient 数据方体[4],它利用聚集值相等且连通的语义信息对数据方体进行压缩。下面分别对这些技术进行介绍。

5.4.1 Dwarf 数据方体

Dwarf 数据方体将具有相同前缀或后缀的数据单元压缩存储在一起。一般来说,数据方体中数据密集的地方前缀冗余比较多,数据稀疏的地方后缀冗余比较多。Dwarf 数据方体在存储时消除了这两种类型的冗余信息,大大缩减了数据方体的存储空间,将一个完全实体化的数据方体缩减到一个非常密集的数据结构中。

要理解什么是前缀冗余,先来看一个简单的例子。

在图 5.21 所示的事实表示例中,数据方体具有 3 个维:地区维(S)、顾客维(C)和产品维(P)。在由该事实表形成的数据方体中,S_1 将会出现 7 次。具体地说,S_1 将出现在数据元素 $<S_1, C_2, P_2>$, $<S_1, C_3, P_1>$, $<S_1, C_2>$, $<S_1, C_3>$, $<S_1, P_2>$, $<S_1, P_1>$, $<S_1>$ 中。所以,前缀冗余是指某个维值或某几个维值的组合会同时出现在多个视图的前缀中。Dwarf 数据方体将这种类型的冗余提取出来,同样的前缀在数据方体中只存储一次。

Store	Customer	Product	Price
S_1	C_2	P_2	\$70
S_1	C_3	P_1	\$40
S_2	C_1	P_1	\$90
S_2	C_1	P_2	\$50

图 5.21　一个事实表的实例

后缀冗余是指多个视图共享相同的后缀。如图 5.21 中 C_1 总是和 S_2 同时出现。Dwarf 数据方体将这种类型的冗余也提取出来,在数据方体中只存储一次。

去掉前缀和后缀冗余不仅可以节约大量的存储空间,而且缩短了计算数据方体所需要的时间。图 5.22 是由图 5.21 中的事实表所形成的 Dwarf 数据方体的结构。

图 5.22 所示的是一个带有聚集函数 sum 的完整的数据方体结构图。每个结点旁边的数字代表了该结点产生的顺序。Dwarf 数据方体结构的高度等于维的个数,每个维对应于该图中的一层。

每个非叶子结点包含若干个二元组[K,P],K 对应于当前层的一个维值,P 是一个指针,指向下面一层中的某个结点。每个非叶子结点都有一个特殊维值 ALL,如图 5.22 中结点中右边的灰色区域所示,它指向下一维的所有维值。

每个叶子结点也包含多个二元组[K,V],K 对应于当前层的一个维值,V 是聚集值,表示从根到该叶子结点所在路径上所有数据单元的聚集值。

从根到叶子结点的一条路径(如 $<S_1, C_3, P_1>$)对应于视图 <Store, Customer, Product> 中的一个数据单元。该路径指向一个叶子结点[P_1 \$40],该结点包含了 $<S_1, C_3, P_1>$ 的聚集值。其他的一些路径可以使用特殊值 ALL,如 $<S_2$, ALL, $P_2>$ 指向叶子结点[P_2 \$50],对应于由所有的顾客在商店 S_2 所购买的产品 P_2 的总和。

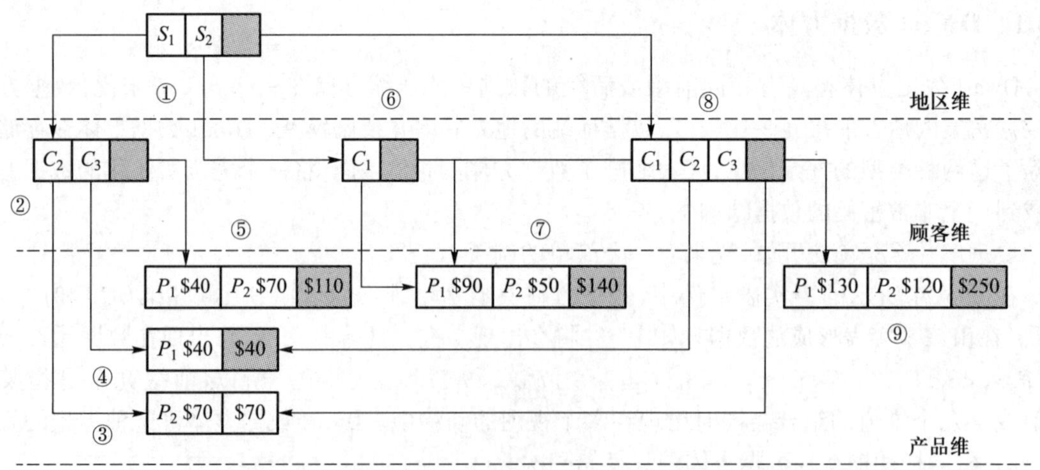

图 5.22　由图 5.21 事实表所形成的 Dwarf 数据方体结构[2]

当叶子结点中的某个二元组的 K 取特殊值 ALL 时,则将 K 省略,二元组变成一元组的形式[V],即只存储聚集值。如路径 <ALL, ALL, ALL> 指向叶子结点[\$250],对应于所有元组的聚集值之和。

可以看出,顺着不同的 3 条路径 $<S_2, C_1, P_2>$, $<S_2, ALL, P_2>$ 和 $<ALL, C_1, P_2>$ 所得到的聚集值,全部是从图 5.22 中的最后一个元组得到的,它们都指向相同的叶子结点[P_2 \$50]。如果这些结点分别存储的话,将存在后缀冗余。Dwarf 通过将这些结点合并存储,避免了冗余存储。在图 5.22 中,凡是有多个指针所指的结点都是合并存储的结点。

Dwarf 数据结构具有下列属性:

① 它是一个具有一个根结点的有向图。该图具有 D 层, D 是数据方体所包含的维的数目。

② 第 D 层上的结点(叶子结点)包含若干个二元组,这些二元组具有[K, V]的形式;当 K 取值为 ALL 时具有[V]的形式。

③ 除第 D 层以外的层上的结点(非叶子结点)包含若干个二元组,这些二元组具有[K, P]的形式。第 i 层某个结点的某个二元组中的指针,指向第 i+1 层上由它所控制的某个结点。

④ 每个结点包含一个特殊二元组,它的 K 值是特殊维值 ALL。

⑤ 属于第 i 层的二元组中的 K 值是第 i 维的维值。同一个结点中的两个二元组不可能具有相同的 K 值。

⑥ 从根结点到叶子结点的一条路径上所有的 K 值构成视图中的一个数据单元。

对 Dwarf 进行遍历时需要从根走到叶子,该路径的长度永远为 D。Dwarf 结构本身就构成了一个有效的内部索引结构,所以不再需要额外的索引。

5.4.2 Condensed 数据方体

Condensed 数据方体利用数据方体中存在一些数据单元是从同一个基元组(事实表中的元组)聚集而来(从而具有相同的聚集值)的特点,将多个数据单元压缩存放在一个物理单元中,从而节省了大量的存储空间。

要理解 Condensed 数据方体是如何成功地缩减数据空间的,不妨先来看一个极端的例子。假设事实表 R 只有一个元组($a_1, a_2, \cdots, a_n, V$),则由 R 计算出的数据方体有 2^n 个数据单元($a_1, a_2, \cdots, a_n, V_1$),($a_1, *, \cdots, *, V_2$),($*, a_2, *, \cdots, a_n, V_3$),($*, *, \cdots, *, V_m$),其中 $m=2^n$, $V_1=V_2=\cdots=V_m=\text{agg}(R)=V$。显然,物理上只需要存储元组($a_1, a_2, \cdots, a_n, V$),其他数据单元都具有和该元组相同的值。当查询这些数据单元时,只需直接返回 V 的值,而不需要再进行聚集计算。

在上例中,由 R 计算出的整个数据方体的 2^n 个数据单元被压缩成一个。一般情况下,只要不同视图的多个数据单元由单个元组(称为单元组)聚集而成,这些数据单元就可以被压缩成一个。

单元组的精确定义是:给定一个维集合 $SD\subset\{D_1, D_2, \cdots, D_n\}$,将事实表在该维集合 SD 上按照维值的不同组合进行划分,如果在划分后的某一个分片中只有一个元组 r,则说 r 是 SD 维集合上的单元组,而 SD 则称为 r 的单元组维集合。

例如,在图 5.23 显示的事实表 R 中,元组 R_1(0,1,1,60)是在维 A 上的单元组,因为维 A=0 所在的分片中只有元组 R_1。维 B=1 所在的分片中有 R_1 和 R_2 两个元组,所以 R_1(0,1,1,60)在维 B 上不是单元组。某个元组可以同时是几个维上的单元组,例如 R_3 既是维 A 也是维 B 上的单元组。R_1 和 R_2 是维 A 上的单元组但不是维 B 上的单元组。

TID	*A*	*B*	*C*	*M*
1	0	1	1	60
2	1	1	1	100
3	2	3	1	60
4	4	5	1	70
5	6	5	2	80

图 5.23 事实表 R

计算 Condensed 数据方体的关键是识别出其中的单元组,将在其上的所有数据单元压缩存储。在计算 Condensed 数据方体的过程中利用了一个重要的原理,即如果某个元组 r 是单元组维集合 SD 上的单元组,则 r 一定是 SD 的任何超集上的单元组。例如,上例中,因为元组 R_1(0,1,1,60)是维 A 上的单元组,它同时也是维{A},{AB},{AC},{ABC}上的单元组。符号 SDSET 用来代表与一个单元组相关联的多个维集的集合。

根据这个原理,可以得出:如果 r 是某个维集集合 SDSET 上的单元组,则由 $SD_i \in$ SDSET 构成的视图中,由 r 聚集而来的数据单元的值相等。由此,根据单元组及其维集集合 SDSET,就可以得出由该单元组聚集而成的可加以压缩的多个数据单元。例如,已知单元组 R_1(0,1,1,60)及其维集集合 SDSET={{A},{AB},{AC},{ABC}},可得出数据单元(0,*,*,60)、(0,1,*,60)、(0,*,1,60)、(0,1,1,60)具有相同的聚集值,可将其压缩到一个物理单元中。

需要时,被压缩在一起存储的数据单元可以由单元组恢复出来。这里要注意的是,恢复操作非常简单,它只需要复制单元组,然后将某些维设置成特殊值 ALL 即可,并不需要进一步的聚集或计算操作。

5.4.3 Quotient 数据方体

Condensed 数据方体利用多个数据单元如果都是由同一个元组聚集而成,则一定具有相同聚集值的原理,识别出事实表中的单元组,并将由该单元组聚集而成的数据单元进行压缩存储,从而达到对数据方体进行缩减的目的。但实际上,多个数据单元即便是由多个(而非一个)相同的元组聚集而成,同样具有相同的聚集值。如在图 5.23 所示的事实表中,数据单元(*,1,1,160)和(*,1,*,160)都是由元组 R_1 和 R_2 聚集而成,具有相同的聚集值 160。如果能将这两个数据单元压缩存储,则可以进一步对数据方体进行缩减。

Quotient 数据方体就是基于上述原理实现的。它通过等价划分的方法将所有数据单元进行分组,属于同一组的数据单元具有一个共同的特点,即都是由相同的元组集合聚集而来,因而具有相同的聚集值。既然具有相同的聚集值,那就可以把它们压缩存放在同一个物理单元中,这样做既不影响查询的性能,同时还能节省大量的存储空间。

我们来看一个 Quotient 数据方体的例子。图 5.24 表示了一个事实表，它具有 3 个维 A、B、C 和一个度量值 M。假设这 3 个维属性的值域分别是 domain(A)={a_1,a_2,a_3}，domain(B)={b_1,b_2}，domain(C)={c_1,c_2}。

TID	A	B	C	M
1	a_1	b_1	c_1	6
2	a_1	b_1	c_2	3
3	a_2	b_1	c_1	4
4	a_3	b_2	c_1	10

图 5.24　一个事实表

图 5.25(a)显示了由该事实表所形成的数据方体格，它具有 22 个不同的数据单元。这 22 个数据单元可以被划分成 9 个等价类 I—IX，图 5.25(a)中每个圈代表一个等价类，每个等价类中的所有数据单元都从相同的元组集合聚集而来，具有相同的聚集值。这里为了显示方便，图 5.25(a)中的数据单元所包含的 * 被省略了，比如(a_1,*,*)被简写为(a_1)。从图 5.25(a)可以看出，第 II 个等价类包含两个数据单元(a_1,*,*)和(a_1,b_1,*)，它们都是由元组 R_1 和 R_2 聚集而成，聚集值都是 9。第 VIII 个等价类共包含 6 个数据单元(a_3,*,*),(*,b_2,*),(a_3,b_2,*),(*,b_2,c_1),(a_3,*,c_1),(a_3,b_2,c_1)，它们都是由元组 R_4 聚集而成，具有相同的聚集值 10。

对于每个等价类，只需要存储其上界、下界和聚集值即可。例如，对于等价类 VIII 来说，它的上界是 $a_3b_2c_1$，下界是 a_3 和 b_2，聚集值是 10。这样就可以用较小的存储空间来存储整个完整的数据方体。

图 5.25(a)中的 9 个等价类 I—IX 可以构成如图 5.25(b)所示的另一个格。等价类之间可以进行上卷、下钻等操作。

Condensed 数据方体可以看作是 Quotient 数据方体的一种特殊情况。它只压缩了这样的等价类，即该等价类中的所有元组都是从某一个元组聚集而来。如果是从多个元组聚集而来，Condensed 数据方体则对它置之不理。因此，Quotient 数据方体的压缩率要比 Condensed 数据方体的压缩率大。

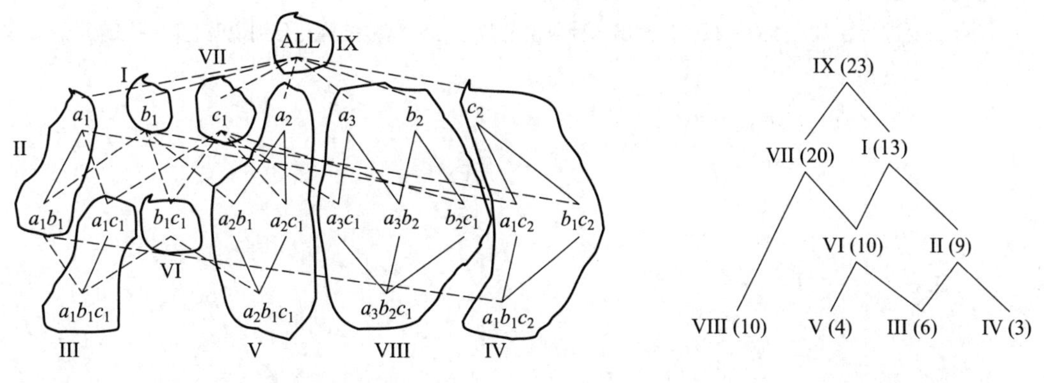

(a) 数据方体格划分后的等价类　　(b) 另一个数据方体格结构

图 5.25　由图 5.24 事实表形成的 Quotient 数据方体格及另一个格结构

小　结

本章首先介绍了数据方体格结构的概念,然后介绍了数据方体的存储、预计算和缩减技术。通过学习本章,主要应做到以下几点:

① 掌握数据方体格结构的概念。掌握构成格结构的多个 cuboid 之间存在一种导出关系。了解基 cuboid 和总 cuboid 的概念。

② 掌握数据方体的两种不同的存储结构。了解它们之间不存在谁优谁劣的问题,而是各有特色。

③ 掌握数据方体预计算的概念和方法。了解根据存储空间是否允许,可以预计算完整或部分的数据方体。

④ 了解 3 种典型的数据方体缩减技术:Dwarf 数据方体结构及其特点,Condensed 数据方体和 Quotient 数据方体缩减技术的基本思想。

习　题　5

1. 什么是数据方体格结构,什么是导出关系?
2. MOLAP 存储和 ROLAP 存储各有什么优缺点?
3. 什么是数据方体预计算?为什么要进行数据方体的预计算?
4. 常用的对完整数据方体进行预计算的方法有哪些?它们的主要实现思想是什么?
5. 常用的实体化视图选择方法有哪些?它们的主要实现思想是什么?
6. 为什么要进行数据方体的缩减?请举出 3 种典型的数据方体缩减结构并分别说明它们的缩减思想和方法。

第 6 章　数据方体的索引、查询和维护

第 5 章主要介绍了数据方体的两种存储形式，以及基于数据方体格结构的数据方体存储、预计算和缩减技术。由于存储空间的限制，通常将数据方体中的数据完全或部分预计算出来，并以多维数组、关系表或特定的缩减结构形式存储在数据仓库中。那么如何对数据方体中的数据进行查询？如何通过建立有效的索引来提高查询处理的性能？当数据源发生变化时，又该如何对这些预计算之后的数据方体进行更新？本章将分别讨论这些问题。

6.1　数据方体的索引技术

当数据方体采用关系表方式存储数据时，为了提高查询处理性能，必须采用索引技术。数据仓库环境下通常采用两种类型的索引：树索引和位图索引。

6.1.1　树索引

1. *B* 树索引

B 树索引自从 30 多年前被提出以来久经历史的考验，如今已被应用到各种高级数据库领域，如数据仓库、多维数据库、空间数据库、时态数据库、多媒体数据库、主存数据库，甚至 XML 数据库等。虽然针对各种具体应用人们已研究出很多新的索引方法，但是 *B* 树索引在这些应用领域中仍占有一席之地。这主要是基于两个原因：

① 大多数商业数据库都采用的是 *B* 树索引，从兼容性方面考虑，人们仍然偏向于使用 *B* 树索引。

② 基于 *B* 树的索引方案最容易实现和理解。

B 树索引是一棵具有如下特点的多路查找树：

① 根结点至少有两棵子树（除非根结点同时又是叶子结点）。

② 每个非根非叶子结点具有 $k-1$ 个关键字和 k 个指向子树的指针，其中 $\lceil n/2 \rceil \leqslant k \leqslant n$。

③ 每个叶子结点具有 $k-1$ 个关键字，其中 $\lceil n/2 \rceil \leqslant k \leqslant n$。

④ 所有的叶子结点都在同一层上。

其中 n 是一个正整数，对某个 *B* 树是固定的。

可以看出，符合上述条件的 *B* 树总是至少处于半饱和状态，具有较少的层数，并且是平衡的。图 6.1 是一个 *B* 树索引的例子，它共有 18 个关键字，范围从 6 到 88。

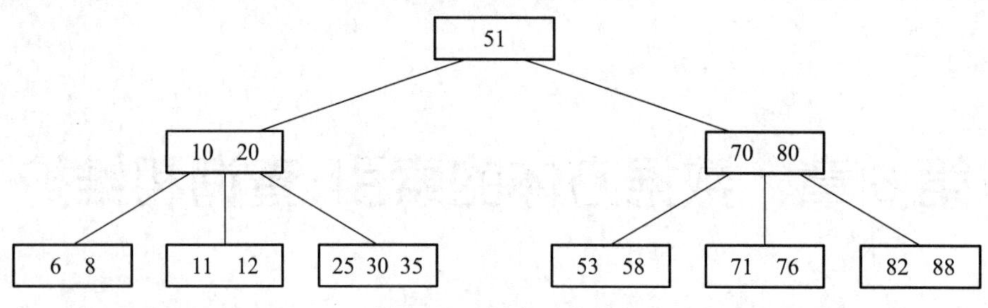

图 6.1　*B* 树索引示例

由于 *B* 树的每一个结点对应于一个磁盘页，访问一个结点则意味着进行一次 I/O 操作。因此，我们希望 *B* 树的结点个数越少越好。为了更好地利用 *B* 树结点的存储能力，Donald Knuth 提出了 B^* 树，它是 *B* 树的一个变种。在 B^* 树中，除了根结点外的所有结点都要求至少是三分之二饱和，而不是 *B* 树所要求的半饱和。

尽管 *B* 树结构可以提供快速精确的查找，但是在处理区域查询时，需要对 *B* 树进行深度优先遍历，某些内部结点可能需要访问多次。为了减少计算复杂度，提出了 B^+ 树。B^+ 树和 *B* 树具有如下不同：

① 所有的关键字都出现在叶子结点，内部结点的关键字用作查找过程中的分界符。

② 所有的叶子结点都被连接在一起，简化了区域查询。

但是，要将 *B* 树索引直接应用于多维数据时，往往需要在多个维上分别建立索引。由于各个维的索引彼此之间是独立的，这将导致关键字必须存储多次，极大地浪费了存储空间。为此，在 *B* 树、B^+ 树的基础上，人们又提出了专门针对多维数据进行索引的 *R* 树。

2. *R* 树索引

微视频：*R* 树索引

R 树的实现原理和 *B* 树、B^+ 树类似，通过提供所要查找数据的一条存取道路（从根结点到某个叶结点的一条路径），为快速查找数据记录提供了捷径，并且直接指向包含该数据项的数据页。

R 树的叶子结点包含指向数据对象的指针，格式为（I，对象标识符），其中 $I=(I_1, I_2, \cdots, I_n)$ 表示一个 n 维的超矩形，表示数据对象在 n 个维上的边界；$I_i=[a, b]$ 表示在某个维上的取值范围。*R* 树的非叶子结点格式为（I，子女指针），其中 I 指向一个可以覆盖下一层所有结点的超矩形，子女指针指向下一层的结点的地址。

例如，在图 6.2（a）显示的 *R* 树结构中，根结点包含两个超矩形 R_1 和 R_2。其中 R_1 有 3 个子女结点 R_3、R_4 和 R_5，R_3 又有 3 个子女结点 R_8、R_9 和 R_{10}。图 6.2（b）描述了各超矩形之间的包含和重叠关系。可以看出，R_1 和 R_2 的区域有一些重叠，而 R_1 和 R_3、R_4、R_5 之间则是包含关系，R_3 和 R_8、R_9、R_{10} 之间也是包含关系。

R 树和 *B* 树的最大区别在于，在 *R* 树中兄弟之间的矩形边框可以互相重叠。如果将 *R* 树用于点查询，则该点可能会同时落到多个子女的矩形边框中。这时需要对所有的这些点继续进行搜索。为了提高查询的效率，必须尽量减少兄弟之间的重叠，为此提出了压缩的 *R* 树（packed

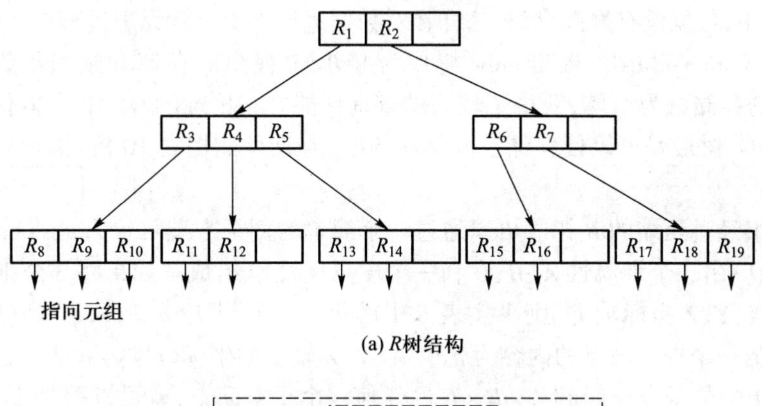

(a) R树结构

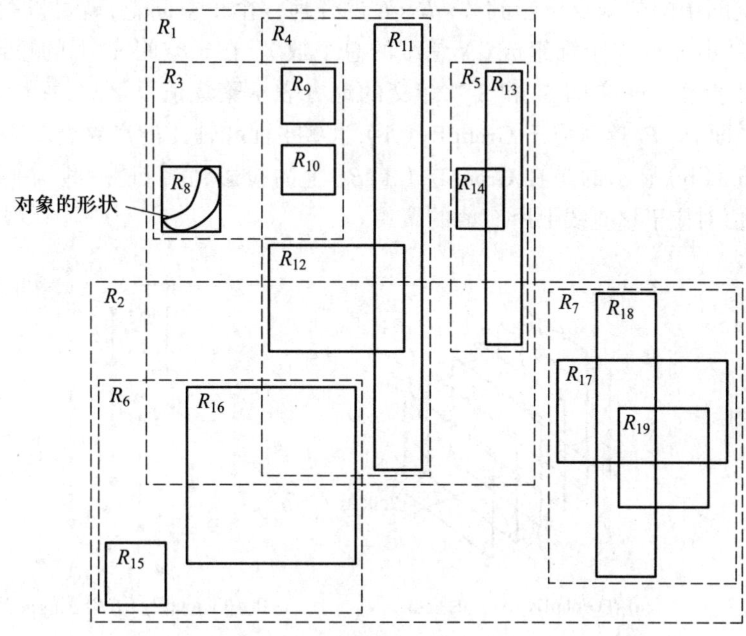

(b) 超矩形之间的关系

图 6.2 R 树索引示例

Rtree)的概念。压缩的 R 树采用空间压缩技术,最大限度地消除了 R 树中的重叠和死角(没有数据点的空间)现象,从而提高了数据搜索的效率。

通常 R 树中的每个结点对应一个磁盘页面,因此需要仔细选择参数,使得 R 树在用于查询处理时只需存取少量的结点。R 树索引是一种动态的数据结构,查询、插入、删除可以同时进行,不需要进行周期性地刷新和重建。

3. cube 树索引

采用 B 树索引或 R 树索引实体化视图时,受到以下两方面的限制:

① 索引和数据是分离的，关键字必须存储多次，浪费了存储空间。

② 关系存储中，数据没有聚簇存放，这样在对数据进行维护时就无法进行快速的合并操作。

Roussopoulos[5] 和 Kotidis[6] 提出 cube 树作为 ROLAP 视图的存储和索引组织结构。cube 树将数据和索引的存储融为一体，获得了较高的查询性能。与传统的 OLAP 实体化视图的存储组织结构相比，cube 树最好可以使存储空间缩减 50%，查询性能提高 10 倍，批量更新速度提高 100 倍。

cube 树是一组经过压缩的 R 树。可以通过一个简单的例子来理解什么是 cube 树。假设事实表 $R(A,B,C;Q)$ 由 3 个维属性 A、B、C 和一个度量属性 Q 组成。如果将 3 个维属性分别映射到多维空间的 X、Y、Z 坐标轴上，则事实表 R 中的每一个元组 $T(a,b,c,q)$ 都可以映射为多维空间 $A\times B\times C$ 的一个点。该点的内容为 q，在 X、Y、Z 轴上的坐标分别为 a、b、c。

将多维空间中的数据点投影到 $A\times B\times C$ 的任何一个子空间上，就可以得到不同的聚集值。任一子空间 S^K 由 $K\leqslant N$ 个维组成（N 是维的总个数）。在子空间 S^K 上的投影代表在这 K 个维属性上做聚集操作。子空间 S^K 和 S^{N-K} 相交的地方表示聚集值。例如，在图 6.3（a）中和 $B\times C$ 平行的投影平面 P_1、P_2 等对应于 GroupBy（A），这些平面和轴 A 的交界处就表示 GroupBy（A）的聚集值。图 6.3（b）显示的是在 GroupBy（A，B）上的投影，它们是一些与平面 $A\times B$ 垂直的直线，相交点的值对应于该直线上所有值的聚集。

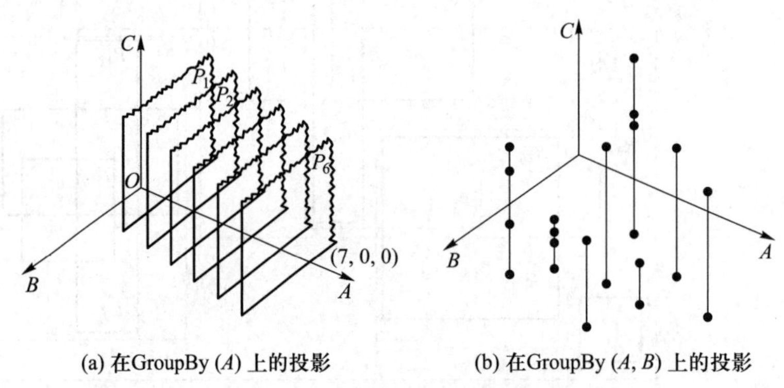

(a) 在GroupBy (A) 上的投影　　(b) 在GroupBy (A, B) 上的投影

图 6.3　多维空间数据点投影示例

这种方法将事实表及其所有的聚集以可视化的方式统一表示出来，称为扩展的数据方体模型（extended datacube model，EDM）。任何关系的或多维的存储结构都可以用来实现 EDM。例如，可以采用不带任何索引的传统关系表来实现它，也可以采用 R 树来实现它，或者采用关系表和 R 树以及 B 树的组合来实现它。由于大多数索引结构都是树形的，不失一般性，将这种 EDM 模型称为 cube 树。它可以用来存储 ROLAP 视图。任意集合的 ROLAP 视图都可以映射为一组 cube 树。

下面来看一下怎样将 ROLAP 视图映射为 cube 树。假定有一个星形模式存储的数据仓库，为了提高查询性能，对下列视图事先进行了实体化。

```
V1: SELECT partkey, suppkey, sum(quantity)
    FROM F
    GROUP BY partkey, suppkey
V2: SELECT part.type, sum(quantity)
    FROM F, part
    WHERE F.partkey=part.partkey
    GROUP BY part.type
V3: SELECT suppkey, partkey, custkey, sum(quantity)
    FROM F
    GROUP BY suppkey, partkey, custkey
```

这些实体化的视图可以用来对某些查询进行直接快速地回答,而不用再在事实表和维表上做扫描和连接操作。例如,视图 V_1 可以用来回答查询 Q_1:给出从某个供应商 S 年所买的所有零件的总额。类似地,V_3 可以用来回答查询 Q_2:给出某个顾客从某个供应商所购买的某种产品的总额。

现在来看一下如何用一棵 cube 树将上述视图集合实体化。假定使用一个三维的 R 树来实现该 cube 树。将 suppkey 映射到 X 轴,将 partkey 映射到 Y 轴,将 custkey 映射到 Z 轴,则 V_3 中的每一个元组 t_3 可以映射成三维空间 $R_{\{x,y,z\}}$(如图 6.4 所示)的一个点(t_{3x}, t_{3y}, t_{3z})。该点的内容表示聚集函数 sum 的值。

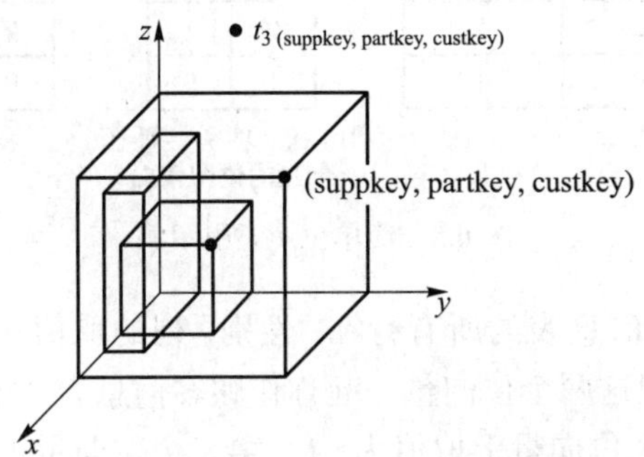

图 6.4 将视图 V_3 映射到三维空间 $R_{\{x,y,z\}}$[6]

如果将 partkey 映射到 X 轴,将 suppkey 映射到 Y 轴,用 0 作为 Z 轴坐标,则 V_1 中的每一个元组也可以映射为 $R_{\{x,y,z\}}$ 中的一个点。同理,如果将 part.type 映射为 X 轴,V_2 中的每一个元组也可以映射为 $R_{\{x,y,z\}}$ 中的一个点。这样,在同一棵 cube 树的不同维索引空间中分别表示了 V_1、V_2 和 V_3,使得可以使用同一棵 R 树来查询其中的任一视图。

6.1.2 位图索引

树索引在叶子结点针对每个关键字存储一个 RID(记录号)列表。对于基数较大的属性,如订单号、顾客标识等,每个关键字所对应的 RID 列表通常比较短,查询时需要存取较少的数据,因此效率较高。但是当将树索引应用于基数较小的属性,如性别、民族时,每个关键字所对应的 RID 列表很长,查询时要存取大量的数据页,几乎相当于顺序扫描,索引所带来的好处微乎其微。

对于基数较小的维属性,更适合采用另一种索引,该索引的全称是基于位图的 B^+ 树索引(bitmap-based B^+ tree),简称位图索引。它本质上仍是一种 B^+ 树索引,不同的是在叶子结点不再存储 RID 列表,而仍是存储一个位图。

1. 简单位图索引

首先看图 6.5(a)所示的反映顾客信息的表:顾客(顾客号,姓名,性别,重要级别)。其中"重要级别"所在列的取值范围为 1—5,表示该顾客的重要程度。"性别"列表示顾客的性别,只有"男"或者"女"两个值。像这样的取值范围较小的列称为稀疏列。对于稀疏列,可以通过创建特殊索引来加快在该列上的查询速度。其基本思想是对每一个列值,为其创建一个相应的由 0 和 1 组成的序列,例如可以用 10 代表"男",用 01 代表"女"。同理,10000 代表重要级别为"1",00001 代表重要级别为"5"。

微视频:简单位图索引

图 6.5(b)和图 6.5(c)分别是在"性别""重要级别"两个列上创建的位图索引。

顾客号	姓名	性别	重要级别
11	王平	男	3
12	李强	男	5
13	张岚	女	5
14	刘行	男	4

(a) 顾客信息表

男	女
1	0
1	0
0	1
1	0

(b) 在"性别"列上创建的位图索引

1	2	3	4	5
0	0	1	0	0
0	0	0	0	1
0	0	0	0	1
0	0	0	1	0

(c) 在"重要级别"列上创建的位图索引

图 6.5　简单位图索引示例

如图 6.5(b)所示,顾客信息表的所有行在"性别"列的取值构成两个位向量,其中一个表示"男",另一个表示"女",把这两个位向量一起称作顾客信息表"性别"列的位图索引。第一行"王平"是男性,所以在第一个位向量上取值为"1",第二个位向量上取值为"0";第二行"李强"是男性,同样第一个位向量上取值为"1",第二个位向量上取值为"0";其余类推。

同理,图 6.5(c)中的 5 个位向量构成了顾客信息表"重要级别"列的位图索引。

当客户要查询类似于"有多少男性顾客的重要级别为 5?"这样的信息时,根据所建的位图索引,可以得到"男"所在的列位图为"1101","重要级别 5"所在的列位图为"0110",将这两列的位图做按位"与"操作,得到"0100"。因为该结果的位图中只有一个 1 存在,由此可知只有一位男性顾客的重要级别为 5。而且根据结果位图中 1 所出现的位置可以知道,该男性顾客的名字叫"李强"。

可以看出,与树索引相比位图索引具有以下两方面优点:

① 较紧凑,节约空间。位图索引的大小与列的不同值的个数成正比。当列的不同值的个数很小(低基数)时,可以节约空间。例如"性别"这样的属性,位图索引只有2列。对于高基数的列,位图索引并不有效,其解决办法一是进行压缩,二是把它转化成树索引。

② 可以使用有效的位操作来快速回答查询。使用这种索引可大大降低被扫描数据的数量,因为使用位图索引只需扫描一次位图就可对所有的行通过位操作(与/或)进行定位,比通常处理此类查询时进行的全表扫描要快得多。

2. 编码位图索引

上面提到,对于高基数的列简单位图索引不够有效,为此文献[7]提出了一种新的索引技术——编码位图索引。

首先看一个例子:假定某个表 T 的属性 A 的值域为 $\{a, b, c\}$。与简单位图索引不同的是,编码位图索引采用2位(bit)而不是3位来对属性 A 的值域进行编码,值 a 用编码00来代表,值 b 用编码01来代表,值 c 用编码10来代表。

图6.6是表 T 在属性 A 上创建的简单位图索引和编码位图索引。

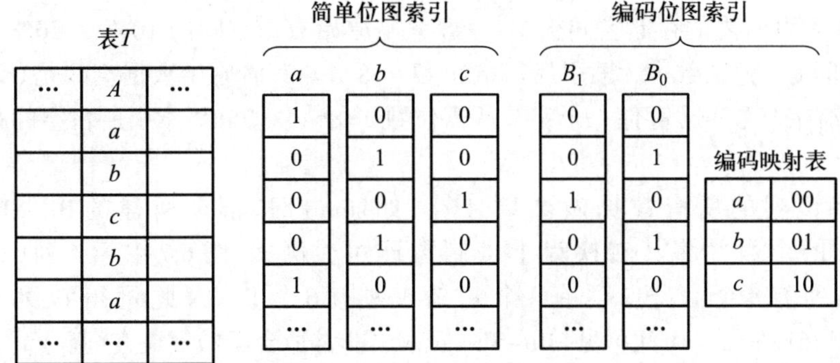

图6.6 编码位图索引示例[7]

图6.6中,表 T 在属性 A 上的编码位图索引由2列位向量和1个编码映射表构成。

假定表示销售额的事实表Sales具有 N 个元组,其中的产品维具有12 000种不同的产品。如果要在产品维上创建简单的位图索引,将会产生12 000个位向量,每个位向量的长度为 N。如果采用编码位图索引,则只需要 $\lceil \log_2 12\,000 \rceil = 14$ 个位向量,再加上一个映射表。

可以看出,采用编码技术可以大大减小位图索引位向量的个数,如果某个属性列的基数为 C,简单位图索引所需要的位向量的个数为 C 个,而编码位图索引所需要的位向量个数为 $\log_2 C$,当然编码位图索引还需要再加上一个编码映射表。

3. Projection 索引

Projection索引的思想非常简单,它将某个表的某一列以相同的元组顺序冗余存储。这样做的好处是,查询时如果不需要则可以不读取其他列的值。

4. Bit-Sliced 索引

将 Projection 索引按照二进制形式存储再进行按位分割之后所形成的每一列，就是一个 Bit-Sliced 索引。图 6.7 所示的 Bit-Sliced 索引示例中将 Sales 属性按照二进制形式存储然后进行了按位分割。

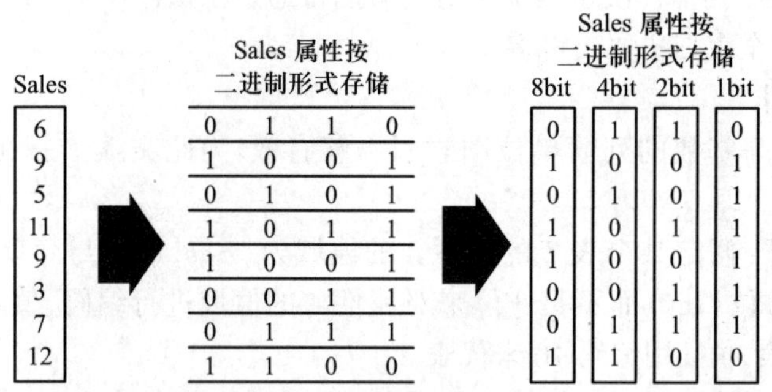

图 6.7　Bit-Sliced 索引示例

Bit-Sliced 索引所需的存储空间很少，一般只是原始数据空间的 10% ~ 20%。例如，图 6.7 中索引用的空间是（记录数）*（索引所需的位数）=8*4=32，而原始数据空间是（记录数）*（存储一个整数所需字节数）*（存储一个字节所需位数）=8*4*8=256。索引所占空间是原始数据空间的 12.5%。

当需要将该列的所有数据做聚集计算（如 sum）时，根据所建的 Bit-Sliced 索引，只需统计每列 1 的个数并将其转换为十进制数即可。例如，图 6.7 中第 4 列（最左边的列）有 4 个 1，第 3 列有 4 个 1，第 2 列有 4 个 1，第 1 列有 6 个 1。由此可得该列的聚集和是 $4*2^3+4*2^2+4*2^1+6*2^0=62$。由此可见，Bit-Sliced 索引非常适合于做聚集查询。

*6.2　数据方体的查询处理和优化技术

第 4 章介绍了多维查询语言 MDX。终端用户的多维查询请求可以直接表达成 MDX 语句的形式，也可以由 OLAP 系统的客户端工具将用户的钻取、旋转等多维操作转换成相应的 MDX 查询语句。对 MDX 查询语句的处理有两种方式，一种是将其转变成 SQL，然后采用 RDBMS 的查询处理引擎来实现；另一种是直接对 MDX 语句进行处理，对其作语法检查、语义分析、查询处理和优化、执行并最终得到查询结果。第一种方法的好处是可以充分利用现有 SQL 的查询处理和优化技术，但由于 SQL 并不是专为多维数据查询设计的，存在一些固有的限制，因此人们更看好第二种方法。这里介绍中国人民大学信息学院自行研发的并行数据仓库系统 PARAWARE（parallel data warehouse）中所采用的方法。

由于一个 MDX 查询常常涉及一个维的多个层，例如在时间维上同时涉及月和季两层，在地区维上同时涉及城市和国家两层，而数据是以不同维、层的组合所构成的 cuboid 为单位存储的。因此，在处理 MDX 查询时先要将一个 MDX 查询按照查询所涉及维层的不同划分成多个子查询，每个子查询对应一个 cuboid。下面分别介绍如何将一个 MDX 查询划分成多个子查询，以及子查询的处理及优化策略。

6.2.1　子查询划分技术

一个 MDX 查询可以划分成多个子查询。每个子查询也是由多个轴、每个轴由多个维、每个维由多个成员构成，不同的是在子查询中，每个维上所取的成员必须属于同一个维层。

例如，例 4.9 中的 MDX 查询语句：

```
SELECT{(TV, Qtr1)},{(TV, Qtr2.Apr)},{(Clothes.Shirt, Qtr1)},
       {(Clothes.Shirt, Qtr2)} ON COLUMNS
       {Beijing, Shanghai} ON ROWS
FROM   SALESCUBE
WHERE Sales
```

该查询根据各个维层的不同组合，可以划分成如图 6.8 所示的 3 个子查询（图中用不同线条表示）。每个子查询同样都由 Column 轴和 Row 轴组成，Column 轴上同样包含两个嵌套维（产品和时间），Row 轴上包含一个嵌套维（地区）。

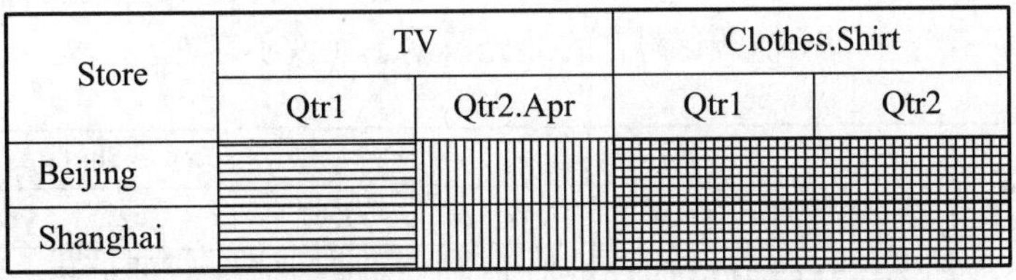

Store	TV		Clothes.Shirt	
	Qtr1	Qtr2.Apr	Qtr1	Qtr2
Beijing				
Shanghai				

图 6.8　一个 MDX 查询分解为不同的子查询示例 1

其中，第一个子查询在 Column 轴的第一个嵌套维上的成员查询只有一个值 TV，在第二个嵌套维上的成员查询也只有一个值 Qtr1。它在 Row 轴的唯一一个嵌套维上的成员查询仍然取值（Beijing，Shanghai）。因为这两个值处于相同的维层，所以它们仍然出现在一个子查询中。因此，第一个子查询在各维上的成员查询分别为（TV），（Qtr1），（Beijing，Shanghai）。

同理，第二个子查询在各维上的成员查询分别为（TV），（Qtr2.Apr），（Beijing，Shanghai）。第三个子查询在各维上的成员查询分别为（Clothes.Shirt），（Qtr1，Qtr2），（Beijing，Shanghai）。

图 6.8 根据查询所涉及维层的不同，将一个 MDX 查询分解成 3 个子查询。那么子查询的个数是如何确定的呢？实际上，无法做到像图 6.8 那样对查询结果的数据集合进行直观地划分，因为有时属于同一个子查询的数据单元的展现不一定相邻。例如，图 6.9 中，在时间维上增加成员 Qtr3 后，横线所填充的两块区域实际上属于同一个子查询，因为它们在各个维上的成员都属于一个维层。但由于它们展现时不相邻，所以从直观上看好像是属于两个不同的子查询。

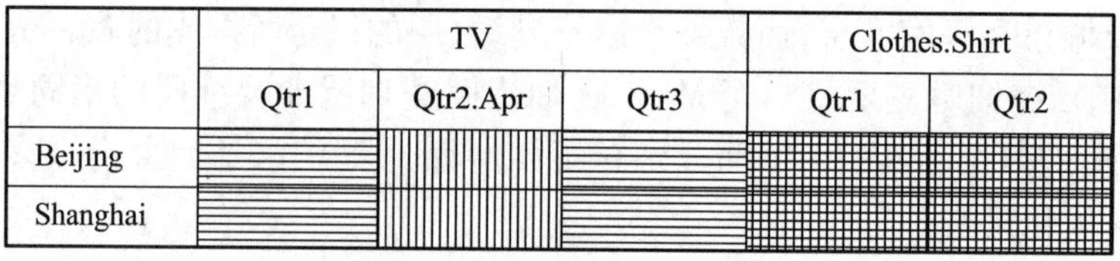

	TV			Clothes.Shirt	
	Qtr1	Qtr2.Apr	Qtr3	Qtr1	Qtr2
Beijing					
Shanghai					

图 6.9　一个 MDX 查询分解为不同的子查询示例 2

因此,要精确地确定一个 MDX 查询所能分解成的子查询的个数,必须先对查询中各个维成员根据所处维层的不同进行排序。对排序后的维成员按照不同的维层组合以后,就形成了不同的子查询。子查询的个数等于各个维的维层个数的乘积。

例如,例 4.9 中 Column 轴上第一个嵌套维(产品维)上的成员 TV 和 Clothes.Shirt 分别属于两个层,第二个嵌套维(时间维)上的成员 Qtr1、Qtr3 和 Qtr2.Apr 也是两个层。Row 轴上地区维的成员 Beijing 和 Shanghai 属于同一个维层,因此该 MDX 应该能够分解成 $2 \times 2 \times 1=4$ 个子查询。

细心的读者会发现,在前面的介绍中例 4.9 的 MDX 语句可以划分成 3 个子查询,现在却又变成了 4 个。这是因为采用先将维层排序再将不同的维层加以组合来形成子查询的方法后,有的维层组合实际上在 MDX 语句中不存在,所以由它们所形成的子查询是无效的。例如,对例 4.9 中的 MDX 语句先按维层排序再组合生成子查询,形成的子查询划分如图 6.10 所示,其中浅灰色区域表示的子查询就是无效的。除此之外,在有效的子查询中还存在着无效的数据单元。例如,图 6.10 中第一个子查询(横线区域)的部分数据单元就不存在。

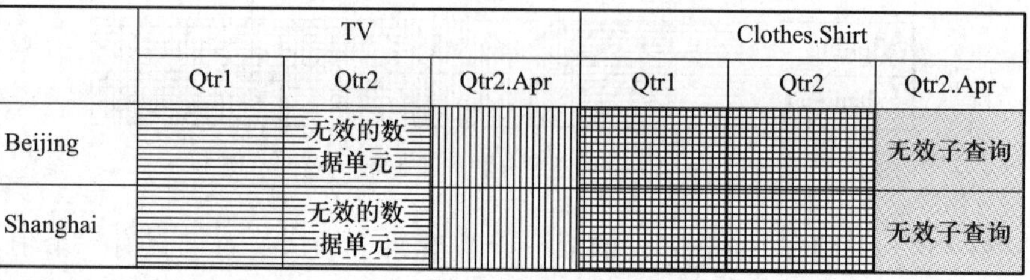

	TV			Clothes.Shirt		
	Qtr1	Qtr2	Qtr2.Apr	Qtr1	Qtr2	Qtr2.Apr
Beijing		无效的数据单元				无效子查询
Shanghai		无效的数据单元				无效子查询

图 6.10　一个 MDX 查询分解为不同的子查询示例 3

因为 PARAWARE 在查询处理时是以子查询为单位,所以它对无效的子查询可以不做处理,但对有效子查询中的无效数据单元部分却必须处理。而且,由于 PARAWARE 使用对维成员重新排序后进行划分的策略,所以必然地子查询的查询结果在展现时可能彼此并不相邻,换句话说,子查询的查询结果并不一定能作为一个整体出现在查询结果中。为使子查询的查询结果能够被正确地填充到适当的位置上,在查询划分时,必须将子查询数据单元与展现结果数据单元之间的映射信息保存下来。事实上只要保存轴序列的映射信息,就可以通过计算实现查询结果的映射。

可以将图 6.8 和图 6.10 看作是两种不同的坐标系,对查询结果进行展现时需要使用图 6.8

所示的坐标系，称为目标坐标；而对查询进行处理时需要使用图 6.10 所示的坐标系，称为临时坐标。在划分子查询时，对各个维成员排序后形成的是临时坐标，而当各个子查询处理完后，查询结果却必须填充到目标坐标中。因此，必须在这两种坐标系统之间进行坐标变换。

PARAWARE 系统使用一个数组 AxeMap 来存放这两种坐标系的轴序列的映射信息。该数组对应于轴上各个嵌套维成员的笛卡儿积。顺序扫描轴序列，对于每一个组合，在数组相应的位置填写组合的序号。对于不存在的组合，将数组相应位置置为 –1。这样就建立了一个用户需要的查询（查询结果展现）与查询内部处理之间的对应关系。

例 4.9 中 Column 轴上各个嵌套维成员的笛卡儿积，根据上面的方法所建立起来的轴映射关系如图 6.11 所示。它表示 Column 轴的临时坐标中，元组 <TV, Qtr1> 所代表的坐标点对应于目标坐标中的第 0 个坐标点；元组 <TV, Qtr2> 所代表的坐标点在目标坐标中不存在，该点无效；元组 <TV, Qtr2.Apr> 所代表的坐标点对应于目标坐标中第 1 个坐标点。

在 Row 上的映射关系如图 6.12 所示。

	TV	Clothes.Shirt
Qtr1	0	2
Qtr2	–1	3
Qtr2.Apr	1	–1

图 6.11 例 4.9 中 Column 轴上的轴序列映射关系

Beijing	0
Shanghai	1

图 6.12 例 4.9 中 Row 轴上的轴序列映射关系

子查询划分完毕并且保存了临时坐标和目标坐标的映射关系以后，就可以将各子查询发送给查询处理层去执行。轴坐标的映射信息没有必要随子查询一起发送，只是当各个子查询执行结束返回，组装查询结果时才需要参照。

但是，为了指出子查询中哪些数据单元是有效的，哪些数据单元是无效的（无效的数据单元没有必要返回），PARAWARE 系统在查询处理层与存储层之间通过一个数据的位序列来标识这种数据的取舍情况。参照上面保存的轴坐标映射信息，可以很方便地得到这个位序列，即值为 –1 的数据单元相应的位设置为 0，否则设置为 1。

例如，例 4.9 中第一个子查询的 Column 轴上的位序列为 10（因为 <TV, Qtr1> 对应的值是 0，<TV, Qtr2> 对应的值是 –1，所以前者取值 1，后者取值 0），Row 轴上的位序列为 11。将这两个位序列以及子查询的其他信息一起发给存储层，存储层就可以计算出所需要返回的数据单元，查出相应的值，返回查询处理层。这个子查询由此返回两个值，第一个值对应于数据单元 <TV, Qtr1, Beijing>，第二个值对应于数据单元 <TV, Qtr1, Shanghai>。

同理，第二个子查询返回两个值，对应于数据单元 <TV, Qtr2.Apr, Beijing> 和 <TV, Qtr2.Apr, Shanghai>。第三个子查询返回 4 个值，对应于数据单元 <Clothes.Shirt, Qtr1, Beijing>, <Clothes.Shirt, Qtr1, Shanghai>, <Clothes.Shirt, Qtr2, Beijing>, <Clothes.Shirt, Qtr2, Shanghai>。第 4 个子查询返回零个值。

由此可得到，查询结果共有 8 个值。

6.2.2　子查询处理及优化技术

对于每个子查询，PARAWARE 查询处理层首先到缓存中查找数据，如果找到，则取出数据直接返回；否则查询数据字典，看是否存在已实体化的视图可以用来回答该查询。若有这样的视图，则向存储层发送该查询及相应的视图号，存储层直接取出数据返回结果；反之，则需要选择一个计算代价最小的实体化视图，对该查询进行实时计算。下面介绍当查询所对应的视图不存在时，如何从底层的实体化视图中选择一个代价最小的视图，以及如何由该视图对查询进行实时计算。

1. 选择代价最小的视图

PARAWARE 系统由 DBA 通过多维建模工具指定需要对哪些视图进行实体化。它根据用户的查询历史，对那些用户比较感兴趣的经常发生的查询进行实体化。一旦对选择出的视图进行了实体化，就可以利用它来进行查询处理。

首先必须解决的一个基本问题是对一个查询来说，什么样的视图可用。简单地说，如果一个视图和一个查询之间存在导出关系，则该视图可用于回答该查询。接下来的问题就是如何选择一个最好的视图 $v \in V$（V 指能用来回答查询 q 的实体化视图的集合），使得查询 q 的代价最小。

查询代价由两部分组成：视图的扫描时间和查询的聚集时间。

回答查询 q 时，每个视图 $v \in V$ 的扫描时间是

$$t_{\text{scan}}(v)=\frac{\text{size}(v)}{\text{pagesize}}\times t_{\text{I/O}}$$

其中，size(v)表示 v 中元组的数目，pagesize 是一个页面所能容纳的元组的数目，$t_{\text{I/O}}$ 是读一个磁盘页面所需的时间。

由视图 $v \in V$ 到查询 $q \in Q$ 的聚集时间是

$$t_{\text{aggregate}}(q,v)=t_{\text{map}}(v)+\text{size}(v)\times t_{\text{cpu}}(q,v)$$

其中，$t_{\text{map}}(v)$是将所有的维信息从某一层映射到另一层所需要的时间，$t_{\text{cpu}}(q,v)$是使用输入视图和维信息对数据进行聚集的时间。

由此，使用视图 v 回答查询 q 的代价是

$$\text{cost}(q,v)=t_{\text{scan}}(v)+t_{\text{aggregate}}(q,v)$$

根据上述公式就可以找到查询代价最小的实体化视图 v。

2. 实时聚集

找到用来实时计算查询 q 的实体化视图 v 之后，有两种选择：

① 由该视图计算出完整的与查询 q 粒度相同的视图，再从中选取查询结果。

② 在该视图上选取与查询 q 相对应的数据，再聚集到所需要的粒度。

第一种方案明显对后面的查询会有好处，但是可能造成比较长的响应时间，PARAWARE 系统中采用的是第二种方案。但是在查询的过程中会记录一些统计信息，系统会周期性地检查这些统计信息，当发现某个未实体化的视图访问非常频繁时，就会将其动态实体化，以方便以后查询的访问。

这里,聚集计算的算法和数据方体的预计算方法类似。但是由于查询返回的数据量较小,可以假定所有的数据都可以放入内存中,因此算法可以简化。

3. 组装查询结果

根据划分时记录的子查询与源查询的轴映射信息,将各子查询的结果值填入源查询的相应位置。由于使用了轴映射数组 AxeMap,子查询结果的组装变得非常简单。

例如,前面提到例 4.9 中的 4 个子查询执行完毕后共返回 8 个值,分别对应于如下 8 个数据单元:

<TV, Qtr1, Beijing>

<TV, Qtr2, Shanghai>

<TV, Qtr2.Apr, Beijing>

<TV, Qtr2.Apr, Shanghai>

<Clothes.Shirt, Qtr1, Beijing>

<Clothes.Shirt, Qtr1, Shanghai>

<Clothes.Shirt, Qtr1, Beijing>

<Clothes.Shirt, Qtr1, Shanghai>

对每个数据单元,查询轴映射数组 AxeMap,分别获取该数据单元在 Column 轴和 Row 轴上的轴序列。例如,根据图 6.11 和 6.12 可知,第一个数据单元 <TV, Qtr1, Beijing> 对应的 Column 轴坐标是 0, Row 轴坐标是 0,因此该数据单元的值应该填入图 6.8 中第一行第一列的位置。相应的,其他 7 个数据单元应分别填入第二行第一列,第一行第二列……第二行第四列的位置。

*6.3 数据方体的维护技术

当数据源中的数据发生变化以后,需要将这些变化反映到数据方体中。如果数据方体中的部分视图进行了实体化,则需要对这些实体化视图进行维护。如果数据方体存储时采用了某种数据缩减结构,则需要将变化反映到这些缩减结构中。下面仅对实体化视图的维护技术进行简单介绍。

实体化视图的维护有两种方法:一种方法是重新计算,即重新向系统提交视图的定义语句,得到实体化视图的新结果;另一种方法是增量维护,即用基本表的变化量计算视图的变化量,用变化量去修改视图。一般情况下,增量维护的代价比重新计算要低。增量维护技术是数据仓库中的一个研究热点。

目前已经发表了很多增量维护的算法。根据维护的时机可以分为及时(immediate)维护和延迟(deferred)维护两大类。及时维护是一个事务在提交前,要将对一个表的修改(insert 和 delete)结果反映到所有引用该表的视图中。视图维护成为事务的一部分。这种方法加重了事务的负担,但可以保持视图与基本表同步变化。延迟维护是当用户需要视图的最新结果时,才去更新视图。这种方法视图中的数据不能反映最新情况。

视图增量维护的基本原理是，对每一个视图，根据它的定义导出一个增量维护表达式，然后计算这个表达式得到视图的增量。

例如，$V=R_1 \bowtie R_2$。用 $\triangle R$ 和 $\triangledown R$ 分别表示插入 R 和从 R 中删除的元组。当 R_1 中新增加了元组 $\triangle R_1$ 时，$V=(R_1+\triangle R_1)\bowtie R_2==R_1 \bowtie R_2+\triangle R_1 \bowtie R_2$。$V$ 的增量表达式为 $\triangle R_1 \bowtie R_2$，同样，当从 R_1 中删除元组 $\triangledown R_1$ 时，V 的增量表达式为 $\triangledown R_1 \bowtie R_2$。

小　　结

本章主要介绍了数据方体的索引、查询和维护技术。通过学习本章，应主要做到以下几点：

① 掌握数据仓库中采用的索引技术主要有树索引和位图索引。树索引比较适用于高基数的列，而位图索引则比较适合于低基数的列。

② 了解数据方体的查询处理和优化技术。知道在 MDX 语句的查询处理过程中，需要先将一个 MDX 语句划分成多个子查询，然后再对各个子查询进行查询处理、优化、实时计算，并最终将多个子查询的查询结果进行组合返回。

③ 在数据方体维护技术中，需要了解实体化视图维护的一般方法。

习　题　6

1. 数据仓库中常用的索引方法有哪些？
2. R 树索引和 B 树索引的主要区别是什么？
3. 举例说明简单位图索引的创建和使用过程。
4. 除了简单位图索引外，还有哪些常用的位图索引？
5. 简述 MDX 语句的查询处理过程。
6. 简述实体化视图维护的一般方法。

第3篇 数据挖掘技术

一切新事物的产生都是由需求驱动的。使计算机对数据库中的大量数据进行自动智能分析以获取有益信息,是推动数据挖掘技术产生并发展的强大动力。例如,股票经纪人要从日积月累的大量股票行情变化历史记录中发现其变化规律,以供预测未来趋势之用。超市管理员将啤酒类商品摆放在婴儿纸尿裤货架附近,并在二者之间放上佐酒小食品,同时把男士的日常生活用品也就近布置。这样一来,上述几种商品的销量马上成倍增长。

通过上面的例子可以看出,数据挖掘能为决策者提供非常重要的、极有价值的信息或知识,从而产生不可估量的效益。现在越来越多的大中型企业开始利用数据挖掘技术分析数据以辅助决策,数据挖掘正逐渐成为其在市场竞争中立于不败之地的法宝。

第7章　数据挖掘概述

数据挖掘是从大量、不完全、有噪声、模糊、随机的数据中，提取隐含在其中人们事先不知道但又是潜在有用的信息和知识的过程。简单地说，数据挖掘是从大量数据中提取或“挖掘”知识的过程。通过数据挖掘，有价值的知识、规则或高层次的信息就可以从数据库或相关数据集合中抽取出来，并从不同的角度显示，从而使大型数据库和数据仓库成为一个丰富可靠的数据资源，为决策服务。

7.1　数据挖掘简介

7.1.1　数据挖掘的特点

数据挖掘具有以下特点[8]：

① 数据挖掘的数据源必须是真实的。数据挖掘所处理的数据通常是已存在的真实数据（如超市业务数据），而不是为了进行数据分析而专门收集的数据。因此，数据收集本身不属于数据挖掘所关注的焦点，这是数据挖掘区别于大多数统计任务的特征之一。

② 数据挖掘所处理的数据必须是海量的。如果数据集很小，采用单纯的统计分析方法即可。但当数据集很大时，会面临许多新的问题，诸如数据的有效存储、快速访问、合理表示等。

③ 查询一般是决策制定者（用户）提出的随机查询。查询要求灵活，往往不能形成精确的查询要求，要靠数据挖掘技术来寻找可能的查询结果。

④ 挖掘出来的知识一般是不能预知的。数据挖掘发现的是潜在的、新颖的知识，这些知识在特定环境下是可以接受、可以理解和可以运用的，但不是放之四海皆准的。

人们把原始数据看作是形成知识的源泉，就像采矿一样，从矿石中提炼金属。原始数据可以是结构化的，如关系型数据库中的数据、数据仓库中的数据，也可以是半结构化的，如文本、图形、图像数据，甚至是分布在网络上的异构型数据。发现知识的方法可以是数学的，也可以是非数学的；可以是演绎的，也可以是归纳的。发现的知识是真实数据中隐藏的重要信息或规律。随着时间和数据的变化，已发现的知识也会随之变化。因此，数据挖掘是一个动态的、反复的、不断深入的过程。

数据挖掘已广泛用于决策支持、信息管理、查询优化、过程控制等方面，还可用于数据自身的维护、软件测试和软件中的潜在错误（bug）发现。因此，数据挖掘是一门广义的交叉学科，它汇聚了不同领域的研究者，尤其是数据库、人工智能、数理统计、可视化、并行计算等方面的学者和工程技术人员。

另外，数据挖掘不仅是在商业中获得了成功应用，在许多领域应用中也有很好的表现。例如，在工业生产中影响产品质量的因素往往很多，靠传统的方法无法得知哪些是关键因素，利用数据挖掘的方法进行分析就可以发现各因素之间的联系，找出关键因素，从而提高产品质量。

7.1.2　数据挖掘与 KDD

许多人把数据挖掘看作另一个常用术语 KDD（knowledge discovery from data，从数据中发现知识）的同义词，也把 KDD 作为 knowledge discovery and data Mining（数据挖掘与知识发现）的简称。而另一些人则把数据挖掘看作 KDD 的一个步骤。

微视频：数据挖掘与 KDD

本章把数据挖掘作为 KDD 的一个步骤。KDD 是一个以知识使用者为中心，人机交互的探索过程，包括在指定的数据库中用数据挖掘算法提取模型，以及围绕数据挖掘所进行的预处理和结果表达等一系列步骤。尽管数据挖掘是整个过程的中心，但它通常只占 KDD 过程 15%~25% 的工作量。

KDD 的主要步骤如下。

① 数据集成：主要指将多种数据源组合在一起。

② 数据清理：主要指消除噪声或不一致数据。

③ 数据选择：主要指从数据库中提取（与分析任务）相关的数据的过程。

④ 数据转换：通过汇总、聚集、降低维数等数据转换方法将数据统一成适合挖掘的形式，减少数据量，降低数据的复杂性。

⑤ 数据挖掘：确定挖掘任务，选择合适的工具，进行挖掘知识的操作。

⑥ 模式评估：根据用户提供的指标，对挖掘出来的模式（pattern）进行评估的过程。

⑦ 知识表示：主要指使用可视化和知识表示技术，向用户提供容易理解的挖掘到的知识。

图 7.1 给出了将数据挖掘看作 KDD 过程中一个步骤的形象化表示。其中的数据预处理包含数据的清理、选择和转换。

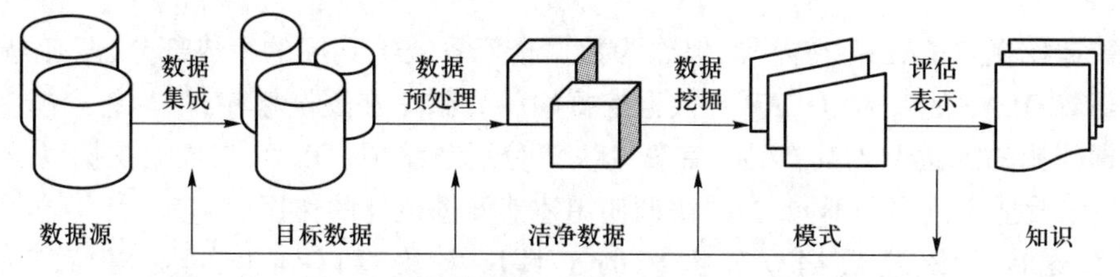

图 7.1　将数据挖掘看作 KDD 的一个步骤

一般认为，数据挖掘和 KDD 的区别主要是：KDD 是应用特定的数据挖掘算法抽取有价值的知识和模式，并进行评价和解释的一个反复循环的过程；而数据挖掘只是这一个过程中的一个特定步骤,即利用特定的数据挖掘算法生成模式的过程,不包括数据的预处理、领域知识结合及发现结果的评价等步骤。

7.1.3 数据挖掘与OLAP

传统的数据库工具(包括交互查询工具,报表生成器等)属于操作型工具。它们建立在操作型数据之上,主要是为了满足日常信息提取的需要。例如用户可能提出这样的查询“去年北京市用户购买了多少辆电动车?”查询的结果可以有多种表述方法,从传统的结果行表达方式到直方图、饼图等可视化表达方式。从本质上说这样的查询是直接的,用户虽然不必了解查询的具体途径(非过程化的),但一定清楚地了解问题的目的,查询的结果是确定的。

数据挖掘与OLAP都属于分析型工具,但两者之间有着明显的区别。数据挖掘是一种挖掘型工具,是一种有效地从大量数据中发现潜在数据模式、做出预测的分析工具。它是现有的一些人工智能、统计学等成熟技术在特定的数据库领域中的应用。数据挖掘与其他分析型工具最大的不同在于它的分析过程是自动的。数据挖掘的用户不必提出确切的问题,而只需由工具去挖掘隐藏的模型并预测未来的趋势,这样更有利于发现未知的事实。一个成熟的数据挖掘系统除了具有良好的核心技术外,还应具有开放的结构,友好的用户接口。

OLAP是一种自上而下、不断深入的分析工具,是一种验证型分析工具。用户提出问题或假设,OLAP负责从上至下深入地提取出关于该问题的详细信息,并以可视化的方式呈现给用户。与数据挖掘相比,OLAP更多地依靠用户输入问题和假设,更需要对需求有深入的了解。但用户先入为主的局限性可能会限制问题和假设的范围,从而影响最终的结论。

从对数据分析的深度的角度来看,OLAP位于较浅的层次,而数据挖掘所处的位置则较深。用户可能会提出这样一个典型的OLAP问题“去年3月哪里的用户购买了更多的电动车,是北京地区还是长三角地区?”(注意在这个问题中已经隐含了用户的一些前提条件)。对这样的问题,OLAP可能会这样回答“去年3月长三角地区的用户购买了12 000辆电动车,而北京的用户购买了10 000辆”。相比之下,一个典型的数据挖掘问题可能会是这样的“给我一个模式来预测人们购买电动车的情况”。通过对数据仓库的挖掘,数据挖掘可能这样回答“这取决于时间和地点:在冬季,北京地区处于A年龄段,收入在X、Y之间的用户比上海地区相同的用户会购买更多的电动车。”

尽管数据挖掘、OLAP存在差异,但作为数据仓库系统工具层的组成部分,两者是相辅相成的。并且随着OLAP的发展,OLAP与数据挖掘间的界限正在逐渐模糊,因为越来越多的OLAP厂商将数据挖掘的方法融入其产品。在整个决策分析系统中,OLAP与数据挖掘以及其他工具由于内在技术及适用范围的不同,必须协调使用才能发挥最佳的作用。

整个数据库系统或数据仓库系统的工具层大致可以分为3类:以管理信息系统(management information system, MIS)为代表的查询报表类工具、以OLAP为代表的验证型工具和以数据挖掘为代表的挖掘型工具。用户可以用MIS进行日常事务性操作,如增删改、报表生成等,用OLAP工具深入了解日常事务,做出总结性分析以利于提高日常管理水平;也可以用数据挖掘工具做出预测性分析，以提高战略决策水平。同时它们又是相辅相成的，OLAP、数据挖掘的数据来源于 MIS，是 MIS 的汇总和提炼。OLAP 除了通过对当前数据进行深入分析，验证工作人员提出的假设和问题外，也可以验证数据挖掘得出的预测性结论，防止偏差。因此，可以在一个决策分析系统中采用这样一种分析过程，即利用报表查询类工具处理日常事务，利用数据挖掘类工具挖掘潜藏的模式预测未来趋势，利用 OLAP 类工具验证数据挖掘的结果。

7.1.4 数据挖掘与数据仓库

大部分情况下，数据挖掘工具都要先把数据从数据仓库中抽取到数据挖掘库或数据集市中。从数据仓库中得到进行数据挖掘的数据有许多好处，就如后面会讲到的，数据仓库的数据清理和数据挖掘的数据清理类似，如果数据在导入数据仓库时已经清理过，则在数据挖掘时就没有必要再清理一次了，而且数据不一致的问题也得到了解决。

数据挖掘库可能是数据仓库的一个逻辑上的子集，而不一定是物理上单独存在的数据库。即数据挖掘库中只有数据的定义，当需要时才从数据仓库中将数据抽取出来。但如果数据仓库的计算资源已经很紧张，则最好还是建立一个单独的数据挖掘库。

当然也不必仅仅为了数据挖掘而建立一个数据仓库。建立一个巨大的数据仓库把各不同源的数据集成在一起，解决所有的数据冲突问题后把所有的数据导入一个数据仓库内是一项巨大的工程，可能要用几年时间花数百万经费才能完成。若仅仅是数据挖掘，可以把相关的事务处理数据库导入一个只读数据库中，把它当作数据集市，然后在上面进行数据挖掘。

7.1.5 数据挖掘的分类

可以从不同的角度对数据挖掘进行分类。例如，可以根据所挖掘的数据库类型、挖掘的知识类型和采用的技术类型等对数据挖掘进行分类。

微视频：数据挖掘的分类

1. 根据挖掘的数据库类型分类

数据挖掘可以根据挖掘的数据库类型分类。数据库系统本身可以根据不同的标准分类，如按照数据模型或处理的数据所涉及的应用类型分类，每一类可能需要不同的数据挖掘技术。例如，根据数据模型分类可以有关系的、面向对象的、对象－关系的或数据仓库的数据挖掘；根据所处理数据的特定类型分类，有空间的、时间序列的、文本的、多媒体或 Web 数据等数据挖掘。

2. 根据挖掘的知识类型分类

数据挖掘可以根据所挖掘的知识类型分类，如特征分析、关联分析、分类分析、聚类分析、异常点分析、趋势和演化分析、偏差分析、类似性分析等。此外，数据挖掘也可以根据所挖掘知识的粒度或抽象级别进行区分，包括泛化知识（在高抽象层）、原始层知识（在原始数据层）或多层知识（考虑若干抽象层）。

3. 根据所用的技术分类

数据挖掘也可以根据所用的数据挖掘技术分类。这些技术可以根据用户交互程度（如自动系统、交互探查系统、查询驱动系统）或所用的数据分析方法（如面向数据库或数据仓库的技术、机器学习、统计、可视化、模式识别、神经网络等）描述。复杂的数据挖掘通常采用多种数据挖掘技术或采用有效、集成的技术，以综合若干不同方法的优点。

4. 根据数据挖掘的应用领域分类

数据挖掘可以根据其应用分类。例如，可能有些数据挖掘方法特别适用于财政、电信，有些数据挖掘方法特别适用于 DNA、股票市场等。不同的应用有适合该应用不同的数据挖掘方法，而通用的、全面的数据挖掘可能并不适合特定领域的挖掘任务。

7.1.6 数据挖掘的应用

数据挖掘从理论研究到产品开发只用了短短数年，目前已进入应用阶段。数据挖掘技术的应用十分广泛，从金融保险、零售业、科学研究到工业决策支持及软件开发测试等，各个领域都可以找到数据挖掘技术的用武之地。

下面简单列出数据挖掘技术在一些行业内的应用问题，理解这些问题将会有助于人们对数据挖掘技术的理解。

1. 金融业

① 对账户进行信用等级的评估。金融业风险与效益并存，分析账户的信用等级对于降低风险、增加收益是非常重要的。利用数据挖掘工具进行信用评估的最终目的（也就是其输出），是从已有的数据中分析得到信用评估的规则或标准，即得到“满足什么样条件的账户属于哪一类信用等级”，并将得到的规则或评估标准应用到对新账户的信用评估中。这是一个获取知识并应用知识的过程。

OLAP 也可以用来进行账户信用分析，但其目的不同于数据挖掘工具。应用 OLAP 工具进行账户的信用分析，其输入是信用评估的规则或标准，输出是账户的信用评估结果，即得到“某账户的信用等级是……”“不同信用等级的账户的成分比例分布是……”等对分析问题的回答。如果将 OLAP 工具再深入一层，还可以对不同信用等级的账户进行特征归纳。

因此，数据挖掘得到的规则可以作为 OLAP 工具的输入，反过来 OLAP 工具分析得到的答案又检验规则的有效性、置信度。OLAP 工具分析得到的特征归纳还可以进一步用来对规则的完善。

② 分析信用卡的使用模式。通过数据挖掘，人们可以得到这样的规则“什么样的人使用信用卡属于什么样的模式”。一个人在相当长的一段时间内，其使用信用卡的习惯往往较为固定。因此，一方面通过判别信用卡的使用模式可以监测到信用卡的恶性透支行为，另一方面根据信用卡的使用模式可以识别“合法”用户。

③ 对庞大的数据进行主成分分析，即剔除无关的甚至是错误的、相互矛盾的数据“噪声”，以更有效地进行金融市场分析和预测。

④ 从股票交易的历史数据中得到股票交易的规则或规律。

⑤ 发现隐藏在数据后的不同财政金融指数之间的联系。

⑥ 探测金融政策与金融业行情之间相互影响的关联关系。数据挖掘可以从大量的历史记

录中发现或挖掘出这种关联关系更深层次的、更详尽的一面。

2. 保险业

① 保险金的确定。对受险人员的分类将有助于确定合适的保险金额度。通过数据挖掘可以得到对不同行业、不同年龄段、不同社会层次的人，他们的险金应该如何确定。

② 险种关联分析。分析购买了某种保险的人是否又同时购买另一种保险。

③ 预测什么样的顾客将会购买新险种。

3. 零售业

① 分析和发现顾客的购买行为和习惯。例如“男性顾客在购买尿布的同时购买了啤酒”“顾客一般购买了睡袋和背包后，过一定的时间就会购买野营帐篷”“顾客的品牌爱好”等这些看似微不足道的信息，却会对促进销售非常有用。

② 分析商场销售商品的构成。将商品分成“畅销且单位赢利高”“畅销但单位赢利低”“畅销但无赢利”“不畅销但单位赢利高”“不畅销且单位赢利低”“滞销”等多个类别（当然商品类别还可以划分得更细致一些），然后再看属于同一类别的商品都有什么共同的特征，即“满足什么条件的商品属于哪一类情况”，这就是规则。这些规则将有助于商场的市场定位、商品定价等决策问题；而且在确定“要不要采购某一新商品”这样的决策问题时，这些规则将显得非常有意义。

同样的，也可以对商场的顾客进行分类。

③ 进行商品销售预测、商品价格分析、零售商点的选择等。

4. 科学研究

① 数据挖掘对高科技的研究是必不可少的。因为高科技研究的特点就是探索人类未知的秘密，而这正是数据挖掘的特长所在。从大量、漫无头绪而且真伪难辨的科学数据和资料中要提炼出对人类有用的信息，不借助于数据挖掘技术是非常困难的。当然，科学工作者的思想在科学研究中是最重要的，因为人类思想的灵活性比起数据挖掘工具所采用的固定的原理和算法不知要高强多少倍。数据挖掘工具在科研工作中的作用往往是表现在处理大批量的数据，从这些海量数据中挖掘出一些信息来激发或点燃科研工作者的闪光思想。

② 数据挖掘在社会科学研究领域的应用前景也在逐渐被人们所认识。社会科学研究的特点是从历史看未来，从社会发展的历史进程中得出社会发展的规律，预测社会发展的趋势，或从人类发展的进程和人类的社会行为的变化中寻求对人类行为规律的答案，从而应用于对各种各样社会问题的求解。因此，数据挖掘在从历史数据中进行规律的发现方面也有其独到的作用。

5. 数据挖掘在其他一些领域的应用

① 医疗。数据挖掘可用于病例、病人行为特征的分析，处方管理等，从而可以制定科学的治疗方案，正确判断处方的有效性等。

② 司法。数据挖掘可用于案件调查、案例分析、犯罪监控等，还可用于犯罪行为特征的分析。

③ 工业部门。数据挖掘技术可用于质量控制、故障诊断、生产过程优化等。

7.2　数据挖掘算法的组件化思想

数据挖掘是从大量数据中提取或挖掘知识的过程。知识表现为规则、聚类、序列模式等。人们针对不同的数据挖掘任务设计了形式多样的算法，以从数据中提取相关的知识。例如，对于聚类分析有基于划分的算法、基于层次的算法、基于密度的算法、基于方格的算法、基于模型的算法等。其中基于层次的算法又包括 *k*-means、*k*-medoids、*k*-modes、*k*-prototypes、CLARA、CLARANS、focused CLARAN 等。又如，对于分类分析有决策树算法、贝叶斯算法、支持向量机、人工神经网络等。其中决策树算法又包括 ID3、C4.5、EC4.5、PC4.5、CHAID、CART、Elisee、SIPINA、QR-MDL 等近 20 种。与此同时，每年仍有大批新的算法产生。对数据挖掘初学者来说，要搞清这些算法之间的区别和联系是非常困难但又是必须的。

这里介绍一种数据挖掘算法的组件化思想[8]，以帮助那些数据挖掘的初学者从更高的层面系统地掌握各种纷繁复杂的数据挖掘算法。该思想认为，许多著名的数据挖掘算法都是由 5 个“标准组件”构成的，即模型或模式结构、数据挖掘任务、评分函数、搜索和优化方法、数据管理策略。每一种组件都蕴含着一些非常通用的系统原理，例如广泛使用的评分函数有似然、误差平方和、准确率等。掌握了每一种组件的基本原理之后，再来理解由不同组件“装配”起来的算法就变得相对轻松一些。而且，不同算法之间的比较也变得更加容易，因为能从组件这个层面看出算法之间的异同。

7.2.1　模型或模式结构

通过数据挖掘过程所得到的知识通常称为模型（model）或模式。例如，线性回归模型、层次聚类模型、频繁序列模式等。

模型是对整个数据集的高层次、全局性的描述或总结。例如，模型可以将数据集中的每一个对象分配到某个聚类中。模型是对现实世界的抽象描述，例如，“$Y=aX+b$”就是一个简单的模型，其中 X 和 Y 是变量，a 和 b 是模型的参数。

与模型的全局性相反，模式是局部的，它仅对一小部分数据做出描述。例如，“购买商品 A 和 B 的人也可能经常购买 C”就是一个模式。模式有可能只支持几个对象或对象的几个属性。

全局的模型和局部的模式是相互联系的，就好比一个硬币的两个面。例如，为了检测出数据集内的异常对象（局部模式），需要一种对数据集内正常对象的描述（全局模型）。很多聚类算法同时可用于异常检测就是这个道理。因为聚类算法是用来对数据进行概括的（即建立全局模型），但在建立全局模型的同时，很多与全局模型不匹配的数据对象暴露了出来，它们就是异常对象。

模型和模式都有参数与之相关，如模型“$Y=aX+b$”的参数是 a 和 b，而模式“如果 $X>c$，则 $Y>d$ 的概率为 p”的参数为 c、d 和 p。

通常把这种参数不确定（如参数 a 和 b 可以取不同的值）的模型叫做模型的结构，把参数不确定（如参数 c、d 和 p 可以取不同的值）的模式叫做模式的结构。

给定模型（模式）的结构，接下来的任务就是要根据数据集为模型（模式）选择合适的参数值。一旦某个模型（模式）的参数被确定，便将这个特定的模型（模式）称为已经拟合了的模型（模式），或简称为模型（模式）。这里要注意区分模型（模式）的结构和实际的“已拟合的”模型（模式）。结构是模型（模式）的一般形式，还没有确定参数值，而已拟合的模型（模式）则具有了特定的参数值。

还需注意的是，模型和模式之间有时并没有明确的界限，将它们区分开来只是为了讨论的方便。

7.2.2 数据挖掘任务

根据数据分析者的目标，可以将数据挖掘任务分为模式挖掘、预测建模、描述建模等。

1. 模式挖掘

模式挖掘致力于从数据中寻找模式，比如寻找**频繁模式**等。

频繁模式指在某个数据集中频繁出现的模式，这些模式可以是一个项集、一个子序列或者一个子结构（子图）。例如，在交易数据集中牛奶和面包经常在一起出现，称为频繁的项集。又如，人们经常在购买了个人电脑之后就会购买打印机，称为频繁的子序列。而在某些图、树或格结构中频繁出现的一些子图、子树或子格则称为频繁的子结构。

第 8 章将详细介绍频繁模式挖掘算法。

2. 预测建模

预测建模根据现有数据先建立一个模型，然后应用这个模型来对未来的数据进行预测。当被预测的变量是范畴（category）型时，称为**分类**；当被预测的变量是数量（quantitative）型时，称为**回归**。

分类模型有时也称作分类函数或分类器。分类的典型应用如信用卡系统中的信用分级、市场调查、疗效诊断、寻找店址等。因为分类的过程中用到了训练集，进行了学习，所以分类是一个有监督的学习过程。回归的典型应用如性能评测、概率估计等。

第 9 章将详细介绍分类和回归算法。

3. 描述建模

描述建模的目标是描述数据的全局特征。描述和预测的关键区别是预测的目标是唯一的变量，如信用等级、疾病种类等，而描述并不以单一的变量为中心。描述建模的典型例子是**聚类**分析。聚类分析是根据某种相似性度量函数将一批数据（对象）分成若干组，使得同一组中的数据足够相似、不同组中的数据足够不相似的过程。与分类不同，聚类是一个无监督学习过程。聚类分析技术在数据分析、模式识别、图像处理和市场研究等许多领域得到了广泛应用。例如，在数据分析领域通过比较数据的相似性和差异性能发现数据的内在特征和分布规律，从而获得对数据更深刻的理解和认识；在模式识别领域，使用聚类技术对一系列过程或时间进行分类；在市场研究领域，可以帮助市场营销人员发现不同的购买人群等。

第 10 章将详细介绍聚类分析算法。

7.2.3　评分函数

有了模型（模式）的结构之后，接下来的任务就是要根据数据集为模型（模式）选择合适的参数值，即将结构拟合到数据。由于模型（模式）代表的是函数的一般形式，它的参数空间非常大，可选的参数值有很多。这就需要一个评价指标来决定选择什么样的参数比较好，这个评价指标就是评分函数。评分函数用来对数据集与模型（模式）的拟合程度进行评估。如果没有评分函数，就无法说出一个特定的已拟合的模型是否比另一个要好。或者说，就没有办法为模型（模式）选择出一套好的参数值来。常用的评分函数有似然（likelihood）函数、误差平方和、准确率等。

需要注意的是，评分函数是否适合于某一个模型（模式），不仅要考虑其理论上是否合适，还要在实践中对其进行检验。在为模型（模式）选择一个评分函数时，既要考虑它是否能够很好地拟合现有数据，又要避免过度拟合（对极端值过于敏感），同时还要使拟合后的模型（模式）尽量简洁。而且不存在绝对"正确"的模型（模式），所有模型（模式）都是对现有数据的一种近似。从这个角度来讲，如果模型（模式）没有随着现有数据的变化而剧烈变化，这个模型（模式）就是能够接受的。换句话说，对数据的微小变化不太敏感的模型（模式）才是一个好的模型（模式）。

7.2.4　搜索和优化方法

评分函数衡量了提出的模型（模式）与现有数据集的拟合程度。搜索和优化的目标是确定模型（模式）的结构及其参数值，以使评分函数达到最小值（或最大值）。如果模型（模式）的结构已经确定，则搜索将在参数空间内进行，目的是针对这个固定的模型（模式）结构优化评分函数。如果模型（模式）的结构还没有确定（如存在一簇不同的模型（模式）结构），那么搜索既要针对结构空间又要针对和这些结构相联系的参数空间进行。针对特定的模型，发现其最佳参数值的过程通常称为优化问题。而从潜在的模型（模式）簇中发现最佳模型（模式）结构的过程通常称为搜索问题。常用的优化方法有爬山（hill climing）、梯度下降（gradient descend）、最大期望（expectation maximization，EM）等。常用的搜索方法有贪婪算法、分支限界法、广度（深度）优先搜索等。

7.2.5　数据管理策略

传统的统计和机器学习算法都假定数据是可以全部放入内存的，所以不太关心数据管理技术。但对于数据挖掘工作者来说，GB 甚至 TB 数量级的数据是常见的。例如，美国的沃尔玛超市在 1998 年就形成了一个 11 TB 的客户交易数据库。如此多的数据不可能全部存放在内存中，必须存放在磁盘、磁带等外存上。由于外存的访问速度要慢得多，直接将传统的内存算法应用于这些外存数据，性能将变得非常差。因此，针对海量数据应设计有效的数据组织和索引技术，或者通过采样、近似等手段来减少数据的扫描次数，从而提高数据挖掘算法的效率。

7.2.6 组件化思想的应用

在实践中数据挖掘算法的组件化思想是非常有用的，它通过将算法分解成一些核心组件而阐明了算法的实现机制。更重要的是，该观点强调了算法的本质，而不仅仅是算法的罗列。当面对一个新的应用时，数据挖掘人员应从组件的角度，根据应用需求考虑应该选取哪些组件来组成一个新的算法，而不是考虑选取哪个现有的算法。

确定模型（模式）结构和评分函数的过程通常由人来完成，而优化评分函数的过程通常需要计算机辅助来实现。实践中，通常要根据前一次的计算结果来改进模型（模式）结构和评分函数，所以整个过程要重复很多次。

有趣的是，不同的研究团体将注意力放在不同的数据挖掘算法组件上。统计学家强调推理过程，关注模型（模式）、评分函数、参数估计等，很少突出计算效率问题。而从事数据挖掘的计算机科学家则更注重高效的空间搜索和数据管理，不太关心模型（模式）或评分函数是否合适。实际上，一个数据挖掘算法的所有组件都是至关重要的。对于小的数据集，模型（模式）的解释和预测能力相对于计算效率来说可能要重要得多。但是，随着数据集的增大，计算效率将变得越来越重要。对于海量数据，必须在模型（模式）的完备性和计算效率之间进行平衡，以期对现有数据达到某种程度的拟合。

表 7.1 展示了 3 个知名数据挖掘算法（用于关联规则挖掘的 Apriori 算法、用于决策树分类的 ID3 算法和基于划分聚类的 k-means 算法）的各个组件。关于各个组件的更详细介绍将在后续章节陆续给出。

表 7.1　3 个知名数据挖掘算法的组件

	Apriori	ID3	k-means
任务	规则模式发现	分类	聚类
模型（模式）	关联规则	决策树	聚类
评分函数	支持度 / 置信度	分类准确度信息增益	误差平方和
搜索和优化方法	广度优先（带剪枝）	贪婪算法	梯度下降
数据管理策略	未指定	未指定	未指定

小　结

本章主要介绍了数据挖掘的一些基本概念及其算法的组件化思想。通过学习本章，应主要做到以下几点：

① 掌握数据挖掘的特点：数据挖掘的数据源必须是真实的；数据挖掘所处理的数据必须是海量的；查询一般是决策制定者（用户）提出的随机查询；挖掘出来的知识一般是不能预知的。

② 理解和掌握数据挖掘与 KDD、OLAP、数据仓库之间的区别与联系。

③ 对数据挖掘算法的组件化思想有一个初步概念。了解数据挖掘算法由模型或模式结构、数据挖掘任务、评分函数、搜索和优化方法、数据管理策略 5 个组件组成。

习　题　7

1. 简述数据挖掘的特点。
2. 简述数据挖掘与 KDD 的关系。
3. 简述数据挖掘与 OLAP 的差别与联系？
4. 简述数据挖掘与数据仓库的关系。
5. 数据挖掘有哪些分类？
6. 举例说明数据挖掘有哪些应用。
7. 什么是模型？什么是模式？
8. 什么是数据挖掘算法的组件化思想？

第 8 章 频繁模式挖掘

第 7 章提到,模式是一种局部概念,它仅对一小部分数据做出描述,而模型则是对数据的全面描述。本章讨论从海量数据中挖掘局部模式的问题,重点介绍频繁模式的挖掘算法。

频繁模式是一种常见且非常重要的模式,它具有在某个数据集中频繁出现的特点。根据所在数据集的不同,频繁模式可以体现为不同的形式(项集、子序列、子结构等)。

图 8.1 从模式类型、搜索/实现方法及其他 3 个方面,通过一个三维空间视图,概括地描述频繁模式挖掘的系统框架。本章将以模式类型为主线,介绍不同的频繁模式挖掘方法。

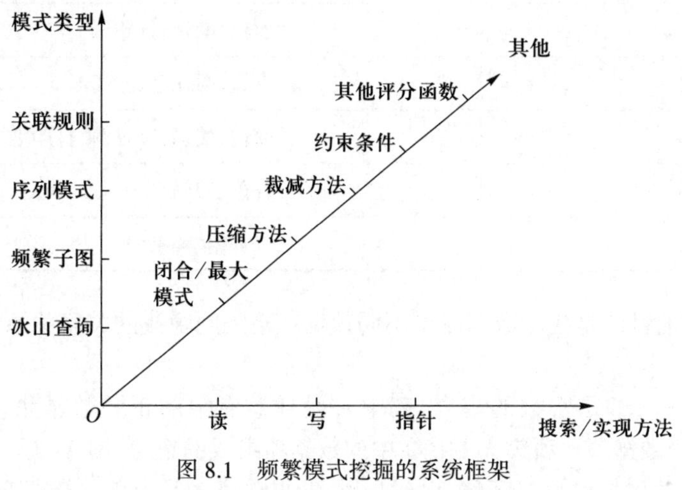

图 8.1 频繁模式挖掘的系统框架

8.1 频繁项集和关联规则

频繁项集的挖掘最早应用于超市购物篮数据分析。在该应用中,商家的目的是希望在顾客的购物篮数据中发现那些经常被同时购买的商品。当某些商品同时出现的次数超过商家设定的阈值时,就认为这些商品之间可能存在着关联关系。这种关联关系通常用一种规则的形式表现出来,如$\{x_1, x_2, \cdots, x_n\} \Rightarrow Y$。它的含义是,如果顾客把商品 $x_1, x_2, \cdots, x_n$ 放入购物篮中,则很可能也会把商品 Y 放入其中。

关联规则是数据挖掘中最先研究的内容之一。Agrawal 等人在 1993 年首先提出了顾客交易数据库中项集间的关联规则挖掘问题，之后这方面的研究越来越多，成为数据挖掘的一个主要研究方向。它的应用也由最初的购物篮数据扩展到其他数据格式，规则的涵义也越来越多样化。

8.1.1　问题描述

微视频：
频繁项集和关联规则的问题描述

假定有很多商品，如面包、牛奶、啤酒等，顾客把他们需要的商品放入购物篮中。研究的目的是发现顾客通常会同时购买哪些商品。这些信息可以帮助零售商合理地摆放商品，引导销售，提高销售额。

某一个时间段内顾客购物的记录形成一个交易数据库，有时也称作事务数据库（交易 / 事务都是由 transaction 翻译而来）。每一条记录代表一个交易，包含一个交易标识符（TID）和本次交易所购买的商品。表 8.1 所示就是一个交易数据库的例子。

表 8.1　交易数据库实例

TID	商品
01	面包、酸奶、打印纸
02	香蕉、圆珠笔、酸奶
03	面包、酸奶、口香糖、打印纸
04	香蕉、酸奶
05	口香糖、苹果

关联规则挖掘的目的是找出数据库中不同数据项集之间隐藏的关联关系。下面首先介绍数据项和项集的概念。

令 $I=\{i_1, i_2, \cdots, i_m\}$ 是常数的集合，其中 m 是任意有限的正整数常量，每个常数 i_k（$k=1, 2, \cdots, m$）称为一个**数据项**。**项集** X 是由 I 中的数据项组成的集合，即 $X \subseteq I$。

一个大小为 K 的项集称为 K **项集**，也就是说，如果项集 X 是由 K 个数据项组成，即 $|X|=K$，则 X 就是一个 K 项集。如集合{口香糖、苹果}是一个 2 项集。

一个交易 T 是由在 I 中的数据项所构成的集合，即 $T \subseteq I$，而交易数据库 D 则由一组交易构成。如表 8.1 中，交易数据库由编号为 01、02、03、04 和 05 的交易组成。编号为 01 交易的数据项集为{面包、酸奶、打印纸}，编号为 02 交易的数据项集为{香蕉、圆珠笔、酸奶}，编号为 03 交易的数据项集为{面包、酸奶、口香糖、打印纸}，编号为 04 交易的数据项集为{香蕉、酸奶}，编号为 05 交易的数据项集为{口香糖、苹果}。

有了项、项集的概念，再来看看什么样的规则可以称为关联规则。

关联规则是描述数据库中数据项之间存在的潜在关系的规则，形式为 $X \Rightarrow Y$，其中 $X \subseteq I$，$Y \subseteq I$，且 $X \cap Y=\varnothing$。项集 X 称为前提，项集 Y 称为结果，项集 $X \cup Y$ 称为该条规则对应的项集。

项集之间的关联关系表示：如果 X 出现在一条交易中，则 Y 在这条交易中同时出现的可能性比较高。关联规则就是希望发现交易数据库中不同商品（项）之间的关联关系，这些规则能够反映顾客的购买行为模式，比如购买某一商品对购买其他商品的影响。

关联规则描述数据项同时出现的可能性，如何给这种可能性一个量化的标准是一个需要明确的问题，也就是说，这种可能性达到什么程度才能被认为是合理的。这就是前面提到的要有一个评分函数的问题。评分函数是构成算法的一个重要组件。这里引入支持度和置信度这两个概念，作为关联规则挖掘的评分函数，它定义了关联规则在统计上的意义。

首先来看什么是支持度。

给定关联规则 $X \Rightarrow Y$，**支持度**指项集 X 和 Y 在数据库 D 中同时出现的概率，即 $\Pr(X \cup Y)$。

例 8.1 以图 8.2 中顾客购物的交易数据库为例，总的交易数为 5，则规则 $A \Rightarrow D$，$C \Rightarrow A$，$A \Rightarrow C$，$B\&C \Rightarrow D$ 的支持度如表 8.2 的第二列所示。可以看出，它们的分母是相同的，都是数据库中包含的总交易的数量（本例中为 5）。分子不同，为规则两侧项集中的商品同时在数据库中出现的次数。例如，规则 $A \Rightarrow D$ 的支持度为 2/5，其中分子为 2，代表项集 $\{A, D\}$ 在数据库中同时出现了 2 次；分母为 5，代表总的交易数为 5。而规则 $B\&C \Rightarrow D$ 的支持度为 1/5，其中分子为 1，代表项集 $\{B, C, D\}$ 在数据库中同时出现了 1 次；分母为 5，同样代表总的交易数为 5。

图 8.2 一个交易数据库示例

表 8.2 支持度和置信度示例

规则	支持度	置信度
$A \Rightarrow D$	2/5	2/3
$C \Rightarrow A$	2/5	2/4
$A \Rightarrow C$	2/5	2/3
$B\&C \Rightarrow D$	1/5	1/3

由于分母相同，为了简单起见，有时仅用分子，也就是项集在数据库中出现的次数来代表支持度，称为**频度**。例如，上例中，规则 $A \Rightarrow D$ 的频度是 2，而规则 $B\&C \Rightarrow D$ 的频度为 1。

有了支持度的概念，现在再来看什么是置信度。给定关联规则 $X \Rightarrow Y$，置信度指在项集 X 出现的情况下，项集 Y 在数据库 D 中同时出现的条件概率，即 $\Pr(Y|X) = \Pr(X \cup Y) / \Pr(X)$。

例 8.2　仍以图 8.1 中的交易数据库为例，规则 $A \Rightarrow D$，$C \Rightarrow A$，$A \Rightarrow C$，$B \& C \Rightarrow D$ 的置信度如表 8.2 的第 3 列所示。分母代表规则左侧的项集在数据库 D 中出现的次数，分子代表规则左侧的项集出现时，规则右侧的项集在数据库 D 中出现的次数。例如，规则 $A \Rightarrow D$ 的置信度为 2/3，其中分母为 3，代表 A 在数据库中出现了 3 次；分子为 2，代表有 A 出现的那 3 条交易中，D 出现了 2 次。而规则 $B \& C \Rightarrow D$ 的置信度为 1/3，其中分母为 3，代表项集 $\{B, C\}$ 在数据库中同时出现了 3 次；分子为 1，代表有 $\{B, C\}$ 出现的那 3 条交易中，D 出现了 1 次。

支持度和置信度作为评分函数给出了对模式进行评价的一个量化标准。通常在进行关联规则挖掘时用户会给出两个阈值，即最小支持度（频度）s 和最小置信度 c。满足最小支持度（频度）s 的项集称为**频繁项集**。同时满足最小支持度（频度）s 和最小置信度 c 的规则称为**关联规则**。关联规则挖掘就是要从大量的潜在规则库中寻找出满足支持度（频度）和置信度阈值的所有规则。

8.1.2　关联规则分类

购物篮分析只是关联规则挖掘的一种形式。事实上存在多种关联规则。根据不同的分类标准，关联规则有多种分类方法。

1. 根据规则中所处理数据的类型分类

根据规则中所处理数据的类型，可以将关联规则分为布尔关联规则和量化关联规则。布尔关联规则也称为二值关联规则，它处理的数据都是离散的，考虑的是某数据项存在或者不存在。

例如，尿布 ⇒ 啤酒就是布尔关联规则，表示一条交易中“尿布”出现则“啤酒”出现的可能性较大。

通常情况下，交易数据库中除了存储购买商品的名称之外，还存储了其他交易信息，如商品的单价、一次购买的数量和总价等。在关联规则中加入数量信息得到的规则称为量化关联规则。在这种规则中，通常将数值型属性进行离散化处理，再对处理后的数据进行挖掘。

例如，职业 =“学生” ⇒ 收入 =“0…1 000” 就是量化关联规则，其中的收入数据是数值类型。

2. 根据规则中涉及的数据维数分类

根据规则中涉及的数据维数，可以将关联规则分为单维关联规则和多维关联规则。单维关联规则只涉及数据表的一个字段，而多维关联规则涉及数据表的多个字段。例如，尿布 ⇒ 啤酒只涉及交易数据的“购买商品”字段，是单维关联规则。关联规则性别 =“女” ⇒ 职业 =“护士” 涉及“性别”和“职业”两个字段，所以是二维关联规则。关联规则年龄 =“20...30” ∧ 职业 =“学生” ⇒ 购买 =“电脑” 涉及“年龄”“职业”“购买”3 个字段，所以是三维关联规则。

根据是否允许同一个字段在规则中重复出现，多维关联规则又可以分为维间关联规则（不允许字段在规则中重复出现）和混合维关联规则（允许字段在规则的左右部分同时出现）。例如，年龄 =“20...30” ∧ 购买 =“电脑” ⇒ 购买 =“打印机” 就是混合维关联规则。

3. 根据规则中数据的抽象层次分类

根据规则中数据的抽象层次，可以将关联规则分为单层关联规则和多层关联规则。在单层关联规则中所有的变量都是细节数据，没有层次的区分；而现实的数据经常具有多个层次。多层关联规则体现了数据的这种层次性，发生关联的数据可能位于同一层次（同层关联规则），也可能位于不同的层次（层间关联规则）。

例如，“IBM 台式机 ⇒HP 打印机”是一个细节层次的单层关联规则，“台式机 ⇒HP 打印机”是一个较高层次和细节层次之间的层间关联规则，而“台式机 ⇒ 打印机”则是高层次上的同层关联规则。

4. 其他

可以对关联规则施加语义约束，限制规则左部或规则右部必须包含某些字段。例如，发现所有规则右部中包含“面包”的关联规则，就可以知道哪些商品可能促进面包的销售。反之，发现所有规则左部中包含“牛奶”的关联规则，就可以了解如果停止销售牛奶可能对其他商品所带来的影响。这类问题称为有约束的关联规则挖掘。还可以对规则形式进行约束，例如发现单价在100 元以上或购买数量不小于 10 的商品之间的关联规则。

此外，还可以将关联规则挖掘扩充到相关性分析、最大模式挖掘、封闭模式挖掘等。限于篇幅，本文主要对布尔关联规则加以介绍。接下来的两小节内容着重介绍布尔关联规则挖掘的两类具有代表性的算法：Apriori 算法与 FP-Growth 算法。

8.1.3 关联规则挖掘的经典算法 Apriori

Agrawal 等人于 1993 年首先提出了挖掘顾客交易数据库中项集间的关联规则问题，给出了形式化定义和算法 AIS。但该算法在以后的文献中很少被引用。此后 Agrawal 等人又于 1994 年提出了著名的 Apriori 算法[9]。

1. Apriori 算法描述

一般来说，关联规则挖掘分为如下两步：第一步为寻找频繁项集，根据定义，这些项集出现的频度不小于预定义的最小频度；第二步为由频繁项集产生关联规则，根据定义，这些规则必须满足最小支持度和最小置信度。这两步中第二步比较容易，关联规则挖掘算法的总体性能由第一步决定。因此大部分的研究工作都集中在第一步，即研究如何快速地找出所有频繁项集。

微视频：Apriori 算法

（1）寻找频繁项集

寻找频繁项集的原始方法是计算所有项集的频度，但这显然太慢了。通过观察，人们发现了如下公理。

公理 1 如果一个项集 S 是频繁的（项集 S 的出现频度大于最小频度），那么 S 的任意非空子集也是频繁的。反之，如果一个项集 S 的某个非空子集不是频繁的，则这个项集也不可能是频繁的。

例如，如果一个交易包含 $\{A,B\}$，则它必然也包含 $\{A,B\}$ 的所有子集。反过来，如果 $\{A\}$ 或者 $\{B\}$ 不是频繁项集，即 $\{A\}$ 或者 $\{B\}$ 的出现频度小于最小频度，则 $\{A,B\}$ 的出现频度也一定小于最小频度，因此 $\{A, B\}$ 也不可能是频繁项集。

这意味着不必计算具有非频繁子集的项集的频度。例如，假设项集 $\{A, B\}$ 具有一个非频繁子集 $\{A\}$，则根据公理 1 可知 $\{A, B\}$ 不可能是频繁项集，所以没有必要计算 $\{A, B\}$ 的频度。

因此，可以按照这个思路来寻找频繁项集：先找出所有的频繁 1 项集；在知道了这样的频繁 1 项集之后，由它们来产生候选的 2 项集，比如 $\{A, B\}$，其中 $\{A\}$ 和 $\{B\}$ 必须都是频繁的；产生了候选的 2 项集之后，就可以通过观察数据（扫描一遍数据）来计算它的频度，从而找出真正的频繁 2 项集。以此类推，可以得到候选的 3 项集，再通过观察数据，计算它的频度，等等。

这实际上就是 Apriori 算法的实现思想，可以归纳为算法 8–1。

算法 8–1　寻找频繁项集的算法 Apriori

输入：最小频度 s

输出：所有的频繁项集

Apriori（s）

```
k=1
C_k 为所有的 1 项集
while C_k 不为空 do
    扫描数据库：
        对于 C_k 中的每一个项集，验证其是否频繁，不频繁则从 C_k 中删除
        令 L_k=C_k
    产生候选集：
        令 C_{k+1} 为候选的 k+1 项集，其每一个子集必须都是频繁的
end
输出所有的频繁项集
```

Apriori 算法使用了一种逐层迭代的搜索方法，由频繁的 k 项集来构造可能是频繁的 k+1 项集的候选集。算法 8–1 中有两个问题还需要进一步明确：一是如何计算每个项集的频率，以验证其是否频繁。二是如何由 L_k（所有频繁的 k 项集）产生 C_{k+1}（所有候选的 k+1 项集）。

第一个问题比较容易实现。对于给定的候选项集合 C_k，可以通过对数据库的一次扫描计算出其中每个候选项集的频率。通常在内存中为每个候选项集设一个计数器，扫描结束时计数器的值即为候选项集的频度。

第二个问题采用先联合后验证的方法解决。主要包含自连接和消减两个步骤。自连接将大小为 k 的频繁项集联合成大小为 k+1 的项集，而消减则进一步验证联合所生成的项集是否真的为潜在候选集。为了便于理解，联合（自连接）过程可以用如下 SQL 语句来表示。

```
INSERT INTO C_{k+1}
SELECT p.item_1, p.item_2, …, p.item_k, q.item_k
```

```
FROM L_k p, L_k q
WHERE p.item_1=q.item_1, …, p.item_{k-1}=q.item_{k-1}, p.item_k < q.item_k
```

该步骤完成的工作是检查 L_k 中的所有项集,如果发现两个项集 p 和 q 具有相同的前缀($p.item_1=q.item_1, \cdots, p.item_{k-1}=q.item_{k-1}$),且 p 的最后一项小于 q 的最后一项($p.item_k<q.item_k$),则将 p 和 q 联合起来生成 C_{k+1} 的一个候选项集,形式为 $\{p.item_1, p.item_2, \cdots, p.item_k, q.item_k\}$。

例 8.3 假设某事务数据集的频繁 2 项集 L_2 为 $\{\{a,b\}, \{a,c\}, \{a,d\}, \{c,d\}\}$,则 $\{a,b\}$ 和 $\{a,c\}$ 具有相同的前缀 $\{a\}$,它们可以联合生成 $\{a,b,c\}$。同理,$\{a,b\}$ 和 $\{a,d\}$ 可以联合生成 $\{a,b,d\}$,$\{a,c\}$ 和 $\{a,d\}$ 可以联合生成 $\{a,c,d\}$。

需要注意,在完成联合 SQL 语句的 WHERE 后面包含两个条件。只有两个条件都满足了,才可以进行联合的操作。

第一个条件用来限定哪些项集可以联合生成新的候选项集。只有两个项集具有相同的前缀才可以联合。如例 8.3 中,$\{a,d\}$ 和 $\{c,d\}$ 不可以联合生成 $\{a,c,d\}$。虽然它们具有相同的后缀,但由于它们不具有相同的前缀,不满足条件,所示不能联合。之所以这么规定,是为了避免生成重复的候选项集。因为假设 $\{a,c,d\}$ 是一个候选集,那么它的每一个子集都应该频繁,即除了 $\{a,d\}$、$\{c,d\}$ 之外,L_2 中应该还包括 $\{a,c\}$,因此 $\{a,c,d\}$ 可以由 $\{a,d\}$ 和 $\{a,c\}$ 联合生成。这个条件既保证可以生成所有的候选集,又避免了由不同子集而组合出重复的候选集。

第二个条件用来保证不会生成冗余的候选集。如果没有这个限定条件,则联合后生成的候选集中既有 $\{p.item_1, p.item_2, \cdots, p.item_k, q.item_k\}$,也有 $\{q.item_1, q.item_2, \cdots, q.item_k, p.item_k\}$。由于集合中的元素不分顺序,实际上这两个集合是相同的,因此生成了冗余的候选集。例如,在例 8.3 中,如果没有第二个限定条件,则 $\{a,b\}$ 和 $\{a,c\}$ 联合后既可以生成 $\{a,b,c\}$,也可以生成 $\{a,c,b\}$,产生了冗余。

联合结束之后,得到了一个候选集 C_{k+1}。那么,是否 C_{k+1} 中的每一个项集都是真正的候选集呢? 我们知道,如果一个项集 S 的某个子集不是频繁的,则这个项集也不可能是频繁的。据此,可以对 C_{k+1} 中的每一个项集进行验证,将违背上述公理的候选项集及早从 C_{k+1} 中删除,从而对 C_{k+1} 进行消减。具体步骤为:对候选集 C_{k+1} 中的每一个候选项集 C,看其大小为 k 的子集是否全部频繁(即包含在 L_k 中)。如果存在任一子集不频繁,则 C 不可能频繁,需将 C 从 C_{k+1} 中删除。这个过程的算法描述如下。

```
FORALL itemsets C ∈ C_{k+1} DO
    FORALL(k)-subsets S of C DO
        IF(S∉ L_k)THEN
            DELETE C FROM C_{k+1}
```

例如,例 8.3 中联合之后生成 $C_3=\{\{a,b,c\},\{a,b,d\},\{a,c,d\}\}$。在消减阶段,$C_3$ 中的 $\{a,b,c\}$ 将被删除,因为它的一个子集 $\{b,c\}$ 不在 L_2 之中。同理,$\{a,b,d\}$ 也会被删除,因为它的一个子集 $\{b,d\}$ 也不在 L_2 之中。这样,最终得到的候选集 C_3 中只剩下 $\{a,c,d\}$。

下面通过一个实例来介绍 Apriori 算法的主要执行过程。

例 8.4　假设事务数据库 D 中有 4 个事务，最小频度是 2，则 Apriori 算法的主要执行过程如图 8.3 所示。

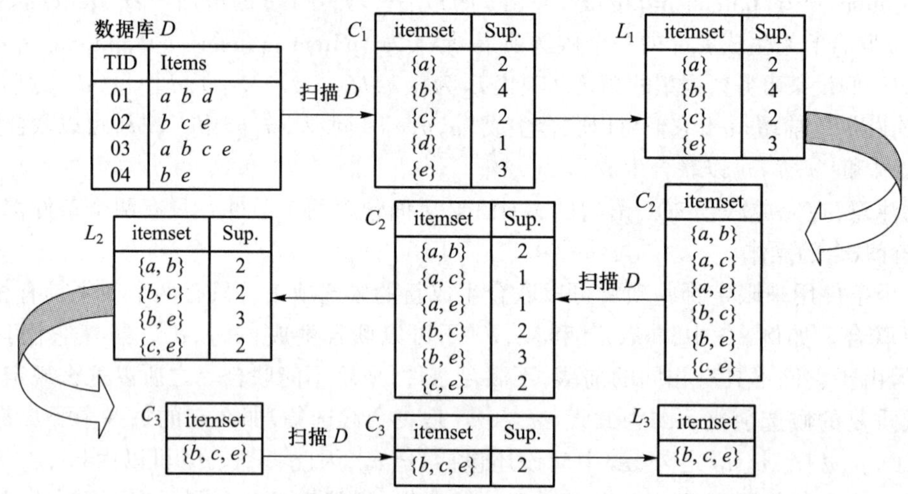

图 8.3　Apriori 算法的主要执行过程

① 在算法的第一次迭代过程中，所有 1 项目都是候选 1 项集 C_1 的成员。扫描数据库 D 一遍，得到所有候选 1 项集的频度。由此，分别得到{ a }、{ b }、{ c }、{ d }、{ e }的频度为 2，4，2，1，3。

② 假设最小频度是 2，从而可以得到频繁 1 项集 L_1 的 4 个成员{ a }、{ b }、{ c }、{ e }。{ d }的频度只有 1，小于最小频度 2，所以不频繁。

③ 通过对集合 L_1 进行连接运算产生大小为 2 的候选集 C_2。再次扫描数据库 D，得到 C_2 中每个候选 2 项集的频度。由此，分别得到{ a, b }、{ a, c }、{ a, e }、{ b, c }、{ b, e }、{ c, e }的频度为 2，1，1，2，3，2。

④ 根据最小频度 2 的限制，得到频繁的 2 项目集 L_2 的 4 个成员为{ a, b }、{ b, c }、{ b, e }、{ c, e }。C_2 中的另外两个成员{ a, c }、{ a, e }由于频度为 1 不满足最小频度的限制而被删除。

⑤ 通过对集合 L_2 进行连接运算产生大小为 3 的候选集 C_3。第三次扫描数据库 D，得到 C_3 中候选 3 项集{ b, c, e }的频度为 2。

⑥ 根据最小频度 2 的限制，得到频繁的 3 项目集 L_3，仅有唯一成员{ b, c, e }。

⑦ 通过对集合 L_3 进行连接运算产生大小为 4 的候选集 C_4。由于 L_3 只有一个成员，无法进行连接运算，所以无法为 C_4 产生成员，因此 C_4 是空集，至此算法结束。输出所有已找到的频繁项集。

如果将数据库中所有数据项（不频繁数据项 d 除外）的组合构成图 8.4 所示的一个格结构，则 Apriori 算法逐层迭代的过程，实际上可看作是对这个格结构的一个自底向上的广度优先搜索的过程：先搜索第一层（1 项集），再搜索第二层（2 项集）……直到无法产生新的候选集为止。

大多数情况下，算法会在中间某个层停止，而且在搜索的过程中，对于不频繁的 k 项集，算法不会搜索由它产生的 k+1 项集。因为根据公理 1，不频繁 k 项集的超集肯定不频繁，所以没有必要对其进行搜索。因此，Apriori 算法对图 8.4 所示的格结构的搜索是不完全的。图 8.4 中浅灰色的结点表示在搜索过程中确定的频繁项集，深灰色的结点表示曾确定为候选项集，后通过验证为不频繁的项集，白色结点表示没有搜索过的结点。

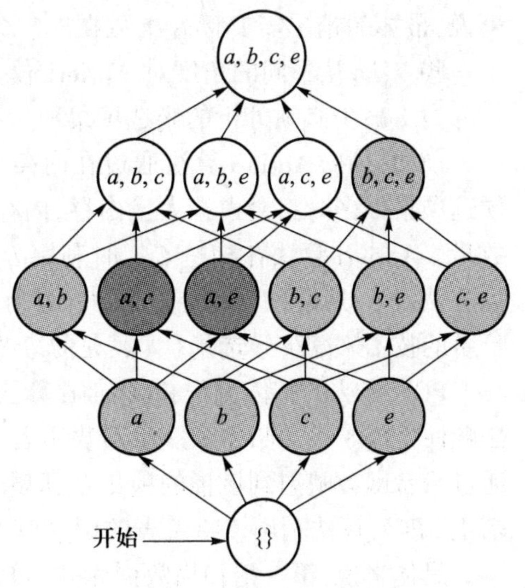

图 8.4　宽度优先搜索

（2）由频繁项集产生关联规则

一旦找出所有的频繁项集，就可以由它们来产生关联规则。关联规则产生的步骤是：

① 对于每个频繁项集 r，产生 r 的所有非空子集。

② 对于 r 的每个非空子集 s，如果 $\dfrac{\text{Support\_count}(r)}{\text{Support\_count}(s)} \geqslant \text{min\_conf}$，则输出规则 $s \Rightarrow (r-s)$。其中，support_count 为支持度，min_conf 是最小置信度。

由于规则由频繁项集产生，每个规则都自动满足最小支持度。

例 8.5　设交易数据库如图 8.2 所示。假定数据库包含频繁项集 $l=\{b, c, e\}$，请问由 l 可以产生哪些关联规则？

l 的非空子集有 $\{b, c\}$，$\{b, e\}$，$\{c, e\}$，$\{b\}$，$\{c\}$ 和 $\{e\}$。所产生的关联规则如表 8.3 所示，每个规则都列出了置信度。

如果最小置信度为 70%，则只有第一、第三和第五个规则可以输出。

表 8.3　关联规则产生示例

规则	置信度
$b \wedge c \Rightarrow e$	2/2=100%
$b \wedge e \Rightarrow c$	2/3=66%
$c \wedge e \Rightarrow b$	2/2=100%
$b \Rightarrow c \wedge e$	2/4=50%
$c \Rightarrow b \wedge e$	2/2=100%
$e \Rightarrow b \wedge c$	2/3=66%

2. 对 Apriori 算法的改进

Apriori 算法的主要缺点在于每处理一层就要读一次数据库，对于一个有 n 个项目的数据集来说，最坏的情况需要读 n 次数据库。为了提高算法的效率，在 Apriori 算法以后人们相继提出了一些方法，从不同的角度对 Apriori 做了改进。

（1）减少必须分析的候选项集数量

前面提到，Apriori 算法通过在内存中为每一个候选项集设置一个计数器来计算其频度。当候选项集很多时将会占据大量内存，内存有可能不够用。因此，必须想办法尽量减小候选项集的数量。Apriori 算法在构造 C_{k+1} 时利用 L_k 进行消减，一定程度上降低了候选项集的数量。但是，该方法对 C_2 所起的作用不是很大，因为大多数 1 项集都是频繁的。PCY 算法[10]通过一种基于哈希的技术来减少候选集（尤其是 C_2）的大小。

PCY 算法的整体流程和 Apriori 算法一样。但是，在计算每个 1 项集频度生成 L_1 时，PCY 算法顺便生成了一个哈希表。哈希表由若干桶组成，每个桶存放一组项集和一个计数器，用来记录通过哈希函数映射到该桶的项集及其频度，函数值相同的项集存放在同一个桶中。之后，在生成 C_2 时，PCY 算法利用该哈希表的信息对 C_2 做进一步消减。

具体来说，第一趟扫描数据库时，PCY 算法完成了如下工作：

① 计算所有 1 项集的频度（与 Apriori 算法相同）。

② 对每一个交易，将其中的数据项进行两两组合，然后哈希到一个桶中，桶计数加 1（与 Apriori 算法不同）。

③ 扫描结束时，将频度大于最小频度的 1 项集放入 L_1（与 Apriori 算法相同）中。

第二趟扫描数据库时，PCY 算法完成了如下工作：由 L_1 生成 C_2。每一个候选 2 项集 (i,j) 必须满足两个条件：

① i 在 L_1 中，j 在 L_1 中。

② 2 项集 (i,j) 必须哈希到一个计数值大于最小频度的桶中。

第二个条件正是 PCY 算法和 Apriori 算法的不同之处。PCY 算法由于该条件的限制进一步减小了所生成的 C_2 的大小。

例 8.6　假设哈希函数是 $h(i,j)=((\text{order of } i)*10+(\text{order of } j)) \bmod 7$。数据项 a、b、c、d、e 的次序（order）分别设为 1、2、3、4、5。图 8.5 展示了 PCY 算法中哈希表的构造和应用过程。在第一次扫描数据库时，除了完成 Apriori 算法所完成的任务，即计算每个 1 项集的频度得到 L_1 之外，PCY 算法对每一个交易中的所有数据项进行两两组合，并使用哈希函数将所有的 2 项集哈希到某个桶中。例如，对项集 $\{a,c\}$ 应用哈希函数，$\text{hash}(a,c)=(1*10+3) \bmod 7=6$，所以 $\{a,c\}$ 被哈希到第 6 个桶中。同理，$\text{hash}(a,d)=(1*10+4) \bmod 7=0$，$\text{hash}(b,d)=(2*10+4) \bmod 7=3$，所以 (a,d) 和 (b,d) 分别被哈希到第 0 个和第 3 个桶中。之后，在生成 C_2 时，由 L_1 联合生成 $\{a,b\}$、$\{a,c\}$、$\{a,e\}$、$\{b,c\}$、$\{b,e\}$ 和 $\{c,e\}$ 6 个 2 项集，它们都满足任一子集都在 L_1 的限制。如果是 Apriori 算法，候选集 C_2 的生成就到此为止了。但是，对于 PCY 算法来说，还需要利用哈希表对 C_2 做进一步消减。由于 $\{a,c\}$ 和 $\{a,e\}$ 所在的哈希桶的计数为 1，不满足条件 2 的限制，因此不能成为候选集，此时 C_2 中只剩下 $\{a,b\}$、$\{b,c\}$、$\{b,e\}$ 和 $\{c,e\}$。由此可以看出，由于利用了哈希表的信息，PCY 算法确实有效减少了候选集 C_2 的大小（本例中从 6 个减小到 4 个）。

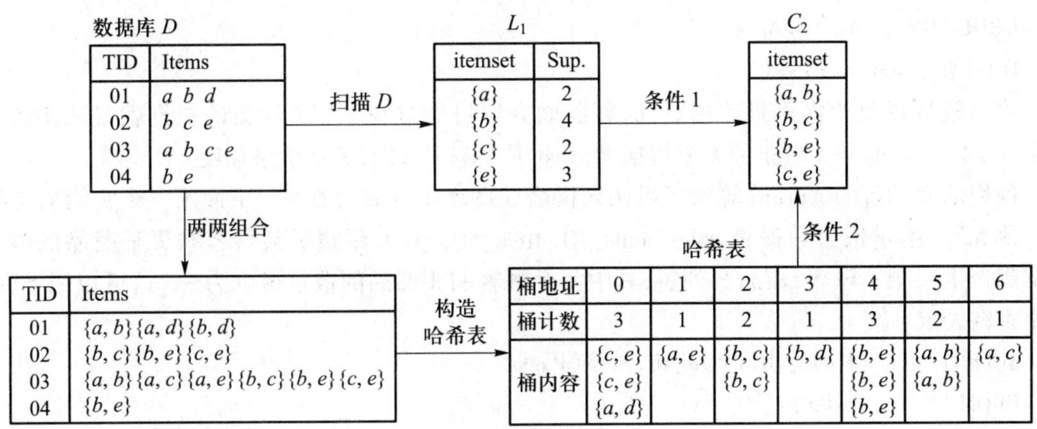

图 8.5 PCY 算法中哈希表的构造和应用过程

（2）减少数据库扫描的次数

Apriori 算法要求多次扫描数据库。如果大项集的最大长度是 k，则需要最多扫描 k+1 遍数据库。如果数据库的规模比较大，对数据进行挖掘所需要的时间就会比较长。为此，人们提出了几种方法，通过两次或一次扫描数据库来获得所有的频繁项集。

① 基于采样的方法。该方法取主存大小的一个数据库样本，在主存中运行一个 Apriori 算法（不用负担 I/O），希望从这个样本数据库中能求出真正的频繁集。应用该方法进行频繁项集挖掘时，需要按比例伸缩最小支持度（频度）s。例如，如果样本数据库的大小是整个数据库的 1%，则应用 s% 作为新的最小支持度（频度）。对样本数据库进行挖掘后，还需要对整个数据库再进行一次完整的扫描，对由样本数据库求得的频繁项集进行验证。这种方法可能使得那些在全局数据库中频繁但在样本数据库中不频繁的项集被丢掉了，这种现象称为 false negative。为了减小 false negative，可以将样本数据的最小支持度（频度）降低一点，这样在最后扫描全部数据库时可以找到更多的候选集。但这样做又有可能会产生太多的候选集而使内存装不下。

② 基于划分的算法。该算法分为两个步骤。首先，将交易数据库 D 划分成 n 块不相交的部分，D_1，D_2，…，D_n（要求每一块都能够放在内存之中），用 Apriori 算法求出 D_i 中的所有频繁项集 L_i。然后，合并所有的 L_i，再次完整地扫描一遍数据库，对 L 中的每一项集进行验证。该算法只扫描两遍数据库，从而提高了算法的效率。

3. Apriori 算法在冰山查询中的应用

许多应用需要通过在某个属性或属性集上计算聚集函数（如 COUNT，SUM）来找出大于某个阈值的聚集值。在这些应用中，通常大于阈值的聚集结果数目非常小（冰山一角），而数据本身非常大（冰山），这类查询称为冰山查询。

如下即为一个典型的基于关系 $R(A_1, A_2, \cdots, A_k, \text{rest})$ 和一个阈值 T 的冰山查询。

```
SELECT A_1, A_2, …, A_k, count(rest)
FROM R
```

```
GROUP BY A1, A2, …, Ak
HAVING count(rest)>=T
```

许多数据挖掘查询都是冰山查询,如前面介绍过的寻找频繁 k 项集的查询就是冰山查询。其中 $A_1, A_2, \cdots, A_k$ 是 k 项集的 k 个数据项,rest 是交易号 TID,T 是最小频度。

使用前面学过的 Apriori 算法可以用来提高处理冰山查询的效率。下面用一个实例来说明。

例 8.7　给定销售数据表 Sales(cust_ID, Item_ID, qty),存储了某顾客购买某商品的数量。假定想产生一个 <顾客,商品> 列表,其中每个顾客购买商品的数量最少为 3。这可以用下面的冰山查询表示:

```
SELECT      P.cust_ID, P.Item_ID, SUM(P.qty)
FROM        Sales P
GROUP BY    P.cust_ID, Pitem_ID
HAVING      SUM(P.qty)>=3
```

要完成这个查询,一个常用的策略就是使用哈希或排序,对所有 <顾客,商品> 分组,计算聚集函数 SUM 的值,然后删除那些不满足条件(数量少于 3)的元组。

相对于要处理的元组总数,满足该条件的元组数很少。为了改进性能,根据任一不频繁集的超集都不频繁的原理,可以先分别对顾客和商品进行单独裁减,然后再对 <顾客,商品> 进行裁减。即先不考查每个顾客购买的每种商品的数量,而是先产生一个顾客列表(cust_list),该列表中的顾客都购买了至少 3 件商品。例如可以采用如下的语句来生成该顾客列表:

```
SELECT      P.cust_ID
FROM        Sales P
GROUP BY    P.cust_ID
HAVING      SUM(P.qty)>=3
```

同理,生成一个商品列表(item_list),该列表中的商品都被顾客购买过至少 3 次。例如可以采用如下的语句来生成该商品列表:

```
SELECT      P.item_ID
FROM        Sales P
GROUP BY    P.item_ID
HAVING      SUM(P.qty)>=3
```

因此,处理查询时可以考虑只由顾客列表中的顾客和商品列表中的商品产生候选的 <顾客,商品>,由此减少了候选结果集的大小。

8.1.4　关联规则挖掘的重要算法 FP-Growth

可以看出,基于 Apriori 思想的算法有一个共同的特点:产生一个候选项集,然后通过对这些候选项集进行计数,以判断它们是否为频繁项集。在某些情况下,这类算法可能会产生大量候选项集。例如,当有 10 000 个频繁 1 项集时,候选 2 项集的个数将会超过 10 000 000。而且

Apriori 算法需要多次扫描数据库，尤其要生成一个很长的规则时，代价非常大。

Apriori 算法所具有的上述特点体现在其重要组件之一广度优先搜索策略之中。在基本搜索策略不改变的情况下，想要进一步提高算法的性能将变得越来越困难。根据前面提到过的组件化思想，要提高算法的性能，构造一个新的算法，必须从组件的角度，考虑替换 Apriori 算法的某一组件。FP-Growth（frequent pattern-growth，频繁模式生长）算法正是在这一思想指导下产生的。它用深度优先搜索策略替代了 Apriori 算法的广度优先搜索策略。FP-Growth 算法具有如下特点：

① 把数据库 D 压缩映射到一个小而紧凑的数据结构 FP-Tree，即频繁模式树中，避免了多次扫描数据库 D。

② 利用模式分段增长法避免产生大量的候选集。

③ 采用分而治之法将数据挖掘任务分解成许多小任务，从而极大地缩小了搜索空间。

下面通过一个例子来说明 FP-Growth 算法的实现过程。

例 8.8 使用 FP-Growth 算法，重新考察例 8.4 中事务数据库的关联规则挖掘。

1. 构造 FP-Tree

对数据库的第一次扫描与 Apriori 算法相同，扫描结束后得到一个频繁项（1 项集）集合，并得到所有 1 项集的频度。

设最小频度为 2。将所有的频繁 1 项集按频度降序排序，结果集记作 L。这样，有 $L=\{b:4, e:3, a:2, c:2\}$。

然后，采用如下方法构造 FP-Tree。

① 创建树的根结点，用“null”标记。

② 对数据库做第二次扫描。数据库中每条交易的数据项按 L 中的次序依次处理（即按递减频度排序），并对每个交易创建一个分支。

例如，第一个交易“T01: a, b, d”首先去掉不频繁项目 d，然后按 L 的次序 $\{b, e, a, c\}$ 处理之后，变成 {T01: b, a}，并生成 FP-Tree 的第一个分支 $<(b:1),(a:1)>$。该分支具有两个结点，b 作为根 nll 的子女链接到根，a 链接到 b。

第二个交易 T02 按 L 的次序处理后，变成 {T02: b, e, c}，生成 FP-Tree 的另一个分支，b 链接到根，e 链接到 b，c 接到 e。然而，该分支应与由 T01 生成的分支共享前缀 $<b>$。这样，只需将结点 b 的计数加 1。

第三个交易 T03 按 L 的次序处理后，变成 {T03: b, e, a, c }，生成 FP-Tree 的另一个分支，b 链接到根，e 链接到 b，a 链接到 e，c 链接到 a。同样，该分支应与由 T02 生成的分支共享前缀 $<b\ e>$。这样，只需将结点 b、e 的计数加 1，同时创建一个新结点（a: 1），该新结点作为（e: 2）的子女链接，再创建一个新结点（c: 1），该新结点作为（a: 1）的子女链接。一般地，当为一个交易考虑增加分支时，首先看其某个结点是否可以与别的分支共享，如果可以共享，则只需将共享结点的计数加 1，否则创建一个新的结点并链接到 FP-Tree。

第四个交易 T04 按 L 的次序处理后，变成 {T04: b, e}，生成 FP-Tree 的最后一个分支。该分支与前三个交易共享前缀 <*b e*>,因此只需将结点 *b* 和 *e* 的计数加 1。

为方便对 FP-Tree 进行遍历,在对所有的事务处理完之后还需要创建一个头表,使得每个数据项都可以通过一个链表找到它在树中出现的位置。

图 8.6 展示了本例所生成的 FP-Tree 的构造过程。这样,针对交易数据库的频繁模式挖掘的问题就转换成了针对该 FP-Tree 进行挖掘的问题。

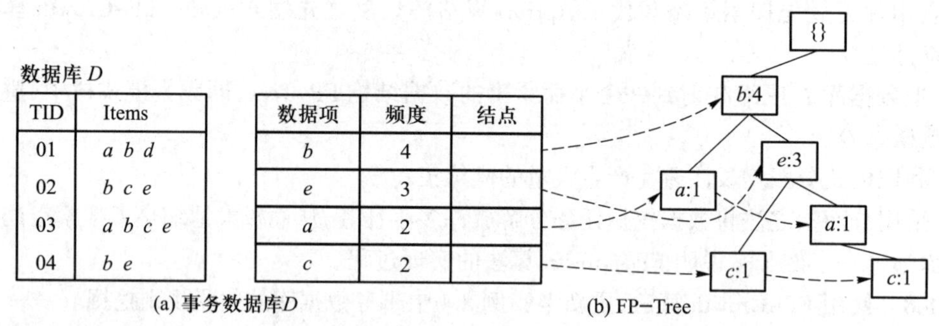

图 8.6　FP-Tree 的构造过程

2. 挖掘 FP-Tree

前面构造 FP-Tree 时,是按照 1 项集频度的降序进行的,而对构造后的 FP-Tree 进行挖掘则需按照 1 项集频度的升序进行。对于每个 1 项集,首先构造其条件数据库。所谓条件数据库,实际上是一个“子数据库”,由 FP-Tree 中与该 1 项集一起出现的前缀路径组成。具体实现时,可以从数据项头表中首先找到该 1 项集,然后顺着链表找到它在树中出现的位置;每找到一个位置;则得到从树根到该位置的一条路径,该路径就构成了条件数据库中的一部分。

例如,对图 8.6(b)所示的 FP-Tree 进行挖掘的过程如图 8.7 所示。先从 *L* 中的最后一个数据项 *c* 开始,沿着 *c* 的结点链表,首先发现 *c* 出现在 FP-Tree 的一条分支 <*b*: 1 *e*: 1 *c*: 1> 上,则将该路径的前缀 <*b*: 1 *e*: 1> 放到 *c* 的条件数据库中。再顺着 *c* 的链表走下去,发现 *c* 出现在 FP-Tree 的另一条分支 <*b*: 1 *e*: 1 *a*: 1 *c*: 1 > 上,则将该路径的前缀 < *b*: 1 *e*: 1 *a*: 1> 放到 *c* 的条件数据库中。由此,得到 *c* 的条件数据库为{ <*b*: 1 *e*: 1>, < *b*: 1 *e*: 1 *a*: 1> }。在这个子数据库上递归调用 FP-Growth 算法,构造出的 FP-Tree 有两个结点 <*b*: 2 *e*: 2>,因为 *b* 和 *e* 在这个子数据库上的频度都不小于最小频度 2,因此都频繁。因此,该子数据库生成频繁模式{ *b*, *e*, *be* }。将其与生成该子数据库的项目 *c* 连接后(称为模式增长)生成所有包含 *c* 的频繁模式,这里有 3 个,即{ *b c*: 2 },{ *e c*: 2 },{ *b e c*: 2 }。

数据项	条件数据库	条件 FP-Tree	产生的频繁模式
e	<*b*:3>	<*b*:3>	{*b e*:3}
a	<*b*:1>, <*b*:1 *e*:1>	<*b*:2>	{*b a*:2}
c	<*b*:1 *e*:1>, <*b*:1 *e*:1 *a*:1>	<*b*:2 *e*:2>	{*b c*:2}, {*e c*:2} {*b e c*:2}

图 8.7　FP-Tree 的挖掘过程

对于 a，它的条件数据库是{<b: 1>，< b: 1 e: 1>}，产生一个单结点的条件 FP-Tree<b: 2>，并导出一个频繁模式{b a: 2}。

对于 e，它的条件数据库是{(b: 3)，产生一个单结点的条件 FP-Tree<b: 3>，并导出一个频繁模式{b e: 3}。

对 FP-Growth 算法的性能研究表明：无论挖掘长的频繁模式或短的频繁模式，该方法都同样有效（大约比 Apriori 算法快一个数量级），而且在应用于大数据集时具有很好的可伸缩性。

如图 8.8 所示，FP-Growth 算法的执行过程可看作是对数据项格结构（不包含不频繁数据项 d）的一个自底向上的深度优先搜索的过程：先搜索 a（1 项集），生成 a 的条件数据库。在 a 的条件数据库上再搜索 ab（2 项集）……直到某个 k 项集的条件数据库为空为止。可以看出，和 Apriori 算法不同的是，FP-Growth 算法在执行过程中需要一些额外空间来存储临时数据（条件数据库）。因此，也可以将 FP-Growth 算法看作是基于写实现的算法（算法执行过程中需要写一些东西下来），而将 Apriori 算法看作是基于读实现的算法（算法执行过程中不写任何东西，只是读取数据，用完丢弃）。

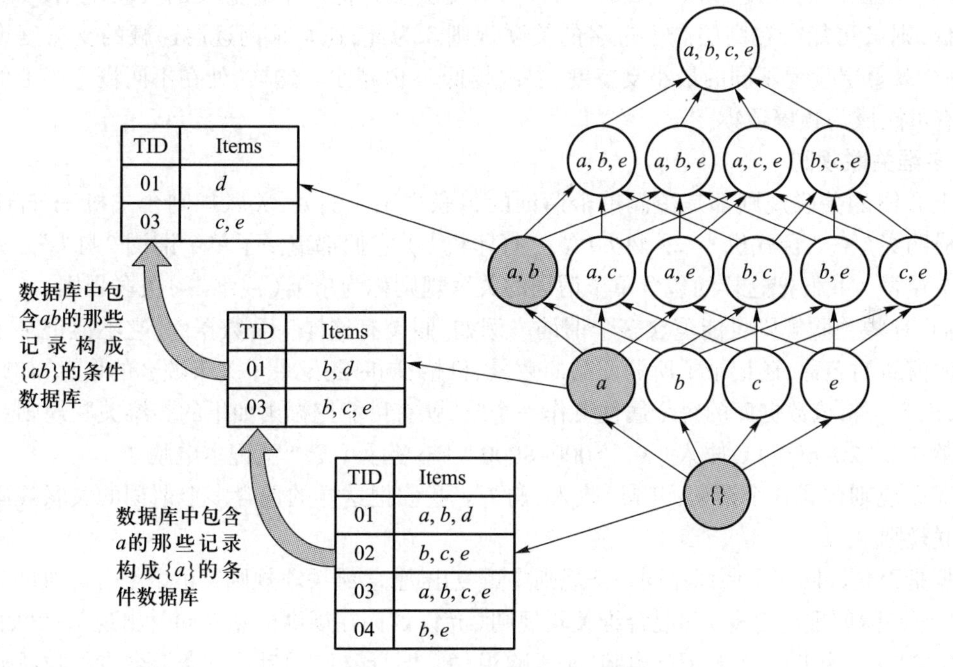

图 8.8　带剪枝的深度优先搜索

8.1.5　其他关联规则挖掘方法

1. 多层关联规则

上面介绍的关联规则都没有考虑数据对象的概念层次。实际上概念层次在要挖掘的数据库中是经常存在的,比如在一个连锁店会存在这样的概念层次:惠普牌打印机→打印机→电子产品。我们称高层次的数据项是低层次数据项的父亲,这种概念层次关系通常用一个概念层次树来表示。树的根结点表示最一般的概念,叶子结点表示最具体的概念。概念层次树可由领域专家或系统自动生成。

在关联规则的挖掘过程中,由于数据的分散性,很难在概念层次的细节层发现一些关联规则。例如,顾客购买惠普牌打印机和购买台式机之间可能没有什么联系。但是在引入概念层次以后,可能会发现打印机和台式机之间有关联。这时,需要采用多层关联规则挖掘的方法。

多层关联规则挖掘一般采用自顶向下的策略,从最一般的概念层(第 0 层)开始,到较具体的某特定概念层,在每个概念层上寻找频繁项集,直到不能找到频繁项集为止。也就是说,一旦找出第 0 层的所有频繁项集,就开始在第 1 层找频繁项集,如此下去。对于每一层,可以使用前面介绍的任何寻找频繁项集的算法,如 Apriori 或 FP-Growth 等。

在多层关联规则挖掘中,一个需要注意的问题就是如何设置最小支持度 s。最简单的方法是对于所有层使用同样的最小支持度。但由于处在较低概念层的项集出现的频度小于处在较高概念层的项集出现的频度,如果 s 设置得太高,可能会丢掉低层中有意义的关联规则;如果 s 设置得太低,则又可能会在高层产生过多的关联规则。为此,通常采用逐层递减的支持度设置策略,即每个概念层设置不同的最小支持度,层次越低,s 值越小。这样,处在不同概念层上的数据对象都有可能成为频繁项集。

2. 多维关联规则

以上介绍的关联规则都是蕴涵单个谓词的关联规则。例如,关联规则台式机 ⇒ 打印机也可以写成购买(X,"台式机")⇒ 购买(X,"打印机"),它们都蕴涵了单个谓词“购买”。这里 X 代表某个顾客。我们把这样的包含单个谓词的关联规则称为单维(或维内)关联规则。

然而,有些关联规则可能蕴含多个谓词。例如,假设有这样一个数据库,它不但记录了顾客所购买的商品的名称,还记录了所购商品的数量、价格,同时还记录了关于顾客的信息,如顾客的年龄、收入等。将该数据库的每个属性看作一个维,就有可能挖掘出如下的多维关联规则:

年龄(X,"20–40")∪收入(X,"5000–8000")⇒ 购买(X,"笔记本电脑")

该关联规则包含 3 个谓词:年龄、收入、购买。我们把这样的包含多个谓词的关联规则称为多维关联规则。

根据是否允许同一个谓词在同一条规则中重复出现,多维关联规则又可以细分为维间的关联规则(不允许谓词重复出现)和混合维关联规则(允许谓词在规则的左右同时出现)。例如,年龄(X,"20–40")∪购买(X,"笔记本电脑")⇒ 购买(X,"打印机")就是一条混合维关联规则。

在数据仓库和 OLAP 中挖掘多层、多维关联规则是一个很自然的过程。因为数据仓库和 OLAP 本身就具有多层多维的特征,数据挖掘技术的出现为其提供了更强大的分析能力。

8.1.6 关联规则的兴趣度

到现在为止,我们已经介绍了很多关联规则挖掘的方法。大多数方法都希望能够快速产生所有满足条件的关联规则。但是,产生出来的这些通常数量巨多的规则并非都有用。例如[11],一个提供早餐的零售商调查了 5 000 名学生早晨的活动情况。调查结果表明:60% 的学生打篮球,75% 的学生吃麦片粥,40% 的学生既打篮球又吃麦片粥。如果将最小支持度和最小置信度分别设为 40% 和 66.6%,则可以得到关联规则打篮球 ⇒ 吃麦片粥。该规则实际上是一条无用的规则,因为吃麦片粥的学生比例为 75%,既高于最小支持度 40%,又高于规则的最小置信度 66.6%,因而该规则所提供的信息没有任何价值。

为了衡量挖掘出的某条规则是否有用,并且从结果集中过滤无用的规则,人们提出了兴趣度(interestingness)的概念。有很多种兴趣度的定义方法,大体上可以分为两类:客观兴趣度和主观兴趣度。

1. 客观兴趣度(objective interestingness)

很多关联规则挖掘算法都使用支持度和置信度作为客观兴趣度的评价标准。但是,如上例所示,这样的评价标准有时会产生一些无用的结果。换句话说,在某些情况下,只靠支持度和置信度不能保证找到有用的关联规则。为此,人们引入了期望置信度和作用度的概念来对挖掘出的规则的兴趣度进行评价。

关联规则 $X \Rightarrow Y$ 的期望置信度指项集 Y 的支持度。它反映在没有任何条件影响下,Y 在交易数据库 D 中出现的概率,即 $\Pr(Y)$。

关联规则 $X \Rightarrow Y$ 的作用度指规则的置信度与期望置信度的比值,即 $\Pr(Y|X)/\Pr(Y)=\Pr(X \cup Y)/\Pr(X)\cdot\Pr(Y)$。作用度描述 X 的出现对 Y 的出现的影响程度。作用度越大,说明 Y 受 X 的影响越大。一般来说,作用度大于 1 的关联规则才能称之为有价值的关联规则。如果作用度等于 1 或小于 1,则说明 X 的出现对 Y 的出现没有影响或有负面影响。

2. 主观兴趣度

一条规则是否有用最终取决于用户的实际需求。只有用户才可以最终决定所获得的规则是否有效、可行。主观兴趣度的评价标准主要有两种:非预期性(unexpectedness)和可操作性(actionability)[12]。

如果挖掘出来的规则用户以前不知道,或者说与用户已知的知识正好相左,则说该规则具有非预期性。

如果用户可以利用规则采取对自己有利的一些行动,则说该规则具有可操作性。

规则的非预期性和可操作性不是互斥的。某条规则可以同时具有非预期性和可操作性。因此,某条规则只要满足下列条件之一,则说它是有趣的。

① 同时具有非预期性和可操作性。

② 具有非预期性但可操作性差。

③ 具有可操作性但不具有非预期性。

另外,可以采用一种基于约束(constraint-based)的关联规则挖掘方法将用户的需求作为约束条件加入算法。通过将约束条件和算法的紧密结合,一方面提高算法的执行效率,另一方面使挖掘的目的更加明确。具体的约束条件可以是：

① 数据约束。用户可以指定在哪些数据的子集上进行挖掘，而不一定是全部数据。

② 维或层约束。用户可以指定对数据的哪些维、哪些层进行挖掘。

③ 规则约束。用户可以使用规则模板来指明自己感兴趣的规则的形式。

8.2　序列模式挖掘

序列数据库（sequence database）是指包含了一系列有序事件的数据库，这些事件发生的具体时间并不重要，但事件发生的先后顺序却非常关键。很多应用会产生序列数据，例如，顾客购买的序列商品、对 Web 页面的序列点击、生物序列、科学工程领域发生的系列事件等。

序列模式挖掘的任务是从序列数据库中找出频繁发生的子序列（sub-sequences）。例如，在购买计算机的人们当中，60%的人会在 3 个月之内购买打印机。对于零售数据来说，序列模式可用于优化货品的摆放，促销策略的制定等。

8.2.1　问题描述

序列模式挖掘的概念最早是在 1995 年由 Agrawal 和 Srikant 提出的[13]。与关联规则挖掘类似，我们仍然采用交易数据库作为数据源。首先来介绍序列模式挖掘的一些基本概念。

交易数据库 D 中的每个交易由顾客号（customer-id），交易时间（transaction-time）以及在交易中购买的商品组成。每个商品称为一个数据项，简称项（item）。项的非空集合称为项集（itemset）。表 8.4 表示了一个由 4 位顾客的购物历史组成的交易数据库示例。

表 8.4　交易数据库示例

顾客号	交易时间	所购商品
0001	2010 年 6 月 10 日	面包、酸奶、打印纸
0002	2010 年 8 月 10 日	香蕉
0002	2010 年 9 月 15 日	面包、打印纸
0003	2010 年 3 月 19 日	香蕉、酸奶
0004	2010 年 5 月 10 日	口香糖、苹果
0001	2010 年 9 月 11 日	香皂、酸奶、方便面
0002	2010 年 9 月 17 日	香蕉、圆珠笔、饼干
0004	2010 年 8 月 23 日	面包、酸奶、啤酒、橙汁

一个序列 s 是一个事件的有序列表，通常表示为 $<e_1e_2e_3\cdots e_m>$，其中 e_1 在 e_2 之前发生，e_2 在 e_3 之前发生……这里的一个事件 e_i 称为序列 s 的一个元素。在交易数据库中，e_i 则代表某个顾客到某个商店的一次购物行为。所以，这里 e_i 可以表示为该顾客本次购物的所有商品的集合，即 e_i 是一个项集。

将表 8.4 的交易数据库按照顾客号和交易时间进行排序后，可以得到表 8.5 所示的数据库。将该数据库中与每个顾客相对应的多次购物事件连接起来，则构成了一个序列数据库。例如，将顾客 0002 的 3 次购物事件连接起来，则构成了序列 <(香蕉)(面包、打印纸)(香蕉、圆珠笔、饼干)>。其中项目“香蕉”在不同的事件出现了多次。需要注意的是，虽然同一个项目在不同的事件中可以出现多次，但在同一个事件中却只能出现一次。

另外，为了简单起见，当事件中只包含一个项目时，有时可以把括号去掉，例如 <(香蕉)(面包、打印纸)(香蕉、圆珠笔、饼干)> 可以简写为 <(香蕉(面包、打印纸)(香蕉、圆珠笔、饼干)>。

表 8.5 交易数据库（按顾客号和交易时间排序）

顾客号	交易时间	购物事件
0001	2010 年 6 月 10 日 2010 年 9 月 11 日	面包、酸奶、打印纸 香皂、酸奶、方便面
0002	2010 年 8 月 10 日 2010 年 9 月 15 日 2010 年 9 月 17 日	香蕉 面包、打印纸 香蕉、圆珠笔、饼干
0003	2010 年 3 月 19 日	香蕉、酸奶
0004	2010 年 5 月 10 日 2010 年 8 月 23 日	口香糖、苹果 面包、酸奶、啤酒、橙汁

一个序列中的项集的个数，称为该序列的长度。一个长度为 k 的序列通常称为 k 序列。例如，序列 <(香蕉(面包、打印纸)(香蕉、圆珠笔、饼干)> 的长度为 3，该序列是一个 3 序列。特别地，按照该定义，一个项集就是一个 1 序列。

给定两个序列 $a=<a_1a_2\cdots a_n>$ 和 $b=<b_1b_2\cdots b_m>$，如果存在整数 $1\leqslant i_1<i_2<\cdots<i_n\leqslant m$ 且 a_1 包含于 b_{i1}，a_2 包含于 b_{i2}，…，a_n 包含于 b_{in}，则称序列 a 包含于序列 b，又称序列 a 是序列 b 的子序列。例如，序列 <(a)(bc)(f)> 包含于序列 <(e)(af)(g)(bcd)(f)>，因为(a)包含于(af)，(bc)包含于(bcd)以及(f)包含于(f)。但是序列 <(a)(c)> 不包含于序列 <(ac)>，反之亦然。前者表示 a 和 c 是先后购买的，而后者表示 a 和 c 是同时购买的，这就是两者的区别所在。

与关联规则挖掘中的频繁项集类似，同样用序列 s 在数据库 D 中出现的频度（支持度）来度量 s 是否频繁。序列 s 在数据库中的频度被定义为该数据库中包含 s 的元组数。序列 s 在数据库中的支持度为频度与 D 中元组总数之比。

例如，在表 8.6 所示的序列数据库中，序列 $\langle(ab)c\rangle$ 在该序列数据库中的频度是 2，因为在该数据库中只有第 1 个元组和第 3 个元组包含它。序列 $\langle(ab)c\rangle$ 在该序列数据库中的支持度是 2/4。

需要注意的一点是，频度的统计是针对序列数据库中的某一元组而言的。例如，在表 8.6 的第一个元组 $<a(abc)(ac)>$ 中，项目 a 虽然出现了三次，但是在计算子序列 $\langle a\rangle$ 的频度时，却只能算作一次。

表 8.6　一个序列数据库

序列号	序列	序列号	序列
1	$<a(abc)(ac)>$	3	$<(ef)(ab)(df)cb>$
2	$<c(bc)(ae)>$	4	$<ebc>$

给定一个序列数据库 D 和一个最小频度 min-sup，如果某序列 s 在 D 中的频度大于 min-sup，则说序列 s 是频繁的。也就是说，序列 s 必须至少在数据库 D 中出现 min_sup 次，才能说它是频繁的。

给定一个序列集合，如果序列 s 不包含于任何一个其他的序列中，则称 s 是最大的序列（maximal sequence）。序列模式挖掘的任务就是要找出所有最大的频繁序列。

序列模式挖掘的大多数算法和前面讲过的关联规则的挖掘算法类似，比较典型的方法有 GSP 算法和 PrefixSpan 算法。其中，GSP 算法的思想和 Apriori 算法类似，采用先产生候选集再对其进行验证的方法来寻找频繁的序列。在候选序列的产生过程中，采用了广度优先搜索的策略。而 PrefixSpan 算法则和 FP-Growth 算法类似，是一种基于模式增长的方法，采用深度优先的策略对模式空间进行搜索，不产生候选集，但是在算法执行的过程中需要额外空间来存储条件数据库，是一种以空间换时间的方法。

8.2.2　GSP 算法

GSP 算法是 1996 年由 Agrawal 和 Srikant 在其提出的 Apriori 算法基础之上提出的。序列模式挖掘分为如下 5 步。

① 预处理交易数据库，生成序列数据库。

② 计算所有的频繁项集。前面提到，一个项集就是一个 1 序列。因此，寻找频繁项集的过程实际上就是寻找频繁的 1 序列的过程。

③ 数据映射和转换。

④ 计算所有的频繁序列。

⑤ 计算最大的频繁序列。

下面举例说明序列模式的挖掘过程，设最小频度为 2。

1. 预处理交易数据库

先将交易数据库按照顾客号和交易时间进行排序，再将每个顾客的交易时间换成一个交易号。不同顾客的交易号可以相同，但同一个顾客的交易号不能重复。表 8.7 是一个经过预处理的交易数据库，它生成的序列数据库如表 8.6 所示。

表 8.7 经过预处理的交易数据库

顾客号	交易号	项集	顾客号	交易号	项集
1	1	*a*	3	2	*ab*
	2	*abc*		3	*df*
	3	*ac*		4	*c*
2	1	*c*		5	*b*
	2	*bc*	4	1	*e*
	3	*ae*		2	*b*
3	1	*ef*		3	*c*

2. 计算所有的频繁项集

该步骤和关联规则挖掘的第一步类似，通过扫描交易数据库得到频度不小于 2 的频繁项集。所不同的是，在关联规则挖掘中项集的频度定义为包含它的交易个数，而在这里项集的频度定义为包含它的购物序列的个数。

例如，如果用 Apriori 算法来计算频繁项集。第一次扫描数据库可以得到频繁 1 项集{*a*}、{*b*}、{*c*}、{*e*}。将它们进行自连接后，第二次扫描数据库，可以得到频繁 2 项集{*ab*}、{*bc*}。注意，项集{*ac*}虽然同时出现在第 1 个顾客的第 2 个和第 3 个交易中，但其频度只能记为 1。

由此，得到频繁的 1 序列为 <*a*>、<*b*>、<*c*>、<*e*>、<(*ab*)>、<(*bc*)>。

3. 数据映射和转换

将上一步得到的频繁项集映射到一个整数集合。在本例中，频繁项集{*a*}、{*b*}、{*c*}、{*e*}、{*ab*}、{*bc*}分别被映射为 1、2、3、4、5、6。

然后，再对序列数据库中的每条序列进行转换。将每条序列所包含的项集转换成它所包含的频繁项集的形式，并进一步将频繁项集转换成它所对应的整数。如果某一序列不包含任一频繁项集，则将其从序列数据库中删除。例如，表 8.8 是由表 8.6 的序列数据库转换之后形成的。对第 1 条序列进行转换时，项集{*abc*}因为包含频繁项集{*a*}、{*b*}、{*c*}、{*ab*}、{*bc*}，被转换成集合{(*a*),(*b*),(*c*),(*ab*),(*bc*)}，映射成整数后得到{1,2,3,5,6}。对第 3 条序列进行转换时，项集{*df*}被删除，因为它没有包含任何频繁项集。

表 8.8　转换后的序列数据库

序列号	序列	频繁项集表示的序列	转换后的序列
1	<a(abc)(ac)>	<{a},{(a),(b),(c),(ab),(bc)},{(a),(c)}>	<{1},{1,2,3,5,6},{1,3}>
2	<c(bc)(ae)>	<{c},{(b),(c),(bc)},{(a),(e)}>	<{3},{2,3,6},{1,4}>
3	<(ef)(ab)(df)cb>	<{(e)},{(a),(b),(ab)},{c},{b}>	<{5},{1,2,5},{3},{2}>
4	<ebc>	<{e},{b},{c}>	<{4},{2},{3}>

之所以要进行这样的数据映射和转换工作，主要是为了提高算法的效率。因为依据 Apriori 算法的思路，在第二步得到了频繁的 1 序列，接下来应该由 1 序列生成候选的 2 序列。之后需要再次扫描数据库来计算各个候选 2 序列的频度。在计算频度时需要进行许多项集间的包含检查工作，代价非常大。而将集合转换成整数之后，集合间的包含检查就可以转换成整数间的比较操作，从而提高了算法的效率。

4. 计算所有的频繁序列

GSP 算法在寻找频繁序列的过程中，同样应用了公理 1 来提高算法的性能，即如果一个序列 s 是频繁的，则 s 的任一非空子序列也是频繁的。反之，如果序列 s 的某个子序列是不频繁的，则 s 也不可能是频繁的。

例如，如果一个序列 <a(bc)d> 是频繁的，即它的出现频度大于最小频度，则它的子序列 <ad>、<a(bc)>、<(bc)d>、<a(b)d>、<a(c)d>、<a>、<(bc)>、<d> 等都是频繁的。反过来，如果 <a>、<(bc)> 不是频繁序列，则 <a(bc)> 一定也不是频繁序列。

GSP 算法寻找频繁序列的过程如下：将第二步求得的频繁 1 序列 <a>、<b>、<c>、<e>、<(ab)>、<(bc)> 映射为相应的整数形式，即 L_1={ <1>、<2>、<3>、<4>、<5>、<6> }。然后，由 1 序列通过自连接方式生成可能频繁的 2 序列，即 C_2。再次扫描一遍数据库，计算每个候选 2 序列的频度，将小于最小频度的 2 序列删掉，剩下的构成频繁 2 序列，即 L_2。如此下去。当没有新的候选集生成时，算法结束。

例 8.9　给定表 8.8 所示的序列数据库和最小频度 2，用 GSP 方法求出所有的序列模式。

根据 L_1，生成 C_2。本例中 C_2 包含 6*6 个 2 序列，分别是：

〈11〉,〈12〉,〈13〉,〈14〉,〈15〉,〈16〉
〈21〉,〈22〉,〈23〉,〈24〉,〈25〉,〈26〉
〈31〉,〈32〉,〈33〉,〈34〉,〈35〉,〈36〉
〈41〉,〈42〉,〈43〉,〈44〉,〈45〉,〈46〉
〈51〉,〈52〉,〈53〉,〈54〉,〈55〉,〈56〉
〈61〉,〈62〉,〈63〉,〈64〉,〈65〉,〈66〉

可以看出，与 Apriori 算法类似，由 L_{k-1} 生成 C_k 分为如下两个步骤：首先进行联合（自连接），然后再对生成的候选集进行消减。

联合的过程由如下语句完成。

```
INSERT INTO C_{k+1}
SELECT p.item_1, p.item_2, …, p.item_{k-1}, p.item_k, q.item_k
FROM L_k p, L_k q
WHERE p.item_1=q.item_1, …, p.item_{k-1}=q.item_{k-1}
```

细心的读者会发现,与 8.1.3 小节中介绍的语句相比,该语句的 WHERE 部分少了 $p.item_k < q.item_k$ 这个条件。这正是在序列模式中考虑了事件发生的先后顺序的原因。在关联规则挖掘中,项集{ *ab* }和{ *ba* }是一样的,为了不生成两个集合,故加上了条件 $p.item_k < q.item_k$,保证不会生成两个相同的集合。而在序列模式挖掘中,<*ab*> 和 <*ba*> 是两个不同的序列,所以不需要条件 $p.item_k < q.item_k$。

消减的过程是这样的:如果存在某个候选集 c,它的大小为 k 的某个序列不频繁,即不包含于 L_k 之中,则从 C_{k+1} 中删除 c。该步骤由如下代码完成。

```
FORALL sequences c ∈ C_{k+1} DO
    FORALL k-subsequences s of c DO
        IF ( s∉L_k ) THEN
            DELETE c from C_{k+1};
```

这一步和关联规则挖掘相同,根据前面提到的公理 1,将一些不满足条件的序列从候选集中删除,进而减少候选集的大小,使算法尽快收敛。

5. 计算最大的频繁序列

前面提到,序列模式挖掘的任务是要找出所有最大的频繁序列。假设上一步得到的所有频繁序列的最大长度是 n,则可以从 n 序列开始检查每个频繁序列,删除它所包含的子序列,最后保留下来的就是序列模式。计算最大频繁序列的过程描述如下:

```
FOR ( k=n; k ≥ 1; k=k-1 ) DO
    FORALL k-sequence s DO
        DELETE all subsequence of s;
```

8.2.3 PrefixSpan 算法

GSP 算法和 Apriori 算法有同样的问题,即都要扫描多遍数据,产生大量的候选序列,而本小节介绍的 PrefixSpan 算法则不需要产生候选集。

PrefixSpan 算法和 FP-Growth 算法类似,采用一种模式增长的方法来挖掘序列模式。该方法用到了两个概念,一个是序列的前缀,另一个是序列的后缀。我们通过下面的例子来说明它们的含义。

例 8.10 序列 *s*=<*a*(*abc*)(*ac*)> 的前缀可以是 <*a*>, <*aa*>, <*a*(*ab*)>, <*a*(*abc*)> 等。与前缀 <*a*> 相对应的后缀是 <(*abc*)(*ac*)>,与 <*aa*> 相对应的后缀是 <(_*bc*)(*ac*)>,与 <*a*(*ab*)> 相对应的后缀是 <(__*c*)(*ac*)>,而与 <*a*(*abc*)> 相对应的后缀则是 <(*ac*)>。

明白了前缀和后缀的概念，下面来介绍 PrefixSpan 算法的实现过程。它采用一种分而治之的方法。首先对数据库扫描一遍，找到所有的频繁项集，即频繁 1 序列，设为{<x_1>，<x_2>，<x_3>，…，<x_n>}。然后将频繁序列集划分成 n 个不相交的子集，其中第 i 个子集是以 <x_i> 为前缀的频繁序列的集合。为了找出每个这样的频繁序列的子集，需要求 <x_i> 的条件数据库，它由与 <x_i> 相对应的后缀序列组成。针对这样的条件数据库继续进行类似的操作，直到条件数据库中再不能找出频繁的项集为止。

例 8.11　给定表 8.6 所示的序列数据库和最小支持度 2，用 PrefixSpan 算法求出所有的频繁序列。过程如下：

① 找出所有长度为 1 的频繁序列。扫描数据库一遍，找到所有的频繁项集。每个频繁项集即长度为 1 的频繁序列，分别为 <*a*>，<*b*>，<*c*>，<*e*>，<(*ab*)>，<(*bc*)>。

② 划分搜索空间。将频繁序列集按照前缀的不同划分成 6 个子集：以 <*a*> 为前缀的频繁序列子集，以 <*b*> 为前缀的频繁序列子集……以 <*bc*> 为前缀的频繁序列子集。

③ 分别寻找这些频繁序列子集。这通过构造与每个前缀相对应的条件数据库来完成。图 8.9 显示了本例构造的部分条件数据库以及从中挖掘出来的部分频繁序列。

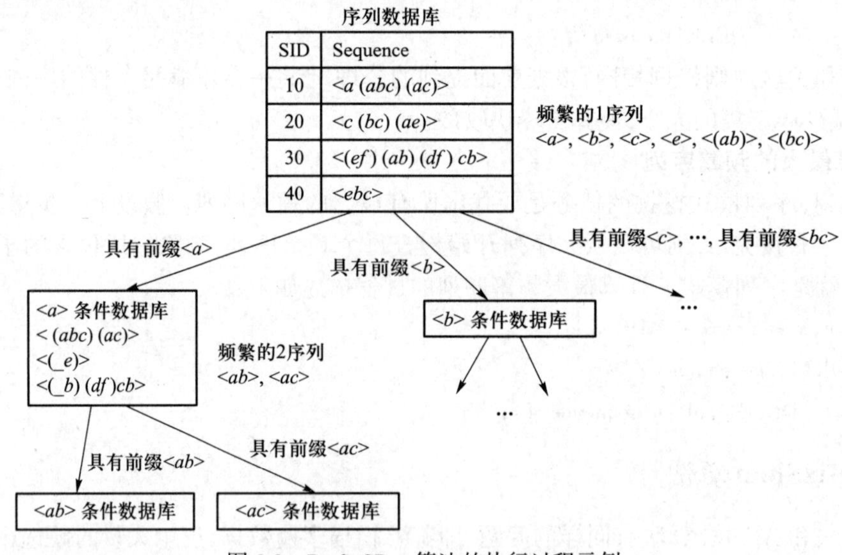

图 8.9　PrefixSPan 算法的执行过程示例

下面来解释具体的挖掘过程：

① 查找以 <*a*> 为前缀的频繁序列。要获取以 <*a*> 为前缀的频繁序列，只需考虑序列数据库中那些包含 <*a*> 的序列即可；而且在包含 <*a*> 的序列中，只需要考虑与 <*a*> 对应的后缀。比如，在序列 <(*ef*)(*ab*)(*df*)*cb*> 中，要挖掘以 <*a*> 为前缀的频繁序列，只需要考虑 <(_*b*)(*df*)*cb*> 就可以了。(_*b*)表示在该序列前缀中的最后一个事件，由 *a* 和 *b* 构成。序列数据库中与 <*a*> 相对应的所有后缀构成 <*a*> 的条件数据库，由 <(*abc*)(*ac*)>，<*e*>，<(_*b*)(*df*)*cb*> 组成。

② 对 <*a*> 的条件数据库进行扫描后，得到在该条件数据库中局部频繁的项集，分别是{ *b* }，{ *c* }。由此，得到以 <*a*> 为前缀的长度为 2 的频繁序列是 <*ab*>，<*ac*>。继续进行类似的操作，将以 <*a*> 为前缀的频繁序列分成两个子集：以 <*ab*> 为前缀的频繁序列子集和以 <*ac*> 为前缀的频繁序列子集。同样，这些序列可以通过构造相应的条件数据库进行挖掘。

③ 以同样的方式，分别寻找以 <*b*><*c*><*e*><(*ab*)><(*bc*)> 为前缀的序列模式。

PrefixSpan 算法采用深度优先的方法搜索频繁序列，不需要产生候选集，但是在挖掘的过程中需要生成许多条件数据库，当频繁序列较多时性能会受到较大的影响。

8.3 频繁子图挖掘

前两节介绍了频繁项集和序列模式的挖掘，本节介绍如何从图数据库中挖掘频繁出现的子图。图是一种比集合和序列更复杂的数据结构，在现实生活中具有非常广泛的应用。比如因特网、生物网络、社区网络、电信网络等都可以抽象成一个图。图由结点和边组成，结点代表网络中的实体，边代表实体与实体之间的联系。频繁子图是一种非常有用的模式，例如在生物信息网络中，它可能代表某种特殊的分子结构。

8.3.1 问题描述

首先来介绍频繁子图挖掘的一些基本概念。

图数据库 D 中的每个图 g 由结点集合 $V(g)$ 和边集合 $E(g)$ 组成。$V(g)$ 中的每个结点和 $E(g)$ 中的每条边都有一个标号(label)对其进行标识。

给定两个图 $g_1=(V(g_1),E(g_1))$ 和 $g_2=(V(g_2),E(g_2))$，如果 g_1 和 g_2 之间满足下列条件，则说 g_1 是 g_2 的子图，或者说 g_2 包含 g_1：

① $V(g_1)\subset V(g_2)$，$E(g_1)\subset E(g_2)$；

② $\forall u,v\in V(g_1)$，$(u,v)\in E(g_1)\Leftrightarrow(u,v)\in E(g_2)$。

给定一个图数据库 D，图 g 的频度指 D 中包含 g 的图的个数，图 g 的支持度指 D 中包含 g 的图的个数与 D 中图的总数之比。如果某个图 g 在 D 中的频度大于给定的最小频度 min-sup，则说 g 是频繁的。

例 8.12 图 8.10 显示了一个分子结构图数据库示例。给定最小频度 2，图 8.11 显示了该数据库中包含的两个频繁子图。

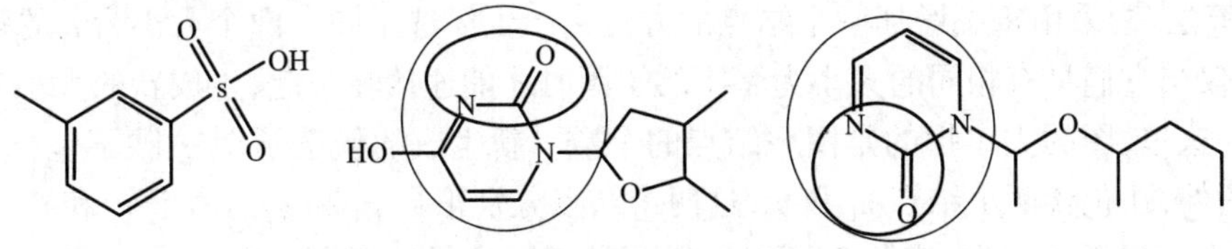

图 8.10 分子结构图数据库示例

频繁子图的挖掘包含两个步骤，第一步是产生候选子图，第二步是计算每一个候选子图 g_c 的频度。计算候选子图 g_c 的频度需要检查 g_c 是否与数据库 D 中某个图 g 的子图同构，这是一个 NP 完全问题。因此，大多数频繁子图挖掘算法都将重点放在第一步上，即如何高效地产生多个候选子图。与频繁项集挖掘类似，频繁子图挖掘算法主要分为两类：基于 Apriori 的广度优先搜索算法[14][15]和基于 FP-Growth 的深度优先搜索算法[16]。

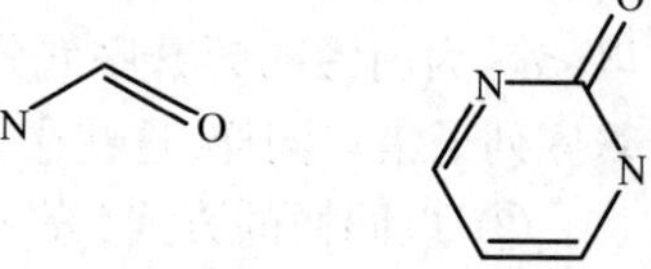

图 8.11　频繁子图示例

8.3.2　基于 Apriori 的广度优先搜索算法

基于 Apriori 的频繁子图挖掘方法（AprioriGraph）[16]采用广度优先的搜索策略，从小图开始，通过每次扩展一个结点或一条边的方法，逐步生成规模更大的候选子图，然后计算候选子图的频度，将不频繁的候选子图删除。算法 8-2 归纳了 AprioriGraph 的算法思想。

算法 8-2　基于 Apriori 的频繁子图挖掘算法 AprioriGraph

输入：图数据库 D

　　最小频度 min_sup

输出：频繁子图集合 S

方法：

　　找出所有频繁大小为 1 的子图，放入 S_1；

　　AprioriGraph（D, min_sup, S_1）；

过程 AprioriGraph（D, min_sup, S_k）

　　1：将 S_{k+1} 置为空；

　　2：对 S_k 中的每一个频繁子图 g_i

　　3.　　对 S_k 中的每一个频繁子图 g_j

　　4.　　　对每一个由 g_i 和 g_j 合并而成的大小为 k+1 的子图 g

　　5.　　　　如果 g 频繁且 g 不在 S_{k+1} 中，则将 g 插入 S_{k+1}；

　　6：如果 S_{k+1} 不为空

　　7：　　AprioriGraph（D, min_sup, S_{k+1}）；

　　8：返回

相对于候选项集和候选序列，候选子图的产生要复杂得多。不同的频繁子图挖掘算法有不同的候选子图产生策略。

AGM 算法[14]采用每次增加一个结点的方法来产生候选子图。两个大小为 k 的频繁子图 g_1 和 g_2，当且仅当它们具有相同的大小为 k-1 的子图时才能连接在一起，生成新的大小为 k+1 的候选子图 g_c。这里，图的大小指的是图中结点的个数。新生成的候选子图 g_c 除了包含大小为 k-1 的公共子图外，还包含两个结点 v_1 和 v_2，这两个结点分别来自 g_1 和 g_2。由于 v_1 和 v_2 之间既可以有边存在，也可以无边存在，实际上可以生成两种不同的候选子图。图 8.12 展示了由两个大小为 5 的频繁子图所连接生成的两个大小为 6 的候选子图。

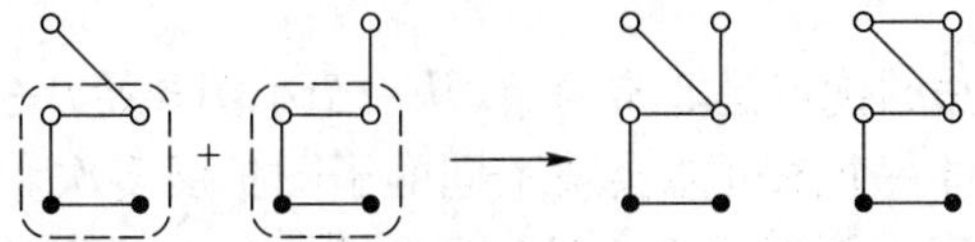

图 8.12 AGM 算法的候选子图产生示例[16]

FSG 算法[15]采用每次增加一条边的方法来产生候选子图。两个大小为 k 的频繁子图 g_1 和 g_2，当且仅当它们具有相同的大小为 k-1 的子图时才能连接在一起，生成新的大小为 k+1 的候选子图 g_c。这里，图的大小指的是图中边的条数。新生成的候选子图 g_c 除了包含大小为 k-1 的公共子图外，还包含两条边 e_1 和 e_2，这两条边分别来自 g_1 和 g_2。图 8.13 展示了由两个大小为 5 的频繁子图所连接生成的 3 个大小为 6 的候选子图。

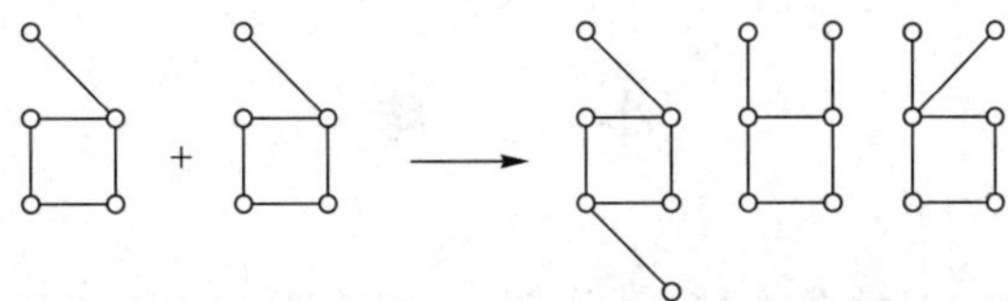

图 8.13 FSG 算法的候选子图产生示例[15]

8.3.3 基于 FP-Growth 的深度优先搜索算法

基于 FP-Growth 的频繁子图挖掘算法（PatternGrowthGraph）[16]采用深度优先的搜索策略寻找频繁子图。给定一个图 g，可以通过给 g 增加一条新边 e 的方式对 g 进行扩展，扩展后的图被记为 $g \Diamond_x e$。增加新边 e 时，可能会引入一个新的结点，也可能不引入新的结点。算法 8-3 归纳了 PatternGrowthGraph 的算法思想。

算法 8-3 基于 FP-Growth 的频繁子图挖掘算法 PatternGrowthGraph

输入：频繁子图 g

图数据库 D

最小频度 min_sup

输出：频繁子图集合 S

方法：

将 S 设为空；

PatternGrowthGraph（g, D, min_sup, S）；

过程：PatternGrowthGraph（g, D, min_sup, S）

1：如果 g 已在 S 中则返回，否则将 g 插入 S；

2：扫描 D 一遍，找到所有的 e，使得 g 能被扩展到 $g \Diamond_x e$；

4：对每一个频繁的 $g \Diamond_x e$

5:　PatternGrowthGraph($g \Diamond_x e$, D, min_sup, S);

6:返回

PatternGrowthGraph 算法的优点是非常简单,从一个小图开始,一直对其进行扩展,直到不频繁为止;缺点是效率不高,同一个图可能会被不同的子图扩展多次。例如,n 个不同的具有 n-1 条边的图,扩展后可能生成同一个图。多次被扩展出来的同一个图称为重复图。算法 8-3 的第一行虽然将重复图去掉了,但其产生和检测代价是非常昂贵的。为了减少重复图的产生,人们在深度优先搜索的思路下提出了 gSpan 算法[17]。gSpan 算法先将结点和边分别编码,然后对图进行深度优先搜索得到一棵 DFS 树,再根据树上显示的偏序关系扫描图得到一个边的序列(即 DFS 编码),最后利用字典序对表示图的不同 DFS 编码进行排列,得到最小 DFS 编码,用以唯一标识图。在深度扩展时,采用最右扩展的方式,即仅在最右路径的结点上增加新的边,可以保证不生成重复图,从而提高了算法的效率。

小　　结

本章介绍了关联规则挖掘的基本概念、分类、挖掘算法以及价值评估方法,还介绍了序列模式和频繁子图的挖掘方法。通过学习本章,应主要应做到以下几点:

① 掌握关联规则挖掘的基本概念。了解数据项、项集、支持度、置信度的概念。了解关联规则的分类。

② 掌握 Apriori 和 FP-Growth 两类关联规则挖掘算法。它们在进行频繁项集挖掘时用到了一个非常重要的公理:任一频繁项集的非空子集都是频繁的。了解冰山查询的处理方法。

③ 了解多层关联规则和多维关联规则挖掘的概念和方法。了解关联规则的价值评估方法。

④ 掌握序列模式挖掘的基本概念。理解 GSP 和 PrefixSpan 两种序列模式挖掘算法的主要思想。

⑤ 了解频繁子图挖掘的基本概念和一般方法。

习　题　8

1. 什么是支持度?什么是置信度?

2. 关联规则有哪几种分类方法?

3. 为什么频繁子集的非空子集一定是频繁的?请给出公理 1 的证明过程。

4. 现有如下事务数据库,设 min_sup=60%,min_conf=80%,试用 Apriori 算法找出所有的频繁项集。

TID	items bought
T100	{M, O, K, E, Y}
T200	{D, N, K, E, Y}
T300	{M, A, K, E}
T400	{M, U, C, K, Y}
T500	{C, O, K, I, E}

5. 针对第 4 题的事务数据库,试用 FP-Growth 算法找出所有的频繁项集,并比较这两种算法的性能。

6. 什么是多层关联规则? 什么是多维关联规则?

7. 简述如何从客观和主观两方面来评估关联规则的兴趣度。

8. 什么是序列模式挖掘? 举例说明序列模式挖掘和关联规则挖掘在统计项集频度时有何异同。

9. 简述 GSP 和 PrefixSpan 两种序列模式挖掘算法的基本思想,并从组件的角度比较其异同。

10. 现有如下事务数据库,设最小频度为 2,试用 GSP 算法找出所有的最大频繁序列。

顾客号	交易时间	购物事件
0001	2010-03-06 2010-04-07	A A、B、C
0002	2010-04-23 2010-04-27 2010-04-29	C B、C A、E
0003	2010-05-02	E、B、C
0004	2010-06-04 2010-06-21	E、F D、F、E

11. 什么是频繁子图挖掘? 其主要的算法有哪些?

第 9 章　预测建模：分类和回归

第 7 章 7.2.2 小节数据挖掘任务中提到，分类和回归称为预测建模，目的是建立一个模型，该模型允许根据已知的属性值来预测其他某个未知的属性值。当被预测的属性是范畴型时，称为分类；当被预测的属性是数量型时，称为回归。预测有很多应用，例如可以预测将来某天是否下雨，某人是否患了某种疾病，或哪个人会获得贷款、所获贷款的额度等。早在数据挖掘提出之前，统计学、机器学习、专家系统和人工智能领域的研究者就对预测建模做过大量的研究。数据挖掘研究人员从知识发现和应用的角度对该问题进行了更为细致和深入的探讨，不仅对原有的分类和回归方法做了改进，而且提出了一些新的方法。

9.1　预测建模简介

微视频：
预测建模简介

前面简单介绍了模型和模式之间的区别，模型是全局的，它概括并描述整个数据集的重要特征；而模式是局部的，它描述数据集中的一小部分数据，可能只刻画了几个对象的行为。数据挖掘的任务除了模式挖掘之外，主要是进行描述建模和预测建模。描述建模的实质是对数据进行概括，使人们可以看到数据的最重要特征；而预测建模的目的则是根据观察到的对象特征值预测它的其他特征值。这里的特征有时也称为变量或属性。

本章主要讨论预测建模。在预测模型中，一个变量被表达成其他变量的函数。因此，可以把预测建模的过程看作是学习一种映射或函数 $Y=f(\boldsymbol{X};\theta)$。这里 f 是模型结构的函数形式，θ 是 f 中的未知参数。$\boldsymbol{X}$ 通常称为输入变量，是一个 p 维向量，代表观察到的对象的 p 个属性值。Y 通常称为响应变量，是一个标量，代表预测的结果。如果 Y 是数量型变量，那么学习从向量 $\boldsymbol{X}$ 到 Y 的映射的过程叫做回归；如果 Y 是范畴型变量，则叫做分类。从学习一个 p 维向量 $\boldsymbol{X}$ 到 Y 的映射这个角度来讲，分类和回归这两种任务都可以看作是函数逼近（function approximation）问题[8]。

预测建模的训练数据由 n 对$(\boldsymbol{X},Y)$组成。每对数据中的向量 $X(i)$ 和目标值 $Y(i)$ 都是从已知数据中观察得到的($0\leqslant i\leqslant n$)。因此，预测建模所要做的就是根据训练数据拟合出模型 $Y=f(\boldsymbol{X};\theta)$，该模型可以在给定输入向量 $\boldsymbol{X}$ 和模型 f 的参数 θ 的情况下预测出 Y 的值。具体来说，模型拟合的过程需要完成以下两件事情：确定模型 f 的结构，确定参数 θ 的值。θ 值是通过在数据集上最小化（或最大化）一个评分函数来确定的，而搜索最佳 θ 值的过程就是优化的过程,通常是数据挖掘算法的核心部分。因此,从算法组件的角度出发,模型拟合的过程实际上也就是要确定模型结构、评分函数以及搜索和优化策略。

9.1.1 用于预测的模型结构

在数据挖掘任务中,由于事先对模型 $f(\boldsymbol{X};\theta)$ 的形式知道得很少,所以为 f 本身选择一个合适的函数形式是非常具有挑战性的。这里从较高的层面上分别概述用于回归和分类的主要模型类型。由于回归模型和分类模型都建立在很多相同的数学和统计基础之上,实际上用于其中一种任务的模型同时也可以应用于另一种任务。

1. 用于回归的预测模型

(1) 线性回归模型

最简单的回归模型是线性回归模型。在这种模型中,响应变量 Y 是输入变量 $\boldsymbol{X}$ 的线性函数,即

$$\hat{Y}=a_0+a_1X_1+a_2X_2+\cdots+a_pX_p$$

其中 $X_i(0\leqslant i\leqslant p)$ 是输入向量 $\boldsymbol{X}$ 的分量,模型的参数 $\theta=\{a_0,a_1,a_2,\cdots,a_p\}$。这里要注意,上述表达式中用的是 $\hat{Y}$,而不是 Y。$\hat{Y}$ 代表的是模型的预测值,而 Y 代表实际观察到的值。

在最简单的情况下(当 p=1 时),该模型描述了二维空间中的一条直线(如图 9.1 所示)。更一般的情况下(当 p>1 时),它描述了一个嵌在 p+1 维空间的超平面,a_0 为截距,a_i 为斜率。参数估计的目的就是确定这个超平面的斜率和截距,以便与训练数据 $\{X(i),Y(i)\}(0\leqslant i\leqslant n)$ 进行最佳拟合,拟合的质量由预测值 $\hat{Y}$ 和实际值 Y 之间的差来衡量。

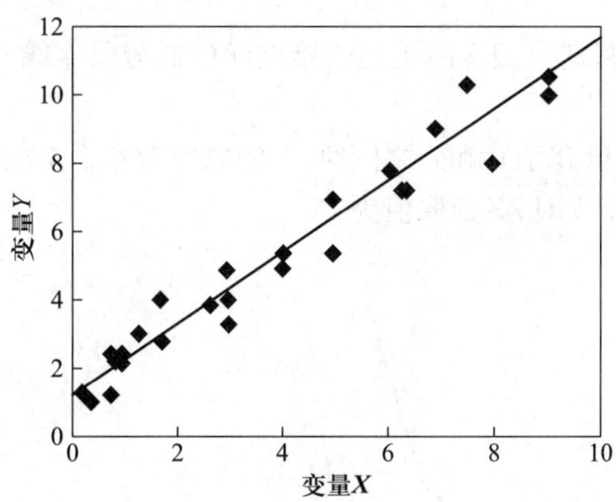

图 9.1 线性回归模型示例

(2) 非线性回归模型

通过在基本的线性回归模型上添加多项式项,可以得到非线性回归模型。其几何意义是多维空间中的一个超曲面。例如,下式给出了一个三次多项式回归模型:

$$\hat{Y}=a_0+a_1X_1+a_2X_2^{\,2}+a_3X_3^{\,3}$$

通过对变量进行变换,可以将非线性模型转换成线性模型。例如,令 $Z_1=X_1$,$Z_2=X_2^{\,2}$,$Z_3=X_3^{\,3}$,

可以将上述 3 次多项式回归模型转换成线性形式，结果为

$$\hat{Y}=a_0+a_1Z_1+a_2Z_2+a_3Z_3$$

将线性模型扩展到非线性模型提高了模型的复杂度。实际上，线性模型是非线性模型的特例。例如，线性模型 $a_0+a_1X_1$ 可以看作是二次模型 $a_0+a_1X_1+a_2X_2^2$ 当 a_2 为 0 时的特殊情况。因此，复杂模型的拟合效果总是不次于简单模型。在选择模型时，通常需要在模型的复杂度和拟合能力之间进行权衡。

（3）分段线性模型

另外一种对基本的线性回归模型进行推广的方法，就是假定响应变量 Y 是输入向量 $\boldsymbol{X}$ 的局部线性函数。该模型在 p 维空间的不同区域具有不同的函数形式，这便是分段线性模型。

分段线性模型是通过把简单模型分段组合在一起构建起来的相对复杂的模型。这种模型结构的参数既包括各个区域上的局部函数的参数，又包括各个区域的边界。当 $p=1$ 时，该模型表示由 k 个不同的线段逼近的一条曲线（如图 9.2 所示）。不同线段末端可以连接，也可以不连接。因此，曲线可以是连续的，也可以不连续。当 $p>1$ 时，该模型表示由多个超平面逼近的一个曲面。同理，该曲面可以连续，也可以不连续。

2. 用于分类的预测模型

用于分类的预测模型主要有两种：判别模型和概率模型。

（1）判别模型

判别模型的输入是输入向量 $\boldsymbol{X}$，输出是响应变量 Y。Y 的取值为 $\{C_1, C_2, \cdots, C_m\}$，其中 C_i 表示类别。

例如，当维数 $p=1$ 时，判别模型实际上是二维空间中的分段直线。在一定的区域内，直线的取值为 C_i（$0 \leqslant i \leqslant m$）。

如图 9.3 中，当 $\boldsymbol{X}$ 的取值介于 0 和 a 之间时，Y 的取值为 C_1。$\boldsymbol{X}$ 的取值介于 a 和 b 之间时，Y 的取值为 C_3。$\boldsymbol{X}$ 的取值大于 b 时，Y 的取值为 C_2。

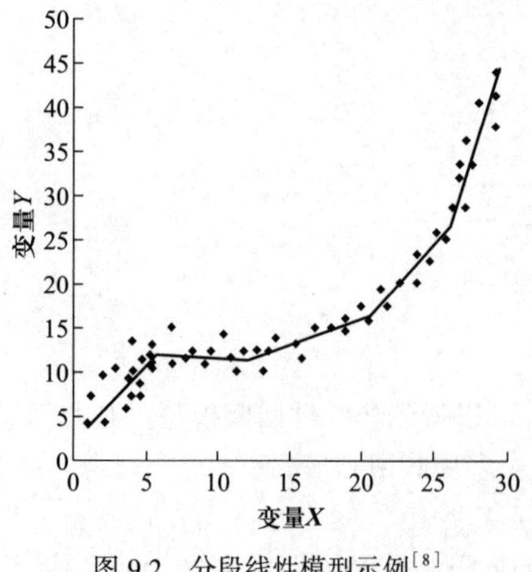

图 9.2　分段线性模型示例[8]

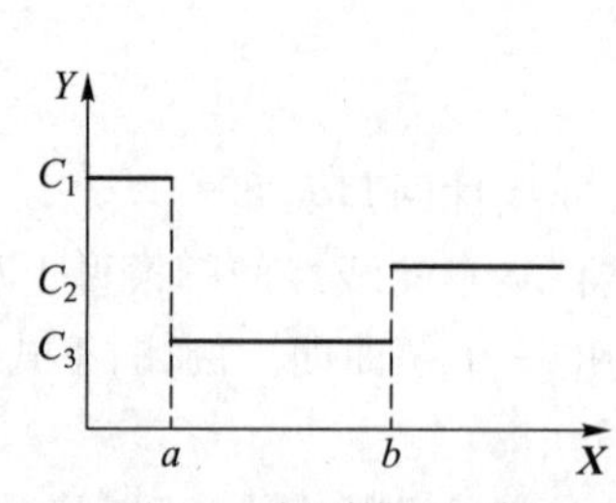

图 9.3　判别模型示例

同理，当维数 p=2 时，判别模型实际上是三维空间中的一个分段曲面。仅当输入变量 $\boldsymbol{X}$ 的分量 X_1 和分量 X_2 共同构成的平面（X_1, X_2）位于一定区域时，该曲面的取值为 C_i（$0 \leqslant i \leqslant m$）。取值为 C_i 的所有区域的联合称为 C_i 类的决策区域。也就是说，只要输入变量 $\boldsymbol{X}$ 落入这个区域，它的类别就被预测为 C_i。

由此可见，只要知道了各个类别的决策区域，根据输入向量 $\boldsymbol{X}$ 的取值就可以确定响应变量 Y 的值，分类的任务也就完成了。因此，在判别模型中，分类的主要任务是要确定各个类别的决策区域，或者说，我们所感兴趣的是不同类别之间的边界。和回归的情况类似，可以对类别间边界的函数形式做一个简单的假定。例如，可以用线性边界将 $\boldsymbol{X}$ 空间分割成不相交的决策区域，如图 9.4 所示，每个区域对应一个类别；也可以将线性决策边界分段组合起来，如图 9.5 所示。后面将要讲到的决策树模型定义了一类特殊的分段线性决策边界，其边界是分层的并且是与坐标轴平行的。

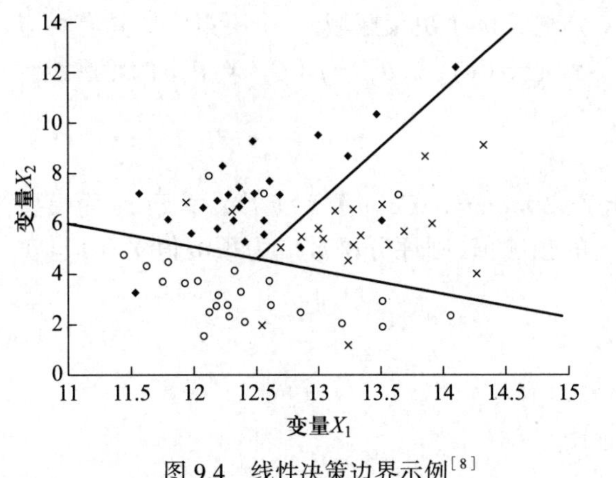

图 9.4　线性决策边界示例[8]

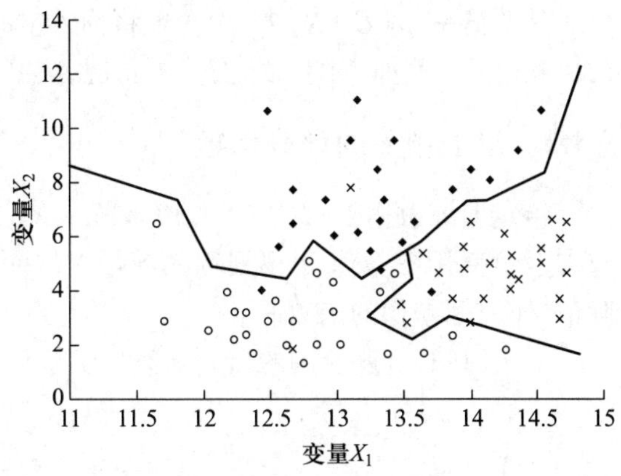

图 9.5　分段线性决策边界示例[8]

需要注意的是，在回归模型中，模型的函数形式表示的是 Y 如何与 $\boldsymbol{X}$ 关联，响应变量 Y 代表第 p+1 维，关心的重点是输入 $\boldsymbol{X}$ 时 Y 的取值是什么。而在判别分类中，响应变量 Y 同样代表第 p+1 维，但它的取值早已确定，是 $C_1, C_2, \cdots, C_k$ 中的一个。所以，判别建模的重点不再是输入 $\boldsymbol{X}$ 时 Y 取什么值，而是 Y 取某个值（某个类别 C_i）时，$\boldsymbol{X}$ 的区域是什么，即 C_i 的决策边界是什么。决策边界的函数表示仅与输入向量 $\boldsymbol{X}$ 有关，而与响应变量 Y 无关。因此，如果输入变量有 p 个维，则决策边界模型也是 p 维的。例如，图 9.3 中，输入向量是一维的（p=1），其决策边界也是一维的（3 块决策区域的边界函数分别为 $0 \leqslant \boldsymbol{X} < a, a \leqslant \boldsymbol{X} < b, \boldsymbol{X} \geqslant b$）。

在实际的分类问题中，类别之间的边界是不可能那么清晰的。也就是说，在 $\boldsymbol{X}$ 的某个区域出现的对象有可能属于多个类（尽管属于每个类的概率不同）。为此，人们提出了另外一种分类方法，该方法不再关注类别间的边界，而是寻找一种能使不同类别间的差异最大化的函数，这样的函数通常被称为判别函数。本书后续章节要介绍的支持向量机就属于这样的分类方法。

（2）概率模型

分类的概率建模是要针对每一个类别 C_i，估计一种分布或密度函数 $\rho(\boldsymbol{X} \mid C_i, \theta_i)$，其中 θ_i 是该函数的参数，它反映了 C_i 类的主要特征。例如，对于多变量的实数值数据，可以假定每个类别的模型结构都是多元正态分布，而且参数 θ_i 代表每个类的均值（位置）和方差（范围）特征。如果各个均值离得足够远，而且方差足够小，则各个类在输入空间中可以被很好地分割开来，从而使得分类的准确性最高[8]。

通常在分类之前既不知道该函数的形式，也不知道该函数的参数，需要对它们进行估计。一旦估计出了 $\rho(\boldsymbol{X} \mid C_i, \theta_i)$，则可以应用贝叶斯定理得到 C_i 类的后验概率

$$\rho(C_i \mid \boldsymbol{X}, \theta_i) = \frac{\rho(\boldsymbol{X} \mid C_i, \theta_i)\rho(C_i)}{\sum_{j=1}^{m} \rho(\boldsymbol{X} \mid C_j, \theta_j)\rho(C_j)} \qquad 1 \leqslant i \leqslant m$$

后验概率 $\rho(C_i \mid \boldsymbol{X}, \theta_i)$ 隐含地将输入空间 $\boldsymbol{X}$ 分割成 m 个决策区域，每个决策区域具有相应的决策边界。例如，对于二元分类的情况，决策边界就是 $\rho(C_1 \mid \boldsymbol{X}, \theta_1) = \rho(C_2 \mid \boldsymbol{X}, \theta_2)$ 的轮廓线。

9.1.2　用于预测的评分函数

给定训练数据 $D=\{(X(1), Y(1)), (X(2), Y(2)), \cdots, (X(n), Y(n))\}$，令 $\hat{Y}(i)$ 为模型 $f(\boldsymbol{X}; \theta)$ 使用参数值 θ 根据输入向量 $X(i)$ 做出的预测值，则评分函数应为预测值 $\hat{Y}(i)$ 与实际值 $Y(i)$ 间差值的函数。

对于回归，普遍使用的评分函数是误差平方和

$$S = \frac{1}{N} \sum_{i=1}^{N} (\hat{Y}(i) - Y(i))^2$$

对于分类，普遍使用的是误分类率

$$S = \frac{1}{N} \sum_{i=1}^{N} I(\hat{Y}(i), Y(i))^2$$

其中，当 $\hat{Y}(i)=Y(i)$ 时，$I(\hat{Y}(i), Y(i))=0$，否则等于 1。

这是分别应用于回归和分类的两种应用最广的评分函数，它们都非常简单易懂。但需要注意的是，这些评分函数在定义时假定训练数据中的每一个样本都是平等的。但是在有些时候，不同的样本应该具有不同的权值。比如某个训练数据中的样本可能是在不同的时间段收集到的，那么在评分函数中最近几次收集到的样本应给以更大的权。类似地，训练数据中某些样本的值可能比另一些样本的值更可靠，因此可能希望给可靠性低的样本较小的权。

在实际应用中，可能需要对上述基本评分函数进行调整，以更加精确地反映数据挖掘任务的目标。由于简单评分函数通常容易定义和计算，而复杂评分函数能更好地反映预测问题的实际情况，在为一个特定的数据挖掘任务选择评分函数时，通常需要在简单和复杂之间进行权衡。

9.1.3　用于预测的搜索和优化策略

评分函数用于衡量预测模型 $f(\boldsymbol{X};\theta)$ 与现有的训练数据集的拟合程度。搜索和优化的目标是确定预测模型 $f(\boldsymbol{X};\theta)$ 的形式 f 及其参数值 θ，以使评分函数达到最小值（或最大值）。如前所述，如果 f 的结构已经确定，则搜索将在参数空间 θ 内进行，目的是针对这个固定的 f 优化评分函数；如果 f 的结构还没有确定，那么搜索既要针对 f 又要针对与这些结构相联系的参数空间 θ 进行。前者称为优化问题，后者称为搜索问题。常用的优化方法有爬山、梯度下降、最大期望等。常用的搜索方法有贪婪算法、分支限界法、广度（深度）优先搜索等。搜索和优化过程通常是数据挖掘算法中最复杂的部分，本书将在后续章节中结合具体的分类算法进行详细介绍。

9.2　决策树分类

用于分类的预测模型主要有判别模型和概率模型，本节要介绍的决策树分类就属于判别模型。决策树分类的主要任务是要确定各个类别的决策区域，或者说确定不同类别之间的边界。在决策树分类模型中，不同类别之间的边界通过一个树状结构来表示。

微视频：
决策树分类

图 9.6 给出了一个商业上使用的决策树示例。它表示一个用户是否会购买个人电脑的判别过程，用来预测某人（某条记录）的购买意向。决策中的内部结点（方形框）代表对记录中某个属性的一次测试，叶子结点（椭圆框）代表一个类别（buys_computers= “yes” 或 buys_computers= “no” ）。

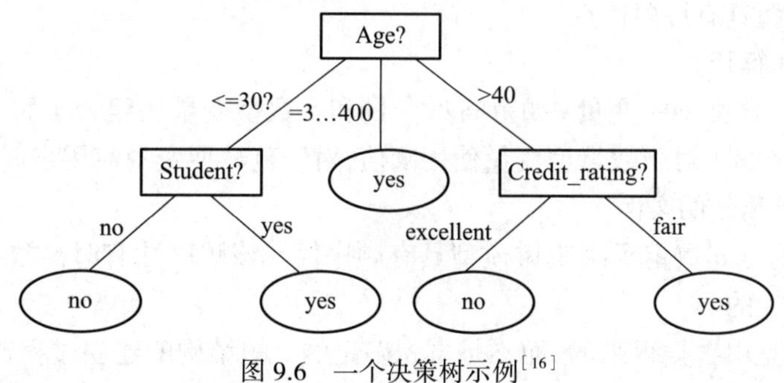

图 9.6　一个决策树示例[16]

决策树模型是一个分层的多叉树结构，树的每个内部结点代表对某个属性的一次测试。对于实数值或整数值属性，测试使用的是阈值；对于范畴型属性，测试使用的是隶属关系。树中的每条边代表一个测试结果，叶子代表某个类别或者类别的分布。树最顶端的结点是根结点。如果有 m 个属性，则决策树最高有 m 层。

用决策树进行分类需要两步。第一步是利用训练集建立一棵决策树，得到一个决策树分类模型。第二步是利用生成的决策树对输入数据进行分类。对输入的记录，从根结点依次测试记录的属性值，直至到达某个叶子结点，从而找到该记录所属的类别。

决策树分类建模的基本原理是以一种递归的方式将输入变量所跨越的空间划分成多个单元，使划分出的每个单元的大多数对象都属于同一个类别。例如，对于具有 3 个输入变量 x、y、z 的情况，可以先按 x 把输入空间划分成多个单元，然后再按 y 或 z 对这几个单元中的每一个进行划分，一直重复该过程直到没有必要继续划分下去。其中，划分变量或阈值的选取标准有多种，但本质上都是将数据划分成几个不相交的子集，每个子集中的对象尽可能属于同一个类别。划分变量或阈值的选取方法是贪婪算法，即搜索每个输入变量的每个可能的阈值，以找到那个能够使评分函数（通常采用误分类率）得到最大改进的阈值。图 9.7 展示了针对图 9.6 中的两个变量 Age 和 Student 进行划分的过程。可以看出，该划分导致用于分类的决策区域局限于超矩形，而且矩形的边局限于与输入变量坐标轴平行。有关该划分的具体过程将在后面章节进行详细讲解。

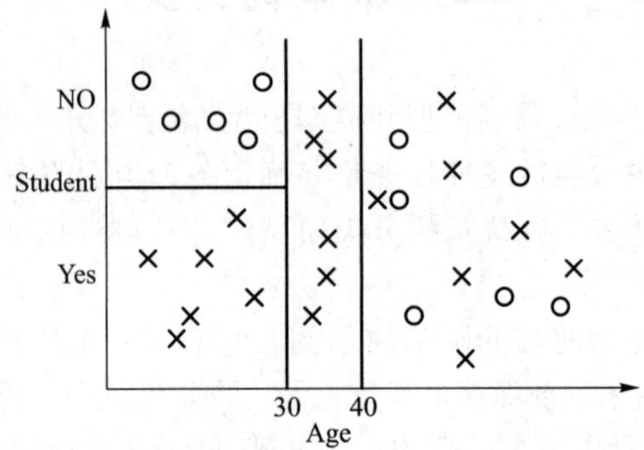

图 9.7　针对变量 Age 和 Student 进行分割的结果

决策树分类模型具有许多优点：

① 易于理解和解释。

② 可以处理混合类型的变量（如范畴型变量和实数型变量的组合），因为树结构采用简单的多元测试来划分空间（对于数量型变量使用阈值，对于范畴型变量使用隶属关系）。

③ 可以快速预测新的案例。

然而，构建树的方式决定了决策树模型具有顺序性。该顺序性有时导致所得划分对输入变量空间来讲不是最优的。

决策树的结构是由数据得来的，而不是事先确定的。树结构的建立过程通常分为两个阶段：先利用训练集生成决策树，再对决策树进行剪枝。每个阶段都有不同的方法，相应地就有各种不同的算法。下面对其一般过程进行描述。

9.2.1　建树阶段

决策树的生成是一个从根结点开始从上到下的递归过程。一般采用分而治之的方法，通过不断地将训练样本划分成子集来构造决策树。

假设给定的训练集 T 总共有 m 个类别，则针对 T 构造决策树时会出现以下 3 种情况：

① 如果 T 中所有样本的类别相同，那么决策树只有一个叶子结点。

② 如果 T 中没有可用于继续分裂的变量，则将 T 中出现频率最高的类别作为当前结点的类别。

③ 如果 T 包含的样本属于不同的类别，根据变量选择策略，选择最佳的变量和划分方式将 T 分为几个子集 $T_1, T_2, \cdots, T_k$，每个数据子集构成一个内部结点。

对于某个内部结点，继续进行判断，重复上述操作，直到满足决策树的终止条件为止。终止条件就是结点对应的所有样本属于同一个类别，或者 T 中没有可用于进一步分裂的变量。

算法 9-1 是建树算法的主要过程。

算法 9-1　决策树构建算法 Generate_decision_tree

输入：训练集 T，输入变量集 A，目标（类别）变量 Y

输出：决策树 Tree

Generate_decision_tree（T, A, Y）

　1：如果 T 为空，返回出错信息；

　2：如果 T 的所有样本都属于同一个类别 C，则用 C 标识当前结点并返回；

　3：如果没有可分的变量，则用 T 中出现频率最高的类别标识当前结点并返回；

　4：根据变量选择策略，选择最佳变量 X 将 T 分为 k 个子集（$T_1, T_2, \cdots, T_k$）；

　5：用 X 标识当前结点；

　6：对 T 的每一个子集 T_i

　7：　NewNode = Generate_decision_tree（T_i, $A-X$, Y）；// 递归操作

　8：　生成一个分支，该分支由结点 X 指向 NewNode；

　9：返回当前结点；

在上述算法中，结点分裂（第 4 步）是生成决策树的重要步骤。只有根据不同的变量将单个结点分裂成多个结点方能形成多个类别，因此整个问题的核心就是如何选择分裂变量。

下面介绍两种比较流行的分裂变量选择方法：信息增益（information gain）和增益比（gain ratio）。

1. 信息增益

Quinlan 在 20 世纪 80 年代初期所提出的决策树分类算法 ID3 中，使用信息增益作为衡量结点分裂质量的标准。信息增益最大的变量被认为是最佳的分裂变量。

那么什么是信息增益呢？首先介绍什么是信息。假设有 n 条等概率的消息需要发送，则发送每条消息的概率 $p=1/n$。那么一条消息所能传递的信息就是 $-\log_2 p=\log_2 n$。如果有 8 条等概率的消息需要发送，则 $\log_2 8=3$，意思是要确定其中的某一条消息，需要 3 个二进制位。

如果这 n 条需要发送的消息不是等概率的，而是满足一个概率分布 $P=(p_1, p_2, \cdots, p_n)$，则该分布所传递的信息（用 Info 表示）为

$$\text{Info}(P)=p_1*(-\log_2 p_1)+p_2*(-\log_2 p_2)+\cdots+p_n*(-\log_2 p_n)$$

例如,P 为(0.5,0.5),则 $\text{Info}(P)=1$;P 为(0.67,0.33),则 $\text{Info}(P)=0.92$;P 为(1,0),则 $\text{Info}(P)=0$。由此可以看出,概率分布越均匀,信息(或熵)越大。

明白了信息的计算方法,下面介绍如何计算信息增益。实际上,给定训练集 T,信息增益代表的是在不考虑任何输入变量与考虑某一输入变量 X 后确定 T 中任一样本所属类别需要的信息之间的差。差越大,说明引入输入变量 X 后所需要的信息越少,该变量对分类所起的作用就越大,因此被认为是好的分裂变量。换句话说,要确定 T 中任一样本所属的类别,希望所需要的信息越少越好,而引入输入变量 X 能减少分类所需要的信息,因此说输入变量 X 为分类这个数据挖掘任务带来了信息增益。信息增益越大,说明输入变量 X 越重要,因此应该被认为是好的分裂变量而优先选择。

因此,计算信息增益的总的思路是:

① 首先计算不考虑任何输入变量的情况下要确定 T 中任一样本所属类别需要的信息 $\text{Info}(T)$。

② 计算引入每个输入变量 X 后要确定 T 中任一样本所属类别需要的信息 $\text{Info}(X,T)$。

③ 计算二者的差,$\text{Info}(T)-\text{Info}(X,T)$,此即为变量 X 的信息增益,记为 $\text{Gain}(X,T)$。

下面分步进行介绍。

(1) 计算 $\text{Info}(T)$

如果不考虑任何输入变量,将训练集 T 中的所有样本仅按响应变量 Y 的值分到 m 个不相交的类别 $C_1, C_2, \cdots, C_m$,要确定任一样本所属的类别需要的信息为

$$\text{Info}(T)=\text{Info}\left(\frac{|c_1|}{|T|},\frac{|c_2|}{|T|},\cdots,\frac{|c_m|}{|T|}\right)=-\sum_{i=1}^{m}\frac{|c_i|}{|T|}\log_2\left(\frac{|c_i|}{|T|}\right) \tag{9.1}$$

(2) 计算 $\text{Info}(X,T)$

如果考虑某个输入变量 X,将训练集 T 按照 X 的值划分为 n 个子集 $T_1, T_2, \cdots, T_n$,要确定 T 中任一样本所属的类别需要的信息为

$$\text{Info}(X,T)=\sum_{i=1}^{n}\frac{|T_i|}{|T|}\text{Info}(T_i) \tag{9.2}$$

其中 $\text{Info}(T_i)$ 为确定 T_i 中任一样本所属的类别需要的信息。其计算方法与 $\text{Info}(T)$ 的计算方法类似。即

$$\text{Info}(T_i)=-\sum_{j=1}^{m}\frac{|s_j|}{|T_i|}\log_2\left(\frac{|s_j|}{|T_i|}\right) \tag{9.3}$$

其中 S_j 为 T_i 中属于类别 C_j 的样本子集。

(3) 计算 $\text{Gain}(X,T)$

现在,根据 $\text{Info}(T)$ 和 $\text{Info}(X,T)$,可以计算出信息增益为

$$\text{Gain}(X,T)=\text{Info}(T)-\text{Info}(X,T) \tag{9.4}$$

所有变量的信息增益计算完之后,可以根据信息增益的大小对所有输入变量进行排序。在创建决策树时,优先使用信息增益大的变量。根据这样的策略所创建出的决策树应该是比较小的。

下面来看一个采用信息增益进行决策树构造的具体例子。

例 9.1 图 9.8 是一个取自 AllElectronics 的顾客数据库(该数据取自文献[18]),本例将其作为训练集。假设目标属性 buys_computer 只有两个不同的取值(即{yes,no}),因此有两个不同的类别(m=2)。设类 C_1 对应于 buys_computer="yes" 的情况,而类 C_2 对应于 buys_computer="no" 的情况。从训练集可以看出,类 C_1 有 9 个样本,类 C_2 有 5 个样本。

RID	Age	Income	Student	Credit_rating	Class: buys_computer
R_1	<=30	high	no	fair	no
R_2	<=30	high	no	excellent	no
R_3	=31…40	high	no	fair	yes
R_4	>40	medium	no	fair	yes
R_5	>40	low	yes	fair	yes
R_6	>40	low	yes	excellent	no
R_7	=31…40	low	yes	excellent	yes
R_8	<=30	medium	no	fair	no
R_9	<=30	low	yes	fair	yes
R_{10}	>40	medium	yes	fair	yes
R_{11}	<=30	medium	yes	excellent	yes
R_{12}	=31…40	medium	no	excellent	yes
R_{13}	=31…40	high	yes	fair	yes
R_{14}	>40	medium	no	excellent	no

图 9.8 AllElectronics 顾客数据库

为计算每个属性的信息增益,首先使用式 9.1 计算不考虑任何输入属性时,要确定训练集 T 中任一样本所属类别需要的信息:

$$\text{Info}(T)=\text{Info}\left(\frac{9}{14},\frac{5}{14}\right)=-\frac{9}{14}\log_2\frac{9}{14}-\frac{5}{14}\log_2\frac{5}{14}=0.948$$

接下来,需要针对每一个输入属性,计算加入该属性后要确定训练集 T 中任一样本所属类别需要的信息。

先从属性 Age 开始,Age 有 3 个不同的取值“<= 30”“= 31...40”“> 40”。当 Age 取值为“<=30”时共有 5 个样本,其中有 2 个样本的目标属性 buys_computer="yes"(即属于类 C_1),另外 3 个样本的目标属性 buys_computer="no"(即属于类 C_2)。当 Age 取值为“=31...40”时共有 4 个样本,全部属于类 C_1。当 Age 取值为“>40”时共有 5 个样本,3 个属于 C_1,2 个属于 C_2。对 Age 的每个取值根据式 9.3 分别计算出的信息如下:

对于 Age=“<=30” $\text{Info}(T_1)=\text{Info}(2/5,3/5)=0.971$

对于 Age=“31...40” $\text{Info}(T_2)=\text{Info}(4/4,0)=0$

对于 Age=“>40” $\text{Info}(T_3)=\text{Info}(3/5,2/5)=0.971$

根据式 9.2，可以算出在考虑了输入属性 Age 的情况下，要确定 T 中任一样本所属类别需要的信息：

$$\text{Info}(\text{Age},T)=\frac{5}{14}\text{Info}(T_1)+\frac{4}{14}\text{Info}(T_2)+\frac{5}{14}\text{Info}(T_3)=0.694$$

因此，由式 9.4 可知，采用属性 Age 进行分裂所获得的信息增益是：

$$\text{Gain}(\text{Age},T)=\text{Info}(T)-\text{Info}(\text{Age},T)=0.254$$

类似地，可以计算 Gain(Income, T)=0.029，Gain(Student, T)=0.151 和 Gain(Credit_rating, T)= 0.048。由于 Age 具有最大的信息增益，被最先选作分裂变量。因此，在图 9.6 所示的决策树结构中可以看到 Age 被作为根结点创建，并且对于 Age 的每个取值创建了一条分支。同时，数据集也进行了划分。由于分支 Age= “31...40” 所对应的数据子集都属于同一个类别 C_1（buys_computer= “yes”），因此在该分支的端点创建了一个叶结点，并用 yes 标记。

数据集按照 Age 的不同取值进行划分后的结果如图 9.9 所示。根据 Age 的 3 个不同取值 “<=30” “=31...40” 和 “>40”，数据集被划分成了 3 个子集。对于每一个数据子集，可以递归应用上述分裂策略。

例如，对于图 9.9 中左边第一个数据子集（Age<=30）来说，应进一步选择什么样的分裂变量？

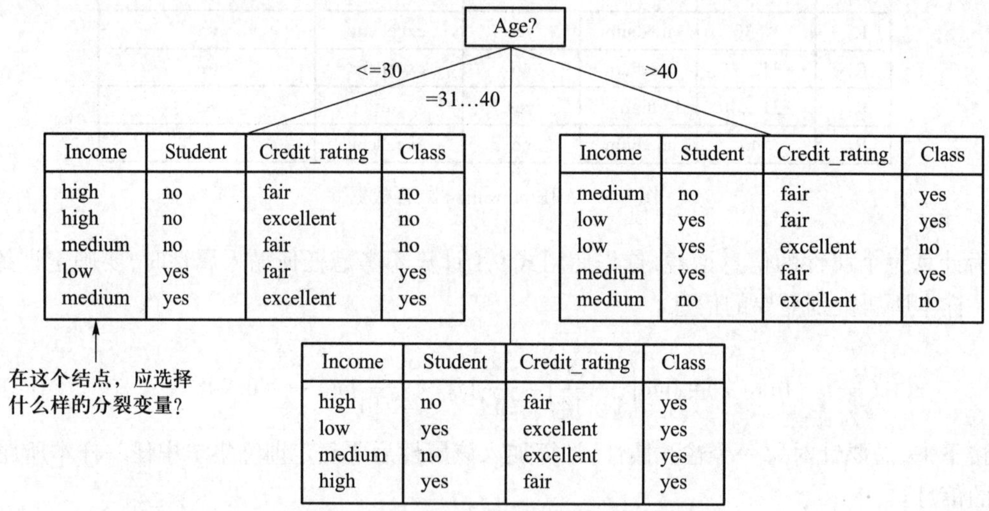

Income	Student	Credit_rating	Class
high	no	fair	no
high	no	excellent	no
medium	no	fair	no
low	yes	fair	yes
medium	yes	excellent	yes

Income	Student	Credit_rating	Class
high	no	fair	yes
low	yes	excellent	yes
medium	no	excellent	yes
high	yes	fair	yes

Income	Student	Credit_rating	Class
medium	no	fair	yes
low	yes	fair	yes
low	yes	excellent	no
medium	yes	fair	yes
medium	no	excellent	no

图 9.9　根据属性 Age 的取值进行数据集划分

类似地，可以在该数据子集上计算除 Age 之外其他每一个变量的信息增益。

对于 Student 来说：

$$\begin{aligned}\text{Gain}(\text{Student},T_1)&=\text{Info}(T_1)-\frac{2}{5}\text{Info}(T_{11})-\frac{3}{5}\text{Info}(T_{12})\\&=0.971-\left(\frac{2}{5}\right)\times 0.0-\left(\frac{3}{5}\right)\times 0.0=0.971\end{aligned}$$

对于 Credit_rating 来说：

$$\text{Gain}(\text{credit\_rating}, T_1) = \text{Info}(T_1) - \frac{2}{5}\text{Info}(T_{11}) - \frac{3}{5}\text{Info}(T_{12})$$

$$= 0.971 - \left(\frac{2}{5}\right) \times 1.0 - \left(\frac{3}{5}\right) \times 0.918 = 0.020$$

对于 Income 来说：

$$\text{Gain}(\text{Income}, T_1) = \text{Info}(T_1) - \frac{2}{5}\text{Info}(T_{11}) - \frac{2}{5}\text{Info}(T_{12}) - \frac{1}{5}\text{Info}(T_{13})$$

$$= 0.971 - \left(\frac{2}{5}\right) \times 0.0 - \left(\frac{2}{5}\right) \times 1.0 - \left(\frac{1}{5}\right) \times 0.0 = 0.571$$

由此可知，在 Age<=30 所对应的结点应该选择 Student 变量继续进行分裂。

2. 增益比

信息增益作为分裂变量选择标准时，比较偏向于选择那些取值比较多且均匀的变量。例如，产品号、顾客号等。由于该类型变量的取值是唯一的，它的信息增益总是最大。例如，考虑用图 9.8 中的 RID 作为输入变量：

$$\text{Info}(\text{RID}, T) = \sum_{i=1}^{n} \frac{|T_i|}{|T|}\text{Info}(T_i) = \sum_{i=1}^{14} \frac{1}{14}\text{Info}(T_i)$$

由于按照 RID 对 T 划分后生成的每个子集中都只有一个样本，因此其类别分布要么是(1,0)，要么是(0,1)，因此 $\text{Info}(T_i)$ 总是 0。

相应地，$\text{Info}(\text{RID}, T)$ 的值最小，$\text{Gain}(\text{RID}, T)$ 的值最大。因此，根据信息增益越大越好的原则，这样的变量被认为是最好的分裂变量而总是被优先选择。但实际上这样的变量并不好，因为根据这样的变量分裂而成的决策树在对未来的样本进行分类时没有任何意义。因为类似产品号这样的属性其值是随机生成的，未来样本的产品号不可能和现有训练集中样本的产品号相同。我们通常说一个决策树模型非常好或者非常重要，并不是因为它对已有数据进行了很好地拟合，而是因为它能够对未来数据进行正确的分类。

为此，Quinlan 在 1993 年对 ID3 算法进行了改进，提出了一种新的决策树分类算法 C4.5。在该算法中，使用增益比（gain ratio）代替信息增益来作为衡量结点划分质量的标准。

增益比的定义为

$$\text{GainRatio}(X, T) = \frac{\text{Gain}(X, T)}{\text{SplitInfo}(X, T)}$$

其中，$\text{SplitInfo}(X, T)$ 是训练集 T 根据输入变量 X 的值进行划分后，要确定 T 中任意样本所在的子集而需要的信息，其计算方法为

$$\text{SplitInfo}(X, T) = \text{Info}\left(\frac{|T_1|}{|T|}, \frac{|T_2|}{|T|}, \cdots, \frac{|T_m|}{|T|}\right) = -\sum_{i=1}^{m} \frac{|T_i|}{|T|}\log_2\left(\frac{|T_i|}{|T|}\right)$$

其中 $T_1, T_2, \cdots, T_m$ 为按照变量 X 的值对 T 进行划分后的子集。

与信息增益一样,增益比大的变量被认为是好的分裂变量而优先选择。增益比通过引入 SplitInfo(X,T)对上面提到过的那些取值比较多且均匀的变量进行了"惩罚",虽然它们的信息增益比较大,但由于相应的 SplitInfo(X,T)也比较大,因此增益比并不一定很大。从而使得类似的变量不被优先选择。

例如,如果用图 9.8 中的 RID 作为分裂变量:

$$\text{SplitInfo}(\text{RID},T)=-\sum_{i=1}^{n}\frac{|T_i|}{|T|}\log_2\left(\frac{T_i}{T}\right)=-\sum_{i=1}^{14}\frac{1}{14}\log_2\left(\frac{1}{14}\right)=3.807$$

根据例 9.1 可知,Info(T)=0.949。因此

$$\text{GainRatio}(\text{RID},T)=\frac{\text{Gain}(X,T)}{\text{SplitInfo}(X,T)}=\frac{\text{Info}(T)-0}{3.807}=\frac{0.949}{3.807}=0.249$$

而如果使用 income 作为分裂变量

$$\text{SplitInfo}(\text{income},T)=-\frac{4}{14}\log_2\left(\frac{4}{14}\right)-\frac{6}{14}\log_2\left(\frac{6}{14}\right)-\frac{4}{14}\log_2\left(\frac{4}{14}\right)=1.557$$

根据例 9.1 可知,Gain(income, T)=0.029。因此,GainRatio(income, T)= 0.029 / 1.557=0.019。

事实上,目前已经提出了很多选择分裂变量的方法。例如 CART 决策树分类算法中使用 Gini 指标(Gini index)来进行变量选择,CHAID 算法中使用一种基于独立统计 χ^2 检验的变量选择方法等。这些变量选择方法各有优缺点,尽管有一些比较研究,但并未发现哪一种方法明显优于其他方法。在实际中这些变量选择方法都能产生比较好的结果。

9.2.2 剪枝阶段

决策树的构造过程决定了它是与训练集中的数据完全拟合的。如果训练集中不存在噪声,则按这种策略所生成的决策树准确度比较高。但是在有噪声的情况下,完全拟合将导致过拟合(或称过学习,overfitting)的结果。所谓过拟合,就是由于一些不具有代表性的特征也被反映到了模型中,从而使得应用该模型对未来数据进行预测时准确度反而降低。产生过拟合的原因是在训练集存在噪声的情况下,为了与训练集数据完全拟合生成了一些反映噪声的分支,这些分支不仅会在新的决策问题中导致错误的预测,而且增加了模型的复杂性。事实上,简单的决策树不仅可以加快分类的速度,而且有助于提高对新数据准确分类的能力。

克服过拟合问题通常采用剪枝的方法,即用一个叶子结点来替代一棵子树。剪枝的方法有很多,最主要的有如下两类。

① 先剪(pre-pruning):在建树的过程中,当满足一定条件,例如信息增益达到某个预先设定的阈值时,结点不再继续分裂,内部结点成为一个叶子结点。叶子结点取子集中出现频率最多的类别作为自己的类别标识。

② 后剪(pos-pruning):当树建好之后,针对每个内部结点,分别计算剪枝之前和之后的分

类错误率。如果剪枝能够降低错误率,则将该结点所在的子树用一个叶子结点代替。分类出错率根据与训练集完全独立的测试集获得,期望剪枝后最终能形成一棵错误率尽可能小的决策树。

决策树越小越容易理解,存储与传输代价也比较小。但结点过少同样会造成分类准确度的下降,因此要在树的规模和准确度之间做出权衡,防止过度剪枝(over-pruning)。

9.2.3 分类规则的生成

决策树生成之后,可以很容易地从中抽取出分类规则。树中从根结点到叶子结点的一条路径表示一条规则。规则的左部(条件)是从根结点出发到达该叶子结点路径上的所有中间结点及其边的标号的"与",规则的右部(结论)是叶结点的类别标号。例如,从图 9.6 所示的决策树中,可以得到一条分类规则为 IF Age= " <=30 " AND Student= " no " THEN buys_computer= " no "。

在对新样本进行分类时,如果该样本满足了某条分类规则的条件部分,则该规则右边的类别就是该样本的类别。如果生成的分类规则太多,还需要对规则进行简化。

9.2.4 可扩展性问题

前面介绍的决策树算法在选择最佳分裂属性(算法 9-1 第 4 步)时,需要针对每个属性计算它的信息增益,这意味着需要对数据集进行多次扫描。当数据集很大而导致算法无法在内存中执行时,算法效率急剧下降。为此,人们对基本的决策树算法进行了改进,提出了能够处理大数据集的可扩展算法——SLIQ 算法和 RainForest 算法。

SLIQ 算法在生成决策树时,采用了如下技术:

① 利用广度优先搜索策略来生成树,对每层结点(而不是每个结点)扫描一次属性表。

② 采用基于最小描述长度的剪枝策略。

因此,将 SLIQ 算法应用于大数据集时,算法具有较好的可扩展性。

RainForest 算法的主要思想是设计了一个特殊的数据结构 AVC-set,在该数据结构里记录了结点所对应的样本在一个属性上的取值和类别的出现频率。AVC-set 记录了生成决策树所需的全部信息,可常驻内存,因此能快速地完成决策树的构造。

9.2.5 其他问题

上面仅讨论了如何对范畴型变量进行分裂构建决策树的问题。在实际应用中变量的形式是多种多样的,有范畴型变量,也有数量型变量;有知道所有值的变量,也有仅知道部分值的变量;有采集成本比较低的变量,也有采集成本比较高的变量。这里介绍针对不同变量的处理方法。

1. 处理数量型变量的方法

在前面介绍的决策树构建算法中,要求响应变量和输入变量都必须是范畴型的。事实上,当输入变量是数量型而非范畴型时,可以采用适当的方法将其转化为范畴型变量。比如,可以将一个数量型变量 A 转化成一个布尔变量 A_c。当 A 的值大于阈值 c 时,变量 A_c 的值为真;反之,值为假。关键问题是如何选择阈值 c。根据上面的分裂变量选择策略,好的阈值 c 应该能够产生较大的信息增益。可以将训练集样本根据该数量型变量 A 的值先进行排序，然后找出那些响应变量不一致的相邻样本，并求出这些相邻样本在 A 上的平均值，得到一个候选阈值集合 S。文献[19]指出，能产生最大信息增益的阈值肯定在集合 S 中。因此，只需针对 S 中的每个候选阈值计算其信息增益，并从中选出最大的对变量 A 进行分割即可。文献[20]接着又对该方法进行了扩展，提出如何同时选择多个阈值，从而将数量型变量分割成多个区间的方法。

2. 处理具有缺失值的变量的方法

有些情况下，训练集数据在某些变量上可能只知道部分值。比如，在图9.8所示的数据集中可能只知道部分人的收入情况。在这种情况下，需要根据已有数据对缺失的那部分数据进行估计。例如，设 (X, Y) 是训练集 T 中的一个样本并且 X 在属性 A 上的取值未知。在计算属性 A 的信息增益时，一种方法是将缺失值设置为 T 中出现次数最多的值，另一种方法是将缺失值设置为 T 中出现次数最多且类别同为 Y 的值。

3. 处理具有不同成本的变量的方法

在某些应用中，不同属性值的获取成本是不同的。比如，在医疗诊断中，要获取体温、血压等属性的值比较容易，而要获取血液、活组织检查等属性的值则比较难，需要较高的成本。因此，在决策树建模的过程中，希望尽可能使用成本低的属性。为此，在选择分裂属性的策略中，需要将成本因素考虑进去。比如，可以用信息增益除以该属性的获取成本作为分裂属性的选择标准。

9.3 贝叶斯分类

贝叶斯分类是一种典型的统计学分类方法，用来预测一个样本属于某个特定类的概率，主要有朴素贝叶斯分类和贝叶斯信念网络两种方法。朴素贝叶斯分类之所以称为“朴素”的，是因为在分类的计算过程中做了一个朴素的假设，假定属性值之间是相互独立的。该假设称作类条件独立，做此假设的目的是简化计算。实际上在某些情况下属性之间是不独立的，这时朴素贝叶斯分类法就不适用了，而需要采用贝叶斯信念网络分类方法，该方法采用图形模型来表示属性值间的依赖关系。本节主要对朴素贝叶斯分类法进行介绍。

9.3.1 基本概念

设给定的训练集 T 总共有 m 个类别 $C_1, C_2, \cdots, C_m$。理想情况下，这 m 个类是互不包含并且完全的，因此对任一数据对象来说有 $\sum_{k=1}^{m} P(C_k) = 1$，其中 $P(C_k)$ 指该数据对象属于类 C_k 的概率。实际中类之间可能是互相包含的，比如一个人可能患有多种疾病。当类之间出现包含关系时，可以将其转换为二分类问题（“是否患有疾病1”“是否患有疾病2”等）。实际中可能还存在一种疾病没有在分类模型中的情况（即类别集合是不完全的），这时可以通过向模型中加入一个新的类别 C_{k+1}，对应于“所有其他的疾病”。在本章的后续部分都假定“类别间互不包含而且类集是完全的”。

朴素贝叶斯分类法基于 4 个概率，分别是 $P(C_k|\boldsymbol{X})$、$P(C_k)$、$P(\boldsymbol{X}|C_k)$ 和 $P(\boldsymbol{X})$。

1. 概率 $P(C_k|\boldsymbol{X})$

概率 $P(C_k|\boldsymbol{X})$ 是需要求出的目标概率（后验概率）。即给定一个样本 i 的输入属性 $\boldsymbol{X}$，分类的过程就是针对各个候选类别 C_k 分别求出概率 $P(C_k|\boldsymbol{X})$ 的值，然后比较大小，将样本 i 分给概率值最大的那个类别。但是，概率 $P(C_k|\boldsymbol{X})$ 的值无法根据训练集得出。依据贝叶斯定理，第一个概率可以由后面的 3 个概率运算求出，即

$$P(C_k|\boldsymbol{X})=\frac{P(\boldsymbol{X}|C_k)P(C_K)}{P(\boldsymbol{X})} \tag{9.5}$$

而上式中后面的 3 个概率都是可以根据训练集计算得出的。下面就来详细介绍其计算方法。为了便于讲述，假定样本数据由水果组成，每个水果有两个属性，一个是该水果的颜色，另一个是它的形状。给定一个样本 i，分类的过程就是根据它的颜色和形状（输入向量 $\boldsymbol{X}$ 的值），看它是苹果还是橘子（假定只有这两种类别，苹果用 C_1 表示，橘子用 C_2 表示）。

2. 概率 $P(C_k)$

概率 $P(C_k)$ 表示的是先验概率。先验概率指在不知道任何关于样本 i 的信息的情况下（即不知道 i 的输入向量 $\boldsymbol{X}$ 的值），所知道的样本 i 属于类别 C_k 的概率 $P(C_k)$。例如，人有两种性别，如果用 $P(C_k)(k=1, 2)$ 来表示受精时受精卵接受到适当的染色体而成为男性或女性的概率，那这个概率就是先验概率。它代表在获得输入变量 $\boldsymbol{X}$ 的值之前的类隶属关系概率。在上面的例子中，给定样本 i，不管它是什么颜色，也不管它是什么形状，$P(C_1)$ 表示样本 i 是苹果的概率，$P(C_2)$ 则表示样本 i 是橘子的概率，这时的 $P(C_1)$ 和 $P(C_2)$ 就是先验概率。

那么，先验概率 $P(C_k)$ 如何求出呢？当这些先验概率事先不知道时，需要根据背景知识、现有的数据、数据的分布假设（如属性间彼此独立）等来对先验概率进行估计。

如果训练集中的样本是随机抽取，那么 $P(C_k)$ 就是 C_k 在训练数据集中发生的频率。即 $P(C_k)=S_k/S$，其中，S_k 是训练集中属于类别 C_k 的样本数，而 S 是总的样本数。例如，假设训练集中共有 100 个水果，其中 60 个是苹果，40 个是橘子，则 $P(C_1)=60/100=0.6$，而 $P(C_2)=40/100=0.4$。

当然，如果采用其他采样模式情况要更复杂一些。例如，在一些医疗问题中常常特意从每一个类别中抽取等数量的样本，这样就必须使用某种其他手段来估计这些先验概率了。

3. 概率 $P(\boldsymbol{X}|C_k)$

概率 $P(\boldsymbol{X}|C_k)$ 表示样本 i 属于类别 C_k 时，i 的输入属性 $\boldsymbol{X}$ 的每个属性取某个特定值的概率。例如，已知样本 i 是苹果，则 i 的颜色为红色并且形状为圆形（即 $\boldsymbol{X}$ 在颜色和形状取值分别为红色和圆形）的概率，表示为 $P(\boldsymbol{X}|C_1)$。或者已知样本 i 是橘子，则 i 是红色并且是圆形的概率，表示为 $P(\boldsymbol{X}|C_2)$。

这个概率也可以根据训练集求出。给定具有许多属性的数据集，计算 $P(\boldsymbol{X}|C_k)$ 的开销可能非常大。为降低计算 $P(\boldsymbol{X}|C_k)$ 的开销，可以做类条件独立的朴素假定。给定样本的类标号，假定属性值之间相互独立，即在属性间不存在依赖关系。这样，

$$P(\boldsymbol{X}|C_k)=\prod_{j=1}^{v}P(x_j|C_k)$$

其中 v 表示输入属性的个数。概率 $P(x_1|C_k)$，$P(x_2|C_k)$，…，$P(x_v|C_k)$ 可以由训练样本估计，其中：

① 如果 A_j 是分类属性，则 $P(x_j|C_k)=s_{jk}/s_k$。其中 S_{jk} 是在属性 A_j 上具有值 x_j 的样本属于类别 C_k 的数目，而 S_k 是 C_k 中的训练样本数。

② 如果是连续值属性，则通常假定该属性服从高斯分布。因而，

$$P(x_j|C_k)=g(x_j,\mu_{C_k},\sigma_{C_k})=\frac{1}{\sqrt{2\pi\sigma_{C_k}}}e^{-\frac{\left(x-\mu_{C_k}\right)^2}{2\sigma_{C_k}^2}}$$

其中，给定类 C_k 的训练样本属性 A_j 的值，$g(x_j,\mu_{C_k},\sigma_{C_k})$ 是属性 A_j 的高斯密度函数，而 μ_{C_k}，σ_{C_k} 分别为平均值和标准差。

在本例中，假设训练集的 60 个苹果中，如果有 50 个颜色是红的，40 个形状是圆的，则给定样本 i 是苹果，且 i 的两个输入属性分别取值为红和圆的概率 $P(\boldsymbol{X}_{红圆}|C_1)=(50/60)*(40/60)=0.56$。

4. 概率 $P(\boldsymbol{X})$

概率 $P(\boldsymbol{X})$ 表示任取一个样本 i，其输入向量 $\boldsymbol{X}$ 的每个属性取某个特定值的概率。比如，从水果集任意取出一个水果，不管是苹果还是橘子，它是红色并且是圆形的概率。

这个概率也可以由训练集得出，比如 100 个水果中有 55 个红色的，有 90 个圆形的，则任取一个水果，它是红色并且是圆形的概率为 $P(\boldsymbol{X})=(55/100)*(90/100)=0.495$。实际上，由于 $P(\boldsymbol{X})$ 对于所有类为常数，比如本例中，不管样本 i 是苹果还是橘子，$P(\boldsymbol{X})$ 都等于 0.495。所以在实际分类的过程中，这个概率根本没有必要求出。

9.3.2　朴素贝叶斯分类

朴素贝叶斯分类的工作过程如下：

① 每个数据样本 i 用一个 v 维向量 $\boldsymbol{X}=\{x_1,x_2,\cdots,x_v\}$ 表示，描述 $\boldsymbol{X}$ 的 v 个输入属性 A_1，A_2，…，A_v 的取值。

② 假定有 m 个类别 C_1，C_2，…，C_m。给定一个未知的数据样本 i（输入向量 $\boldsymbol{X}$ 已知，类标号未知），朴素贝叶斯分类将样本 i 分配给类 C_k，当且仅当

$$P(C_k|\boldsymbol{X})>P(C_j|\boldsymbol{X})\quad 1\leqslant j\leqslant m\quad j\neq k$$

这样，最大化 $P(C_k|\boldsymbol{X})$。根据贝叶斯定理，

$$P(C_k|\boldsymbol{X})=\frac{P(\boldsymbol{X}|C_k)P(C_k)}{P(\boldsymbol{X})}$$

由于 $P(\boldsymbol{X})$ 对于所有类为常数，只需要最大化 $P(\boldsymbol{X}|C_k)P(C_k)$ 即可。

③ 对每个类 C_k，计算 $P(\boldsymbol{X}|C_k)P(C_k)$。样本 i 被指派到类 C_k，当且仅当

$$P(\boldsymbol{X}|C_k)P(C_k)>P(\boldsymbol{X}|C_j)P(C_j)\quad 1\leqslant j\leqslant m\quad j\neq k$$

换言之，$\boldsymbol{X}$ 被指派到其 $P(\boldsymbol{X}|C_i)P(C_i)$ 最大的类 C_i。

例 9.2 仍然用图 9.8 中的数据作为训练数据，使用朴素贝叶斯分类法为样本 i 预测类别。样本 i 的输入向量 $\boldsymbol{X}$ 为

$$\boldsymbol{X}=(\text{Age="<=30"},\text{Income="medium"},\text{Student="yes"},\text{Credit\_rating="fair"})$$

根据上面的讨论，需要最大化 $P(\boldsymbol{X}|C_i)P(C_i),i=1,2$。每个类的 $P(C_i)$ 可以根据训练样本计算：

$$P(\text{Buys\_computer="yes"})=9/14=0.643$$

$$P(\text{Buys\_computer="no"})=5/14=0.357$$

为计算 $P(\boldsymbol{X}|C_i),i=1,2$，需要先计算下面的条件概率：

$P(\text{Age="<30"}|\text{Buys\_computer="yes"})=2/9=0.222$

$P(\text{Age="<30"}|\text{Buys\_computer="no"})=3/5=0.600$

$P(\text{Income="medium"}|\text{Buys\_computer="yes"})=4/9=0.444$

$P(\text{Income="medium"}|\text{Buys\_computer="no"})=2/5=0.400$

$P(\text{Student="yes"}|\text{Buys\_computer="yes"})=6/9=0.667$

$P(\text{Student="yes"}|\text{Buys\_computer="no"})=1/5=0.200$

$P(\text{Credit\_rating="fair"}|\text{Buys\_computer="yes"})=6/9=0.667$

$P(\text{Credit\_rating="fair"}|\text{Buys\_computer="no"})=2/5=0.400$

由此，得到

$P(\boldsymbol{X}|\text{Buys\_computer="yes"})=0.222\times0.444\times0.667\times0.667=0.044$

$P(\boldsymbol{X}|\text{Buys\_computer="no"})=0.600\times0.400\times0.200\times0.400=0.019$

$P(\boldsymbol{X}|\text{Buys\_computer="yes"})\quad P(\text{Buys\_computer="yes"})=0.044\times0.643=0.028$

$P(\boldsymbol{X}|\text{Buys\_computer="no"})\quad P(\text{Buys\_computer="no"})=0.019\times0.357=0.007$

因此，朴素贝叶斯分类法预测样本 i 的类别为 buys_computer ="yes"。

朴素贝叶斯分类法假定属性值之间是相互独立的。实际上，在某些情况下，属性之间是不独立的，这时朴素贝叶斯分类法就不适用了。这就要采用贝叶斯信念网络分类方法，该方法采用图形模型来表示属性值间的依赖关系。图中的每个结点表示一个变量，结点中的有向边表示变量之间的依赖关系。如果从 A 到 B 有一条边，则称 A 为 B 的前驱，B 为 A 的后继。B 只与它的前驱变量有依赖关系，而独立于其他变量。贝叶斯信念网络提供了一种表示数据依赖的方法，用来发现变量间潜在的因果关系。

9.4 支持向量机分类

关于支持向量机（support vector machine，SVM）的研究最早出现在 20 世纪 60 年代，到 20 世纪 90 年代中期形成了一个较完整的体系。与其他的分类方法相比，支持向量机分类的优点是准确性比较高，模型描述比较简单，不易产生过拟合的现象；缺点是需要较长的训练时间。支持向量机中的“机”字实际上代表一类算法，所以更确切地，支持向量机可以理解为“使用了

支持向量的算法”。

前面提到，用于分类的预测模型主要有判别模型和概率模型两种。决策树模型属于前者，而贝叶斯分类属于后者。在判别模型中，最主要的任务是寻找各个类别的决策区域。一旦确定了各个类别的决策区域，则分类建模的任务也就完成了。但在很多实际应用中，类别之间的边界是不可能那么清晰的。为此，人们提出了另外一种分类方法，该方法不再关注类别间的边界，而是寻找一种能使不同类别间的差异最大化的函数。这样的函数通常称为判别函数。支持向量机就属于这样的分类方法。

支持向量机主要用来解决二元分类问题（即数据集中的数据最多只属于两个不同的类别）。当用于多元分类问题时，需要分别构建多个支持向量机。对于二元分类问题，又分为两种情况：线性可分和线性不可分。所谓线性可分是指如果将训练集中的样本都看作多维空间中的点，则存在一个超平面，可以将这些点分成截然不同的两部分（一部分对应一个类别）。对应地，线性不可分则指不存在这样一个超平面可以将所有的样本分成两类。对于线性不可分的情况，需要采取特殊的方法进行处理。

9.4.1　线性可分时的二元分类问题

假设一个训练集包含样本（X_1, Y_1），（X_2, Y_2），…，（X_n, Y_n），其中 X_i 代表样本 i 的输入属性，Y_i 代表样本 i 的目标属性。由于现在考虑的是二元分类问题，所以 Y_i 只能取 +1 或者 −1 两个值，即 $Y_i \in \{+1, -1\}$。例如，Y_i 对应于例 9.1 中的 buy_computer= “yes” 和 buy_computer= “no”。如果将 X_i 看作多维空间中的点，假设只有两个输入属性 A_1 和 A_2，则图 9.10 显示了一个二维空间中数据线性可分的例子。即存在一条直线，可以将所有的样本分成截然不同的两部分。实际上，不只存在一条这样的直线，而是有多条（如图 9.10 中的虚线所示）。我们希望从中找出一条最好的，即利用该直线进行分类，出错的概率最小。同理，在三维空间中希望找到一个最好的平面，在 n 维空间中希望找到一个最好的超平面。

那么，什么样的超平面（二维情况下为直线）最好呢？将图 9.10 中的任一直线平行地上下移动，直到在某一方向上碰到任意一个数据点为止，这时会得到一个区间。如图 9.11（a）中，由 L_1 移动后形成了区间 M_1；图 9.11（b）中，L_2 移动后形成了区间 M_2。通常认为，如果一条超平面移动后所形成的区间比较宽，则该超平面比较好。例如，图 9.11（b）中区间 M_2 要比 9.11（a）中的区间 M_1 宽，因此，用于空间划分，直线 L_2 要比 L_1 好。

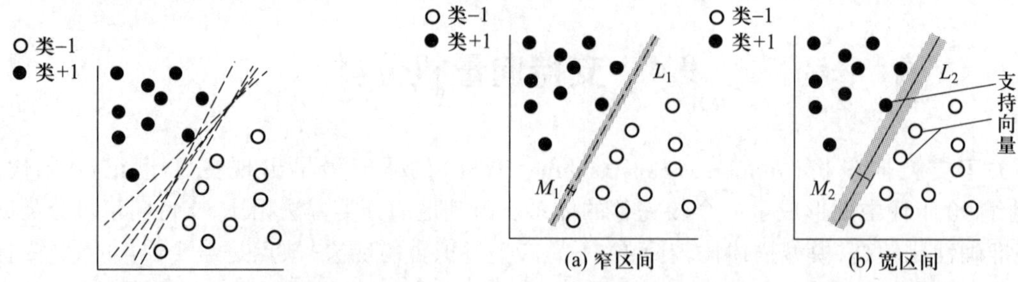

图 9.10　二维空间中数据线性可分的例子　　图 9.11　二维空间中由不同的直线所形成的不同区间示例

根据上面的讨论可知，最好的超平面就是能够形成最大区间的那个超平面。该超平面在移动过程中所碰到的那些点称为支持向量，如图 9.11（b）中最靠近区间 M_2 的那 3 个点就是该数据集的支持向量。

为什么能形成最大区间的超平面（即分类模型）最好？其原因如下：

① 该模型的分类准确度较高。因为一旦在分类超平面的选择上出现错误，能形成最大区间的超平面将使得分类的出错率最低。

② 鲁棒性较好。因为该分类模型与那些不属于支持向量的样本没有关系，所以异常的样本数据不会对分类结果造成影响。

现在的问题就是要想办法找到这个最优的超平面，即能够形成最大区间的超平面。假设该超平面 P 可以表示为

$$w_1x_1+w_2x_2+\cdots+w_nx_n+b=0 \tag{9.6}$$

或者用向量形式表示为

$$\boldsymbol{W}^{\mathrm{T}}\boldsymbol{X}+b=0 \tag{9.7}$$

其中，$\boldsymbol{W}=\{w_1, w_2, \cdots, w_n\}$ 为权向量，n 是输入变量的个数，b 是一个偏移量。那么，当 $\boldsymbol{W}$ 和 b 取什么值时，该超平面所形成的区间 M 最大呢？要解决该问题，需要将 M 表示成 $\boldsymbol{W}$ 和 b 的表达式，并最大化该表达式，从而得到一组 $\boldsymbol{W}$ 和 b 的取值。将其代入式（9.6），就可以得到分类所需要的最好超平面。

因此，需要将 M 转换成 $\boldsymbol{W}$ 和 b 的表达式。如图 9.12 所示，如果将 M 与 Y_i=+1 相邻的平面称为正平面，将 M 与 Y_i=−1 相邻的平面称为负平面，则可以得到如下表达式：

① 正平面：$\boldsymbol{W}^{\mathrm{T}}\boldsymbol{X}+b=+1$

② 负平面：$\boldsymbol{W}^{\mathrm{T}}\boldsymbol{X}+b=-1$

③ $\boldsymbol{W}$ 与正（负）平面垂直（因为 $\boldsymbol{W}$ 是超平面 P 的法向量，与超平面 P 垂直。而正（负）平面与超平面 P 平行）

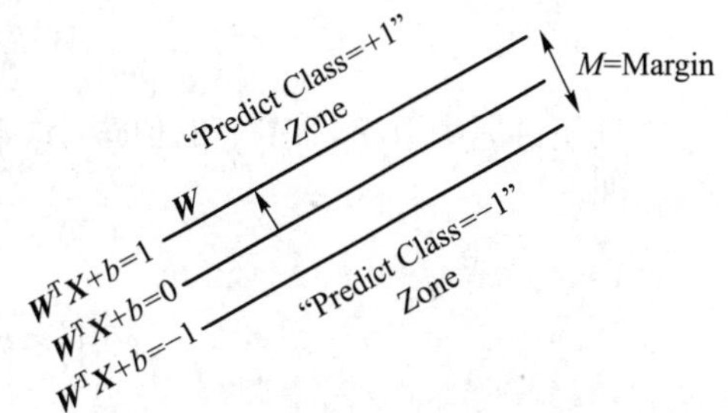

图 9.12　二维空间中正（负）平面示例

有了正（负）平面之后，给定样本 i 的输入向量 $\boldsymbol{X}$，可以按照如下原则对其进行分类：如果 $\boldsymbol{W}^{\mathrm{T}}\boldsymbol{X}+b>1$，则 i 的类别标号为 +1；如果 $\boldsymbol{W}^{\mathrm{T}}\boldsymbol{X}+b<-1$，则 i 的类别标号为 −1。如果 $-1<\boldsymbol{W}^{\mathrm{T}}\boldsymbol{X}+b<1$，则出错。

假定 $\boldsymbol{X}^-$ 为负平面上的任意一点，而 $\boldsymbol{X}^+$ 为正平面上离 $\boldsymbol{X}$ 最近的点。则下式成立：

$$\boldsymbol{X}^+=\boldsymbol{X}^-+\lambda\,\boldsymbol{W} \tag{9.8}$$

其中 λ 为某个特定的标量值。因为经过点 $\boldsymbol{X}^+$ 和 $\boldsymbol{X}^-$ 的直线与正（负）平面垂直，所以从 $\boldsymbol{X}^+$ 到 $\boldsymbol{X}^-$ 只要沿着 $\boldsymbol{W}$ 方向行进一段距离即可。

综上，到目前为止，我们已经知道下述表达式是成立的：

式 1　$\boldsymbol{W}^{\mathrm{T}}\boldsymbol{X}^++b=+1$

式 2　$\boldsymbol{W}^{\mathrm{T}}\boldsymbol{X}^{-}+b=-1$

式 3　$\boldsymbol{X}^{+}=\boldsymbol{X}^{-}+\lambda\boldsymbol{W}$

式 4　$|\boldsymbol{X}^{+}-\boldsymbol{X}^{-}|=M$

现在，需要根据上面这些已知条件，将 M 表示成 $\boldsymbol{W}$ 和 b 的函数，并求出使 M 最大的 $\boldsymbol{W}$ 和 b 的值。

首先来介绍如何将 M 表示成 $\boldsymbol{W}$ 和 b 的函数。将式 3 代入式 1，得

$$\begin{aligned}&\boldsymbol{W}^{\mathrm{T}}(\boldsymbol{X}^{-}+\lambda\boldsymbol{W})+b=+1\\ \Rightarrow\ &\boldsymbol{W}^{\mathrm{T}}\boldsymbol{X}^{-}+b+\lambda\boldsymbol{W}^{\mathrm{T}}\boldsymbol{W}=+1\\ \Rightarrow\ &-1+\lambda\boldsymbol{W}^{\mathrm{T}}\boldsymbol{W}=+1\\ \Rightarrow\ &\lambda=2/\boldsymbol{W}^{\mathrm{T}}\boldsymbol{W}=2/\boldsymbol{W}\cdot\boldsymbol{W}\end{aligned}$$

根据式 3 和式 4：

$$M=|\lambda\boldsymbol{W}|=\lambda\sqrt{\boldsymbol{W}\cdot\boldsymbol{W}}=2/\sqrt{\boldsymbol{W}\cdot\boldsymbol{W}}=2/\|\vec{\boldsymbol{W}}\|$$

由此将 M 表示成了 $\boldsymbol{W}$ 的函数。接下来的任务是确定 $\boldsymbol{W}$ 和 b 的值（即分类模型 $\boldsymbol{W}^{\mathrm{T}}X+b=0$ 的参数），使得 M 最大，并且该模型能够与训练数据集中的样本进行最好的拟合。

换句话说，只需要编写一个程序对 $\boldsymbol{W}$ 和 b 的取值空间进行搜索，找出能够满足上述两个条件的 $\boldsymbol{W}$ 和 b 值。实际上相当于要解决如下的优化问题：求一组变量 $\boldsymbol{W}$ 和 b，满足约束条件：

$$\begin{cases}\boldsymbol{W}^{\mathrm{T}}\boldsymbol{X}+b\geqslant+1，\text{如果 } Y=+1\\ \boldsymbol{W}^{\mathrm{T}}\boldsymbol{X}+b\leqslant-1，\text{如果 } Y=-1\end{cases}$$

且使目标函数 $Z=\|\vec{\boldsymbol{W}}\|^{2}$ 的值最小（M 的值最大）。

即

$$\min Z=\|\vec{\boldsymbol{W}}\|^{2}$$

$$\text{约束条件}\begin{cases}\boldsymbol{W}^{\mathrm{T}}\boldsymbol{X}+b\geqslant+1，\text{如果 } Y=+1\\ \boldsymbol{W}^{\mathrm{T}}\boldsymbol{X}+b\leqslant-1，\text{如果 } Y=-1\end{cases}$$

该优化问题可以应用经典的二次规划（quadratic programming）方法求解。

前面介绍的是将支持向量机应用于完全线性可分时的二元分类问题。即存在一个超平面 $\boldsymbol{W}^{\mathrm{T}}\boldsymbol{X}+b=0$，可以将训练集中的样本分成截然不同的两部分（一部分对应一个类别）。而实际的情况要复杂得多，如图 9.13（a）所示，无法找到这样一个理想的超平面能将样本完全分开。在这种情况下，需要对上述优化问题进行修改。设被错误分类的样本到其正确区域的最短路径为 ε，被错误分类的样本数共有 l 个，如图 9.13（b）所示。则目标函数需要修改为

$$Z=\|\vec{\boldsymbol{W}}\|^{2}+C\sum_{k=1}^{l}\varepsilon_{k}$$

其中参数 C 称为错误惩罚参数，用来平衡错误分类样本和算法间的关系。约束条件需要修改为

$$\begin{cases}\boldsymbol{W}^{\mathrm{T}}\boldsymbol{X}_{k}+b\geqslant+1-\varepsilon_{k}，\text{如果 } Y_{k}=+1，k=1\cdots l\\ \boldsymbol{W}^{\mathrm{T}}\boldsymbol{X}_{k}+b\leqslant-1+\varepsilon_{k}，\text{如果 } Y_{k}=-1，k=1\cdots l\end{cases}$$

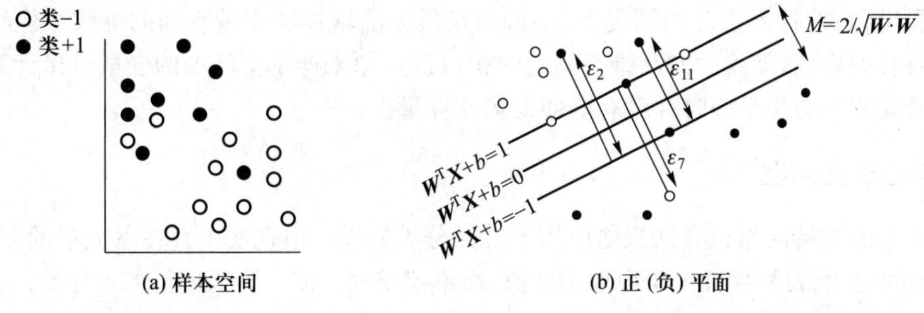

(a) 样本空间 (b) 正 (负) 平面

图 9.13 不完全线性可分示例

9.4.2 线性不可分时的二元分类问题

上面描述的都是数据线性可分（完全或不完全）的情况，在现实世界中，很多分类问题都是线性不可分的。即不存在一个超平面，能够将大多数样本进行正确分类。图 9.14（a）和（b）分别展示了一维和二维情况下的线性不可分情况。

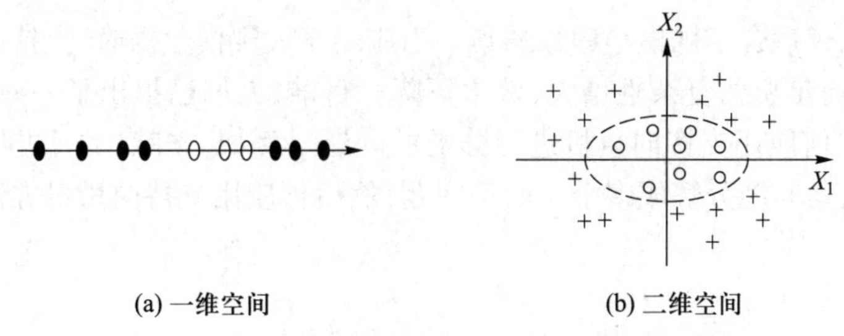

(a) 一维空间 (b) 二维空间

图 9.14 线性不可分示例

当在原来的样本空间中无法找到一个最优的线性分类函数时，可以考虑利用非线性变化的方法，将原样本空间的非线性问题转化为另一个高维空间中的线性问题。例如，可以将图 9.14（a）中的数据变换到二维空间（X, X^2），变换后则存在一个超平面，如图 9.15（a）所示，可以将样本分成两个不同的类别。同样道理，如果将图 9.14（b）中的数据变换到三维空间（$X_1^2, \sqrt{2}X_1X_2, X_2^2$），则同样存在一个超平面，如图 9.15（b）所示，可以将样本分成两个不同的类别。

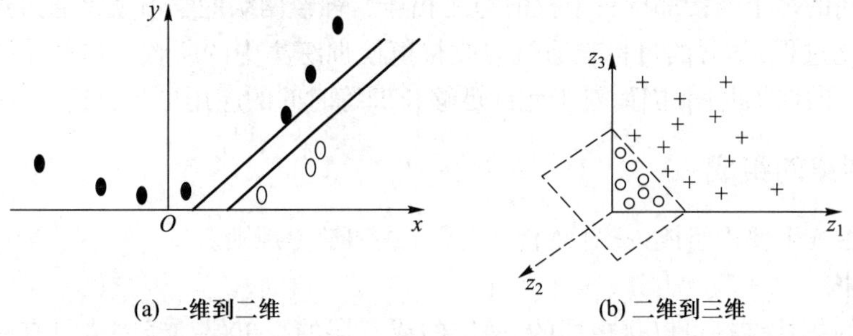

(a) 一维到二维 (b) 二维到三维

图 9.15 通过非线性变换，将线性不可分问题转化成线性可分问题

可以看出，在线性不可分的情况下，支持向量机方法增加了变量空间的维数。但实际上，根据核函数的有关理论，变换后的高维空间的内积可以用原来样本空间中的变量直接计算得到，所以在求解最优的分类超平面时并没有增加太多计算量。

9.4.3 多元分类问题

上面介绍的支持向量机方法只能应用于二元分类问题。但现实中存在着大量的多元分类问题。在这类问题中，目标属性 Y 可以取多个值，而不仅是两个值。为了进行多元分类，一种常用的方法是构造多个支持向量机。例如，假设有 m 个不同的类别 $C_1, \cdots, C_m$，则构造 m 个不同的二元分类器，分别为 $f_1, \cdots, f_m$。对任何一个分类器 f_i 来说，它的目标属性 Y_i 只能取两个值 C_i 或 $\neg C_i$，即 $Y_i \in \{C_i, \neg C_i\}$。给定一个新的样本 X，理论上这 m 个分类器应该只有一个取值为 $f_i(X) \geqslant 0$，其他的均为 $f_j(X) \leqslant 0 (j \neq i)$，但事实并非如此。实际分类时可能存在多个分类器，它们的 $f(X)$ 取值都大于等于 0。这时，通常选择值最大的 $f(X)$ 所对应的类别作为 X 的类别。

9.4.4 可扩展性问题

支持向量机比较适合于规模小的数据集。当应用于大规模数据时，支持向量的数量会大幅增加，从而使支持向量机的复杂性增大，效率下降。目前，人们已提出了一些方法，用来解决在大规模数据集上如何应用支持向量机进行分类的问题。例如，文献[21]提出的分解算法首先将大规模的二次规划问题分解成多个小的子问题，然后再应用支持向量机方法一一解决这些子问题。

9.5 人工神经网络分类

人工神经网络（artificial neural network，ANN）是以模拟人脑神经元为基础而创建的，由一组相连接的神经元组成。神经元可以看作是一个多输入单输出的信息处理单元，它先对输入变量进行线性组合，然后对组合的结果做非线性变换。因此，可以把神经元抽象为一个简单的数学模型。

神经元之间的每个连接都有一个权值与之相连。神经网络的学习就是通过迭代算法对权值逐步修改的优化过程，学习的目标是通过修改权值使训练集中的所有样本都能被正确分类。神经网络需要很长的训练时间，因而对于允许足够长训练时间的应用更为合适。

9.5.1 神经网络的组成

神经网络由 3 个要素组成：拓扑结构、连接方式和学习规则。

1. 拓扑结构

神经网络的拓扑结构可以是单层的、两层的或三层的。单层神经网络只有一组输入单元和一个输出单元,如图 9.16 所示。

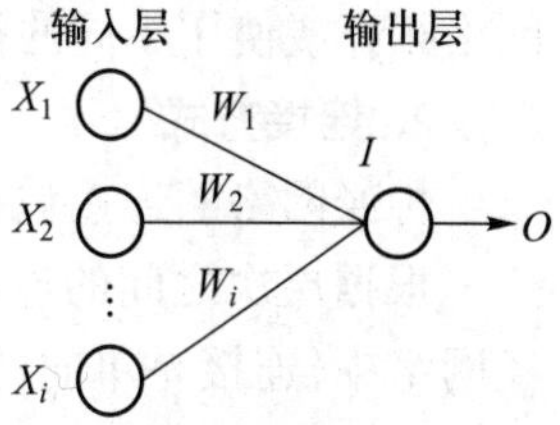

单层神经网络的输出单元和输入单元相连,连接的权值用 W_i 表示,输出单元本身与一个偏置 θ 关联。输出单元的净输入值 I 等于输入 X 和权值 W 的线性组合,再加上偏置 θ。即对输出单元来说,其净输入的计算公式为

$$I=\sum X_iW_i+\theta$$

图 9.16 单层神经网络

输出单元的净输出通过对其净输入进行非线性变换而得。早期,ANN 使用阈值进行非线性变换:如果 I 的值小于某个阈值,那么输出为 0,否则为 1。在应用中,通常采用如下的非线性变换方式:

$$O=\frac{1}{1+e^{-I}}$$

由于单层神经网络只有一个输出单元,常用于二元分类问题。假设样本只有两个类别 C_1 和 C_2,则当样本的类别为 C_1 时,期望输出值为 1;当样本的类别为 C_2 时,输出单元的期望输出值为 0。

两层神经网络由输入单元层和输出单元层组成。如图 9.17 所示,该网络有 i 个输入单元,j 个输出单元。由于两层神经网络有多个输出单元,可用于多元分类问题。假设样本有 m 个类别 C_1, $\cdots$, C_m,则输出层需要设计 m 个输出单元。则当样本的类别为 C_i 时,第 i 个输出单元的期望输出值为 1,其他输出单元的期望输出值为 0。

三层神经网络用于处理更复杂的非线性问题。在这种模型中,除了输入单元层和输出单元层之外,引入了中间层(或称隐藏层,可以为多层)。每层单元的输出作为下一层单元的输入。图 9.18 表示了一个三层神经网络,由输入层、隐藏层和输出层组成。

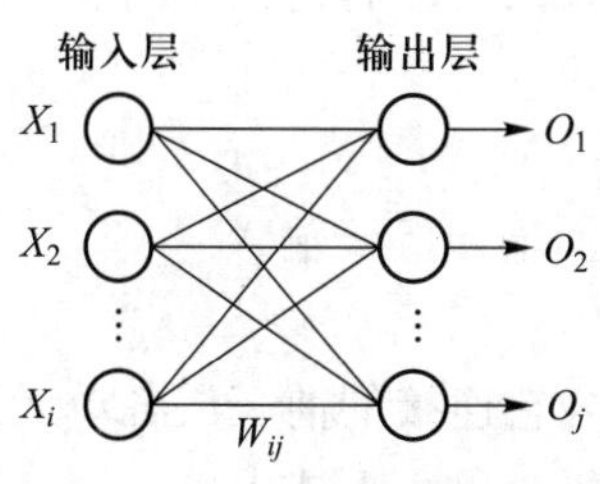

图 9.17 两层神经网络

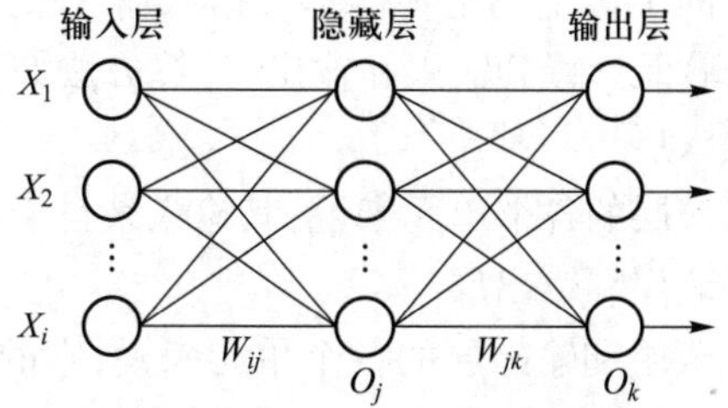

图 9.18 三层神经网络

神经网络在开始训练之前,用户必须说明输入层的单元数、隐藏层数(如果多于一层)、每一隐藏层的单元数和输出层的单元数,以确定网络的拓扑结构。同时,需要对网络连接的权值和每个单元的偏置进行初始化。网络的权值和偏置通常被初始化为很小的随机数,例如,可以初始化为[-1.0, 1.0]或[-0.5, 0.5]之间的某个数。

拓扑结构的设计是一个试验过程,并可能影响网络训练结果的准确性。权和偏置的初值也可能影响结果的准确性。如果网络经过训练之后其准确性仍无法接受,则通常需要采用不同的

网络拓扑或使用不同的初始值重新对其进行训练。

2. 连接方式

神经网络的连接包括层次之间的连接和每一层内部的连接，连接的强度用权表示。

根据层次之间的连接方式，可以把神经网络分为前馈神经网络和反馈神经网络。在前馈神经网络中，连接是单向的，上层单元的输出是下层单元的输入。在反馈神经网络中，除了单向连接之外，最后一层单元的输出返回作为第一层单元的输入。

根据单元之间的连接范围，可以把神经网络分为全连接神经网络和部分连接神经网络。在全连接神经网络中，每个单元和相邻层的所有单元都相连；而在部分连接神经网络中，每个单元只与相邻层上的部分单元相连。

3. 学习规则

神经网络的学习分为离线学习和在线学习两类。离线学习指神经网络的学习过程和应用过程是独立的，而在线学习指学习过程和应用过程是同时进行的。

9.5.2　神经网络分类方法

神经网络经常用于分类。最典型的分类算法是 20 世纪 80 年代提出的反向传播（back-propagation，BP）算法。反向传播算法迭代地对训练集中的每个样本进行处理，将每个样本的网络分类结果与实际的类标号进行比较，如果不一致则修改权，使得网络分类结果和实际类标号之间的均方差逐渐减小（这里均方差是评分函数，采用的搜索策略是梯度下降）。更新权值的过程是“反向”进行的，即由输出层经由每个隐藏层到达输入层。由于这个原因，这种方法被称作反向传播算法。尽管不能保证，一般地，权将最终收敛，学习过程停止。

1. 向前传播输入

这一步的工作主要是将样本数据从输入层经由各个隐藏层，最后传到输出层。为网络中每一层的每个单元计算其输入和输出，计算方法如下。

（1）输入层

对于输入层的各个单元来说，其输入来自于样本数据，而输出等于输入。

（2）隐藏层和输出层

对于隐藏层和输出层的各个单元来说，它的输入等于与它连接的前一层各单元的输出的一个线性组合。即给定隐藏层或输出层的某个单元 j，它的输入 I_j 可由下式求出：

$$I_j = \sum_i W_{ij} O_i + \theta_j$$

其中，W_{ij} 是由前一层的单元 i 到单元 j 的连接的权，O_i 是前一层的单元 i 的输出，而 θ_j 是单元 j 的偏置。

隐藏层或输出层的各单元的输出，通常通过对输入应用一个非线性变换得出。例如，给定单元 j 的净输入 I_j，则单元 j 的输出 O_j 可用下式计算：

$$O_j = \frac{1}{1+e^{-I_j}}$$

2. 反向传播误差

通过上一步的工作，样本数据经由网络中的各层最后到达输出层，而输出层的输出就是我们所要的分类结果。那么，分类结果是否正确呢？前面提到，现在是网络的训练阶段，用到的数据来自训练集，而训练集中数据的分类结果是已知的，所以这时只需将由网络预测出的结果与数据已知的分类结果进行比较就可以了。如果二者完全吻合，即不存在误差，则本次迭代过程结束，重新取一个样本，开始下一次迭代过程；否则，需将误差反向传播回去，即由输出层传播到各个隐藏层。反向传播的过程中，需要更新网络中的权值和偏置。下面来详细看一下误差的传播和权值（以及偏置）的修改过程。

（1）计算输出层的误差

对于输出层单元 j，误差 Err_j 用下式计算

$$\mathrm{Err}_j=O_j(1-O_j)(T_j-O_j)$$

其中，O_j 是单元 j 的实际输出，而 T_j 是所给定的训练样本的真正类标号。

（2）计算隐藏层的误差

隐藏层单元 j 的误差，由连接它的下一层的各单元误差的线性组合得到。即

$$\mathrm{Err}_j=O_j(1-O_j)\sum_k \mathrm{Err}_k W_{kj}$$

其中，W_{kj} 是由下一层中单元 k 到单元 j 的连接的权，而 Err_k 是单元 k 的误差。

（3）更新权值

误差算出来之后，要对网络连接的权值进行更新以反映所传播的误差。权值由下式更新，其中 ΔW_{ij} 是权 W_{ij} 的改变。

$$\Delta W_{ij}=(l)\mathrm{Err}_j O_i$$

$$W_{ij}=W_{ij}+\Delta W_{ij}$$

其中的变量 l 是学习率，通常取 0 和 1 之间的值。

（4）更新偏置

偏置由下式更新，其中 $\Delta\theta_j$ 是偏置 θ_j 的改变。

$$\Delta\theta_j=(l)\mathrm{Err}_j$$

$$\theta_j=\theta_j+\Delta\theta_j$$

前面提到，反向传播算法是一个迭代过程，它针对训练集中的每一个样本进行迭代处理。对训练集中的所有样本循环处理一次称为一个周期。训练的过程需要很多个周期，那什么时候终止呢？如果满足下面 3 个条件中的一个，则迭代过程可以终止：

① 前一周期所有的 ΔW_{ij} 都太小，小于某个指定的阈值。

② 前一周期未正确分类的样本百分比小于某个阈值。

③ 超过预先指定的周期数。实践中，权收敛可能需要数十万个周期。

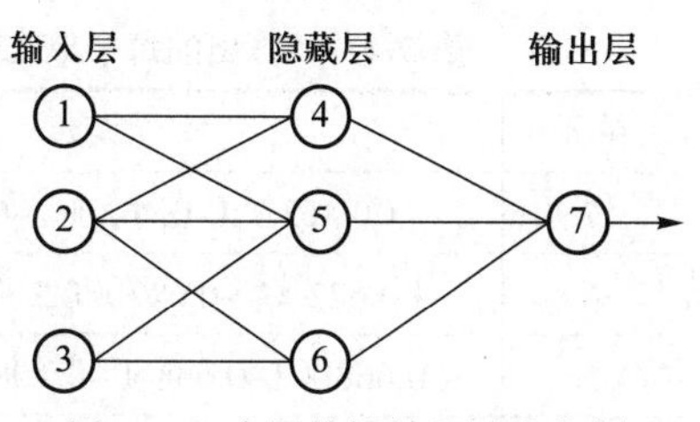

图 9.19　多层前馈神经网络实例

例 9.3　图 9.19 给出了一个三层前馈神经网络的例子。设学习率为 0.9，W_{ij} 表示第 i 个单元到第 j 个单元的权，θ_i 代表第 i 个单元的偏置。网络的初始权值和偏置值在表 9.1 和表 9.2 中给出。现假设有一个样本，它的输入变量 $X=\{1,0,1\}$，目标变量 $Y=1$（即分类标号为 1），试给出反向传播算法针对该样本的迭代过程。

表 9.1　网络的初始权值

连接	权值	连接	权值
W_{14}	−0.1	W_{35}	0.3
W_{15}	0.2	W_{36}	0.4
W_{24}	0.1	W_{47}	0.2
W_{25}	−0.2	W_{57}	−0.1
W_{26}	0.3	W_{67}	0.2

表 9.2　网络的初始偏置值

单元	偏置
θ_4	−0.1
θ_5	0.2
θ_6	0.1
θ_7	−0.3

第一步，将样本数据从输入层经由中间隐藏层，最后传到输出层。根据上面列出的公式，可以计算出每个单元的输入和输出。这些值在表 9.3 中列出。

表 9.3　计算出的每个单元的输入和输出

单元	输入	输出
1	1	1
2	0	0
3	1	1
4	−0.1+0−0.1=−0.2	$1/(1+e^{0.2})=0.450$
5	0.2+0+0.3+0.2=0.7	$1/(1+e^{-0.7})=0.668$
6	0+0.4+0.1=0.5	$1/(1+e^{-0.5})=0.622$
7	(0.450)(0.2)+(0.668)(−0.1)+(0.622)(0.2)−0.3=−0.152	$1/(1+e^{0.152})=0.462$

第二步，计算每个单元的误差，并反向传播误差。误差算出来之后，要对网络连接的权值进行更新。误差及其更新后的权值和偏置见表 9.4 至表 9.6 所示。

表 9.4　计算出的每个单元的误差

单元	误差
7	(0.462)(1−0.462)(1−0.462)=0.134
6	(0.622)(1−0.622)(0.2)(0.134)=0.006
5	(0.668)(1−0.668)(−0.1)(0.134)= −0.003
4	(0.450)(1−0.450)(0.2)(0.134)=0.007

表 9.5　更新后的偏置值

单元	新偏置
θ_4	−0.1+(0.9)(0.007)=−0.094
θ_5	0.2+(0.9)(−0.003)=0.197
θ_6	0.1+(0.9)(0.006)=0.105
θ_7	−0.3+(0.9)(0.134)=−0.179

表 9.6 更新后的权值

连接	新权值
W_{67}	0.2+（0.9）（0.134）（0.622）=0.275
W_{57}	−0.1+（0.9）（0.134）（0.668）=−0.019
W_{47}	0.2+（0.9）（0.134）（0.450）=0.254
W_{14}	−0.1+（0.9）（0.007）（1）=−0.094
W_{15}	0.2+（0.9）（−0.003）（1）=−0.197
W_{24}	0.1+（0.9）（0.007）（0）=0.1
W_{25}	−0.2+（0.9）（−0.003）（0）=−0.2
W_{26}	0.3+（0.9）（0.006）（0）=0.3
W_{35}	0.3+（0.9）（−0.003）（1）=0.297
W_{36}	0.4+（0.9）（0.006）（1）=0.405

9.6 文本分类实践案例：精准营销中搜狗用户画像挖掘

文本分类是在预定的类别体系下，让计算机根据文本内容自动将文本识别为某个类别的过程。为了进行文本分类，首先需要将非结构化的文本数据转换为结构化的数据，然后才能使用前面介绍的分类算法进行文本分类。通常将这个从非结构化数据到结构化数据的转换过程称为文本预处理。

文本预处理建立在对自然语言进行计算机理解的基础上。换句话说，自然语言处理技术对文本进行预处理，将其转换成计算机可以理解的符号。只有让计算机很好地理解了自然语言文本，它才能够帮助人们准确地从文本中挖掘出所蕴含的知识。其过程通常包括分词与文本表示两步。

9.6.1 分词与文本表示

1. 分词

分词又称切词（word segmentation），其主要任务是将句子切分成一个个单独的词。在以英文为代表的拉丁语系中，英文句子中的单词之间以空格作为天然分割符，除少数固定搭配或短语外，通常一个单词代表上述“分词概念”中的一个词。而中文语言符号中，汉字是最小的书写单元，中文句子由一个个汉字构成，但汉字却不是最小的能够独立活动的有意义的语言成分，词才是。但与英文不同的是，中文句子中词与词之间没有明显的区分标记。有的词由一个汉字组成，有的词则必须由两个或两个以上的汉字组成才能表达完整的意义。所以在进行中文文本预处理时，必须首先对中文句子进行切词处理，也就是将句子切分成词与词的组合，表现形式为在词与词之间加入空格作为切分符号。例如，将句子“我喜欢文本挖掘课程”切分成“我 喜欢 文本 挖掘 课程”5 个词。较常用的分词工具有基于多层隐马尔可夫模型的汉语词法分析系统 ICTCLAS（中国科学院计算技术研究所研制），中文自然语言处理工具包 FudanNLP（复旦大学计算机学院邱锡鹏教授团队研发）等。

2. 文本表示

文本预处理的目标是将非结构化的文本数据表示为类似二维表格等结构化数据的形式。其中每个文档相当于二维表格中的一行，文档集合中经分词及去停用词处理后的每个词作为二维表格中的一个属性列，也称原始特征。相关表示形式如表 9.7 所示。

表 9.7 文档集合的结构化表示形式

文档	特征词 1	特征词 2	特征词 3	…	特征词 n
文档 1	权重 11	权重 12	权重 13	…	权重 $1n$
文档 2	权重 21	权重 22	权重 23	…	权重 $2n$
文档 3	权重 31	权重 32	权重 33	…	权重 $3n$
文档 4	权重 41	权重 42	权重 43	…	权重 $4n$
…	…	…	…	…	…
文档 m	权重 $m1$	权重 $m2$	权重 $m3$	…	权重 mn

这种表示方式称为文本的向量空间模型，即用向量空间模型来表示文本。在向量空间模型中，表中的每一个特征词（一列）称为向量空间模型中的一个维度，即文本集可以看作是由一组特征词（特征词 1，特征词 2，特征词 3，…，特征词 n）组成的向量空间，每个文本文件可以看作是这 n 维空间中的一个向量（一行）。例如文档 i 可以表示为 V（文档 i）=（权重 $i1$，权重 $i2$，权重 $i3$，…，权重 in），其中的"权重 ij"值表示"文档 i 的特征词 j"的权重值（代表特征词 j 在文档 i 中的重要程度）。

权重值可以根据不同的方法计算得出。最简单的向量空间模型是布尔模型，它将某个词在文档中的出现与否作为权重的度量指标，词出现时权重为 1，未出现时权重为 0。复杂一些的权重计算方法有词频法（TF）、逆向文件频率法（IDF）、TF-IDF 法等（详见后文）。由原始特征（即文档集合中经分词及去停用词处理后的每个词）构成的向量空间模型通常存在维度数量庞大和数据过于稀疏的问题。对于一般规模的文本挖掘问题，其所对应的特征空间的维数成千上万。很明显，这给存储和计算带来了极大的困难，一般的算法很难对其进行处理，需减少这些特征词的维数，以方便后续高效率的存储和计算。减少特征词维数的方法有两种，一种为特征选择，另一种为特征重构。简单来说，前者是从原始特征中去掉一部分特征，而后者则是通过一定的方法，将原始特征进行重新组合和解释，找出新的特征来代表。常用的特征重构法是采用线性变换，如奇异值分解、主成分分析等方法，将样本数据从高维空间投影到低维空间来达到降维的目的。

9.6.2 数据简介

1. 背景

在现代广告投放系统中，精准细致的用户画像构建算法是实现精准广告投放的基础技术之一。所谓用户画像,是指根据用户的历史购买行为所归纳总结出来的用户的购买偏好。其中,基于人口属性的广告定向技术是普遍适用于品牌展示广告和精准竞价广告的关键性技术。人口属性包括自然人的性别、年龄、学历等基本属性。在搜索竞价广告系统中,用户通过在搜索引擎输入具体的查询词来获取相关信息。因此,用户的历史查询词与用户的基本属性及潜在需求有密切的关系。如何把广告投放给需要的人是精准营销中最核心的问题,如何越来越精确地挖掘人群属性,也一直是技术上的天花板。对于企业管理人员来说,了解自身产品的受众有助于进行产品定位,并设计营销解决方案。因此,如何结合机器学习算法、大数据分析技术、数据挖掘技术将产品智能精准地投放给需要的人,也是当下的一个热门课题。

2. 数据内容

该数据来源于 2016 CCF 大数据与计算智能大赛:大数据精准营销中搜狗用户画像挖掘。数据是一个文本文件,存有两万条数据,是搜狗提供的用户一个月的历史查询词与用户的人口属性标签(包括性别、年龄、学历)。原始数据中第一列是对每一条数据的编号,第二列是用户年龄段的标签,第三列是用户性别的标签,1 代表该用户为男性,2 代表该用户为女性,第四列是用户学历的标签,最后一列是该用户的搜索内容。这里只是一个简单的案例分析,故仅针对用户的性别将其作为一个二分类问题。从原始数据中抽取出用户性别和用户搜索内容后的数据如表 9.8 所示。

表 9.8 原始数据示例

用户性别	用户搜索内容(部分)
2	箱包大小 粉饼和散粉的区别 土木工程专业就业前景 西游记之三打白骨精……
2	钢琴曲欣赏 100 首 一个月的宝宝眼睫毛那么是黄色 宝宝右眼有眼屎 小儿抽搐怎么办……
2	宠辱小说 陶喆的歌 库克抛售苹果股份 老人要 1 元赡养费……
1	吴靖平 使用假增值税发票属什么行为 抽到 81 签的解释 奔驰车轿车为什么不是大标志图……
1	普通脉冲雷达怎么抑制地面回波 郭富城电影 vc 怎么解码 h.264 抓鸟判刑,民众保护意识淡……
1	电视机变成黑白的怎么调 定州房价 文爱图爱微信截图 文爱漂流瓶聊天记录 老版快播 哇……
1	问月酒店 百度 微信 转向辅助灯 消费者报告 fview 电影 家里有 wifi 吗 慢热金属 马犬……
1	梦思雨十字绣好吗 淘宝农村服务站加盟 怎么加盟农村淘宝服务站 汽车销售 什么是成功男……
1	食人水蛭 诸葛亮的幕 股票最佳买入时机 匈奴是现在的什么民族 追涨停股 k 线图基础知识……
1	rox 追踪者 圣王 英雄联盟之抗韩先锋 我的早更女友百度百科 武霸……
2	染发剂弄到衣物上怎么清洗 女主角叫安琪儿的小说 苦瓜焯水要几分……
1	贪吃蛇大作战怎么吃别人 我的世界房屋建筑教程 我的世界驴箱子怎么打开 阴晦的意思……
2	刘炜穿的科比 9 信阳公交举报电话 宰兔兔福利 学校病假提前结束怎么申请 临沂李庆华……

9.6.3 数据分析

整个案例数据处理与分析过程如图 9.20 所示。

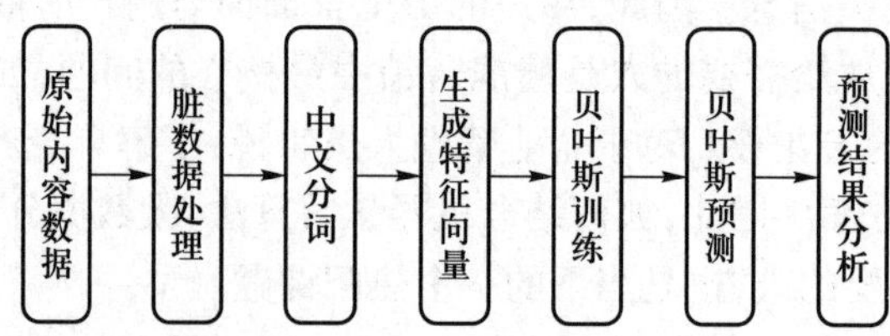

图 9.20　数据处理与分析过程

1. 单机下数据预处理

此案例中数据预处理的总体思路是，通过数据清理、集成、变换等方法，将原始数据中不完整、不一致、重复等脏数据去除。主要有两步，第一步是对用户搜索内容的文本进行中文分词，去除其中的无用词，如特殊符号、数字等，再把返回的结果存入文本文件。第二步是将每一条完成分词的搜索内容变成相对应的特征向量。本案例中通过编写 Python 程序来实现数据预处理。原始的两万条数据存于 sogou_user.txt 文件中。

Python 是一种面向对象的解释型计算机程序设计语言，语法简洁清晰，还具有丰富且强大的库。文本分词使用的是分词工具 Jieba 和 Python 中的一个正则库 re。

Jieba 是用 Python 语言写成的一个工业界的分词开源库，代码清晰，扩展性好，对已收录词和未收录词都有相应的算法进行处理。Jieba 支持精确模式、全模式、搜索引擎模式三种中文分词模式，还支持繁体分词以及自定义词典。使用 Jieba 进行分词时，需要先下载和安装 Jieba 包。Windows 操作系统下，在 cmd 命令行中输入 pip install jieba 命令，然后在 Python 程序中用 import 导入 jieba 包即可。使用 re 包是为了支持正则表达式，让分词过程能够快速去除不必要的垃圾词。使用时只需在 Python 程序中直接用 import 导入 re 包即可。

（1）对用户搜索内容的文本进行中文分词

首先将 whole.txt 文件转为 csv 格式，即 whole.csv 文件。示例代码如下：

```
#读者若想直接使用代码，注意全部代码中的文件路径要相对修改
#读取原始文件
readfile=open('F:/sogou_data/sogou_user.txt','r')
#要写入的新文件
outfile=open('F:/sogou_data/sogou_user.csv','w')
#具体操作
lines=readfile.readlines()
```

```
outstr= ''
for line in lines:
    t=line.strip().split('\t')
    outstr=t[0]+','+t[1]
    outfile.write(outstr+'\n')
readfile.close()
outfile.close()
```

这么做的目的是 Python 可以使用 pandas 工具包来读取 csv 文件，便于代码的实现与处理。pandas 工具包是一个含有更高级数据结构和工具的数据分析包，它的核心数据结构是一位序列和二维表，可以很好地处理二维结构的 csv 数据文件。

然后对两万条数据逐条处理，包括数据清理和中文分词等工作。

最后将处理好的内容逐条写入 result.csv 文件。

示例代码如下。

```
import pandas as pd # 导入 pandas 包处理 csv 格式数据
import jieba
import re
# 将所有 2 万条内容数据读入 mescon_all
mescon_all=pd.read_csv('F:/sogou_data/sogou_user.csv', header=None, encoding='utf8')

outfile=open('F:/data/result.csv','w')

# 逐条取出 Label 与内容进行处理，并将处理结果写入文件中
for i in range(len(mescon_all)):
    #2 万条内容存于 mescon_all[1]数组中
    mescon_single=mescon_all[1][i]
    #2 万条 Label 存于 mescon_all[0]数组中
    me_cate=mescon_all[0][i]
    outstr= ''
    # 正则表达式选取，除中文和英文以外的符号全部删去
    temp=re.sub(u'[^\u4e00-\u9fa5A-Za-z]', '', mescon_single)
    # 再将筛选好的数据用 jieba 进行分词处理
    ms_cut=list(jieba.cut(temp, cut_all=False))
```

```
    # 分好词的结果写入文件
    for word in ms_cut:
        if word !='':
            outstr += word+''
outfile.write(str(me_cate)+','+outstr.encode('utf8')+'\n')

outfile.close()
```

注：若读者想按照以上代码进行测试实验，需注意数据变为 csv 文件格式后，要以 utf8 或 gbk 格式进行存储，Python 读取时对应以 utf8 或 gbk 格式解码读取。

通过以上处理便完成了数据预处理的第一步，对用户搜索内容文本进行中文分词，去除其中的无用词，结果可直接存入 result.csv 文件。

分词结果的部分数据如表 9.9 所示，第一列还是内容的标签，表示用户性别。

表 9.9　内容文本分词部分结果

性别	用户搜索分词后内容（部分）
2	钢琴曲 欣赏 首 一个月 的 宝宝 眼睫毛 那么 是 黄色 宝宝 右眼 有 眼屎
2	宠辱 小说 陶喆 的 歌 库克 抛售 苹果 股份 老人 要 1 元 赡养 费
1	吴靖平 使用 假征 值税 发票 属 什么 行为 抽到 签 的 解释 奔驰车 轿车
1	普通 脉冲雷达 怎么 抑制 地面 回波 郭富城 电影 vc 怎么 解码 h 抓鸟
1	电视机 变成 黑白 的 怎么 调 定州 房价 文爱图 爱 微信 截图 文爱 漂流
1	问月 酒店 百度 微信 转向 辅助 灯 消费者 报告 fview 电影 家里 有 wifi
1	梦思雨 十字绣 好 吗 淘宝 农村 服务站 加盟 怎么 加盟 农村 淘宝 服务 站
1	食 人 水蛭 诸 葛亮 的 幕 股票 最佳 买入 时机 匈奴 是 现在 的 什么
1	rox 追踪者 圣王 英雄 联盟 之抗 韩 先锋 我 的 早更
2	染发剂 弄 到 衣物 上 怎么 清洗 女主角 叫 安琪儿 的 小说 苦瓜 焯水
1	贪吃蛇 大 作战 怎么 吃 别人 我 的 世界 房屋建筑 教程 我 的 世界 驴
2	刘炜 穿 的 科比 信阳 公交 举报电话 宰兔 兔 福利 学校 病假 提前结束
2	凯特 王妃 穿越 之上 官 妖娆 重生 高干 北京

（2）将完成分词的搜索内容转换成相对应的特征向量

文本分词结束并去除一些无用的词后，这些数据仍无法直接给训练方法使用。因为大部分模型方法期望的输入是固定长度的数值特征向量，而不是不同长度的文本文件，所以要进行第二步特征向量的提取。中文词转特征向量方法有多种，例如 Word2Vec 方法、TF-IDF 文本特征提取算法、哈希表算法等。

Word2Vec 方法使用的是 distributed representation 的词向量表示方式。distributed representation 最早由 Hinton 在 1986 年提出，其基本思想是通过训练将每个词映射成 K 维实数向量（K 一般为模型中的超参数），通过词之间的距离（比如余弦相似度、欧氏距离等）来判断它们之间的语义相似度。它采用一个三层的神经网络，即输入层—隐藏层—输出层，核心技术是根据词频使用 Huffman 编码，使得所有词频相似的词隐藏层激活的内容基本一致，出现频率越高的词语激活的隐藏层数目越少，这样有效地降低了计算的复杂度。Word2vec 输出的词向量可用于很多自然语言处理相关的工作，如聚类、分类、找同义词、词性分析等。

哈希表算法通过哈希表用哈希函数来确定词块在特征向量的索引位置，可以不创建词典，称为哈希技巧。哈希技巧是无固定状态的，它把任意数据块映射到固定数目的位置，并且保证相同的输入一定产生相同的输出，不同的输入尽可能产生不同的输出。

TF-IDF 文本特征提取算法的主要思想是：如果某个词或短语在一篇文章中出现的频率高，并且在其他文章中很少出现，则认为此词或短语具有很好的类别区分能力，适合用来分类。TF-IDF 实际上是 TF * IDF，即词频（term frequency）与反文件频率（inverse document frequency）。TF 表示词条在文档 d 中出现的频率。IDF 的主要思想是：如果包含词条 t 的文档越少，也就是 n 越小，IDF 越大，则说明词条 t 具有很好的类别区分能力。如果某一类文档 C 中包含词条 t 的文档数为 m，而其他类包含 t 的文档总数为 k，显然所有包含 t 的文档数 $n=m+k$，当 m 大的时候，n 也大，按照 IDF 公式得到的 IDF 的值会小，就说明该词条 t 类别区分能力不强。但是实际上如果一个词条在一个类的文档中频繁出现，则说明该词条能够很好地代表这个类的文本的特征，这样的词条应赋予较高的权重，并选来作为该类文本的特征词以区别于其他类文档。因此本案例采用现在较为常用的 TF-IDF 实现特征向量的提取。

TF-IDF 文本特征提取算法的转化是具体调用 TfidfVectorizer 以及 CountVectorizer 方法，其中 TfidfVectorizer 方法有许多参数可供调节，此案例只做一个简单的展示，仅调试了 min_df 一个参数。但即使只调试这一个参数，因为 TF-IDF 的特征提取特性以及数据量大，故最后的准确率仍有保证，可参见最后的案例结果。

最后的特征向量结果存于 features.txt 文件中。

示例代码如下所示。

```
import pandas as pd
from sklearn.feature_extraction.text import TfidfVectorizer
from sklearn.feature_extraction.text import CountVectorizer
mescon_all= pd.read_csv('F:/data/result.csv', header=None, encoding='gbk')
```

```
#此处目的是将内容为空的删除，只保留可以转成特征向量的内容
listtodel=[ ]
for i, line in enumerate(mescon_all[1]):
    if type(line)!=unicode:
        listtodel.append(i)
mescon_all=mescon_all.drop(listtodel)

outfile=open('F:/data/features.txt','w')

#采用 TfidfVectorizer 方法进行特征向量转化
vector=TfidfVectorizer(CountVectorizer(), min_df=0.005)
temp=vector.fit_transform(mescon_all[1]).todense()

temp=temp.tolist()
for i, line in enumerate(temp):
    outstr=''
    for word in line:
        outstr+=str(word)
        outstr+=''
outfile.write((str(mescon_all[0][i])+','+outstr).encode('utf-8')+'\n')

outfile.close()
```

通过以上处理便完成了数据预处理的第二步，即将原始数据处理成为本案例中所使用朴素贝叶斯方法所认识和接受的数据样式。这样就可以将 features.txt 文件的内容输入进行训练与建模。

特征向量提取的部分结果如表 9.10 所示。因为维度较大，所以此处只显示前面几个维度结果，后面省略。文件中是用空格隔开的标签与用户搜索内容，第一列仍是用户性别。

表 9.10　内容文本的特征向量部分结果

性别	特征提取结果
1	0.0 0.116268699655 0.103872060207 0.131010211319 0.0 0.118525122022 ...
2	0.0 0.20479088782 0.0 0.0 0.0 0.0 0.0 0.0 0.0 0.0 0.0 0.0 0.0 ...
2	0.0 0.0 0.0 0.0 0.0 0.0 0.0 0.0 0.0 0.0 0.0 0.0 0.0 0.177670535526 ...

续表

性别	特征提取结果
1	0.0 0.0 0.0 0.192884401197 0.0 0.0 0.0 0.0 0.0824399982163 0.0 0.0 ...
1	0.0 0.0 0.0 0.0 0.0 0.0 0.0 0.0 0.0701489302632 0.0 0.0 0.0 0.0 ...
1	0.0 0.0 0.0 0.0 0.0 0.0 0.0 0.0 0.104103704775 0.0 0.23548445661 ...
1	0.0 0.0 0.0 0.0 0.199031115325 0.192939834551 0.0 0.0 0.0 0.0 ...
1	0.0 0.0 0.0 0.0 0.0 0.0 0.0 0.0 0.0766322984015 0.0 0.0 ...
1	0.0 0.0 0.0 0.0 0.0 0.0 0.0 0.0 0.108642463582 0.0 0.0 0.0 0.0 0.0 0.0 ...
1	0.0 0.0 0.0 0.0 0.0 0.0 0.0 0.0 0.0 0.0 0.0 0.0 0.0 0.235870738983 0.0 ...
2	0.0 0.0 0.0 0.0 0.0 0.0 0.0 0.0 0.0 0.0 0.0 0.0 0.0 0.0 0.0 0.0 ...
1	0.0 0.0 0.0 0.0 0.0 0.0 0.0 0.0 0.0 0.0 0.0 0.0 0.0 0.0 0.0 0.0 ...
2	0.0 0.0 0.0 0.0 0.0 0.0 0.0 0.0 0.0696656774165 0.0 0.0 0.0 0.0 0.0 ...
2	0.0 0.0 0.0 0.0 0.0 0.0 0.0 0.0 0.0791043520723 0.0 0.0 0.0 0.0 ...
2	0.0 0.0 0.0 0.0 0.0 0.0 0.0 0.0 0.0807268153665 0.0 0.0 0.0 ...
1	0.0 0.116268699655 0.103872060207 0.131010211319 0.0 ...
2	0.0 0.20479088782 0.0 0.0 0.0 0.0 0.0 0.0 0.0 0.0 0.0 0.0 0.0 ...
2	0.0 0.0 0.0 0.0 0.0 0.0 0.0 0.0 0.177670535526 0.0 0.132602775036 ...

2. 用 Spark 建立数据分类模型

（1）Spark 简介

Spark 是加州大学伯克利分校 AMP 实验室（Algorithms，Machines，and People Lab）开发的通用内存并行计算框架。Spark 在 2013 年 6 月进入 Apache 成为孵化项目，8 个月后成为 Apache 顶级项目。Spark 以其先进的设计理念，迅速成为社区的热门项目。

Spark 使用 Scala 语言实现，它是一种面向对象的函数式编程语言，能够像操作本地集合对象一样轻松地操作分布式数据集（Scala 提供一个称为 Actor 的并行模型，其中 Actor 通过它的收件箱来发送和接收非同步信息而不是共享数据，该方式被称为 Shared Nothing 模型）。它具有运行速度快、易用性好、通用性强和随处运行等特点。

Spark 生态系统即伯克利数据分析栈（BDAS），包含 Spark Core、Spark SQL、Spark Streaming、MLlib 和 GraphX 等组件。这些组件分别对应 Spark Core 提供的内存计算框架、Spark SQL 的即席查询、SparkStreaming 的实时处理应用、MLlib 或 MLbase 的机器学习和 GraphX 的图处理，它们都是由 AMP 实验室提供，能够无缝集成并提供一站式解决平台。

相比于 Hadoop，Spark 是在借鉴了 MapReduce 基础上发展而来的，继承了其分布式并行计算的优点并改进了 MapReduce 明显的缺陷。Spark 的优点表现在以下几方面：

① 迭代运算效率高。MapReduce 中计算结果需要保存到磁盘上，这样势必会影响整体速度，而 Spark 支持 DAG 图的分布式并行计算的编程框架，减少了迭代过程中数据的落地，提高了处理效率。

② 容错性高。Spark 引进了弹性分布式数据集（resilient distributed dataset，RDD），它是分布在一组节点中的只读对象集合。这些集合是弹性的，如果数据集一部分丢失，则可以根据“血统”（即允许基于数据衍生过程）对它们进行重建。另外，在 RDD 计算时可以通过 CheckPoint 来实现容错。CheckPoint 有两种方式：CheckPoint Data 和 Logging The Updates，用户可以控制采用哪种方式来实现容错。

③ 更加通用。Spark 不像 Hadoop 只提供 Map 和 Reduce 两种操作，它提供的数据操作类型有很多种，大致分为 Transformations 和 Actions 两大类。Transformations 包括 Map、Filter、FlatMap、Sample、GroupByKey、ReduceByKey、Union、Join、Cogroup、MapValues、Sort 和 PartionBy 等多种操作类型，同时还提供 Count；Actions 包括 Collect、Reduce、Lookup 和 Save 等操作。另外，Spark 各个处理节点之间的通信模型不再像 Hadoop 一样只有 Shuffle 一种模式，用户可以命名、物化，控制中间结果的存储、分区等。

（2）Spark 下建立数据分析模型

数据预处理完毕后，下一步要用 Spark 生态系统中 MLlib 的贝叶斯方法对数据进行模型分析。使用的数据是前面用 Python 处理所得的数据。为方便起见，这里随机选取其 80% 的数据作为训练集，20% 的数据作为测试集，来进行训练与预测分析。

调用 Spark 生态系统中 MLlib 的朴素贝叶斯方法分析数据，示例代码如下所示。

```
import org.apache.spark.mllib.classification.NaiveBayes
import org.apache.spark.mllib.linalg.Vectors
import org.apache.spark.mllib.regression.LabeledPoint
import org.apache.spark.{SparkContext, SparkConf}
object test{
    case class RawDataRecord(category: String, text: String)
        def main(args: Array[String]){
            val conf=new SparkConf().setMaster("local").setAppName("123")
            val sc=new SparkContext(conf)
            val data=sc.textFile("F: /data/features2.txt")
            //读入处理好的数据，且以逗号为分隔，取出每个 Label 与特征向量
            val parsedData=data.map{ line =>
                                    val parts=line.split(',')
                                    LabeledPoint(parts(0).toDouble,
                                    Vectors.dense(parts(1).split('').map(_.toDouble)))}
```

```
    //将2万条测试集按训练集与测试集4∶1比例随机分配
    val splits=parsedData.randomSplit(Array(0.8,0.2))
    val training=splits(0)
    val test=splits(1)
    //以贝叶斯方法训练数据，创建模型，lambda为平滑参数，可手动设置
    val model=NaiveBayes.train(training, lambda=1.0)
    //将测试集用训练出的模型进行预测
    val predictionAndLabel=test.map(p =>(model.predict(p.features), p.label))
    //统计预测出的数据
    val TP=predictionAndLabel.filter(x=>x._1==1&&x._2==1).count()
    val FP=predictionAndLabel.filter(x=>x._1==1&&x._2==2).count()
    val FN=predictionAndLabel.filter(x=>x._1==2&&x._2==1).count()
    val TN=predictionAndLabel.filter(x=>x._1==2+&&x._2==2).count()
    /计算准确率、召回率、F1来评估模型
    val pre=1.0*TP/(TP+FP)
    val recall=1.0*TP/(TP+FN)
    val F1=2.0*pre*recall/(pre+recall)
    println("TP为:"+TP)
    println("FP为:"+FP)
    /println("FN为:"+FN)
    println("TN为:"+TN)
    println("准确率为:"+pre)
    println("召回率为:"+recall)
    println("F1为:"+F1)
  }
}
```

注：Spark支持Scala、Python、Java三种编程语言。这里选用了Scala语言，因为Spark是用Scala语言编写的，它是一种高效、可拓展的语言，能够用简洁的代码处理较为复杂的工作。Scala为定义匿名函数提供了一种轻量级的语法，它支持高阶(higher-order)函数，允许函数嵌套，支持局部套用(currying)。Scala提供了一个独特的语言组合机制，可以更加容易地以类库的形式增加新的语言结构。读者也可依据自己的情况，自主选择其他编程语言。

由经过分析与处理后再次预测的结果得出：训练模型的预测准确率大约为74.9%，召回率大约为87.1%，F1大约为80.4%。前面提到只是调节了TfidfVectorizer方法中的一个参数，要想得

到更精确的模型与预测结果,可多尝试调节其他参数,并且可采用交叉验证等更深入的机器学习方法来处理数据。读者有兴趣可自行尝试。

至此,整个搜狗用户性别识别的分析处理,以及运用 Spark 来进行简单的训练建模过程就结束了。这里只是抛砖引玉,简单地展示给读者一个大数据处理的案例分析过程,为读者提供一个处理问题的思路。

小　　结

本章介绍了预测建模的基本概念、常用于预测的模型结构、评分函数以及搜索和优化策略,还介绍了决策树、贝叶斯、支持向量机、人工神经网络等分类方法。通过学习本章,主要应做到以下几点:

① 掌握预测建模的基本概念。了解常用于预测的模型结构、评分函数以及搜索和优化策略。

② 掌握决策树分类方法。作为一种判别模型,决策树分类的主要任务是要确定不同类别之间的边界。在决策树分类模型中,不同类别之间的边界通过一个树状结构来表示。

③ 掌握贝叶斯分类方法。贝叶斯分类是一种统计学分类方法,主要有朴素贝叶斯分类和贝叶斯信念网络两种方法。理解朴素贝叶斯分类之所以称之为“朴素”的,是因为在分类的计算过程中假设属性值之间是相互独立的。

④ 掌握支持向量机分类方法。理解支持向量机进行二元分类时寻找最优超平面的主要思想和过程。

⑤ 了解人工神经网络分类的基本概念和一般方法。

⑥ 了解对文本进行分类的一般方法和步骤。

习　题　9

1. 什么是分类？常用的分类模型有哪些？

2. 什么是回归？常用的回归模型有哪些？

3. 决策树是如何进行分类的？在生成决策树时如何选择分裂变量？

4. 对于图 9.9 中的第三个数据子集(Age>40),应进一步选择什么样的分裂变量？试给出信息增益的计算过程。

5. 在表 9.11 所示的学校教员数据库表中,年龄属性已被离散化。假设职称代表类别属性,给定新元组“王品,30…40,中,6”。如果采用朴素贝叶斯分类法,则王品的职称应该是什么？试写出计算步骤。

表 9.11 学校教员数据库表

姓名	年龄	收入	工作年限	职称
钟时	30…40	中	5	副教授
王平	<30	中	4	讲师
李乾	30…40	低	6	讲师
刘丽	30…40	中	5	副教授
杨光	>40	高	8	教授
胡莎	<30	低	7	副教授
鲁华	30…40	中	5	讲师
王洋	30…40	中	6	副教授
吴霞	>40	高	6	教授
王亮	>40	中	5	副教授
郭璇	<30	高	6	讲师

6. 简述支持向量机分类的工作原理。

7. 三层神经网络是如何实现分类的?

8. 图 9.21 给出了一个三层前馈神经网络的例子。设学习率为 0.8。网络的初始权值和偏置值在表 9.12 中给出。现在假设有一个样本,它的输入变量 $X=\{0,0,1\}$,目标变量 $Y=1$(即分类标号为 1)。试给出反向传播算法针对该样本的迭代过程。

9. 简述本章所介绍的各种分类方法的优缺点。

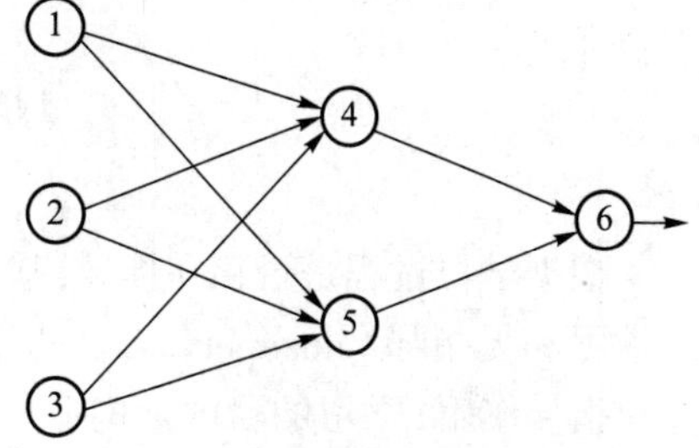

图 9.21 三层前馈神经网络示例

表 9.12 网络初始权值和偏置值

连接	权值	单元	偏置
W_{14}	−0.1	θ_4	−0.1
W_{24}	0.2	θ_5	0.2
W_{34}	0.1	θ_6	0.1
W_{15}	−0.2		
W_{25}	0.3		
W_{35}	0.2		
W_{46}	0.1		
W_{56}	−0.1		

第 10 章　描述建模：聚类

预测建模的主要目的是根据观察到的对象特征值预测其他特征值。相对而言，本章所讨论的描述建模是对数据进行概括，以看到数据的最重要特征。描述建模的方法有很多种，如聚类分析、密度估计、因素分析等。本章主要对聚类分析进行讨论。

人们对聚类分析的研究已有相当长的历史。早在多年前聚类分析就成为统计学的一个分支，主要研究方法是基于距离的聚类。在机器学习中，聚类分析常被称作无指导的学习或概念聚类；聚类分析不仅考虑对象间的距离，还要求同类对象具有某种共同的内涵。近年来，聚类分析作为一种基本的数据挖掘方法，被广泛应用于相似性搜索、顾客划分、趋势分析、金融投资、地理信息系统、遥感图像和信息检索等领域。

10.1　聚类分析简介

根据学习过程是否存在指导，基于数据挖掘的学习方法可以分为两大类：有指导（supervised）的学习和无指导（unsupervised）的学习。有指导的学习指存在一部分已知的知识，对模型的构造起指导作用；学习的目的是构造最优的模型，使它与已知知识之间的误差最小。这通常是个寻优的过程。无指导的学习则有所不同，在构造模型的过程中没有利用已知的知识，模型完全从数据中抽取得到。

前面介绍的分类是一种典型的有指导的学习方法，分类过程中用到的训练集是作为已知知识存在的。它首先利用训练集建立分类模型，再根据模型对新的数据进行分类。而本章所要讲的聚类是少数几个无指导学习的方法之一，它在没有训练样本的情况下，依据数据自身的相似性把数据集划分为多个有意义的子集（一个子集称为一个组或一个簇）。聚类分析可以这样定义：将数据集分组，使其具有最大的组内相似性和最小的组间相似性。也就是说，聚类分析后的结果要达到不同组中的对象尽可能地不相似，而同一组中的对象尽可能地相似。

关于聚类和分类的区别也可以这样理解：聚类是通过观察学习的过程，而分类是通过例子学习的过程。这里的观察指的是定义并计算对象间相似性的过程，而例子指的是训练集。

10.1.1　对象间的相似性

对象间的相似性是聚类分析的核心。对于不同类型的对象，其相似性的定义方式是不同的。

通常将对象的属性分为区间标度(interval-scaled)型、二元(binary)型、分类(categorical)型、序数(ordinal)型和比例(Ratio-Scaled)型。下面分别介绍基于不同变量的相似性计算方法。

1. 区间标度型变量

区间标度型变量的典型代表是温度、湿度等。这一类型变量通常有一个可以被均匀分割的取值区间。在进行聚类分析之前,该类型的变量需要先进行规格化,以消除因度量单位不同而带来聚类结果不一致的影响。对于给定变量 f,假设它在 n 个对象上的取值分别为 $x_{1f}, x_{2f}, \cdots, x_{nf}$,则一种常用的规格化方法是求标准偏差

$$z_{if}=\frac{x_{if}-m_f}{s_f}$$

其中$s_f=\frac{1}{n}\sum_{i=1}^{n}|x_{if}-m_f|$是平均绝对偏差,而 $m_f=\frac{1}{n}\sum_{i=1}^{n}x_{if}$ 是算术平均。

在进行规格化之后,就可以计算两个对象之间的相似性了。基于区间标度型变量的相似性通常用距离来描述,距离越大,相似性越小;反之,距离越小,相似性越大。

令 $D=\{x_1, x_2, \cdots, x_m\}$ 为 m 维空间中的一组对象,x_i、$x_j \in D$,$d(i,j)$是 x_i 和 x_j 之间的距离,则常采用的距离函数是欧几里得距离函数,定义为

$$d(i,j)=\sqrt[2]{\sum_{k=1}^{m}(x_{ik}-x_{jk})^2}$$

另一种常用的距离函数是曼哈顿距离函数,定义为

$$d(i,j)=\sum_{k=1}^{m}|x_{ik}-x_{jk}|$$

这两种距离函数都满足下面的性质。

① 非负性:$d(i,j)$必须是一个非负数。

② $d(i,i)=0$:某个对象到自己的距离为 0。

③ 对称性:$d(i,j)=d(j,i)$。

④ $d(i,j)\leqslant d(i,h)+d(h,j)$:即该距离函数满足三角不等式。

实际上,这两种距离函数都是如下的明科斯基(Minkowski)距离函数的特殊形式:

$$d(i,j)=\sqrt[q]{\sum_{k=1}^{m}(|x_{ik}-x_{jk}|)^q}$$

当 $q=1$ 时,表示曼哈顿距离;当 $q=2$ 时,表示欧几里得距离。

另外,如果 m 维空间中不同的变量具有不同的重要程度,则可以对不同的变量指定不同的权重,加了权重之后的明科斯基距离函数调整为

$$d(i,j)=\sqrt[q]{\sum_{k=1}^{m}w_k(|x_{ik}-x_{jk}|)^q}$$

2. 二元型变量

二元型变量只能取两个值。例如,性别只能取“男”或“女”,有些疾病检查的结果只能取“阴性”或“阳性”。通常将其中的一个取值定义为 1,另一个取值定义为 0。根据二元型变量

的两个取值是否同等重要，可以将二元型变量分为对称型和非对称型两种情况。对于对称型二元变量，两种取值是同等重要的，如性别。对于非对称型二元变量，其中一种取值要更重要一些（通常将其设为 1）。比如，疾病检查的结果中"阳性"结果一般表示有病，出现的概率较小，相对于"阴性"结果来说要更重要一些，需要引起足够的重视。对于对称的二元型变量，通常采用如下公式来计算它们之间的距离：

$$d(i,j)=\frac{b+c}{a+b+c+d}$$

其中，a 表示对象 i、对象 j 取值全为 1 的变量的个数；b 表示对象 i 取值为 1，对象 j 取值为 0 的变量的个数；c 表示对象 i 取值为 0，对象 j 取值为 1 的变量的个数；d 表示对象 i 和对象 j 取值全为 0 的变量的个数。图 10.1 所示的二元变量可能性表形象地表示了上述各符号所代表的含义。

	对象j			
对象i		1	0	sum
	1	a	b	$a+b$
	0	c	d	$c+d$
	sum	$a+c$	$b+d$	$a+b+c+d$

图 10.1　二元变量可能性表

对于非对称的二元型变量，通常采用如下公式来计算它们之间的距离：

$$d(i,j)=\frac{b+c}{a+b+c}$$

因为在非对称的情况下，两个对象的某个二元型变量都取值为 1 的情况（正匹配）比都取值为 0 的情况（负匹配）要重要得多，因此在距离的计算过程中省略了负匹配的数目（d）。

3. 分类型变量

分类型变量是二元型变量的扩展，它可以取多个值。例如，世界上有 7 大洲、4 大洋，我国有 56 个民族，因此属性"洲""洋"和"民族"都属于分类变量。对于分类型变量，通常采用如下公式来计算它们之间的距离：

$$d(i,j)=\frac{p-m}{p}$$

其中，p 表示分类型变量的总数，而 m 表示相匹配的变量的个数。这里，相匹配指的是对象 i 和对象 j 在某个变量上的取值相同。

分类型变量也可以被当作多个二元型变量处理，一个值对应一个二元型变量。例如，"民族"可以当作 56 个二元型变量来处理。对某个对象来说，它在该分类型变量所取的值对应的二元型变量设为 1，剩下的其他二元型变量设为 0。

4. 序数型变量

序数型变量和分类型变量类似，区别在于序数型变量的各取值是有顺序的。例如，体育比赛中的“金牌”“银牌”“铜牌”,职称评定中的“教授”“副教授”“助理教授”都有顺序,因此属性“奖牌”和“职称”都属于序数型变量。

序数型变量的相似性计算方法和区间标度型变量的相似性计算方法类似,也是先进行规格化,将变量的值映射到[0.0,1.0]之间。假设第 i 个对象在第 f 个变量上的取值为 r_{if},规格化的方法为

$$z_{if}=\frac{r_{if}-1}{M_f-1}$$

其中 M_f 指该序数型变量所能取的所有值的个数。

规格化之后,就可以采用曼哈顿距离、欧几里得距离或者明科斯基距离来计算任意两个对象 i 和 j 之间的距离了。

5. 比例型变量

比例型变量主要用来描述数据的指数型变化,如细菌数目的增长、放射性元素的衰变等。对于比例型变量,通常先将其转换成区间标度型变量(通过对数变换),然后再采用和区间标度型变量相同的方式计算其相似度。

6. 混合型变量

前面介绍的都是当对象由相同类型的变量描述时,如何计算两个对象之间的相似性。实际上现实生活中同一个对象往往是由多种类型的变量同时描述的。比如,描述一个人时有区间标度型变量(如“身高”),有二元型变量(如“性别”),还有分类型变量(如“民族”)。对于这样的混合型变量,采用如下的公式计算它们之间的距离:

$$d(i,j)=\frac{\sum_{f=1}^{p}\delta_{ij}^{f}d(i,j)^{f}}{\sum_{f=1}^{p}\delta_{ij}^{f}}$$

其中,p 表示对象所具有的变量的总数,δ_{ij}^{f} 是一个系数(当 x_{if} 或 x_{jf} 的值缺失,或者当 f 是非对称二元型变量且 $x_{if}=x_{jf}=0$ 时,取值为 0;其他情况下取值为 1),$d(i,j)^{f}$ 是根据变量 f 的类型计算出来的。

10.1.2 其他相似性度量

除了用上面提到的距离来度量对象间的相似性之外,还有很多其他的相似性度量方法,如相似系数。

相似系数表示了两个对象之间的相似程度。相似系数越大,对象的相似程度也越大。令 $\boldsymbol{D}=\{x_1,x_2,\cdots,x_n\}$ 为 m 维空间中的一组对象,x_i、$x_j\in\boldsymbol{D}$,$r(i,j)$ 是 x_i 和 x_j 之间的相似系数,则常用的相似系数度量方法有夹角余弦法、相关系数法等。

1. 夹角余弦法

该方法采用两个向量 x_i 和 x_j 之间的余弦作为相似系数,取值范围为[0,1]。当两个向量正交时,取值为 0,表示两个对象完全不相似。其计算公式为

$$r(i,j)=\frac{\left|\sum_{f=1}^{m}x_{if}x_{jf}\right|}{\sqrt{\left(\sum_{f=1}^{m}x_{if}^{2}\right)\left(\sum_{f=1}^{m}x_{jf}^{2}\right)}}$$

2. 相关系数法

该方法计算两个向量之间的相关度，取值范围为[-1，1]，其中 0 表示两个向量互相独立，1 表示两个向量正相关，-1 表示两个向量负相关。其计算公式为

$$r(i,j)=\frac{\sum_{f=1}^{m}(x_{if}-\overline{x}_i)(x_{jf}-\overline{x}_j)}{\sqrt{\sum_{f=1}^{m}(x_{if}-\overline{x}_i)^2}\times\sqrt{\sum_{f=1}^{m}(x_{jf}-\overline{x}_j)^2}}$$

其中，$\overline{x}_i=\frac{1}{m}\sum_{f=1}^{m}x_{if}$，$\overline{x}_j=\frac{1}{m}\sum_{f=1}^{m}x_{jf}$。

10.2　聚类方法概述

微视频：
聚类方法概述

一个好的聚类方法应该能生成高质量的簇或组。所谓高质量是指在同一簇中的对象相似性很高，而不同簇之间的对象相似性很低。两个对象之间的相似性由前面介绍的距离或相似系数来度量。

迄今为止，人们已经研究出了很多种有效的聚类方法，包括近年来数据库研究人员针对海量数据所提出的许多新的聚类算法。根据聚类的原理，这些方法主要可以分为基于划分（partition-based）的方法，基于密度（density-based）的方法，基于层次（hierarchy-based）的方法，基于模型（model-based）的方法，和基于方格（grid-based）的方法。一个好的聚类算法应该尽量具有下面的特点：

- 能够处理各种数据类型。
- 能够处理各种形状的数据分布。
- 不需要太多的输入参数。
- 能够处理噪声数据。
- 与数据的输入顺序无关。
- 具有可解释性和可使用性。
- 具有可扩展性。

下面就来介绍这些聚类方法。

10.2.1　基于划分的聚类方法

给定一个参数 k，基于划分的聚类方法将数据库 D 中的 n 个对象划分成 k 个簇 $C_1, C_2, \cdots,$

C_k,并且使得某个评分函数在此划分下达到最优(取值最小)。可以看出,基于划分的聚类问题实际上是一个优化问题。除了穷举法,通常无法找到全局最优的方案。因此,人们设计了各种启发式算法来找到一个尽可能优的局部最优解。目前已经提出的基于划分的聚类方法主要有 k-Means 方法,k-Medoids(PAM)方法,以及它们的变种 CLARA 方法和 CLARANS 方法。

1. k-Means 方法

微视频：
k-Means 方法

k-Means 方法是 MacQueen 于 1967 年提出的。给定一个数据库 D 和一个参数 $k(\leqslant n)$,k-Means 方法将 D 中的 n 个对象分成 k 个簇,并使得如下的评分函数在此划分下取值最小：

$$E=\sum_{i=1}^{k}\sum_{x_j\in C_i}(x_j-\mu_i)^2$$

其中,μ_i 代表簇 C_i 的中心点,x_j 代表某个特定的对象,E 代表对象 x_j 与其所在簇 C_i 的中心点 μ_i 的距离的总和。

k-Means 聚类方法分为以下几步：

① 给 k 个簇选择初始中心点,称为 k 个 Means。

② 计算每个对象与每个中心点之间的距离。

③ 把每个对象分配给距它最近的中心点所属的簇。

④ 重新计算每个簇的中心点。

⑤ 重复②③④步,直到算法收敛。

例 10.1　假设在二维空间中有一个对象集合,如图 10.2(a)所示(对象在图中用空心菱形标注)。给定 k=2,即用户要求将这些对象聚为两类。首先,任意选择两个最初的中心点,中心点在图中用实心圆圈来标注。根据与中心点的距离,图中的对象被划分为两组(见图 10.2(b))。然后计算每个簇的新的中心点,如图 10.2(c)所示。再由新的中心点重新划分对象,如图 10.2(d)所示。

例 10.2　假设现在需要将 14 个人按照年龄分成三组。这是一个在一维空间中进行聚类的例子。采用的距离函数是曼哈顿距离。设初始的中心点为 1, 20, 40。

第一次计算每个对象和每个中心点之间的距离后,将 14 个人分成了三个簇(如图 10.3(a)所示,不同的簇用不同的灰度来表示)。第一簇由 $P1$, $P2$, $P3$, $P4$, $P5$ 五个人组成。第二簇由 $P6$, $P7$, $P8$ 三个人组成。第三簇由 $P9$, $P10$, $P11$, $P12$, $P13$, $P14$ 六个人组成。

现在重新计算每个簇的中心：

第一簇 $\lfloor(1+3+5+8+9)/5\rfloor=5$

第二簇 $\lfloor(11+12+13)/3\rfloor=12$

第三簇 $\lfloor(37+43+45+49+51+65)/6\rfloor=48$

由此,得到每个簇的新中心点为 5, 12, 48。

第二次计算每个对象和每个中心点之间的距离后,将 14 个人分成了如图 10.3(b)所示的三个簇。第三簇的成员没有变化,第一簇的成员 $P5$ 调到了第二簇。

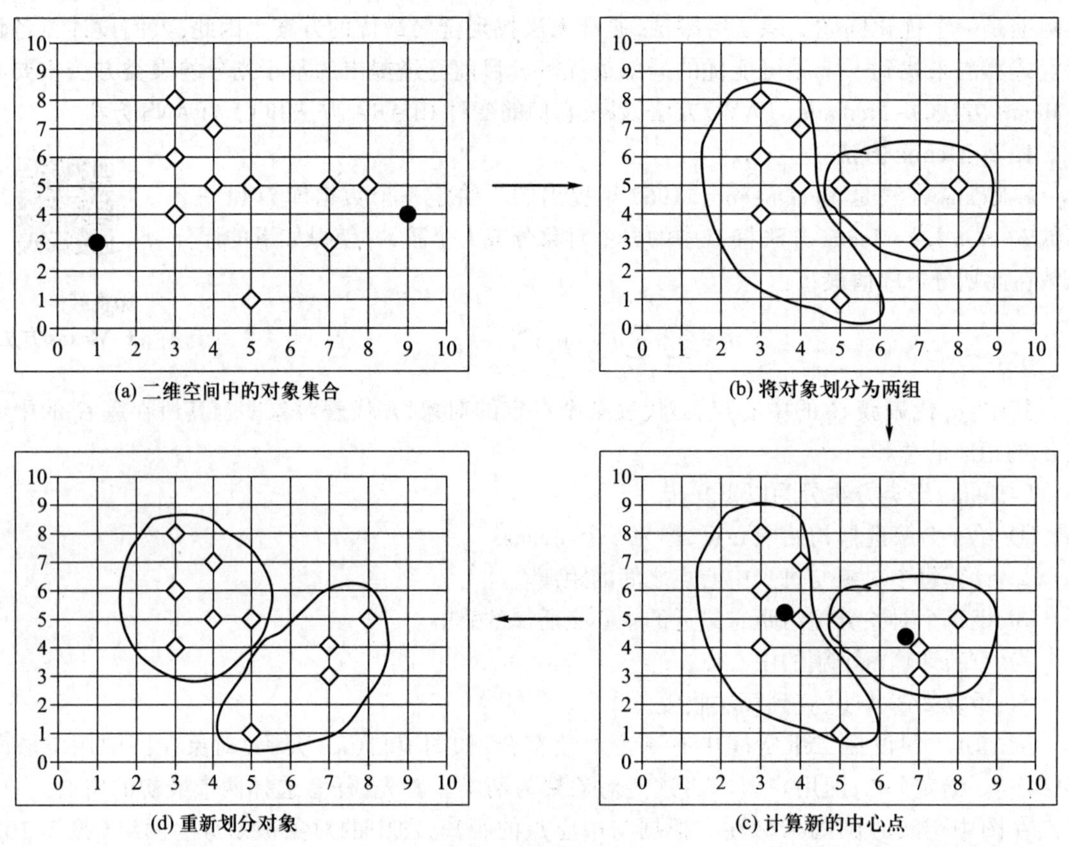
(a) 二维空间中的对象集合　(b) 将对象划分为两组　(c) 计算新的中心点　(d) 重新划分对象

图 10.2　*k*-Means 方法示例 1

现在再次计算每个簇的中心：

第一簇 $\lfloor(1+3+5+8)/4\rfloor=4$

第二簇 $\lfloor(9+11+12+13)/4\rfloor=11$

第三簇 $\lfloor(37+43+45+49+51+65)/6\rfloor=48$

由此，得到每个簇的新中心点为 4，11，48。

第三次计算每个对象和每个中心点之间的距离后，将 14 个人分成了如图 10.3（c）所示的三个簇。第三簇的成员仍然没有变化，第一簇的成员 *P*4 调到了第二簇。

现在再次计算每个簇的中心：

第一簇 $\lfloor(1+3+5)/3\rfloor=3$

第二簇 $\lfloor(8+9+11+12+13)/5\rfloor=10$

第三簇 $\lfloor(37+43+45+49+51+65)/6\rfloor=48$

由此，得到每个簇的新中心点为 3，10，48。

		C1	C2	C3
人	年龄	1	20	40
P1	1	0	19	39
P2	3	2	17	37
P3	5	4	15	35
P4	8	7	12	32
P5	9	8	11	31
P6	11	10	9	29
P7	12	11	8	28
P8	13	12	7	27
P9	37	36	17	3
P10	43	42	23	3
P11	45	44	25	5
P12	49	48	29	9
P13	51	50	31	11
P14	65	64	45	25

(a) 第一次划分

		C1	C2	C3
		5	12	48
P1	1	4	11	47
P2	3	2	9	45
P3	5	0	7	43
P4	8	3	4	40
P5	9	4	3	39
P6	11	6	1	37
P7	12	7	0	36
P8	13	8	1	35
P9	37	32	25	11
P10	43	38	31	5
P11	45	40	33	3
P12	49	44	37	1
P13	51	46	39	3
P14	65	60	53	17

(b) 第二次划分

		C1	C2	C3
		4	11	48
P1	1	3	10	47
P2	3	1	8	45
P3	5	1	6	43
P4	8	4	3	40
P5	9	5	2	39
P6	11	7	0	37
P7	12	8	1	36
P8	13	9	2	35
P9	37	33	26	11
P10	43	39	32	5
P11	45	41	34	3
P12	49	45	38	1
P13	51	47	40	3
P14	65	61	54	17

(c) 第三次划分

		C1	C2	C3
		3	10	48
P1	1	2	9	47
P2	3	0	7	45
P3	5	2	5	43
P4	8	5	2	40
P5	9	6	1	39
P6	11	8	1	37
P7	12	9	2	36
P8	13	10	3	35
P9	37	34	27	11
P10	43	40	33	5
P11	45	42	35	3
P12	49	46	39	1
P13	51	48	41	3
P14	65	62	55	17

(d) 最终划分结果

图 10.3 *k*-Means 方法示例 2

第四次计算每个对象和每个中心点之间的距离后，将 14 个人分成了如图 10.3(d)所示的三个簇。由于各个簇的成员都没有变化，则算法停止。最终的三个簇的组成为：第一簇 $P1$，$P2$，

P3；第二簇 P4，P5，P6，P7，P8；第三簇 P9，P10，P11，P12，P13，P14。

总结起来，k-Means 方法具有下面的优点：

① 对于处理大数据量具有可扩充性和高效率。算法的复杂度是 $O(tkn)$，其中 n 是对象的个数，k 是簇的个数，t 是循环的次数，通常 $k, t<<n$。

② 可以实现局部最优化。

当然，k-Means 方法也有以下缺点：

① 簇的个数 k 必须事先确定。在有些应用中，事先确定簇的个数非常难。

② 无法找出具有特殊形状的簇（如图 10.4 所示）。

③ 必须给出 k 个初始中心点。如果这些初始中心点选择得不好，聚类的质量将会非常差。图 10.5 所示就是这种情况，由于初始中心点未选择好，最后形成的聚类结果明显很差。

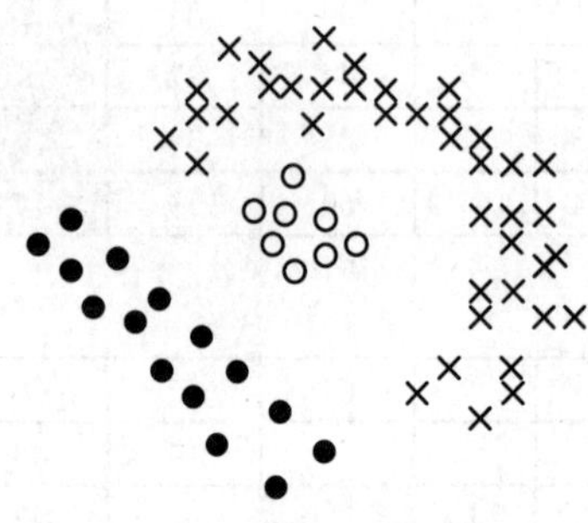

图 10.4　特殊形状簇示例

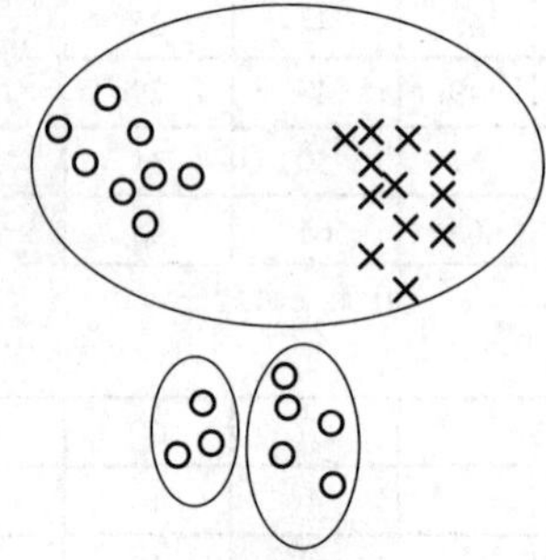

图 10.5　不好的初始点导致差的聚类质量示例

④ 对异常数据过于敏感。异常数据的存在将对中心点的计算产生极大影响。

⑤ 求中心点时需要计算算术平均，无法适用于具有分类属性的数据。

目前还有一些 k-Means 方法的变种，它们与 k-Means 方法的主要区别在于：

① 最初的 k 个中心点的选择不同。

② 距离的计算方式不同。

③ 计算簇的中心点的策略不同。

k-Modes 方法是把 k-Means 方法扩展到对分类属性的处理。它采用海明距离来计算两个对象之间的距离，设 X, Y 是具有 m 个字符属性的对象，x_i, y_i 是对应的属性，则 X, Y 之间的距离为

$$d(\bar{X}, \bar{Y}) = \sum_{j=1}^{m} \delta(x_j, y_j)$$

$$\delta(x_j, y_j) = \begin{cases} 0(x_j = y_j) \\ 1(x_j \neq y_j) \end{cases}$$

k-Prototypes 方法则是把 k-Modes 方法和 k-Means 方法相结合，处理在数据挖掘应用中数值和字符属性混合情况下的数据。它使用下面的公式来定义两个对象之间的距离：

$$S^r + \gamma S^c$$

其中 S^r 是数值属性的距离，而 S^c 是字符属性之间的距离，γ 是这两个属性的权值。

k-Prototypes 方法的优点是继续保持了 *k*-Means 方法的高效性和可扩展性，同时避免了 *k*-Means 方法只能处理数值属性的限制。它的缺点是依然具有 *k*-Means 方法的其他缺点，同时需要领域知识来确定属性的权值。

2. *k*-Medoids 方法

k-Medoids 方法是在 *k*-Means 方法的基础上提出的。它的主要思想是为每个簇找到一个具有代表性的对象，该对象称为 Medoid，是最靠近该簇中心的对象。一旦 *k* 个 Medoids 确定下来，则每个对象就属于距它最近的 Medoid 所属的簇。

k-Medoids 方法的主要优点是：

① 可以很好地处理噪声数据。

② 算法的结果与数据的输入顺序无关。

PAM（partitioning around medoids，围绕中心点的划分）方法是较早提出的一种 *k*-Medoids 方法。它的主要思想是：

① 任意选择 *k* 个对象作为 *k* 个 Medoids。

② 计算每个对象和每个 Medoid 之间的距离。

③ 把每个对象分配给距它最近的 Medoid 所属的簇。

④ 随机选取一个非 Medoid 对象 O_{random}，计算用 O_{random} 替换某个簇的 Medoid O_j 所能带来的好处（用 ΔE 表示，意思是使评分函数 E 减小多少）。如果 $\Delta E>0$，则用 O_{random} 替换 O_j。

⑤ 重复②③④步，直到算法收敛。

可以看出，PAM 方法和 *k*-Means 方法的框架是一致的，其区别在于第④步。*k*-Means 方法是通过计算每个簇的算术平均得到新的中心点，而 PAM 方法则是通过尝试不同的对象替换得到新的中心点。

例 10.3 假设现在需要将另外 9 个人按照年龄分成三组。这 9 个人的年龄分别是 1，2，6，7，8，10，15，17，20。这同样是一个在一维空间中进行聚类的例子，采用的距离函数仍然是曼哈顿距离。设初始的 Medoids 为 6，7，8。

第一次计算每个对象和每个 Medoid 之间的距离后，将 9 个人分成了三个簇（1，2，6），（**7**），（**8**，10，15，17，20）。

现在假设用 10 替换 6（第一簇的 Medoid），则能够带来的好处是

$$\Delta E=E'-E=(5-6)+(4-5)+(0-1)+(2-0)+(7-5)+(9-7)+(12-10)=5$$

因为 $\Delta E>0$，所以用 10 替换 6。生成的新簇为（1，2，6，**7**），（**8**），（**10**，15，17，20）。

重复上述步骤。现在假设用 17 替换 7，则能够带来的好处是

$$\Delta E=(6-7)+(5-6)+(1-2)+(0-1)+(7-0)+(10-3)=10$$

因为 $\Delta E>0$，所以用 17 替换 7。生成的新簇为（1，2，6，7，**8**），（**10**，15），（**17**，20）。

如此重复下去，直到算法收敛。最后生成的簇是(1，2)，(6，7，8，10)，(15，17，20)。

3. CLARA 方法和 CLARANS 方法

CLARA(clustering large application，大型应用中的聚类)方法先使用抽样的策略减少数据量，然后在每个样本上使用 PAM 方法找出 k 个 Medoids。如果样本是完全随机分布的，则样本的 Medoids 应该与整个数据集的 Medoids 接近。为了保证结果的合理性，CLARA 方法选取多个样本，用最好的聚类作为它的输出。显然，CLARA 方法的优点是可以处理大数据量的数据，其缺点是算法的效率依赖样本的大小，而且算法的质量也与样本的抽取有关。

文献[22]提出了 CLARANS(clustering large application based on randomized search，基于随机选择的聚类)方法，它是 PAM 方法和一个抽样过程的结合体。CLARANS 方法在搜索的每一步进行抽样，具有更高的效率和可扩展性。

10.2.2　基于密度的聚类方法

基于数据对象间距离实现的划分聚类方法具有三个先天的缺陷：

① 必须事先输入一个参数 k。

② 只能适用于球形的簇。

③ 聚类的结果与初始中心点的选择有很大关系，如果初始中心点选择不好，则聚类结果很差。

为了能找出任意形状的簇，人们提出了基于密度的聚类方法。该类方法认为簇是数据空间中数据比较密集的区域，而数据稀疏区域中的数据对象则被认为是噪声。比较典型的密度聚类方法有 DBSCAN[23]方法、OPTICS[24]方法等。

1. DBSCAN 方法

DBSCAN(density based spatial clustering of applications with noise，基于密度的噪声应用空间聚类)方法是一种典型的基于密度的聚类方法。它的基本思想是：如果一个数据对象 p 和另一个数据对象 q 是**密度相连**的，则 p 和 q 属于同一个簇。如果某个数据对象到任何一个其他数据对象都不密度相连，则认为该数据对象是一个噪声。下面来解释什么是密度相连。在这之前，需要先介绍另外几个与之相关的概念。

给定一个数据对象 q 和一个参数 ε，则以 q 为圆心，以 ε 为半径可以画出一个圆。该圆所在的区域称为数据对象 q 的 **ε 邻域**。如图 10.6 所示的虚线内的区域为 q 的 ε 邻域。

给定一个参数 MinPts，如果数据对象 q 的 ε 邻域内至少包含 MinPts 个数据对象，则称 q 为**核心对象**，否则称为**边界对象**。如图 10.6 所示，如果设定 MinPts 的值不大于 6，则 q 是一个核心对象，否则 q 不是一个核心对象。

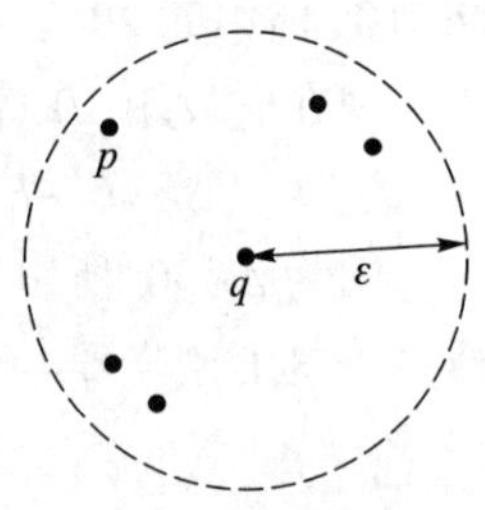

图 10.6　ε 邻域示例

给定一个数据对象集合 D，如果 q 是一个核心对象，且 p 在 q 的 ε 邻域内，则说 p 从 q **直接密度可达**(directly density-reachable)。如图 10.6 所示，如果 q 是一个核心对象，由于 p 在 q 的 ε 邻域中，则 p 从 q 直接密度可达。

给定一个数据对象集合 D，两个参数 ε 和 MinPts，如果存在一系列数据对象 $p_1, p_2, \cdots, p_n$，$p_1=p$，$p_n=q$，并且对任一数据对象 $p_i \in D$，$1<i<n$，p_{i+1}

从 p_i 直接密度可达,则称 p 到 q **密度可达**(density-reachable)。密度可达具有传递性,但不具有对称性。如图 10.7 所示,p 到 p_2 直接密度可达,p_2 到 p_3 直接密度可达,p_3 到 q 直接密度可达,所以 p 到 q 密度可达;但反过来,q 到 p 不一定密度可达。

给定一个数据对象集合 D,两个参数 ε 和 MinPts,如果对象集合 D 中存在一个数据对象 o,并且 o 到数据对象 p 和 q 密度可达,则数据对象 p 和 q **密度相连**(density-connected)。与密度可达的概念相反,密度相连的概念具有对称性,但不具有传递性。如图 10.8 所示,o 到 p 和 q 同时密度可达,则 p 和 q 之间密度相连;反过来,q 和 p 之间也密度相连。

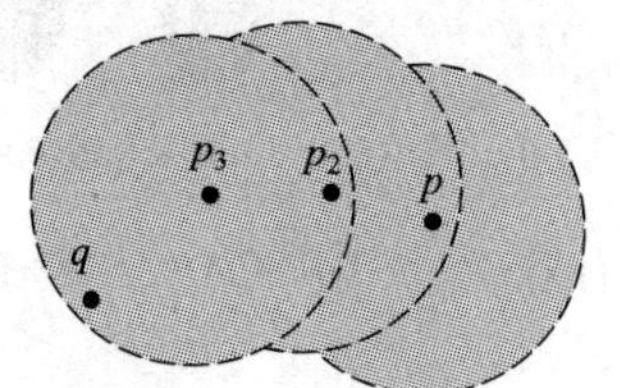

图 10.7 密度可达示例

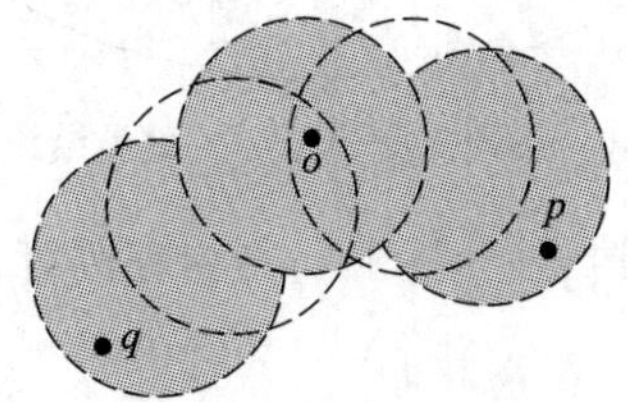

图 10.8 密度相连示例

根据上述定义,在基于密度的聚类方法中,一个簇被定义为所有密度相连的数据对象的最大集合。DBSCAN 方法的具体过程为:从任意一个数据对象 p 开始,如果 p 是一个核心对象,则根据输入的两个参数 ε 和 MinPts,通过广度优先搜索提取所有从 p 密度可达的数据对象,将它们标记为当前簇,并从它们进一步扩展。如果 p 是一个边界对象,则将 p 标记为噪声,再随机选取另外一个数据对象进行处理。依次进行下去,直到找到一个完整的簇。然后再选择一个新的其他数据对象开始扩展,得到下一个簇。算法一直进行到所有的数据对象都被标记过为止。

DBSCAN 方法的优点如下:

① 不需要事先确定簇的个数。

② 聚类速度快。使用索引(例如 R^* 树)时,DBSCAN 的时间复杂度为 $O(n\log n)$,n 为数据库中数据对象的个数;否则 DBSCAN 的时间复杂度为 $O(n^2)$。

③ 对噪声数据不敏感。

④ 能发现任意形状的簇。例如,DBSCAN 可以找出如图 10.4 所示的簇。

DBSCAN 方法的缺点如下:

① 输入参数 ε 和 MinPts 的值较难确定。

② 当数据库中数据对象的密度分布不均匀时,用相同的参数值可能得不到好的聚类结果。例如,图 10.9 中直观上看该数据集包含三个簇 C_1、C_2、C_3,它们之间具有一定的层次关系。但是,如果参数 ε 和 MinPts 设成统一值,则可能得不到三个簇的理想聚类结果。因为假设固定 MinPts 的值,如果采用较小的 ε 值,则对于数据分布比较稀疏的 C_3 来说,其部分数据对象的 ε 邻域中包含的数据对象的个数可能小于 MinPts,即这些对象不是核心对象,不会进一步扩展。结果是 C_3 可能被划分成多个簇,极端情况下其中的每个数据对象都被标记为噪声。另一方面,如果采用较

大的 ε 值，则 C_1、C_2 和 C_3 的数据对象可能会互相扩展，从而使得它们合并成一个簇。

③ 可能会产生“链条”现象。如图 10.10 所示，左边的上下两个本应独立的簇连接在了一起，产生了类似“链条”的现象。

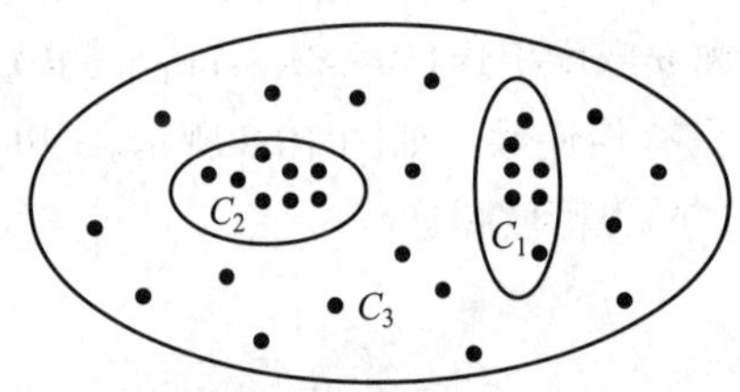

图 10.9　不同密度分布下的聚类结果示例

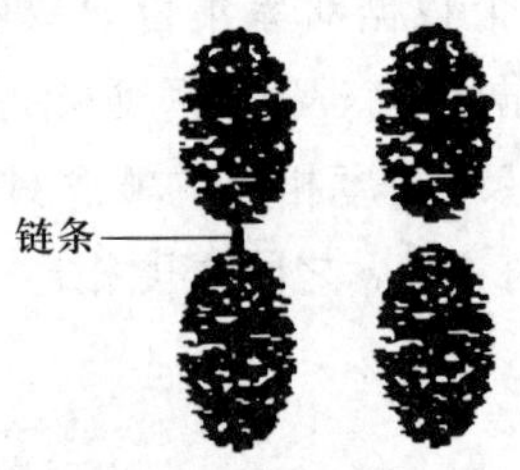

图 10.10　“链条”现象示例

④ 使用 R 树索引时，由于 R 树在高维空间中不够有效，导致 DBSCAN 方法在处理高维数据时性能下降。

2. OPTICS 方法

针对 DBSCAN 方法在数据对象的密度分布不均匀时容易出现聚类结果差的缺点，文献 [24] 提出了 OPTICS 方法。其核心思想是为每个数据对象计算出一个顺序（ordering）值，这些值代表了数据对象的基于密度的簇结构，位于同一个簇的数据对象具有相近的顺序值。根据这些顺序值将全体数据对象用一个图示的方式排列出来，根据排列的结果就可以得到不同层次的簇。

考查 DBSCAN 方法可以发现，对一个恒定的 MinPts 值来说，ε 取值较小时得到的聚类结果完全包含在根据较大的 ε 取值所获得的聚类结果中。例如，在图 10.9 中，当 ε 取值较小时，得到的聚类结果是 C_1 和 C_2；当 ε 取值较大时，得到的聚类结果是 C_3。可以看到，C_1 和 C_2 是包含在 C_3 中的。换句话说，C_1、C_2、C_3 间具有层次关系，C_3 可以看作是 C_1 和 C_2 的父亲，而 C_1 和 C_2 可以看作是 C_3 的孩子。因此，在生成簇时最好能够将位于不同层次上的簇同时构建出来，而不是根据某个特定的 ε 值仅构建其中的一层。

为了同时构建不同层次上的簇，数据对象应以特定的顺序来处理。这个顺序称为簇序（cluster-ordering），它决定了对象扩展时的次序。为了使较低层次上的簇（这些簇的数据密度较大）能够首先构建完成，在进行对象扩展时应优先选择那些根据最小的 ε 取值而密度可达的对象。基于这个思想，每个数据对象需要存储两个值，一个是核心距离（core-distance），另一个是可达距离（reach-distance）。

给定一个数据对象集合 D，两个参数 ε 和 MinPts，一个对象 O。如果 O 是一个核心对象，则 O 的**核心距离**是使得 O 能成为核心对象的最小半径值（该值小于等于 ε）。如果 O 不是核心对象，则 O 的核心距离没有定义。即

$$\text{core-dist}_{\varepsilon,\text{MinPts}}(O)=\begin{cases}\infty & \text{if } |\text{rangeQuery}(O,\varepsilon)| < \text{MinPts}\\ \text{MinPts-dist}(O) & \text{otherwise}\end{cases}$$

其中 |rangeQuery(O, ε)|<MinPts 表示在 O 的 ε 邻域的数据对象的个数小于 MinPts 个，说明在这种情况下 O 不是一个核心对象。反之，当 O 是一个核心对象时，MinPts-dist(O) 表示的就是使得 O 的 ε 邻域能够包含 MinPts 个数据对象的最小半径值。如图 10.11 所示，给定 MinPts=5，则 ε' 表示的半径就是对象 O 的核心距离。

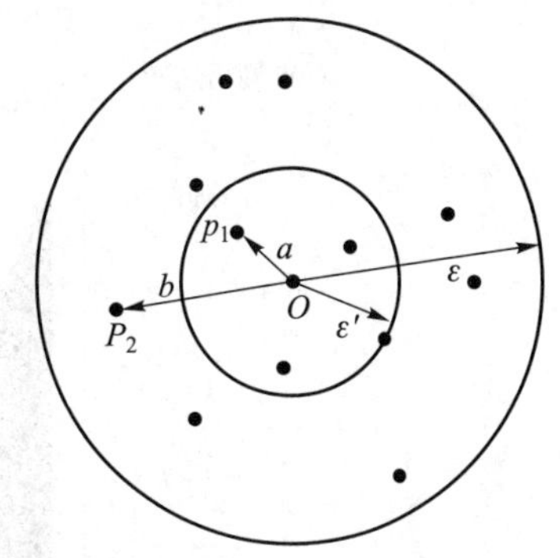

图 10.11　核心距离和可达距离示例

给定一个数据对象集合 D，两个参数 ε 和 MinPts，一个对象 O。如果 O 是一个核心对象，则 O 与另一个对象 p 间的**可达距离**是 O 的核心距离和 O 与 p 的欧几里得距离之间的较大值。如果 O 不是一个核心对象，O 与 p 之间的可达距离没有定义。即

$$\text{reach-dist}_{\varepsilon,\,\text{MinPts}}(p, O) = \max(\text{core-dist}_{\varepsilon,\,\text{MinPts}}(O), \text{dist}(p, O))$$

其中，dist(p, O) 表示 p 和 O 之间的欧几里得距离。如图 10.11 所示，由于 p_1 和 O 之间的欧几里得距离 a 小于对象 O 的核心距离，即 dist(p_1, O)<core-dist(O)，所以 p_1 和 O 之间的可达距离就是对象 O 的核心距离，即 reach-dist(p_1, O)=core-dist(O)= ε'。而对于另外一个数据对象 p_2 来说，由于 p_2 和 O 之间的欧几里得距离 b 大于对象 O 的核心距离，即 dist(p_2, O)>core-dist(O)，所以 p_2 和 O 之间的可达距离就是 p_2 和 O 之间的欧几里得距离，即 reach-dist(p_2, O)=dist(p_2, O)。

有了核心距离和可达距离的定义之后，下面来看 OPTICS 方法的工作过程。为了计算每个数据对象的簇序以同时构建不同层次上的簇，可以扩展 DBSCAN 方法来同时处理一组 ε 参数值。OPTICS 方法大体可以分为两个阶段：第一个阶段计算每个对象的核心距离和可达距离，生成簇序；第二个阶段进行聚类，在聚类的过程中只需要用到第一阶段所生成的对象之间的簇序信息，不再需要其他信息。

OPTICS 方法的第一阶段采用和 DBSCAN 方法类似的工作过程。同样从任意一个数据对象 p 开始，如果 p 是一个核心对象，则根据输入的两个参数 ε 和 MinPts 提取所有从 p 直接密度可达的数据对象，计算它们的核心距离和可达距离，并将它们放入待处理队列 Q 中。接下来，算法从 Q 中选取一个具有最小可达距离值的对象 q 进行进一步扩展。同样，首先检查 q 是否为核心对象，如果是，则根据输入参数 ε 和 MinPts 提取所有从 q 直接密度可达的数据对象，计算它们的核心距离和可达距离，并将它们放入待处理队列 Q 中。如果 q 不是核心对象，则什么都不做。需要注意的是，对 q 进行扩展时，还需要对队列 Q 中的数据对象的可达距离进行更新，保证其存储的是到最近的核心对象的距离。算法一直进行到所有数据对象都被处理过为止。图 10.12 给出了一个二维数据集及其簇序的示例图。其中，横轴代表对象的簇序，纵轴代表对象的可达距离。最主要的是，从该图可以判断出该数据集的簇结构，其中凹进去的三块代表数据集中的三个簇。

OPTICS 方法第二阶段的主要工作是，根据第一阶段所生成的簇序和特定的 ε_i($0 \leqslant \varepsilon_i \leqslant \varepsilon$) 值生成相应的簇。具体过程是：根据簇序逐个处理每一个对象，对任一对象 p，首先看 p 的可达

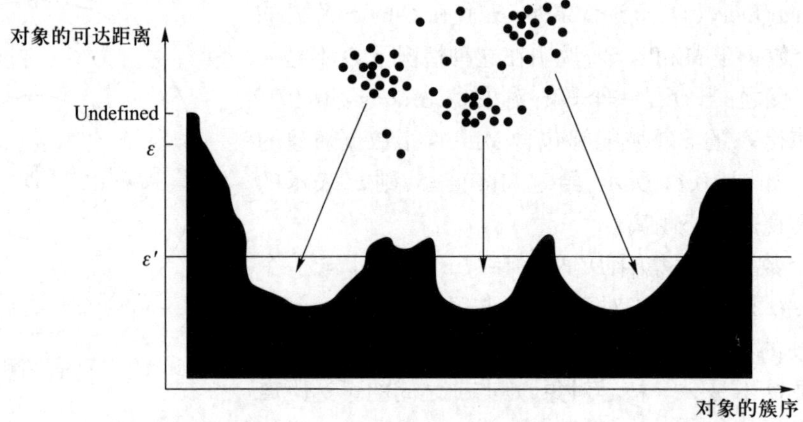

图 10.12　对象的簇序示例

距离是否大于 ε_i,如果是,则说明在 p 之前所处理过的对象中没有一个对象到 p 是可达的。这是因为如果某个对象到 p 可达,则 p 的可达距离不可能大于 ε_i。因此,如果 p 的可达距离大于 ε_i,则需要进一步考察 p 的核心距离。如果 p 的核心距离小于 ε_i,则说明 p 是一个核心对象,这时创建一个新簇;否则将 p 标记为噪声。如果 p 的可达距离小于等于 ε_i,则直接将 p 标记为当前簇。

10.2.3　基于层次的聚类方法

基于层次的聚类方法,其主要思想是把数据对象排列成一个聚类树,在需要的层次上对其进行划分,相关联的部分构成一个簇。

基于层次的聚类方法有聚合层次聚类和划分层次聚类两种类型(如图 10.13 所示)。

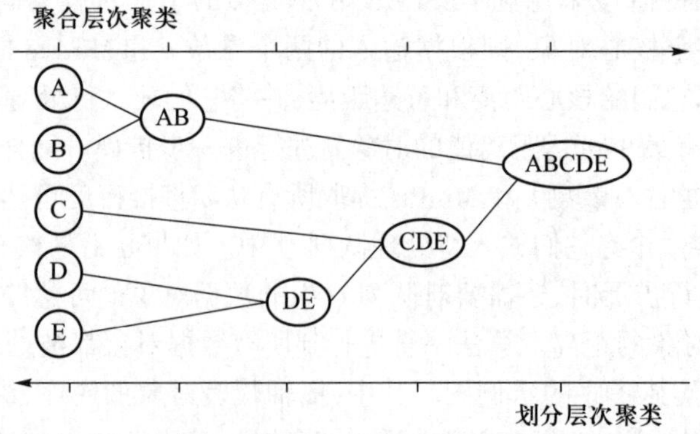

图 10.13　在数据对象 {A, B, C, D, E} 上的基于层次的聚类[16]

① 聚合层次聚类:最初每个对象自成一个簇(称为原子簇),然后根据簇之间的距离将这些原子簇进行合并。大多数聚合层次聚类算法都属于这一类,不同聚合层次聚类算法的主要区别

是簇之间距离的定义不同。

② 划分层次聚类：与聚合层次聚类的过程正好相反，最初所有的对象属于同一个簇，然后对这个簇进行逐层划分，形成较小的簇。

上述两种聚类方法都是通过计算簇间的距离来进行簇的合并或划分。设 $d(p,q)$ 为两个数据对象 p 和 q 之间的距离，m_i 和 m_j 分别为簇 C_i 和 C_j 的中心，n_i 和 n_j 分别代表簇 C_i 和 C_j 中数据对象的个数，则簇 C_i 和 C_j 之间的距离定义如下。

① 最小距离：

$$d_{\min}(C_i,C_j)=\min_{p\in C_i,q\in C_j} d(p,q)$$

② 最大距离：

$$d_{\max}(C_i,C_j)=\max_{p\in C_i,q\in C_j} d(p,q)$$

③ 中心点距离：

$$d_{\text{mean}}(C_i,C_j)=d(m_i,m_j)$$

④ 平均距离：

$$d_{\text{avg}}(C_i,C_j)=\frac{1}{n_i n_j}\sum_{p\in C_i}\sum_{q\in C_j} d(p,q)$$

下面以聚合层次聚类为例，介绍根据簇之间的距离对相似的簇进行逐步合并的过程。其具体步骤如下：

① 每个数据对象自己构成一个原子簇。

② 计算所有原子簇之间的两两距离。

③ 将距离最近的两个簇进行合并，簇的个数减 1。

④ 如果满足终止条件，则算法结束；否则计算新生成的簇和其他簇之间的距离并转步骤③。

算法终止的条件可以由用户指定。例如，可以指定当簇的个数达到某个阈值或每个簇的半径低于某个阀值时算法停止。簇的半径通常定义为

$$R=\frac{1}{n}\sum_{i=1}^{n} d(p_i-m)$$

其中，p_i 为簇中的每一个数据对象，m 代表簇的中心，n 代表簇中的数据对象个数。

可以看出，聚合层次算法的核心是计算两个簇之间的距离并将距离最近的两个簇进行合并。如果每一个簇的内部都比较紧凑且簇与簇之间分离得很好，则采用不同的距离定义所产生的聚类结果差别不大。但是如果簇与簇之间分离得不好（哪怕只是存在一些异常点）或簇的形状不是球形，抑或簇的大小不均匀时，根据不同的距离定义进行聚类的结果将差别很大。

例如，在图 10.14 所示的数据集上应用 $d_{\max}$、d_{avg}、d_{mean} 距离定义时，将产生图 10.15 所示的簇结构。

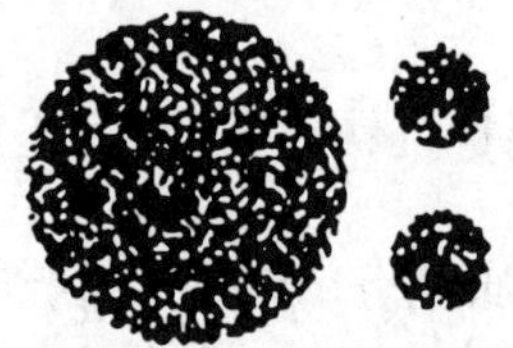

图 10.14　原始簇结构

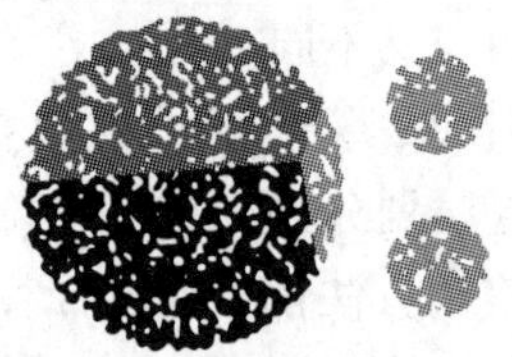

图 10.15　应用 d_{max}、d_{avg}、d_{mean} 距离定义所产生的簇结构[25]

类似地，在图 10.16 所示的数据集上应用 d_{mean} 距离定义时将产生图 10.17 所示的簇结构，其中单个细长的簇被切分，而属于邻近的多个细长簇的不同部分又被合并。另一方面，当在图 10.16 所示的数据集上应用 d_{min} 距离定义时将产生图 10.18 所示的簇结构，可以看到两个细长簇被连接了起来，产生了"链条"现象。

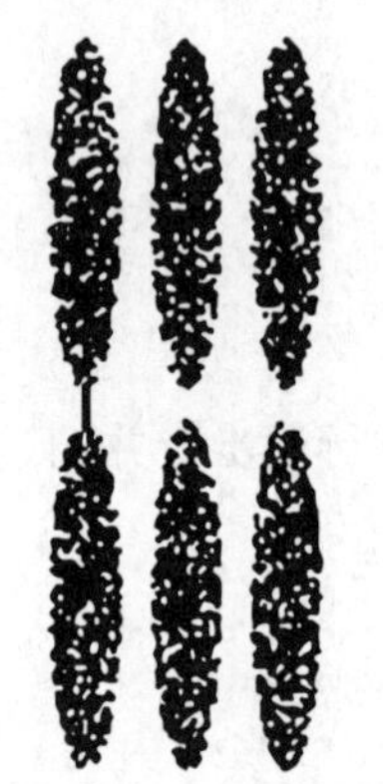

图 10.16　原始簇结构

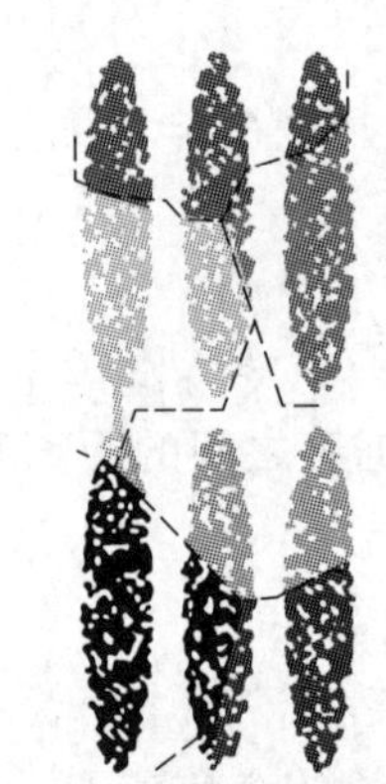

图 10.17　应用 d_{mean} 距离定义所产生的簇结构

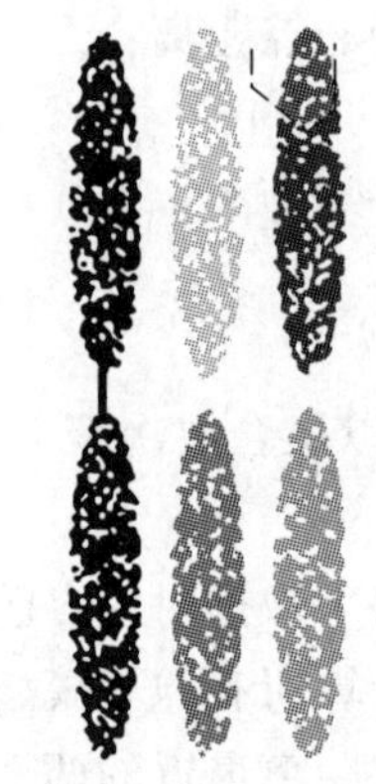

图 10.18　应用 d_{min} 距离定义所产生的簇结构[25]

根据上面的讨论可以看出，d_{mean} 和 d_{min} 距离定义都不太适合非球形或大小不均匀的簇结构。采用 d_{mean} 作为距离定义，缺点是它只取一个点（即簇的中心点）作为整个簇的代表点。对于一个特别大的簇或形状不规则的簇，在进行聚合层次聚类时其下一层孩子簇的中心点可能离得很远，无法合并成一个簇，导致本该属于同一个簇的点被分离到不同的簇中。与之相反，当采用 d_{min} 作为距离定义时又走向了另一个极端，考虑了簇中所有的点，即将簇中的每一个点都作为代表点对待，很容易受异常点的干扰，数据点位置的微小变化都可能导致聚类结构的变化。

下面介绍几种比较典型的层次聚类方法：BIRCH 方法、CURE 方法、ROCK 方法和 Chameleon 方法。

1. BIRCH 方法

当数据量很大时，聚合层次聚类算法因为其非线性的时间复杂度和巨大的 I/O 开销可能会崩溃。为此，人们提出了能够适用于大数据量聚类的 BIRCH 方法。该方法首先针对数据集进行预聚类(preclustering),在预聚类过程中将数据密集的区域压缩成微簇(micro-cluster),构建一个初始的内存 CF 树,其保留了数据内在的聚类特征。然后采用基于 d_{mean} 的聚合层次聚类方法对所有的微簇进行聚类(这时的数据集相对于原始数据已经很小了)。

下面对 CF 树进行详细介绍。

CF 代表聚类特征(clustering feature),它是一个三元组(N, LS, SS)。其中 N 为簇中对象的个数,LS 是 N 个数据对象各属性值的线性和,SS 是数据对象各属性值的平方和。CF 具有一个非常重要的性质,即可以累加。例如,假设有两个簇 C_1 和 C_2,它们的聚类特征分别为 CF_1 和 CF_2,如果将 C_1 和 C_2 合并成一个新的簇 C_3,则其特征 $CF_3=CF_1+CF_2$。

例 10.4 假定某个簇 C_1 包含三个数据对象,分别是(2,3)(3,4)(4,5),则该簇的聚类特征为

$$CF_1=(3,(2+3+4,3+4+5),(2^2+3^2+4^2,3^2+4^2+5^2))=(3,(9,12),(29,50))$$

如果另有一个簇 C_2,其聚类特征

$$CF_2=(3,(35,36),(417,440))$$

则将簇 C_1 和簇 C_2 合并后形成的新簇 C_3 的聚类特征为

$$CF_3=(3+3,(9+35,12+36),(29+417,50+440))=(6,(44,48),(446,490))$$

从统计的角度,CF 概括描述了一个簇的信息,该信息对于聚类过程来说已足够。由于不需要存储簇中的每一个数据对象,所以 BIRCH 方法的空间利用率很高。

CF 树是一棵与 B 树类似的高度平衡树,它存储基于层次的聚类过程中所形成的每个簇的聚类特征,其示例如图 10.19 所示。树中的每个非叶子节点存储其多个孩子结点的 CF 的和,这个和同时也是对其各孩子所代表的簇的信息的一个综合。每棵 CF 树都有两个参数,一个是每个非叶子结点的孩子数 B,另一个是每个叶子结点可以存储的簇的最大直径 T。这两个参数的大小影响着所生成的 CF 树的大小。簇的直径通常定义为

$$D=\frac{1}{n(n-1)}\sum_{i=1}^{n}\sum_{j=1}^{n}d(p_i-p_j)$$

其中,p 为簇中每一个数据对象,n 代表簇中数据对象的个数。

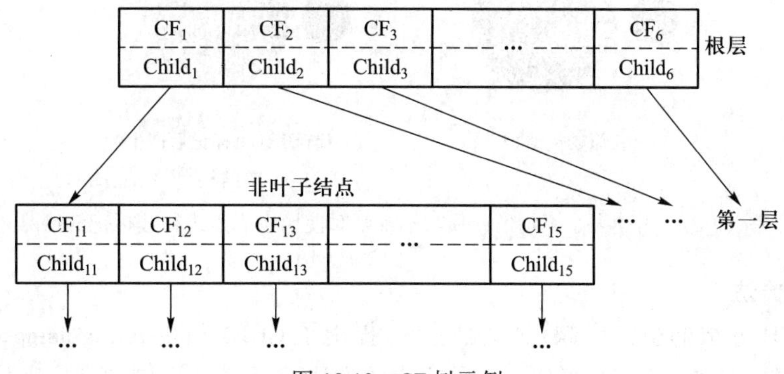

图 10.19 CF 树示例

BIRCH 方法的主要思想是：基于现有的资源限制，产生最好的聚类结果。它采用多阶段聚类技术，在给定的内存条件下先扫描一遍数据，产生一个基本不错的聚类结果，然后再扫描一遍或多遍数据，对聚类的结果进行改进。算法主要分为如下两个阶段：

第一阶段，对数据库中的数据进行扫描，构建一个初始的内存 CF 树。这棵 CF 树可以看作是对数据库的一个多层次压缩。

第二阶段，选用其他任意的聚类方法，对 CF 树的叶子结点进行进一步聚类。

在第一个阶段，CF 树是随着数据对象的插入而动态构建起来的。所以说，BIRCH 方法本质上是一个增量的方法。当某个对象被插入时，它被加入离它最近的那个叶子结点。如果插入该数据对象后，叶子结点的直径大于预先给定的参数值，则叶子结点（以及其他相关结点）就需要进行分裂。新的数据对象一旦插入，有关该对象的信息就传到了树根。

通过修改前面说的两个参数 B 和 T，可以修改 CF 树的大小。如果当前所生成的 CF 树在内存中放不下时，可以在重新设定这两个值的大小之后重新再构造一个新的 CF 树。新树是在旧树的叶子结点基础上构造而成的，不需要再次读入所有的数据。CF 树的插入和分裂过程和 B^+ 树的插入和分裂过程类似。因此，要构造一棵 CF 树，只需要扫描一次数据。CF 树一旦构造完毕，则可以使用其他任意的聚类方法，如可以采用基于 d_{mean} 的聚合层次聚类方法，对 CF 树的叶子结点进行进一步聚类。

BIRCH 方法的时间复杂度是 $O(N)$，具有很好的可伸缩性。其缺点是只能处理数值型数据，同时由于受 CF 树的大小限制，每个结点只能有一定数量的孩子结点，有可能影响聚类的效果。

BIRCH 方法还存在另一个缺点，即对大小不均匀或形状不规则的簇不够有效。因为 BIRCH 方法在对所有的微簇进行聚类之后，实际上还存在一个最后的簇标记阶段，即针对每一个数据点，要标记它属于哪一个簇。每一个簇使用中心点作为该簇的代表，每一个数据点被指派到离它最近的簇中。但是，当簇的大小不均匀或形状不规则时，使用中心点进行簇标记可能导致很差的聚类结果，如图 10.20 所示。在最后的标记阶段，规模较大的那个簇中的一些点被指派给了规模较小的那个簇，因为这些点到规模较小的那个簇的中心更近。

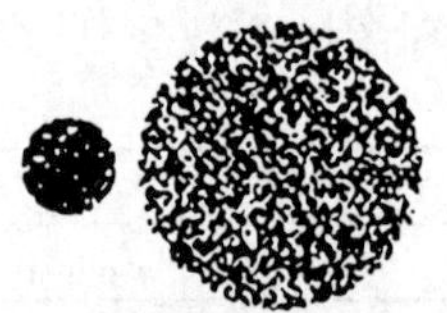

(a) 原始簇结构

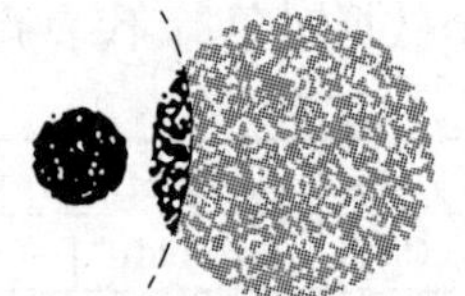

(b) BIRCH标记后产生的簇结构[25]

图 10.20　当簇大小不均匀或形状不规则时使用中心点进行簇标记的情况

2. CURE 方法

针对 BIRCH 方法的第二个缺点，文献［25］提出了 CURE（clustering using representatives，利用代表点聚类）方法。CURE 采用了一种折中的方法，在计算簇间距离时，既不像基于 d_{mean} 的聚合聚类方法一样只考虑单一的中心点之间的距离，也不像基于 d_{min} 的聚合聚类方法一样考虑所有点之间的距离。CURE 方法对每一个簇选择一个恒定数量的点集，它们很好地分散在该簇里，能反映该簇的形状和范围大小，然后利用一个因子 α 将选好的点向中心点收缩，收缩之后这些点就作为该簇的代表，在此后每一步归并中这些代表点之间距离比较近的簇被合并。

选择恒定数量代表点的策略，使得 CURE 方法克服了基于 d_{mean} 算法和基于 d_{min} 算法对大小不均匀和形状不规则簇聚类效果不好的缺点。这是因为：

① CURE 方法所选择的代表点比较分散，避免了一个大的完整的簇被进一步分割。

② 多个代表点使得 CURE 方法能够发现那些非球形的簇。

③ 在对代表点进行收缩的过程中，降低了异常点所带来的负面影响。

CURE 方法在处理大数据量时与 BIRCH 方法有以下不同：

① CURE 方法不是对所有的数据点进行预聚类，而是对数据的一个随机样本进行聚类。

② 为了进一步提高速度，CURE 方法将样本分成多个子集，然后对每个子集中的数据进行局部聚类。在除去异常点后每个子集中的局部聚类结果再进行全局聚类，以得到最后的结果。

③ 一旦在随机样本上的聚类完成，则在每个簇中选取多个代表点，用来对剩余的数据进行簇标记。对任一数据点 p，如果 p 到簇 C 的某个代表点最近，则将 p 指派给 C。由于在 CURE 方法中每个簇使用了多个而非一个代表点，克服了 BIRCH 方法在簇标记阶段所具有的缺点。因此不会产生如图 10.20（b）所示的聚类结果。

3. ROCK 方法

BIRCH 方法和 CURE 方法在对数值型数据进行聚类时可以得到不错的结果，但是它们都不太适合于字符型数据。当属性是字符（布尔型或类别型）时，采用前面介绍的簇之间距离的定义方法（d_{min}、d_{avg}、d_{mean}、d_{max}，均根据点之间的欧几里得距离定义）将会产生很差的聚类效果。

例如，在对购物篮数据进行分析时，具有相同购物偏好的顾客被聚到同一个簇中，在利用 BIRCH 方法和 CURE 方法对这样的数据集进行聚类时会遇到困难。

假设某个购物篮数据库包含 6 种商品 a、b、c、d、e、f，4 条事务，如图 10.21（a）所示。每种商品可看作一个布尔属性，则每条事务可看作是由这些布尔属性构成的 6 维空间中的点。每个点的形式如图 10.21（b）所示。

	Items
T_1	{a, b, c, e}
T_2	{b, c, d, e}
T_3	{a, d}
T_4	{f }

(a) 购物篮数据

	Items
T_1	(1, 1, 1, 0, 1, 0)
T_2	(0, 1, 1, 1, 1, 0)
T_3	(1, 0, 0, 1, 0, 0)
T_4	(0, 0, 0, 0, 0, 1)

(b) 由布尔属性构成的事务

图 10.21　字符属性数据库示例

当使用欧几里得距离（比如 d_{mean}）来定义簇之间的距离时，由于 T_1 和 T_2 之间的距离最小，所以它们被合并成一个簇 C，中心是（0.5，1，1，0.5，1，0）。下一步，由于 T_3 到 C 的中心的距离、T_4 到 C 的中心的距离都大于 T_3 和 T_4 之间的距离，T_3 和 T_4 被合并成一个簇。但这是不合理的，因为 T_3 和 T_4 这两个事务中没有包含一个公共的商品。它们不应该被划分到相同的簇中。

而且当采用欧几里得距离来定义具有字符属性的簇之间的距离时，还会产生一种类似“波纹”的效应，使得错误的聚类结果进一步扩散开来。例如，假设簇 C_1 和 C_2 具有差不多相同的数据点，但没有共同的属性，C_1 的中心点为（1/3，1/3，1/3，0，0，0），C_2 的中心点为（0，0，0，1/3，1/3，1/3）。假设另外有一个点 p（1，1，1，0，0，0）。理论上 p 应该和 C_1 合并，因为它们之间有共同的属性。但是由于 C_1 和 C_2 之间的距离小于 p 到 C_1 的距离，C_1 和 C_2 被合并在一起，尽管它们之间不存在任何共同的属性。C_1 和 C_2 合并后生成 C_3，中心为（1/6，1/6，1/6，1/6，1/6，1/6）。更不应该的是，点 p 到这个新的簇 C_3 的距离甚至还要大于 p 到 C_1 的距离。事实上这里所发生的就是所谓的“波纹”效应，簇的中心跨越了越来越多的属性，丢失了数据点原来所代表的信息（在某个属性上取值 1 表示购买，0 表示没有购买）。

为此，ROCK 方法针对字符型数据提出了基于 link 的簇间距离定义方法。该方法首先给出了两个数据点之间“邻居”的概念，即两个数据点之间的相似度如果超过某个阈值，则认为两个数据点互为邻居。而相似度可以采用欧几里得距离、Jaccard 系数或由领域专家给出的相似度矩阵来定义。在此基础上，两个数据点或簇之间的 link 数就是它们所共享的共同邻居的数目。这样，同属于一个簇的所有点就应该有大量的共同邻居，也就是它们之间有更多的 link。所以，在基于 link 的聚类过程中，先将具有最多 link 数的两个点或簇合并到一起，这样就可以得出一个更好、更合理的聚类结果。

例如，在图 10.21（a）所示的数据库中，如果两个事务包含至少一个共同商品就认为它们互为邻居，则 T_3｛a，d｝和 T_4｛f｝之间的 link 数为 0，而 T_1{a，b，c，e} 和 T_2{b，c，d，e} 之间的 link 数为 3。由此可以看出，相对于欧几里得距离，基于 link 的簇间距离定义方法更适合于字符型数据。

ROCK 方法在定义和计算 link 的过程中首先设定阈值 θ。给定任意两个数据点，只有当它们的相似度大于 θ 时，才认为它们是邻居。因为异常点通常具有很少的邻居，所以通过参数 θ 的选择可以首先将异常点孤立出来并从数据集中除去。另外，和 CURE 方法类似，针对大数据量，ROCK 方法在聚类过程中也利用了采样技术。首先随机抽取数据集的一个样本，然后在对样本数据聚类后再将磁盘上剩余的数据点分配到合适的簇里去。

4. Chameleon 方法

Chameleon 方法是为了改进 CURE 方法和 ROCK 方法的缺点而提出的。CURE 方法使用簇间的欧几里得距离进行小簇到大簇的合并，考虑了对象间的紧密度（closeness），但忽略了两个不同簇中对象的 link 信息（互连性），而 ROCK 方法使用基于 link 的簇间距离定义方法进行簇的合并，虽强调了对象间的互连性，却忽略了对象间的距离相似性。Chameleon 方法则同时考虑了互连性和距离相似性，它分为两个阶段：第一阶段使用图分割算法将数据点划分为一些相对较小的簇，第二阶段对第一阶段得到的簇反复进行归并得到最终的结果。

首先,算法利用 KNN 图的方法将数据抽象成一个稀疏图。即图中每个顶点代表一个原始数据点,如果点 p 是点 q(或点 q 是点 p)的 k 个近邻之一,则 p 和 q 之间有一条边。然后,使用图分割算法将该图划分成子图(每个子图代表一个簇)。

接下来,算法利用一个动态建模框架来计算簇间的距离。动态建模框架是指在决定簇间距离时,同时考虑簇间的相对互连性(RI)和相对紧密度(RC)。在聚合阶段选择那些 RI 和 RC 比较高的簇进行合并。

对任意两个簇 C_1 和 C_2,RI 的计算公式如下:

$$\mathrm{RI}(C_i,C_j)=\frac{|\mathrm{EC}(C_i,C_j)|}{(|\mathrm{EC}(C_i)|+|\mathrm{EC}(C_j)|)/2}$$

其中,分子 $|\mathrm{EC}(C_i,C_j)|$ 表示簇 C_1 和 C_2 的绝对互连性,也就是这两个簇之间边的权重之和;分母 $(|\mathrm{EC}(C_i)|+|\mathrm{EC}(C_j)|)/2$ 是两个簇的平均内部互连性。一个簇的内部互连性,是指要将该簇分割成大致相等的两个簇所需要去掉的边的权重之和。

在算法的第二阶段(簇合并阶段),Chameleon 方法根据用户指定的阈值,将那些相对互连性和相对紧密度超过用户指定阈值的簇进行合并。

10.2.4　基于模型的聚类方法

基于模型的聚类方法利用一定的数学模型进行聚类。这类方法通常假设数据满足一定的概率分布,聚类的过程就是要尽力找到数据与模型之间的拟合点。典型方法有 GMM(Gaussian mixture models,高斯混合模型)方法和 SOM(self-organizing feature map,自组织特征映射)神经网络方法。

SOM 方法的基本思想是:当外界输入不同的样本数据到人工自组织特征映射神经网络中,初始时输入样本引起输出兴奋细胞的位置各不相同,但自组织后会形成一些细胞群,它们分别代表输入样本,反映输入样本的特征。这些细胞群如果在二维输出平面则是一个平面区域,样本学习后,在输出神经元层中排列成一张二维映射图,功能相同的神经元距离比较近,功能不同的神经元分得比较开。这个映射过程使用一个简单的竞争算法来完成,其结果可以使一些无规则的输入自动排序,在连接权的调整中可以使权的分布与输入的概率密度分布相似,使用该映射可以揭示原始数据空间中的簇结构。

GMM 方法是 k-Means 方法的概率变种,其基本算法框架和 k-Means 类似,都是通过多次迭代逐步改进聚类结果的质量。GMM 和 k-Means 的区别在于,k-Means 聚类的最终结果是每个数据对象被指派到了某个簇,而 GMM 在算法结束时除了将数据对象指派给某个簇外,还给出了对象属于该簇的概率。

下面主要以 GMM 方法为例,对基于模型的聚类方法进行介绍。

GMM 方法假设数据服从高斯混合分布,换句话说,数据可以看作是从 k 个高斯分布中生成出来的。每个高斯分布称为一个组件(component),这些组件线性叠加在一起就组成 GMM 的概

率密度函数

$$p(x)=\sum_{i=1}^{k}\omega_i g\left(x\mid\mu_i,\sum_i\right)$$

其中，x 是一个数据对象，ω_i指的是 x 由第 i 个组件生成的概率，$g(x\mid\mu_i,\sum_i)$是第 i 个组件的概率密度函数，μ_i和$\sum_i$分别是第 i 个高斯分布的中心和协方差矩阵（covariance matrix）。

已知 GMM 的概率密度函数形式（即模型结构）后，接下来就是根据已知数据估计模型的参数。这里的参数是ω_i、μ_i和$\sum_i$。GMM 中的 k 个组件对应于 k 个簇，所以 GMM 聚类的过程实际上也就是估计参数ω_i、μ_i和$\sum_i$的过程。

对 GMM 进行参数估计需要一个评分函数，该评分函数取值最大（有些情况下是最小）时的模型参数就是所需要的参数。在 GMM 中，采用似然函数（likelihood function）作为评分函数：

$$E=\prod_{j=1}^{n}p(x_j)$$

其中，n 表示数据集 D 中数据对象的个数，$p(x_j)$表示采用 GMM 生成数据对象 x_j 的概率。当该评分函数取值最大时，实际上就为 GMM 找到了这样一组参数，它所确定的概率分布生成数据集 D 中数据对象的概率最大。这时 E 的取值称为最大似然（maximum likelihood）。

由于通常 $p(x_j)$都很小，它们的乘积 E 就更小。因此一般会对其取对数，把乘积变成求和的形式，得到对数似然函数

$$F=\prod_{j=1}^{n}\log p(x_j)$$

接下来只要将这个函数最大化，即找到一组参数值使对数似然函数的取值最大，这时则认为这组参数是最合适的参数，从而完成了参数估计的过程。

函数最大化的通常做法是求导并令导数等于零，然后解方程得到参数值。但是在 GMM 中，将 $p(x_j)$代入 F 得

$$F=\sum_{j=1}^{n}\log\left(\sum_{i=1}^{k}\omega_i g\left(x\mid\mu_i,\sum_i\right)\right)$$

由于在对数函数里又有求和的操作，所以无法直接用求导后解方程的方式求得最大值。为了解决这个问题，采取类似于 k-Means 方法的迭代求精方法。最开始时先给出参数 ω_i、μ_i 和 $\sum_i$ 的初始值，然后迭代地进行下面两步：

① 估计数据对象 x_j 属于簇 C_i 的概率（即 x_j 由第 i 个高斯分布生成的概率），其中 $1\leqslant j\leqslant n$，$1\leqslant i\leqslant k$：

$$p(x_j\in C_i)=\frac{\omega_i g\left(x_j\mid\mu_j,\sum_i\right)}{\sum_{i=1}^{k}\omega_i g\left(x_j\mid\mu_i,\sum_i\right)}$$

如果是第一次迭代,则上式中的参数 ω_i、μ_i 和 $\sum_i$ 采用初始值。如果不是第一次迭代,则采用上一次迭代所得的值。

② 估计第 i 个高斯分布的参数。根据上一步计算结果,得知数据对象 x_j 由第 i 个高斯分布生成的概率是 $p(x_j \in C_i)$,或者说第 i 个高斯分布生成了 $p(x_j \in C_i)x_j$ 这个值。将所有的数据对象考虑在内,可以看作第 i 个高斯分布生成了 $p(x_1 \in C_i)x_1, p(x_2 \in C_i)x_2, \cdots, p(x_n \in C_i)x_n$ 这些点。

令

$$n_i = \sum_{j=1}^{n} p(x_j \in C_i)$$

则根据上述这些点可以求得参数 ω_i、μ_i 和 $\sum_i$ 的值如下:

$$\mu_i = \frac{1}{n_i} \sum_{j=1}^{n} p(x_j \in C_i) x_j$$

$$\sum_i = \frac{1}{n_i} \sum_{j=1}^{n} p(x_j \in C_i)(x_j - \mu_j)(x_j - \mu_j)^{\mathrm{T}}$$

$$\omega_i = \frac{n_k}{n}$$

将求出的参数值代入似然函数,如果值发生了变化,则重复迭代上面两步。如果似然函数的值不再发生变化,则认为值已收敛,停止迭代,算法结束。

10.2.5 基于方格的聚类方法

基于方格的聚类方法是把多维数据空间划分成一定数目的单元,然后在这种数据结构上进行聚类操作。该方法的特点是处理速度快,因为其速度与数据对象的个数无关,而只依赖于数据空间中每个维上单元的个数。

STING(statistical information grid,统计信息网格)方法是一个多分辨率的聚类技术。它把数据空间划分成矩形区域,通常不同层次的矩形单元对应不同的分辨率,这些单元构成了一个层次结构,在高层次上的单元可以划分成多个低层次上的单元。每个单元中的数据统计信息(如均值、最大值、最小值、计数和可能的数据分布等)预先计算出来,用于以后的查询处理。

CLIQUE 方法是一个密度和方格相结合的算法。其基本思想是把 M 维的数据空间分成互不覆盖的矩形单元。如果一个单元中数据点的个数大于一个阈值(用户的输入参数),则称该单元是密集的(dense)。相互连接的密集单元的最大集合构成一个簇。例如,图 10.22 所示的二维空间首先被划分成 10×10 个方格单元,每个单元用其范围边界来表示,例如图 10.22 中的单元 u=(30 ≤ Age ≤ 35)∧(1 ≤ Salary ≤ 2)。多个边界相邻的单元构成一个区域,例如图 10.22 中的 A 和 B 都代表一个区域,A=(30 ≤ Age ≤ 50)∧(4 ≤ Salary ≤ 8),B=(40 ≤ Age ≤ 60)∧(2 ≤ Salary ≤ 6),则 A 和 B 一起构成的灰色区域表示一个簇,该簇表示为((30 ≤ Age ≤ 50)∧

$(4 \leqslant \text{Salary} \leqslant 8)) \vee ((40 \leqslant \text{Age} \leqslant 60) \wedge (2 \leqslant \text{Salary} \leqslant 6))$。

CLIQUE 算法的优点是可以自动找出具有高密度数据对象存在的高维子空间，与数据的输入顺序和数据分布无关并且具有很好的可扩展性。但是由于算法简单，最后的聚类结果的精度有时不太好。

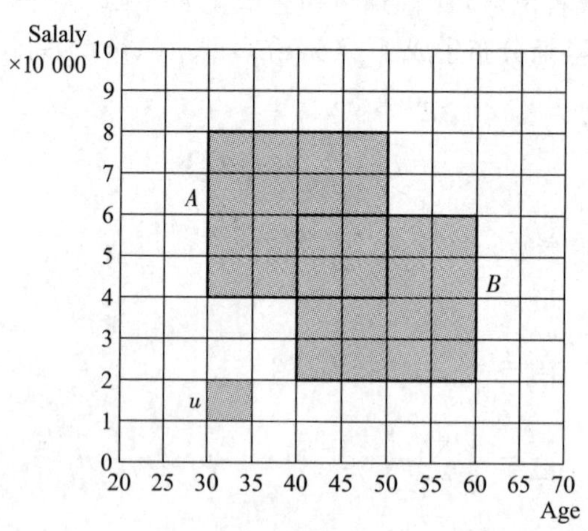

图 10.22　CLIQUE 产生的簇示例[26]

10.3　文本聚类的典型应用：话题检测

文本聚类指的是将文档按照相似性进行分组。文档分组的结果能够揭示文档间的内在语义结构，具有非常广泛的应用。例如，对顾客的投诉邮件进行聚类能够反映出顾客对产品的主要不满在哪些方面；对搜索引擎返回的文档进行聚类能够对结果进行分组和去重；对词语进行聚类能够帮助创建同义词词典、对查询词进行扩展等。

话题检测是文本分类的一个典型应用，在很多场景中都会用到。很难给话题下一个精确的定义。话题通常指一个文档或一次会话的主题（或者主要思想）。话题的粒度可以是多种多样的，如某个句子的话题，某篇文章的话题，某个文档库的话题，等等。

给定一个文本集，话题检测首先需要找出该文本集中包含的一些（通常是 k 个）话题，其次需要确定文本集中的每一篇文档覆盖了哪个话题以及覆盖的程度如何。换句话说，给定一个参数 k 和 N 个文档（文档 1，文档 2，…，文档 N），话题检测的任务是首先找出 k 个话题（话题 1，话题 2，…，话题 k），然后计算出每篇文档 i 对每个话题 j 的覆盖概率。如图 10.23 所示，可以看出文档 1 对话题 1 进行了很好的覆盖（或者说文档 1 主要在讨论话题 1），而对话题 2 和话题 k 的覆盖则很少。同理，文档 2 对话题 2 进行了很好的覆盖，而对话题 k 的覆盖很少，甚至根本就没有提及话题 1。文档 i 对话题 j 的覆盖程度通常用一个概率值来表示，同一个文档对不同话题的覆盖率之和为 1。

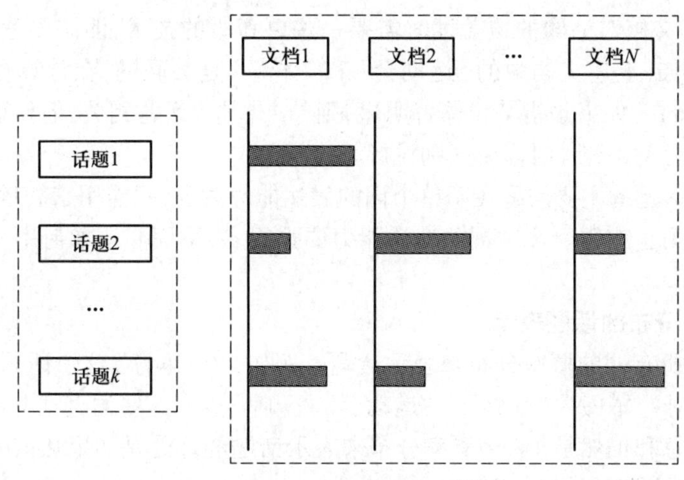

图 10.23 话题检测任务[27]

接下来的一个问题是如何表示话题。话题的表示通常有两种形式，用单个词（或短语）来表示，或者用多个词的分布来表示。

1. 基于单个词（或短语）的话题表示

表示一个话题的最简单的方法就是用一个词或者短语，比如可以用“科学”“体育”“政治”“旅游”表示 4 个不同的话题。在这种表示方式下，文档对话题的覆盖程度可以用该词（或短语）在文档中的出现频率来衡量。前面提到，话题检测包含两个任务：① 识别出 k 个话题；② 计算出各文档对各个话题的覆盖度。如果用单个词表示话题，可以将文档中包含的所有词当作候选话题，然后设计一个评分函数，将得分最高的前 k 个词作为话题。评分函数的设计需要考虑很多因素，首先是要有代表性，得分高的词应该能够代表文档集中的很多内容，这通常可以用词的出现频率来衡量。但是，如果仅仅用频率衡量，则类似于“的”“地”等虚词可能会得分很高。因此，需要选择那些出现次数相对频繁但又不是特别频繁的词作为话题。采用前面介绍过的 TF-IDF 权重作为评分函数是一种不错的选择。

有了评分函数之后，接下来需要做的就是根据评分函数的取值选取前 k 个词作为话题。一个有可能遇到的问题就是选出来的这 k 个词有可能比较雷同。这不符合话题选择的初衷，即选择出 k 个具有代表性的词，能够覆盖文本集的大部分内容。所以在进行话题词选择时需要进一步做好去重工作，尽量使选择出来的 k 个词既具有较高的评分，又互不冗余。

选择出 k 个话题之后，接下来的任务就是计算每篇文档对每个话题的覆盖度。最简单的方法就是统计每一个话题词在每篇文档中出现的概率。比如，某文档集假设已选择出 3 个话题词，分别是“体育”“科学”“政治”，它们在某文档中的出现次数分别 5、10、20，则该文档对“体育”“科学”“政治”3 个话题的覆盖度分别是 1/7、2/7、4/7。但这样的简单统计法存在一定的问题，比如，文档“中华人民共和国第十三届运动会 2017 年 8 月 27 日晚在天津市隆重开幕”讨论的是“体育”相关的话题，但是“体育”这个词在文档中并没有出现，导致它对“体育”这个话题的覆盖度为 0。因此，在计算文档对话题的覆盖度时需要一些更高级的技术，即需要考虑词的相关联性、二义性等问题。比如，上述文档中的“运动会”和“体育”是关联的，在计算覆盖度时应考虑进去；再如，英文词“star”如果是指某位体育明星，则与“体育”话题相关，但如果指的是自然界的星星，则与“体育”无关。统计时需要区别对待。

用单个词表示话题的主要问题在于单个词的表达能力太弱，只能用来表示简单的话题，文档对单个词的覆盖能力也有限。多个词的表达能力要强得多，下面介绍如何用多个词来表示一个话题。

2. 基于多个词分布的话题表示

可以用词典中所有词的概率分布来表示话题。例如，在“体育”这个话题下，具有较高概率的词是“足球”“篮球”“NBA”“世界杯”“运动会”“金牌”等。这些词直觉上都与“体育”相关。所有词出现的概率总和仍然是 1。用概率分布来表示话题的好处是如果从该分布中进行词语采样，得到话题相关词的概率会大一些。

需要注意的是，当某一个词的概率非常大而其他大多数词的概率都非常小时，基于多个词分布的话题表示方法将退化成基于单个词的简单话题表示方法。因此在这个意义上，前者可以看作后者的延伸和扩展。

基于多个词分布的话题表示方法的另一个好处是可以表示更细粒度的话题。比如，同样都是表示“体育”的话题，如果词分布中“篮球”的概率大于“足球”的概率，则可以认为该话题更多是关于体育中的篮球而不是足球。值得注意的是，在“体育”话题中，并不是说与体育无关的词的概率都必须为 0，只是说它们的概率相对来说要小一些。另外，有些词会同时以不同的概率出现在多个话题中。

接下来要解决的问题就是如何识别出基于多个词分布的 k 个话题，如何计算出每个文档对每个话题的覆盖度。由于每个话题由一个概率分布描述，解决该问题的最直接方法就是概率建模。问题定义如下。

输入：由 N 个文档构成的文本集 C、话题个数 k、词典 V。

输出：两类概率分布。第一类是 k 个话题的词分布（$\theta_1, \theta_2, \cdots, \theta_k$），第二类是每一个文档 d_i 在不同话题上的概率分布（$\pi_{i1}, \pi_{i2}, \cdots, \pi_{ik}$）。

现在的问题是如何由输入得到输出。对此人们提出了很多方法。这里介绍一种比较通用的方法——生成模型法。该方法假设文本集中的文档都是由一个模型生成的（事实上并非如此，只是为了更好地理解数据从而完成话题检测任务）。模型具有参数，参数不同则模型的表现不同，从而生成数据的概率值也就不同。在设计模型时，希望将要挖掘的知识用模型的参数表现出来，然后再试图用已有的数据来估计这些参数，从而得到所需要的知识（这里具体为上面提到的要输出的两类概率分布）。如何估计模型的参数，或者说如何用数据拟合模型属于标准的统计问题，有多种不同的方法可以使用。

这里来看一下对于话题检测来说，生成模型需要设计哪些参数。首先针对每一个话题，词典

V 中所有词都有一个概率值，因此需要 $k^*|V|$ 个参数，其中 $|V|$ 表示词典 V 中词的个数。其次，针对文档集中的 N 个文档，每个文档对每个话题都有一个覆盖率，所以需要 k^*N 个参数。注意到每个话题下所有词的概率总和为 1，每个文档下所有话题的覆盖率总和也为 1，所以事实上参数的个数会分别少 1 个，需要的参数总数为 $k^*(|V|-1)+(k-1)^*N$。

模型设计好之后，接下来要做的事情就是将数据拟合到模型，或者说学习模型的参数。在学习的过程中对参数的取值进行调节，使得模型生成已有数据的概率最大。这时，参数的取值达到最优。这些最优的参数值即是希望从文本中挖掘出的知识，通常也是算法的输出结果。

上述方法也是使用生成模型进行文本挖掘的常用思路。首先设计一个带参数的模型，使其能够尽可能地对现有数据进行刻画，然后将数据拟合到模型，学习得到参数的最优取值。这些最优的参数值代表的正是希望从文本中挖掘出来的知识。

10.3.1 识别单个话题

先来看一种最简单的情况：文档集中只有一个文档 d，该文档只讨论了一个话题。由于只有一个话题，文档 d 对该话题的覆盖率是 100%。在这种情况下，只需求出该话题对应的词分布就可以了。假设该文档共包含 M 个不同的词，则整个模型的参数个数是 M，词分布分别是 $P(w_1)$, $P(w_2)$, $\cdots$, $P(w_M)$。

如果采用最简单的一元文法模型（unigram language model），即文档中每个词出现的概率是独立的），$P(w_i)$ 计算如下：

$$P(w_i)=\frac{C(w_i,d)}{\sum_{j=1}^{M}C(w_j,d)}$$

其中，$C(w_i,d)$ 表示词 w_i 在文档 d 中出现的次数。

这种简单的一元文法模型的缺点在于它根据词的频率估计话题的词分布，某些停用词，如中文中的“地”、英文中的“the”等出现的概率可能非常高，但这些词并不包含语义信息，用来代表特定的话题是不合适的。

为了降低停用词的概率，考虑采用由两个模型构成的混合生成模型，其中一个用来生成停用词列表（称为背景词分布 θ_B），另一个用来生成有意义的话题 θ_d。在这样的一个混合模型下，文档中每个词出现的概率为

$$P(w_i)=P(\theta_B)P(w_i|\theta_B)+P(\theta_d)P(w_i|\theta_d)$$

其中，$P(\theta_B)$ 代表 w_i 由背景词分布生成的概率，$P(\theta_d)$ 代表 w_i 由话题词分布生成的概率。

由于背景词分布 θ_B 通常会预先设定好（一般会给停用词较大的概率），该混合模型的参数为 $M+2$ 个，分别为 $P(w_1|\theta_d)$, $\cdots$, $P(w_M|\theta_d)$, $P(\theta_d)P(\theta_B)$，将其总计为 Λ。可以通过最大似然来估计这些参数的值。由该混合生成模型生成整篇文档中所有词的概率（或者说似然函数）为

$$P(d|\Lambda)=\prod_{i=1}^{M}P(w_i)^{C(w_i,d)}$$

接下来用最大期望算法估计出参数 Λ 的值即可。最大期望（expectation maximization，EM）是一种以迭代的方式来解决最大似然问题的方法。其基本思想是基于初始的或上一步计算出来的参数值 Λ，推断隐含变量 z 的值（E 阶段）；再基于隐含变量 z 的值，更新参数值 Λ，并做极大似然估计（M 阶段）。此过程迭代多次，直到似然函数的值达到最大为止。

E 阶段：根据每个词出现的概率值（参数值）更新隐含变量 z 的值。

$$P^{(n)}(z=0 \mid w)=\frac{P(\theta_d)P^n(w \mid \theta_d)}{P(\theta_d)P^{(n)}(w \mid \theta_d)+P(\theta_B)P(w \mid \theta_B)}$$

M 阶段：根据第 n 步求出的隐含变量值，更新第 $n+1$ 步每个词出现的概率值（参数）。

$$P^{(n+1)}(w \mid \theta_d)=\frac{c(w,d)P^n(z=0 \mid w)}{\sum\limits_{w' \in V} c(w',d)P^n(z=0 \mid w')}$$

其中 z 是隐含变量，z=0 表示 w 来自话题词分布，z=1 表示 w 来自背景词分布。

10.3.2　PLSA 方法

10.3.1 小节介绍了在一个文档一个主题的特殊情况下话题检测的方法，下面将其扩展到多个文档多个主题的一般情况。PLSA 是较经典的解决这类问题的方法。该方法将上述由两个分布构成的混合模型扩展到由多个分布构成的混合模型。假设有 k 个话题，则 PLSA 假设文本集由一个混合生成模型生成，该混合生成模型包含 k+1 个组件，其中的 k 个组件分别对应 k 个话题的词分布，另外 1 个组件对应背景词分布。

在这样一个混合生成模型中，文档 d 中每个词的生成过程仍然包含两步：首先选择一个组件，这个组件可能是背景词分布 θ_B，也可能是某一个话题 θ_i。设选择背景词分布 θ_B 生成词的概率为 λ_B，则选择话题 θ_i 生成词的概率为 $(1-\lambda_B)\pi_{d,i}$（其中 $\pi_{d,i}$ 是文档 d 对话题 θ_i 的覆盖度）。一旦在第一步决定了使用某个词分布，第二步就是从选定的分布中生成一个词。因此，词 w_i 在文档 d 中出现的概率为

$$P(w_i)=\lambda_B P(w_i \mid \theta_B)+(1-\lambda_B)\sum_{j=1}^{k}\pi_{d,j}P(w_i \mid \theta_j)$$

下面通过最大似然来估计这些参数的值。由该混合生成模型生成文档 d 中所有词的概率为

$$P(d \mid \Lambda)=\prod_{i=1}^{M}P(w_i)^{C(w_i,d)}$$

生成文档集 C 的概率（或者说似然函数）为

$$P(C \mid \Lambda)=\prod_{d \in C}\prod_{i=1}^{M}P(w_i)^{C(w_i,d)}$$

同样用最大期望算法估计出参数 Λ 的值即可。隐含变量 $z_{d,w} \in \{B,1,2,\cdots,k\}$ 表示话题由背景词分布或某个话题 j 生成。

E 阶段：根据每个词出现的概率值（参数值），更新隐含变量 $z_{d,w}$ 的值。

$$P^n(z_{d,w}=j)=\frac{\pi_{d,j}^n P^n(w\mid\theta_j)}{\sum_{j'=1}^{k}\pi_{d,j'}^n P^n(w\mid\theta_{j'})}$$

$$P^n(z_{d,w}=B)=\frac{\lambda_B P(w\mid\theta_B)}{\lambda_B P(w\mid\theta_B)+(1-\lambda_B)\sum_{j=1}^{k}\pi_{d,j}^n P^n(w\mid\theta_j)}$$

M 阶段：根据第 n 步求出的隐含变量值 $z_{d,w}$，更新第 n+1 步每个词在每个话题中出现的概率，以及每篇文档对每个话题的覆盖率（参数 Λ）。

$$\pi_{d,j}^{n+1}=\frac{\sum_{w\in V}C(w,d)(1-P^n(z_{d,w}=B))P^n(z_{d,w}=j)}{\sum_{j'}\sum_{w\in V}C(w,d)(1-P^n(z_{d,w}=B))P^n(z_{d,w}=j')}$$

$$P^{n+1}(w\mid\theta_j)=\frac{\sum_{d\in C}C(w,d)(1-P^n(z_{d,w}=B))P^n(z_{d,w}=j)}{\sum_{w'}\sum_{d\in C}C(w',d)(1-P^n(z_{d,w'}=B))P^n(z_{d,w'}=j)}$$

10.3.3　改进的 PLSA 方法

PLSA 方法是一个完全无监督的学习方法，进行话题检测的过程中只需要根据数据的特征进行计算，不需要额外的其他知识。但是有些情况下，在进行话题检测时可能存在一些先验知识，对要挖掘的话题已经有所了解，可能希望对某些话题进行分析。例如，可能需要对和“文本挖掘”相关的话题进行分析，或者希望对某公司新出的某款手机的电池寿命或屏幕大小进行分析。总之，有一些话题是用户关心的，而另一些话题可能是不关心的。另外，用户对文档—话题之间的覆盖情况可能也有一些了解。比如，文档可能已经被贴上标签，根据标签可以知道该文档主要讨论的是哪些话题。

在存在先验知识的情况下，估计生成模型参数时，需要在最大似然和用户先验之间取得一个平衡，即需要进行贝叶斯估计。这时用到的评分函数是最大后验概率（MAP），而不再是最大似然。假设所有的参数定义为 Λ，可以引入一个先验分布 $P(\Lambda)$，它可以看作用户偏爱的 Λ 取值的一个概率分布。当用户偏向哪些参数值时，其概率相应设置得大一些，表示在各种各样的话题词分布中，至少有一种是用户偏爱的；在各种各样的文档—话题覆盖分布中，至少有一种是用户偏爱的。因此，用户总是能够将自己的偏爱定义为先验，加入模型中。

有了这个先验分布 $P(\Lambda)$ 之后，估计文档集 C 的参数 Λ 时，就希望最大化最大后验概率，即

$$\Lambda^*=\arg\max_{\Lambda} P(\Lambda)P(C|\Lambda)$$

其中 $P(C|\Lambda)$ 是最大似然。引入 $P(\Lambda)$ 的目的就是希望能在先验知识和最大似然之间取得一个折中。

定义 $P(\Lambda)$ 的方式有很多。最方便的是使用一个共轭先验分布，即 $P(\Lambda)$ 和 $P(C|\Lambda)$ 使用

一样的概率密度函数。因为二者的形式相同，可以合并成一个函数，这样最大化后验概率和最大化似然可以采用类似的方法。由于函数形式相同，可以把在原始数据上最大化后验概率看作是在一个新的数据集上最大化似然。这个新的数据集可以看作是在原来的数据集上加入一部分新的数据组成。使用这样一个共轭先验，最大后验概率的计算和参数的估计仍然可以采用改进的最大期望算法来进行。具体如下。

E 阶段：根据每个词出现的概率值（参数值）更新隐含变量 $z_{d,w}$ 的值。

$$P^n(z_{d,w}=j)=\frac{\pi_{d,j}^nP^n(w\mid\theta_j)}{\sum_{j'=1}^{k}\pi_{d,j'}^nP^n(w\mid\theta_{j'})}$$

$$P^n(z_{d,w}=B)=\frac{\lambda_BP(w\mid\theta_B)}{\lambda_BP(w\mid\theta_B)+(1-\lambda_B)\sum_{j=1}^{k}\pi_{d,j}^nP^n(w\mid\theta_j)}$$

M 阶段：根据第 n 步求出的隐含变量值 $z_{d,w}$，更新第 $n+1$ 步每个词在每个话题中出现的概率，以及每篇文档对每个话题的覆盖率（参数 Λ）。

$$\pi_{d,j}^{n+1}=\frac{\sum_{w\in V}C(w,d)(1-P^n(z_{d,w}=B))P^n(z_{d,w}=j)}{\sum_{j'}\sum_{w\in V}C(w,d)(1-P^n(z_{d,w}=B))P^n(z_{d,w}=j')}$$

$$P^{n+1}(w\mid\theta_j)=\frac{\sum_{d\in C}C(w,d)(1-P^n(z_{d,w}=B))P(z_{d,w}=j)+\mu P(w\mid\theta_j')}{\sum_{w'}\sum_{d\in C}C(w',d)(1-P^n(z_{d,w'}=B))P^n(z_{d,w'}=j)+\mu}$$

其中 $\mu P(w\mid\theta_j')$ 表示的是先验知识带来的对数据的改变。

10.3.4　LDA 方法

PLSA 是一个非常通用的生成模型，但它只能应用于已知文档的生成过程，无法用于生成新的文档。因为在 PLSA 中文档 d 对话题 j 的覆盖概率 $\pi_{d,j}$ 和一个已经存在的文档相关，而对于一个新文档该概率是不可获得的。

解决该问题的一种办法是给 $\pi_{d,j}$ 设置先验知识。LDA 方法就是这样做的，它假设每个文档 d 的文档—话题覆盖分布 π_d 都是从一个 Dirichlet 分布中抽样得到的，而该分布是在 π_d 的整个参数空间上定义的一个分布，可以看作是分布的分布。类似地，每一个话题下的词分布也可以看作是从另一个 Dirichlet 分布抽样得到的。

在 PLSA 中，每一个文档 d 的文档—话题覆盖分布 π_d 和每一个话题下的词分布 θ_i 都是需要估计的未知参数，而在 LDA 模型中 π_d 和 θ_i 不再是参数（变成了隐变量），它们都假设是从某个 Dirichlet 先验分布中抽样得到。这样 LDA 只有两类参数，一类是 $\alpha=\{\alpha_1,\alpha_2,\cdots,\alpha_k\}$，另一类是 $\beta=\{\beta_1,\beta_2,\cdots,\beta_M\}$。$\alpha$ 和 β 都被称为超参数。一旦这些超参数被确定了，则两个 Dirichlet 分布就确定了，整个生成模型也就确定了。一旦从 Dirichlet 分布采样得到了文档—话题分布 π_d

和话题下的词分布 θ_i,则可以采用和 PLSA 一样的方法来模拟生成所有的文档。当没有先验知识时,α 和 β 可以分别被设置为统一的值,表示不管是词分布还是文档—话题覆盖分布,用户都没有任何偏好。

LDA 模型的参数估计比较复杂,常用的一种方法是吉布斯抽样算法。它是一种较特殊的蒙特卡罗(Makov Chain Monte Carlo, MCMC)方法。用吉布斯抽样算法推导 LDA 模型的参数容易实现,需要较少的内存且能够以较快的速度推断出较好的参数。

10.4 实践案例:用 LDA 实现话题检测

10.4.1 背景及数据

本案例的数据集是搜集到的各种新闻题材的中文文本。新闻题材可分为体育、政治、艺术、经济、交通、医药等 10 个大类,每类新闻文本的数量在 200~500 条。每类新闻的内容示例如表 10.1 所示。

表 10.1 新闻文本内容示例

新闻类别	内容
体育	……单独举办冬季奥运会的问题搁浅以后,1908 年伦敦奥运会首次列入了花样滑冰比赛,引起了人们极大兴趣……
政治	……将于 5 月 4 日开始对我国进行正式友好访问。这是蒙古国最高领导人时隔 28 年来的首次访华,它标志着中蒙关系的新发展……
艺术	……为弘扬这一传统的民族文化,挖掘宝贵的民间艺术遗产,安徽省文化和旅游厅将继承和发展花鼓灯艺术作为重点工作来抓,在人力、物力、财力上重点扶持……
经济	……出席联合国贸易与发展会议无形贸易与贸易资金委员会在日内瓦举行的第 13 届 2 期会议的中国代表李志敏说,贸易与发展资金短缺及债务问题是一个全球性的问题……
交通	……
医药	……

10.4.2 数据预处理

1. 中文分词

相比于英文文本,对于中文文本的处理要提前做好分词的工作。为了方便转为 Spark 中 RDD 的数据格式,还需要将原始新闻文档中的每篇新闻转为一行字符串存储在同一个文件内部。分词工作由于前文已做了详细说明,这里不再赘述。本例仅处理了 4 类新闻文本,分别为体育、政治、经济、艺术类文本,每类题材分别有 200 篇新闻文档。

前期的数据预处理只需要做到这一步即可，进一步的分词和特征提取工作会统一在 Spark 框架下完成。

2. Spark 下的数据处理和特征提取

由于整个话题模型的程序较长，我们分块来做分析。本小节介绍从文本导入到训练模型前的所有数据处理过程，大体上包括切词、去停用词、生成字典、单词计数 4 个步骤。具体流程可见如下的代码注释。

下面是代码片段。

```
/**
* 加载文档，切分文本，生成单词字典，对文档内容根据字典产生基数向量
* @return( corpus, vocabulary as array, total token count in corpus )
*/
privatedef preprocess(
    sc: SparkContext,
    paths: Seq[String],
    vocabSize: Int,
    stopwordFile: String):(RDD[(Long, Vector)], Array[String], Long)={

val sqlContext=SQLContext.getOrCreate(sc)
import sqlContext.implicits._

// 从新闻文档中获取数据集
// 每篇新闻是 text 文件中的一行
// 如果输入文件由很多小文件组成，则在 Spark 中会产生过多的 partition，这种情况会影响程序性能
// 可以考虑使用 coalesce()函数来产生较少的 partition
val df=sc.textFile(paths.mkString(",")).toDF("docs")
val customizedStopWords: Array[String]=if(stopwordFile.isEmpty){
    Array.empty[String]
} else {
    // 可以提供停用词字典，将文档里的停用词去掉
    val stopWordText=sc.textFile(stopwordFile).collect()
    stopWordText.flatMap(_.stripMargin.split("\\s+"))
}
// 切分词
val tokenizer=new RegexTokenizer()
   .setInputCol("docs")
   .setOutputCol("rawTokens")
```

```
  //去停用词
  val stopWordsRemover=new StopWordsRemover()
    .setInputCol("rawTokens")
    .setOutputCol("tokens")
    stopWordsRemover.setStopWords(stopWordsRemover.getStopWords++
                                  customizedStopWords)
  //对切分后的词语进行计数
  val countVectorizer=new CountVectorizer()
    .setVocabSize(vocabSize)
    .setInputCol("tokens")
    .setOutputCol("features")

  //将上述操作组成处理流水线,并输入文档数据
  val pipeline=new Pipeline()
    .setStages(Array(tokenizer, stopWordsRemover, countVectorizer))

  val model=pipeline.fit(df)
  val documents=model.transform(df)
    .select("features")
    .map { case Row(features: Vector)=>features }
    .zipWithIndex()
    .map(_.swap)

  (documents,  //svm 格式的新闻特征(词对应 index:计数)
  model.stages(2).asInstanceOf[CountVectorizerModel].vocabulary,  //词语字典
  documents.map(_._2.numActives).sum().toLong)// total token count
}
```

经过以上处理即完成了数据预处理的第二步，每篇文档都转为 svm 格式的特征向量。由于 LDA 将每篇文档当成词袋，预处理后的每个特征向量只包含一篇新闻里出现了哪些词，以及这些词出现的频率。

10.4.3 话题检测

本小节介绍如何利用 Spark 中 MLlib 提供的 LDA 算法来寻找新闻文本中的话题分布。LDA 对于长文本的聚类和发现文本主题有很好的效果。

首先对模型用到的一些主要参数进行说明。表 10.2 列出了一些默认设置，这些参数都是可以在运行程序时进行设置的。

表 10.2　聚类模型用到的一些参数设置

参数设置	说明
k：Int=20,	聚类主题的个数（所有文本共有 20 个话题类别）
maxIterations：Int=10,	算法的最大迭代次数，实际模型训练中设置为 150
vocabSize：Int=10 000,	文本预处理中字典的大小 10 000 词
stopwordFile：String="",	停用词文件路径

示例代码如下所示。

```
privatedef run (params: Params) {
    val conf=new SparkConf ().setAppName (s"LDAExample with $params")
    val sc=new SparkContext (conf)

    Logger.getRootLogger.setLevel (Level.WARN)

    // 为 LDA 模型加载文档数据，并做预处理操作 .
    val preprocessStart=System.nanoTime ()
    // 文档预处理，显示一些预处理信息
    val (corpus, vocabArray, actualNumTokens) =
        preprocess (sc, params.input, params.vocabSize, params.stopwordFile)
        corpus.cache ()
    val actualCorpusSize=corpus.count ()
    val actualVocabSize=vocabArray.size
    val preprocessElapsed= (System.nanoTime () -preprocessStart) / 1e9

    println ()
    println (s"Corpus summary: ")
    println (s"\t Training set size: $actualCorpusSize documents")       // 总文档数量
    println (s"\t Vocabulary size: $actualVocabSize terms")               // 字典大小
    println (s"\t Training set size: $actualNumTokens tokens")            //token 数量（总的词数）
    println (s"\t Preprocessing time: $preprocessElapsed sec")
    println ()

    // 训练 LDA.
    val lda=new LDA ()

    val optimizer=params.algorithm.toLowerCase match {
        case "em" =>new EMLDAOptimizer
        // add (1.0 / actualCorpusSize) to MiniBatchFraction be more robust on tiny datasets.
        case "online"=>new OnlineLDAOptimizer ().setMiniBatchFraction (0.05+1.0 / actualCorpusSize)
        case_=>thrownew IllegalArgumentException (
```

```
            s"Only em, online are supported but got ${params.algorithm}.")
    }

    // 设置模型参数
    lda.setOptimizer(optimizer)
      .setK(params.k)
      .setMaxIterations(params.maxIterations)
      .setDocConcentration(params.docConcentration)
      .setTopicConcentration(params.topicConcentration)
      .setCheckpointInterval(params.checkpointInterval)
    if(params.checkpointDir.nonEmpty){
      sc.setCheckpointDir(params.checkpointDir.get)
    }
    val startTime=System.nanoTime()
    val ldaModel=lda.run(corpus)// 训练模型
    val elapsed=(System.nanoTime()-startTime)/1e9

    println(s"Finished training LDA model.  Summary:")
    println(s"\t Training time: $elapsed sec")

    if(ldaModel.isInstanceOf[DistributedLDAModel]){
      val distLDAModel=ldaModel.asInstanceOf[DistributedLDAModel]
      val avgLogLikelihood=distLDAModel.logLikelihood / actualCorpusSize.toDouble
      println(s"\t Training data average log likelihood: $avgLogLikelihood")
      println()
    }

    // 打印出模型训练后的文档主题，每个主题输出 10 个权重最大的话题词
    val topicIndices=ldaModel.describeTopics(maxTermsPerTopic=10)
    val topics=topicIndices.map { case(terms, termWeights) =>
        terms.zip(termWeights).map { case(term, weight) =>(vocabArray(term.toInt), weight)}
    }
    println(s"${params.k} TOPICS:")
    topics.zipWithIndex.foreach { case(topic, i) =>
      println(s"TOPIC $i")
      topic.foreach { case(term, weight) =>
        println(s"$term\t$weight")
      }
      println()
    }
    sc.stop()
}
```

训练输出的结果如下。

4 TOPICS：

TOPIC 0	比赛	0.01215174646473335
	记者	0.007694822662701985
	艺术	0.006714533957549797
	新华社	0.006597834298608928
	队	0.006011361899085723
	5 月	0.005931889153712177
	全国	0.005837071078126553
	说	0.005428061945145228
	世界	0.005290712306381383
	亚运会	0.0048029728548144735
TOPIC 1	文化	0.020343510009867557
	艺术	0.012333038701362969
	演出	0.01042028557262103
	创作	0.009659907350050168
	活动	0.00783507954409675
	群众	0.007757288556511756
	文艺	0.007198030889231706
	工作	0.00688624308683623
	作品	0.006519659441768877
	获	0.006157033456654974
TOPIC 2	5 月	0.016369272094711607
	说	0.01603382949203504
	新华社	0.013159821508030956
	合作	0.012142182257887518
	中国	0.01027769430696336
	国家	0.007788837674291497
	访问	0.007727794128577429
	总统	0.007401238454306449
	主席	0.006811916523737868
	北京	0.006463713187047687
TOPIC 3	经济	0.025978178922004384
	中国	0.021607973611668756
	发展	0.012356729464052817
	增长	0.009492718956005185
	企业	0.009438091456181772
	市场	0.007065936380815343
	投资	0.006943696672410225
	社会	0.0064701527805806685
	国家	0.005850189614964759
	我国	0.005752810573990834

从输出结果大致可以看出 TOPIC 0 是关于体育的话题，TOPIC 1、TOPIC 2、TOPIC 3 分别对应文化、政治、经济等新闻类别。这些话题由一些词分布组成，这里列出的词是每类话题中所占分布比例最大的前 10 个词。例如 TOPIC 3 中，占比较大的是经济、中国、发展等词语。说明这里提供的中文相关的经济类新闻文档中，很多都是描述与中国经济和经济发展相关的内容。

不过这里输入的文本是已知的 4 类新闻素材，所以在训练之前设置的话题数量是 4。而话题数量这个超参数在实际问题中是无法事先得知的。所以在实际使用过程中还需要搜索合理的话题数。

Spark 1.6+ 版本还可以对每篇文档标记相应的主题，这样就对批量文本数据做了相应的聚类操作，使同一类别的文章在 LDA 模型框架下由同一个话题生成。LDA 训练好的模型也可以在训练结束后保存。

小　结

本章介绍了聚类分析的基本概念、对象间相似性的度量方法、各种聚类方法以及聚类的一个典型应用——话题检测。通过学习本章，应主要做到以下几点：

① 掌握聚类分析的基本概念。了解聚类和分类的区别。聚类是一种无监督的学习方法，而分类是一种有监督的学习方法。

② 掌握区间标度型、二元型、分类型、序数型、比例型、混合型等不同类型对象间相似性的度量方法。了解夹角余弦法和相关系数法两种相似性度量方法。

③ 掌握基于划分的 k-Means 和 k-Medoids 聚类方法、基于密度的 DBSCAN 和 OPTICS 聚类方法以及基于层次的 BIRCH 聚类方法。了解各种方法的优缺点。

④ 了解基于模型和基于方格的一般聚类方法。

⑤ 了解话题检测的一般过程和方法。

习　题　10

1. 聚类和分类的区别是什么？它们之间有什么联系？

2. 什么是对象间的相似度？简述如何计算下列不同类型的对象间的相似度：(1) 区间标度型；(2) 二元型；(3) 分类型；(4) 序数型；(5) 比例型；(6) 混合型。

3. 给定两个对象 (12, 1, 42) 和 (50, 2, 34)，试算出它们之间的欧几里得距离、曼哈顿距离，明科斯基距离 (设 q=3)。

4. 根据能找出的簇的形状、预先指定的参数及所存在的缺陷，对如下聚类方法进行评价：(1) k-Means；(2) BIRCH；(3) DBSCAN。

5. 假设有如下 9 个数据对象：$A_1(1,10)$，$A_2(3,5)$，$A_3(4,3)$；$B_1(7,0)$，$B_2(7,3)$，$B_3(3,9)$；$C_1(3,2)$，$C_2(3,9)$，$C_3(4,4)$。如果将 k 设为 3，初始的簇中心设为 A_1、B_1 和 C_1 并采用欧几里得距离函数，试用 k-Means 算法给出第一次迭代后的三个聚类中心和最后的聚类结果。

6. BIRCH 算法是否能够检测出任意形状的簇？如果不能，能否对其进行改进，使其能够检测出任意形状的簇？

7. 什么是基于密度的聚类？简述如何将该类方法应用于检测噪声数据。

8. 什么是话题检测？话题检测的两个关键任务是什么？

9. 简述用 PLSA 方法进行话题检测的主要过程。

第11章 推荐系统

随着科技与信息技术的迅猛发展,社会进入了一个全新的高度信息化的时代,互联网无处不在,影响了人类生活的方方面面并极大地改变了人们的生活方式。尤其是进入 Web 2.0 时代以来,随着社会化网络媒体的异军突起,互联网用户既是网络信息的消费者,也是网络内容的生产者,互联网中的信息量呈指数级增长。由于用户的辨别能力有限,在面对庞杂的互联网信息时往往感到无从下手,使得在互联网中查找有用信息的成本巨大,产生了所谓的“信息过载”问题。

搜索引擎和推荐系统的产生,为解决“信息过载”问题提供了非常重要的技术手段。用户在搜索互联网中的信息时,在搜索引擎中输入查询关键词,搜索引擎即可根据用户的输入在系统后台进行信息匹配,将与用户查询相关的信息展示给用户。但是,如果用户无法想到准确描述自己需求的关键词时,搜索引擎就无能为力了。与搜索引擎不同,推荐系统不需要用户提供明确的需求,而是通过分析用户的历史行为来对用户的兴趣进行建模,从而主动向用户推荐可能满足其兴趣和需求的信息。因此,搜索引擎和推荐系统对用户来说是两个互补的工具,前者是主动的,而后者是被动的。

11.1 概　　述

11.1.1 推荐系统与网络大数据

近几年,随着电子商务的蓬勃发展,推荐系统在互联网中的优势地位越来越明显。在国际方面,比较著名的电子商务平台网站有 Amazon 和 eBay,其中 Amazon 平台采用的推荐算法被认为是非常成功的。在国内,比较大型的电子商务平台网站有淘宝(包括天猫)、京东商城、当当网、苏宁易购等。在这些电子商务平台中提供的商品数量不计其数,用户规模也非常大。据不完全统计,天猫商城中的商品数量已经超过了 4 000 万。在如此庞大的电商平台上,用户根据自己的购买意图输入关键字查询会得到很多相似的结果。用户在这些结果中很难区分异同,难于选择合适的物品。于是,能够根据用户兴趣为其推荐相关商品,从而为用户在购物的选择中提供建议的推荐系统就显得很有必要。目前,比较成功的电子商务网站都不同程度地利用推荐系统,在用户购物的同时为用户推荐一些商品,从而提高网站的销售额。

另一方面,智能手机的发展推动了移动互联网的发展。在用户使用移动互联网的过程中,其所处的地理位置等信息可以非常准确地被获取。基于此,国内外出现了大量基于用户位置信息的网站。国外比较知名的网站有 Meetup 和 Flickr,国内有豆瓣网和大众点评网等。例如,在大众点评网上用户可以根据自己的当前位置搜索餐馆、酒店、影院、旅游景点等信息服务。同时,可以对当前位置下的各类信息进行点评,为自己在现实世界中的体验打分,分享自己的经验与感受。当用户使用这类基于位置的网站服务时,同样会遭遇“信息过载”问题。推荐系统可以根据用户的位置信息为用户推荐当前位置下用户感兴趣的内容,提供符合其真正需要的内容,提升用户对网站的满意度。

随着社交网络的兴起,用户在互联网中的行为不再限于获取信息,更多的是与网络上的其他用户进行互动。国外著名的社交网站有 Facebook、LinkedIn、Twitter 等,国内的社交网站有新浪微博、人人网、腾讯微博等。在社交网站中用户不再是单独的个体,而是与网络中很多人有错综复杂的关系。社交网络中最重要的资源就是用户与用户之间的这种关系数据。在社交网络中用户间的关系是不同的,建立关系的因素可能是现实世界中的亲友、同事,也可能是网络中的虚拟朋友,比如都是有着共同爱好的社交网络成员。在社交网络中,用户与用户之间的联系反映了用户之间的信任关系,用户在社交网络中的行为或多或少地会受到这些用户关系的影响。因此,推荐系统在这类社交网站中的研究与应用应考虑用户社交关系的影响。

11.1.2　推荐系统的产生与发展

“推荐系统”这个概念是 1995 年在美国人工智能协会组织的会议中提出的。当时卡内基·梅隆大学的 Robert Armstrong 提出了这个概念,并推出了推荐系统的原型系统 Web Watcher。在同一个会议上,美国斯坦福大学的 Marko Balabanovic 等人推出了个性化推荐系统 LIRA。随后推荐系统的研究工作逐渐发展,1996 年 Yahoo 网站推出了个性化入口 My Yahoo,可以看作是第一个正式商用的推荐系统。21 世纪以来,推荐系统的研究与应用随着电子商务的快速发展而异军突起,各大电子商务网站都部署了推荐系统,有报告称 Amazon 网站 35% 的营业额来自于推荐系统。2006 年美国的 DVD 租赁公司 Netflix 在网上公开设立了一个推荐算法竞赛——Netflix Prize,并公开了真实网站中的一部分数据,包含用户对电影的评分。Netflix 竞赛有效地推动了学术界和产业界对推荐算法的研究,产生了很多有效的算法。

推荐系统诞生后,学术界对其关注也越来越多。从 1999 年开始,美国计算机学会每年召开电子商务研讨会(ACM conference on electronic commerce, ACM EC),越来越多的推荐系统相关的论文发表在 ACM EC 上。ACM 信息检索特别兴趣组(ACM special interest group of information retrieval, ACM SIGIR)从 2001 年开始把推荐系统作为该会议的一个独立研究主题。同年召开的人工智能联合大会(the 17th International Joint Conference on Artificial Intelligence)也将推荐系统作为一个单独的主题。最近的十多年中,学术界对推荐系统越来越重视。数据库、数据挖掘、人工智能、机器学习方面的重要国际会议(如 SIGMOD、VLDB、ICDE、KDD、AAAI、SIGIR、ICDM、WWW、ICML 等)都有大量与推荐系统相关的研究成果发表。2007 年,第一个以推荐系统命名的国际会议 ACM Recommender Systems Conference(ACM RecSys)首次举办。在数据挖掘及知识发现国际会议举办的 KDD CUP 竞赛中，2011—2012 年连续两年的竞赛主题都是推荐系统。其中，2011 年的两个竞赛题目为“音乐评分预测”和“识别音乐是否被用户评分”，2012 年的两个竞赛题目为“腾讯微博中的好友推荐”和“计算广告中的点击率预测”。

11.1.3 推荐系统的本质

实际上，推荐系统的本质仍然是分类和预测。如果只是预测某用户是否喜欢某物品，则属于分类问题；如果还预测某用户喜欢某物品的程度如何，则属于回归问题。

用户的购买行为可以用如图 11.1 所示的用户和物品之间的二分图来表示。如果用户历史上曾经购买过某物品，则用户和物品之间用一条边连接。推荐的目的就是预测用户和物品之间未来是否会有其他的边存在，或者说存在某条边的概率有多大。如果未来存在某条边的概率非常大，则意味着该用户很有可能会购买该物品，应该向该用户推荐该物品。

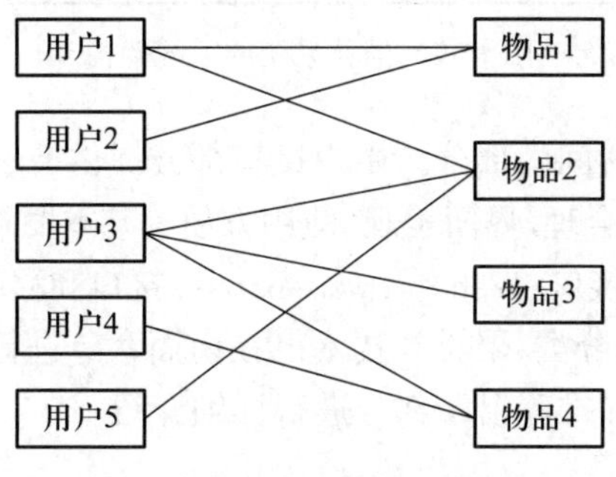

图 11.1 用户 - 物品二分图

因此，可以将推荐系统看作是一个预测函数，输入是用户模型和物品模型，输出是用户对物品的相关度打分（用于对推荐结果进行排序）。

11.2 推荐系统的系统架构

推荐系统在很多领域得到了广泛应用，不同领域的推荐系统具有不同的数据稀疏性，对推荐系统的可扩展性及推荐结果的相关性、流行性、新鲜性、多样性和新颖性具有不同的需求。

尽管需求不尽相同，一个完整的推荐系统通常都包括数据建模、用户建模、推荐引擎和用户接口 4 部分，如图 11.2 所示。数据建模部分负责对拟推荐的物品数据进行准备，将其表示成有利于分析的数据形式，确定要推荐给用户的候选物品，并对物品进行分类、聚类等预处理。用户建模部分负责对用户的行为信息进行分析，从而获得用户的潜在喜好。用户的行为信息包括问答、评分、购买、下载、浏览、收藏、停留时间等。推荐引擎部分利用后台的推荐算法，实时地从候选物品集合中筛选出用户感兴趣的物品，排序后以列表的形式向用户推荐。推荐引擎是推荐系统的核心

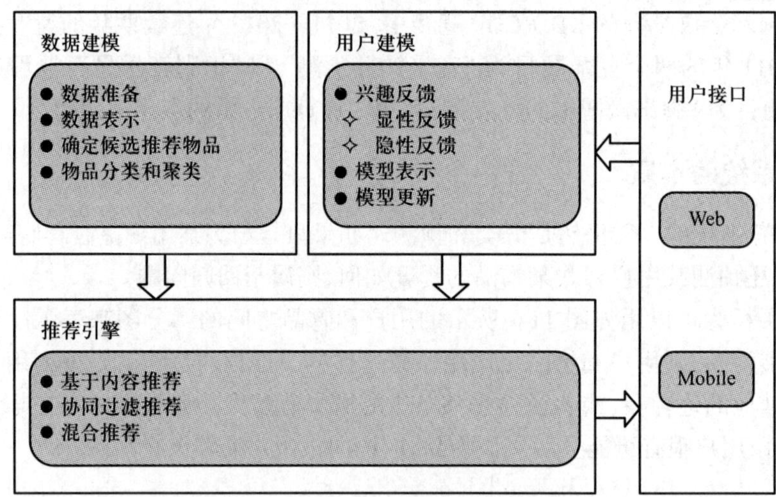

图 11.2　推荐系统的系统架构

部分,也是最耗费系统资源和时间的部分。用户接口部分提供展示推荐结果、收集用户反馈等功能。用户接口除了应具有布局合理、界面美观、使用方便等基本要求外,还应有助于用户主动提供反馈。主要有两种类型的用户接口:Web 端(web-based)接口和移动端(mobile-based)接口。

由于数据建模部分涉及的分类、聚类等技术已在前面章节进行了介绍,而用户接口部分相对比较简单,下面仅对用户建模和推荐引擎部分进行详细介绍。

11.2.1　用户建模

用户模型反映用户的兴趣偏好。用户兴趣的反馈可分为显性反馈和隐性反馈。显性反馈包含两种方式:用户定制和用户评分。用户定制是指用户对系统所列问题的回答,如年龄、性别、职业等。评分又分为两级评分和多级评分。例如,在 Yahoo News 中采用两级评分,喜欢(more like this)和不喜欢(less like this)。多级评分可以更详细地描述对某个产品的喜欢程度,如 GroupLens 中用户对新闻的喜好程度可评价为 1~5 分;Dude News 支持用户的 4 级反馈:感兴趣、不感兴趣、已知道、想了解更多,然后进行归一化处理。

很多时候用户不能准确地提供个人偏好,或者不愿意显性提供个人偏好,更不愿意经常维护个人的偏好。所以,隐性反馈往往能正确地体现用户的偏好以及偏好的变化。常用的隐性反馈信息包括是否点击、停留时间、点击时间、点击地点、是否加入收藏、评论内容(可推测用户的心情)、用户的搜索内容、社交网络、流行趋势、点击顺序等。在协同过滤(collaborative filtering,CF)推荐方法中,常常把用户的隐性反馈转化为用户对产品的评分。例如,Google News 中用户阅读过的新闻记为喜欢,评分为 1;没有阅读过的评分为 0。Daily Learner 系统中用户点击了新闻标题评分为 0.8 分,阅读完全文则评分上升到 1 分;若用户跳过了系统推荐的新闻,则从系统预测评分中减去 0.2 分作为最终评分。

用户的兴趣可分为长期兴趣和短期兴趣。长期兴趣反应用户的真实兴趣,短期兴趣常与热点话题相关联且经常改变。从最近的历史行为中学习到的短期兴趣模型可快速反应用户兴趣的变化。常用的模型有向量空间模型、语义网络模型、基于分类器的模型等。由于用户的兴趣常受物品本身周期性、热点事件、突发事件的影响,变化性很大,所以需要经常更新用户模型。

11.2.2 推荐引擎

推荐引擎主要指各种各样的推荐算法。常用的推荐算法可分为基于内容的推荐算法、基于协同过滤的推荐算法、基于上下文的推荐算法、基于知识的推荐算法、混合推荐算法等。

1. 基于内容的推荐算法

基于内容的推荐算法,其基本原理是根据用户以往喜欢的物品,选择其他类似的物品作为推荐结果。例如,现在有一部新电影与用户过去喜欢看的某部电影有相同演员或类似题材,则用户可能就喜欢这部新电影。通常的做法是对每个物品进行特征提取,作为物品的特征向量。使用用户过去所喜欢的物品的特征来描述用户的兴趣爱好,从而获得用户的偏好模型。然后计算用户和候选物品之间的匹配度,匹配度较高的候选物品就可作为推荐结果推送给目标用户。

2. 基于协同过滤的推荐算法

协同过滤技术是由 David Goldberg 在 1992 年提出的,是目前个性化推荐系统中应用最为成功和广泛的技术。国外知名的商业网站 Amazon,国内知名的社区网站豆瓣、虾米等都采用了协同过滤的方法。其本质是基于关联分析的技术,即利用用户所在群体的共同喜好来向用户进行推荐。协同过滤利用了用户的历史行为(偏好、习惯等)将用户聚类成簇,这种推荐通过计算相似用户,假设被其他相似用户喜好的物品当前用户也感兴趣。协同过滤的推荐方法通常包括两个步骤:① 根据用户行为数据找到与目标用户兴趣相似的用户集合(用户所在的群体或簇);② 找到这个集合中用户喜欢且目标用户没有购买过的物品推荐给目标用户。

在实际使用中,协同过滤技术面临两大制约,即数据稀疏问题和冷启动问题。协同过滤需要利用用户与用户或物品与物品之间的关联性进行推荐。最流行的基于内存的协同过滤方法是基于邻居关系的方法。该方法首先找出与指定用户评价历史相近的该用户的邻居,根据这些邻居的行为来预测结果或找出与查询物品类似的物品。这样做的前提假设是,如果两个用户在一组物品上有相似的评价,那么他们对其他物品也将会有相似的评价;或者如果两物品在一组用户上有相似的评价,那么它们对于其他用户也将会有相似的评价。

基于协同过滤的推荐算法,其关键是找寻用户(物品)的最近邻居。当数据稀疏时,用户购买过的物品很难重叠,协同推荐的效果就不好。改进办法之一是除了直接邻居之外,间接邻居的行为也可以对当前用户的决策行为构成影响。另外一些解决稀疏问题的方法是可以添加一些默认值,人为地将数据变得稠密一些;或者采用迭代补全的方法,先补充部分数值,在此基础上再进一步补充其他数值。此外,还有利用迁移学习方法来解决数据稀疏的问题。但这些方法只能在某种程度上部分解决数据稀疏的问题,并不能完全解决。在真实应用中,由于数据规模很大,数据稀疏的问题更加突出。数据稀疏性使协同过滤方法的有效性受到制约。甄别出与数据稀疏程度相匹配的算法,以便能根据具体应用情况做出正确选择,是非常有价值的研究课题。

3. 基于上下文的推荐算法

基于上下文的推荐算法将二维协同扩展到多维协同,将推荐发生时的时间、地点、用户所在的位置、周围的环境、当前状态等任何与推荐行为有关的信息都纳入推荐算法的考虑中。例如,在信息检索应用中,上下文不仅包括检索的相关主题,还可以包括时间、用户位置和设备类型等信息;在电子商务类网站应用中,可以引入的上下文包括用户年龄、当前季节、用户位置、用户的好友关系等信息;在电影推荐、音乐推荐等应用中,可以考虑将时间、位置、情绪、用户使用的设备类型、用户的社交网络等因素加入上下文感知的推荐系统中。综上所述,上下文的感知信息可以分为用户自身信息和用户外部信息。用户自身信息包括用户的年龄、性别、情绪、喜好等信息;用户的外部信息包括时间、位置、天气、活动状态和用户的社会关系等信息。在推荐系统中融入上下文信息有利于提高推荐系统的准确度。

4. 基于知识的推荐算法

基于知识的推荐算法是指和用户交互进行的一种推荐方法。在一些复杂的产品领域,用户希望明确定义他们的需求。比如,明确指出"要购买的车的颜色希望是黑的""最高价格是X"等。类似这样的推荐方法通常称为基于约束的推荐方法,它首先确定用户的一组需求,使得存在部分物品能够满足所有的约束。在推荐过程中,系统首先询问用户的约束需求,并按此需求找到一个候选物品集合;如果该候选集合很小或者为空,则再次询问用户可否放松或修改约束,最终找到物品的一个子集排序后返回给用户。另一种基于知识的推荐方法是基于实例的推荐。该方法根据不同的相似度衡量方法,检索出与特定用户给出的实例相似的物品进行推荐。

5. 混合推荐算法

混合推荐算法指将上述各种推荐算法组合使用,从而克服缺点,组合优点。可以将多个推荐系统整合成一个整体,也可以并行使用多个推荐系统分别得出结果,最后整合在一起;或者用流水线方式调用不用的推荐系统,在推荐算法 A 的结果上再应用推荐算法 B,在 B 的结果上再应用推荐算法 C;等等。

由于前 3 种推荐算法更典型,在实际中应用更广,下一节将对其进行更为详细的介绍。

11.3　典型推荐算法介绍

11.3.1　基于内容的推荐算法

基于内容的推荐算法包含物品建模、用户建模和推荐列表生成 3 个步骤。

① 物品建模。每种物品用一些属性来表示,属性的取值表示为一个特征向量。物品的属

性既可能是结构化信息,也可能是非结构化信息。对于结构化数据,直接放在特征向量中使用即可;对于非结构化数据,则需要转换成结构化信息后才能统一用特征向量表示。例如,在图书推荐中书名、作者等属性信息属于结构化信息,可以直接使用;而书的简介等就属于非结构化信息,可以采用每篇简介中出现的词来表示该书,每个词所对应的权重(即向量中某一位的值)可以采用前面介绍过的 TF-IDF 方法获得。

② 用户建模。根据每个用户过去所喜欢的物品的属性来进行兴趣(偏好)建模。例如,在图书推荐中,最简单的方法可以采用用户历史上喜欢过的图书所对应的特征向量的平均值作为其用户特征向量,复杂一点的方法可以采用机器学习等技术来对用户进行建模。假设用户已对一些物品给出了喜欢的标签,对另一些物品给出了不喜欢的标签,则相当于为该用户创建了一个训练集。接下来要做的就是通过用户的这个训练集,为用户学习一个模型。有了这个模型,就可以据此模型来判断该用户是否会喜欢一个新的物品。所以要解决的就是一个典型的有监督分类问题,理论上本书第 9 章所介绍的分类算法都可以使用。

③ 推荐列表生成。如果用户模型采用的是和物品模型类似的特征向量表示,则通过计算代表用户的特征向量和代表物品的特征向量之间的相似度,将相似度大的 K 个物品推荐给用户就可以了。这里相似度的衡量可以采用余弦相似度进行计算。如果用户模型采用的是分类模型,则只要把模型预测出来的用户最可能感兴趣的 K 个物品作为推荐结果返回给用户即可。

基于内容的推荐系统有如下优点:

① 用户之间具有独立性。在对某个用户建模时只需要考虑该用户所喜欢的物品内容,而与其他用户无关。这一点与下面即将介绍的基于协同过滤的推荐算法完全不同,协同过滤需要利用很多其他用户的数据。基于内容推荐算法的这种用户独立性带来的一个最大好处是不容易被操控,即不管其他人如何夸奖某个物品或者说如何操控某个物品的排名,都不会影响到对该用户做出的推荐结果。

② 推荐结果可解释性好。在向用户推荐某物品时,可以明确告知该物品具有某种属性,与用户以前喜欢的某物品类似等。

③ 不存在物品冷启动问题。当一个新的物品产生时即可被推荐,被推荐的机会和老的物品是一致的。而后面要介绍的协同过滤方法则对新物品束手无策,只有等到有部分用户购买过才有可能被推荐给其他用户。

基于内容的推荐系统在技术上是容易实现的。但是在很多场景下,仅根据物品内容抽取或学习出的用户偏好不能准确地捕捉到用户的兴趣。首先,某些物品的内容信息可能比较稀缺,比如 YouTube 上对视频的描述仅是很少的一些文字,微博中包含的文字也很少。这些不完整的文字描述导致用户偏好模型不准确。其次,用户偏好模型的表示方式如果采用的是向量空间模型,则不能很好地捕获用户喜欢的物品之间的相关性。再次,基于内容的推荐系统不能很好地适应用户兴趣的改变,即推荐的物品不存在新颖性。最后,基于内容的推荐系统不能处理用户冷启动问题,即无法向没有消费历史的用户推荐物品。

11.3.2　基于协同过滤的推荐算法

常用的协同过滤算法有基于相似度的算法和基于模型的算法两类。基于相似度的协同过滤算法主要是内存算法,通过分析相似用户(也称为邻居)的行为,向用户推荐相似用户消费的物品。其基本原理是过去行为相似的用户,将来的行为也会相似。它是根据用户对物品的评分进行推荐,与物品的内容无关。基于模型的协同过滤算法需要找到一个合适的参数化的模型,然后通过这个模型来导出结果。

1. 基于相似度的协同过滤算法

根据相似用户对物品的评分或相似物品得到的评分向用户进行推荐。关键的计算步骤是寻找相似用户或相似物品,因此可以分为基于用户相似度的算法和基于物品相似度的算法。基于用户相似度的算法鉴别出与查询用户相似的用户,然后将这些用户对物品评分的均值作为该用户评分结果的估计值。与此类似,基于物品相似度的算法鉴别出与查询物品类似的物品,然后将这些物品的评分均值作为该物品评分结果的估计值。基于相似度的协同过滤算法随着计算加权平均值算法的不同而不同。常用的计算加权平均值的算法有皮尔逊相关系数法、夹角余弦法等。

(1) 基于用户相似度的协同过滤算法

基于用户相似度的协同过滤算法以用户为研究对象,从用户的角度出发,计算其他用户与当前用户的相似度,找到当前用户的近邻集合。根据近邻集合中用户所喜欢的物品对当前用户进行推荐。通俗来说,基于用户相似度的协同过滤算法的思想是“观其友知其人”。在推荐时观测用户的朋友喜欢什么物品,然后将朋友喜欢的物品推荐给用户。因此,基于用户相似度的协同过滤算法的主要工作是计算当前用户的近邻。首先要考虑的问题是如何计算两个用户之间的相似度。一个简单的方法是将两个用户所喜欢的物品集合的重复程度作为两个用户的相似度。另一种广泛采用的相似性度量是皮尔逊相关系数法。给定两个用户 a 和 b,他们共同打过分的物品集合用 P 表示。用户 a 对 P 中所有物品打分的平均值用 $\overline{r}_a$ 表示,用户 b 对 P 中所有物品打分的平均值用 $\overline{r}_b$ 表示。用户 a 对 P 中某个物品 p 的打分用 $r_{a,p}$ 表示,则用户 a 和 b 之间的相似度计算公式为

$$\mathrm{sim}(a,b)=\frac{\sum_{p\in P}(r_{a,p}-\overline{r}_a)(r_{b,p}-\overline{r}_b)}{\sqrt{\sum_{p\in P}(r_{a,p}-\overline{r}_a)^2}\sqrt{\sum_{p\in P}(r_{b,p}-\overline{r}_b)^2}}$$

获得当前用户 a 的近邻用户集合 $N(a)$之后,接下来要考虑的问题是如何根据 a 的近邻用户的打分情况对物品 p 的打分进行预测。一个通用的预测函数是

$$\mathrm{pred}(a,p)=\overline{r}_a+\frac{\sum_{b\in N(a)}\mathrm{sim}(a,b)*(r_{b,p}-\overline{r}_b)}{\sum_{b\in N(a)}\mathrm{sim}(a,b)}$$

例如,在表 11.1 所示例子中,想要预测用户王平对物品 5 的打分,可以先计算得出王平的近

邻集合{用户 1,用户 2,用户 4},然后根据用户 1、用户 2 和用户 4 的打分情况计算出王平对物品 5 的打分。

表 11.1 基于相似度的推荐实例

用户	物品 1	物品 2	物品 3	物品 4	物品 5
王平	5	3	4	4	?
用户 1	3	1	2	3	3
用户 2	4	3	4	3	5
用户 3	3	3	1	5	4
用户 4	1	5	5	2	1

在使用中可以根据实际情况对该预测函数进行改进。比如,并非所有邻居的评分都具有同等价值。如果两个用户在有争议的物品上持相同观点,则两个用户更相似。因此,在预测函数中可以对差异性更高的物品赋予更高的权值。同时,共同评价过的物品的数量也影响用户之间的相似度,共同评价过的物品越多则越相似。也可以给相似度高的用户更高的权值,比如相似度值接近 1 的用户。另外一个需要考虑的问题是近邻的个数如何确定,既可以直接指定,也可以考虑采用某个相似度阈值来对近邻的个数进行限制。

(2)基于物品相似度的协同过滤算法

与基于用户相似度的协同过滤算法的思路不同,基于物品相似度的协同过滤算法从物品的角度出发,认为用户如果喜欢了物品 a,也会喜欢与 a 相似的其他物品。因此,本算法的重点是计算所有物品之间的相似度。具体思路是:首先分析当前用户 u 的历史行为,找到当前用户喜欢过的所有物品集合 P,然后计算 P 中每个物品与当前物品 p 之间的相似度,据此得到当前物品 p 的近邻集合 $N(p)$。最后根据近邻集合 $N(p)$ 的打分来计算当前用户 u 对当前物品 p 的打分。物品之间的相似度可以采用向量之间的夹角余弦来计算:

$$\mathrm{sim}(\vec{a},\vec{b})=\frac{\vec{a}\cdot\vec{b}}{|\vec{a}|\cdot|\vec{b}|}$$

根据物品间的相似度计算结果,获得当前物品 p 的近邻集合 $N(p)$,之后就可以采用如下的预测函数来预测 u 对 p 的评分:

$$\mathrm{pred}(u,p)=\frac{\sum\limits_{i\in N(p)}\mathrm{sim}(i,p)*r_{u,i}}{\sum\limits_{i\in N(p)}\mathrm{sim}(i,p)}$$

例如,在表 11.1 所示的例子中,想要预测用户王平对物品 5 的打分,也可以先计算得出物品 5 的近邻集合{物品 1,物品 3},然后根据物品 1 和物品 3 的打分情况计算出王平对物品 5 的打分。

2. 基于模型的协同过滤算法

基于模型的协同过滤算法通过适合训练集的参数化模型来预测结果,包括基于聚类的协同过滤算法、基于回归的协同过滤算法等。基于聚类的协同过滤算法的基本思想是将相似的用户（或物品）聚成簇，这种技术有助于解决数据稀疏性和计算复杂性问题。基于回归的协同过滤算法，其基本思想是先利用线性回归模型学习物品之间评分的关系，然后根据这些关系预测用户对物品的评分。

最近一类比较成功的算法是基于矩阵分解的算法。在矩阵分解模型中，推荐系统将用户的评分行为表示成一个评分矩阵，用 r_{uv} 表示用户 u 对物品 v 的评分。但是用户往往只对一小部分的物品有过评分记录，在这个评分矩阵中，只有用户对物品有过评分，矩阵中才有相应的数值，所以矩阵非常稀疏。矩阵分解的目的是为用户计算那些没有评分记录的物品可能的评分，也就是尽量将这个稀疏的评分矩阵补全。矩阵分解模型的具体方法是：先将评分矩阵分解成两个低维的特征矩阵（分别代表用户和物品），然后再将两个特征矩阵相乘得到一个新的评分矩阵。在这个新的评分矩阵中，原来某些为空的评分就被补齐了。这些新补齐的元素值即作为用户对物品的评分预测。矩阵分解算法在推荐系统中的应用可以追溯到 2006 年的 Netflix 竞赛，当时 Simon Funk 在其博客上公布了获得竞赛第三名的算法 Funk-SVD。此后，基于矩阵分解的算法得到了工业界和学术界的极大关注。

Simon Funk 提出的矩阵分解算法是将原始的评分矩阵 $\boldsymbol{R}$ 表示成两个低维矩阵的乘积

$$\hat{\boldsymbol{R}}=\boldsymbol{\theta}\boldsymbol{\phi}$$

其中 $\boldsymbol{\theta}$ 和 $\boldsymbol{\phi}$ 是两个降维后的矩阵，其值是通过学习得到的。学习得到 $\boldsymbol{\theta}$ 和 $\boldsymbol{\phi}$ 的值后，用户 u 对物品 v 的评分预测值可以通过下述公式进行计算：

$$\hat{r}_{uv}=\sum_{i}\boldsymbol{\theta}_{ui}\boldsymbol{\phi}_{iv}$$

在实际评分系统中，物品的得分可能不一定与其品质有一定的相关性，有些物品可能得分偏低或者偏高。因此，Koren 在 Netflix 竞赛中提出了另一种矩阵分解算法，其预测公式如下：

$$\hat{r}_{uv}=\mu+b_u+b_v+\boldsymbol{\theta}_u\boldsymbol{\phi}_v$$

在这个预测公式中加入了全局评分的平均值 μ，代表评分的总体水平；b_u 是用户的偏置（user bias），表示不同的用户对同一个网站中的物品打分时的偏差；b_v 是物品的偏置（item bias），表示物品在整个推荐系统中得分的偏差。

矩阵分解能够对两维变量的交互关系进行预测。张量分解则能将这种交互关系扩展到多维变量。然而，如果将矩阵分解模型应用到一个新的任务，针对新问题往往需要在原有矩阵分解基础上推导演化，实现新的模型和学习算法。因此，普通的矩阵分解模型具有较差的泛化能力。在模型学习方面，虽然对基本矩阵分解模型的学习已经有很多算法，如（随机）梯度下降、交替最小二乘法、变分贝叶斯等，但是对于更多的复杂分解模型而言，最多且最常用的算法是梯度下降算法。

基于协同过滤的推荐算法主要有以下优点：① 共用其他人的经验，避免了内容分析的不完全或不精确，并且能够基于一些比较复杂且难以准确描述的概念（如个人品位、物品品质、流行度等）进行过滤。② 推荐结果的个性化和自动化程度较高。③ 推荐结果会有一定的惊喜度。

而基于协同过滤的推荐算法又有以下一些缺点：

① 存在物品冷启动问题。推荐依赖于其他用户，需要较长时间收集其他用户的点击行为，导致新的物品无法及时被推荐。

② 存在用户冷启动问题，系统刚开始工作时推荐质量较差，用户满意率低。

③ 没有考虑用户之间的差异，倾向于推荐流行度比较高的物品。

④ 数据稀疏问题。绝大多数用户只与数量极少的物品进行交互。

基于内容的推荐和基于协同过滤的推荐算法各自都有优缺点。一个比较实际的做法是组合两种推荐策略，从而获得更好的推荐性能。例如，可在矩阵分解模型中融入用户和物品的内容。这样可以结合不同算法和模型的优点，又可以克服它们的缺点。

11.3.3 基于上下文的推荐算法

研究发现，时间、地点、同伴、心情等因素会影响用户的决策行为，有效地利用这些上下文因素可以提升推荐的性能。基于上下文的推荐算法将传统的用户－物品二维评分效用模型扩展为包含多种上下文信息的多维评分效用模型。

传统推荐系统的用户－物品二维评分效用模型为

$$\text{Users} \times \text{Items} \rightarrow \text{Rating}$$

相应的，基于上下文的推荐系统中的多维评分效用模型可以表示为

$$D_1 \times \cdots \times D_n \rightarrow \text{Rating}$$

其中，D_i 表示用户、物品、时间、地点等维度。或者表示为

$$U \times I \times C \rightarrow \text{Rating}$$

其中，U 表示用户，I 表示物品，C 表示各种各样的上下文。

例如，用户 a 在上下文 x、y 下对项目 i 的偏好为 5，则可表示为 $a \times i \times x \times y \rightarrow 5$。

又如，图 11.3 所示的三维张量表示了一个由 User、Item 和 Time 构成的三维数据方体示例。方体中的数值代表用户对该物品在当前时间段的评分。在图 11.3 中，$R(1, 3, \text{Workday})=5$ 表示用户 1 对物品 3 在工作日期间的评分为 5。

在基于上下文的推荐过程中，上下文信息 C 可以在推荐过程的不同阶段（推荐前、推荐后与推荐中）与算法进行结合。相应的，有 3 种不同的上下文建模算法：上下文预过滤算法、上下文后过滤算法和上下文建模算法。

1. 上下文预过滤（contextual pre-filtering）算法

上下文预过滤算法是在算法开始时引入上下文信息对输入的数据进行过滤。在数据的输入阶段根据特定的上下文信息对原始数据进行筛选，得到上下文数据（contextualized data）集，然后采用传统的二维推荐算法进行用户建模，最后做出推荐。例如，某用户想在周末去看电影，

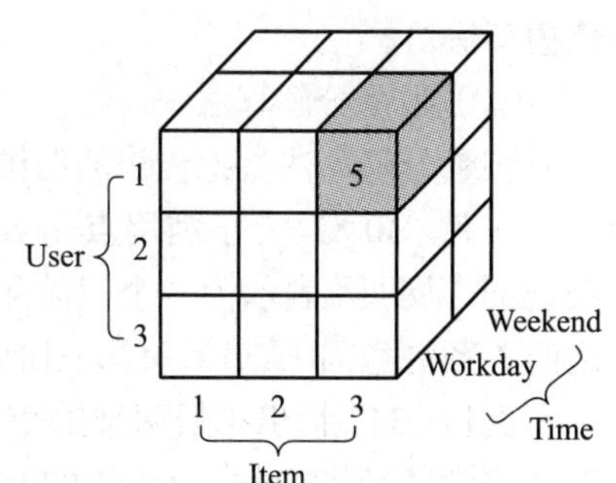

图 11.3 基于上下文推荐的例子[28]

在推荐的数据预处理阶段只需要筛选出和周末有关的电影评分即可。

上下文预过滤算法的优点是过滤后的数据规模减小很多,同时在其上可以使用任何传统的二维推荐算法。不过上下文信息粒度过小、约束过大有时会带来数据稀疏的挑战。因为在非常具体的上下文信息过滤之后,符合条件的历史数据会非常少,从而非常稀疏。比如,当前的上下文是“五一期间,天气预报有雨,想陪朋友在北京旅游”,即 C=(五一期间,有雨,朋友,北京),使用当前上下文 C 过滤后的数据会非常少,导致不准确的评分预测。所以在使用上下文预过滤方法时,需选择合适粒度的上下文过滤条件。

2. 上下文后过滤(contextual post-filtering)算法

上下文后过滤算法首先忽略上下文信息,而在全部数据上直接利用传统的基于二元交互的推荐技术进行评分预测,然后使用上下文信息调整每个用户的推荐结果,把与上下文无关的推荐结果过滤掉,并调整推荐列表的排序。

上下文后过滤算法可以分为启发式上下文后过滤算法和基于模型的上下文后过滤算法。启发式上下文后过滤算法致力于在给定的上下文信息下为给定的用户找到一般的物品特性,然后利用这些物品特性来调整推荐。而基于模型的上下文后过滤算法建立一个预测模型,计算在给定的上下文信息下用户选择一个特定类型物品(如某种风格的电影)的概率,然后利用这个概率值来调整推荐结果。

文献[29]实验对比了上下文预过滤算法和上下文后过滤算法,结果表明,不同场景中不同的上下文过滤方式有所差异。也就是说,上下文过滤方式的选择取决于实际的推荐场景。

实际上,上下文预过滤算法和上下文后过滤算法都把用户 - 物品上下文多维交互数据降维为用户 - 物品二维交互数据,然后再利用传统的推荐算法进行推荐。这就导致产生在很多情况下数据更加稀疏的问题,并且会丢失上下文交互信息的影响,不能很好地探索利用上下文信息。

3. 上下文建模(contextual modeling)算法

上下文建模算法是指把上下文信息融入推荐系统建模的过程中。上下文建模算法在推荐效用函数中直接使用上下文信息,从而建立一种真正的多维推荐效用函数。最终的效用函数可能是一个预测模型(如决策树、回归模型等),也可能是把上下文信息混入用户 - 物品数据的启发式计算方法。上下文建模算法较复杂,但可以充分探索利用上下文信息,是近些年来较为流行的建模算法。

(1)张量分解算法

张量分解算法是把传统的两维数据推荐技术扩展到多维数据。

文献[30]致力于利用点击数据提升个性化的网页搜索,提出 CubeSVD 模型。将“用户 - 关键词 - 网页”表示为一个三阶张量,然后使用高阶奇异值分解技术自动捕获控制多类型对象之间关系的隐因子,最后重构三阶张量,从而得到 <用户 u,查询 q> 数据对关于网页 p 的偏好。

文献[31]提出扩展两维的矩阵因子分解到 N 维张量分解。因为用户 - 物品上下文交互数据是非常稀疏的数据,而传统的 HOSVD 因子分解(图 11.4)需要稠密的输入数据,即把缺失数据视为 0。比如,用户 u 没有在周末观看电影 i,则对应的评分为 0。这就导致未观察数据的偏置问题。该文献提出正则化的张量分解,使用随机梯度下降法仅优化观察到的数据,从而避免了上述的数据偏置问题。

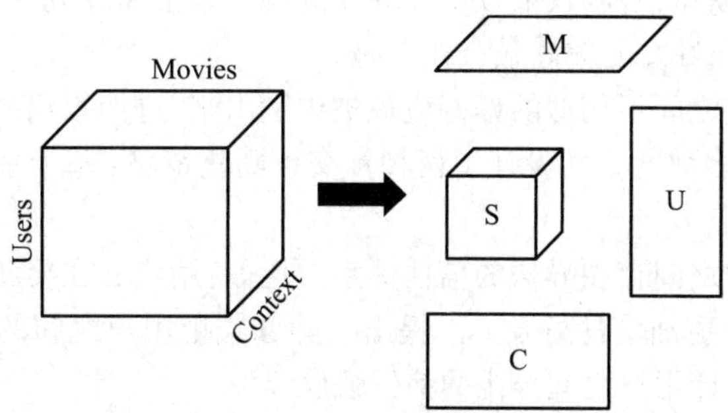

图 11.4　三维 HOSVD 因子分解示意图[31]

文献[32]把用户之间的信任关系和张量分解相结合进行上下文感知推荐,提出了一种基于主题的张量分解的用户信任推荐算法 TrustTensor,用来挖掘用户在不同的物品选取时对不同朋友的信任程度。

张量分解算法的缺点是复杂度高,所以训练和预测速度比较慢,导致系统的实时性效果不好。文献[33]提出一个并行的张量分解算法,称为 GPUTensor。该算法的基本思想是把张量分解为很多小块,然后充分利用 GPU 多线程高带宽的特点并行地执行张量相关的操作。进一步考虑上下文相关的数据频繁改变,从而提出了增量更新的算法 GPUTensor+。

(2)矩阵因子分解算法

张量分解算法尽管可以达到较高的预测准确度,但它的复杂度较高,模型参数也非常庞大。文献[31]指出,模型参数的数量随着上下文因子的数量呈指数级增长。因此,很多研究人员探索使用矩阵因子分解算法进行上下文感知推荐。

文献[34]指出顾客对产品的偏好是随着时间变化的。比如,用户过去评价为三星的物品表示为中立观点,而现在的三星评价可能表示不喜欢。在较短的时间周期内,用户对当前产品的评分与对其他产品的评分是相关的,从而提出一个时间上下文敏感的推荐模型 TimeSVD++。

文献[35]指出,捕捉上下文对评分依赖没有帮助的模型组件会对评分预测起到负面的影响。因此,上下文感知推荐应该权衡考虑模型复杂度、可利用训练数据的规模,以及领域特性。提出的模型如下:

$$\hat{r}_{uic_1\cdots c_k} - \vec{v}_u \cdot \vec{q}_i + \bar{\imath} + b_u + \sum_{j=1}^{k} B_{ijc_j}$$

其中,$\vec{v}_u$表示用户的特征向量,$\vec{q}_i$ 表示物品的特征向量,$\bar{\imath}$表示物品 i 的平均评分, b_u 是用户评分偏置量, B_{ijc_j} 是建模上下文条件和物品交互的参数。进一步,B_{ijc_j} 可以进行不同粒度的设置,从而实现上述权衡。

文献[36]指出每个用户有自己的偏好,同时用户容易受到信任好友的影响。也就是说,用户的决策行为是自身偏好和信任好友行为共同支配的结果。对于用户自身的偏好，可以使用矩阵因子分解的方式得到用户潜在因子矩阵和物品潜在因子矩阵。对于社交信任，假设用户会一直喜欢信任好友推荐的物品，所以仅依赖信任好友的偏好来推断和规划推荐问题。最后，采用一个概率模型把用户和信任好友的偏好融合在一起。

文献[37]指出好友之间不相似的偏好应该被识别出来，进而提出社交正则化的概念来表示每个用户的好友的偏好多样性。并设计了两种社交正则化策略：基于平均的正则化和基于个体的正则化。

文献[38]指出用户之间存在异构的信任关系。比如，用户 u 在婴儿用品的选择上更加信任好友 v_1，而在美容用品上更加信任好友 v_2。提出一种方式把用户之间的异构信任关系混入传统的评分预测算法，从而估计用户之间异构的信任强度。

文献[39]指出在社交网络中，用户喜欢从兴趣相似的好友（local friend）和声誉较好的用户那里获取建议，从而从局部和全局的视角探索社交关系对推荐系统的影响。具体地，根据用户评分之间的余弦相似度识别出兴趣相似的用户，借助用户社交网络计算出 PageRank 值推导出用户的声誉，最后把局部和全局社交上下文同时整合到一个推荐系统框架中。

文献[40]认为社交网络本质上是一个异构的网络，各种社交关系都混在一起。存在直接联系的用户之间是一种强依赖关系，而不存在直接联系的组内用户之间是弱依赖关系。最后，把用户之间的强依赖和弱依赖关系整合到矩阵因子分解框架中，从而提升推荐性能。

文献[41]提出 SVDFeature 模型，用于解决基于特征的矩阵因子分解。可以把各种上下文信息，如时序、好友关系、层次信息等混入推荐系统框架，并可以实现评分预测和协同排序。

文献[42]提出 FM 模型，用于处理任何实数型特征向量，是一个通用的预测器，可以模拟很多推荐模型，如 biased MF、SVD++、PITF[42]和 FPMC，可以很方便地把各种上下文数据以实数型特征向量的形式融入模型中。上下文数据转换为特征向量的示例如图 11.5 所示。

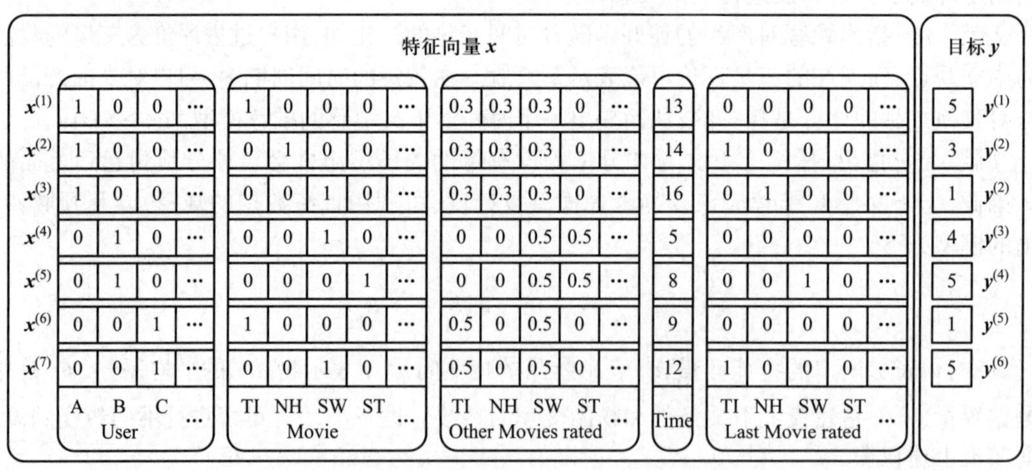

图 11.5　上下文数据转换为特征向量示例[42]

矩阵因子分解是基于高斯似然的，它对于用户消费和没有消费的物品赋予相同的权重。当面对非常稀疏的矩阵和隐性反馈时，因为正例和负例数据不平衡，矩阵因子分解会更加强调负例。这也可以看出，经典的矩阵因子分解过分估计用户行为的分布，而泊松因子分解可以更好地捕获用户行为。

（3）概率泊松分解算法

文献[43]提出概率泊松因子分解模型 BPF，如图 11.6 所示。用 β_i 表示物品 i 的 K 维潜在属性，用 $\boldsymbol{\theta}_u$ 表示用户 u 的 K 维潜在偏好，则观察到的评分可看作是服从以用户偏好和物品属性的内积为参数的泊松分布，即 $y_{ui} \sim \text{Poisson}(\boldsymbol{\theta}^{\mathrm{T}}_u\beta_i)$。进一步假设 $\boldsymbol{\theta}_u$ 和 β_i 的每个元素服从伽马分布。由此可以看出，概率泊松分解算法是传统的矩阵因子分解算法的一个变种，其中使用泊松分布替换了原有的高斯分布，且每个用户和物品潜在向量中的元素值都是正值。

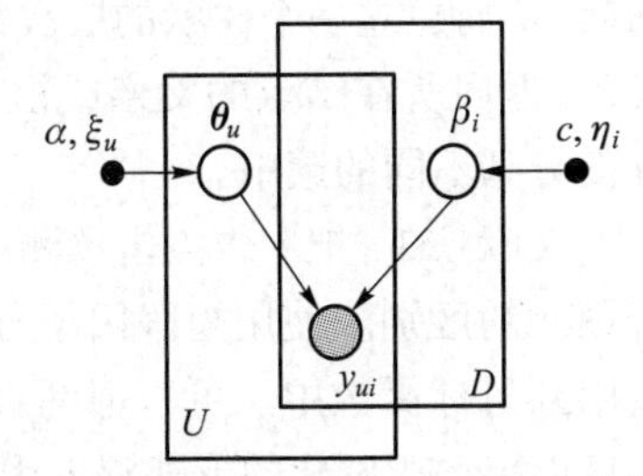

图 11.6 概率泊松因子分解模型[43]

文献[44]认为用户的决策行为不仅受自身偏好的影响，也受信任好友行为的影响。也就是说，历史行为中某物品不符合用户的偏好，但用户仍然会消费该物品，因为他的信任好友消费了该物品。从而把社交好友上下文融入概率泊松因子分解模型，提出 SPF 模型。

文献[45]针对国家之间的历史行为事件，提出概率泊松张量因子分解模型用于推断多边关系，可以泛化到更多领域的上下文感知推荐中。

文献[46]探索在基于活动推荐的社交网络中用户之间存在线上和线下异构的社交关系，并且用户之间的信任强度也是不同的，最后把异构的信任关系和信任强度整合到概率泊松因子分解模型中，提出 HSPF 模型，用于提升活动推荐的性能。

文献[47]提出用贝叶斯上下文泊松分解模型 BCPF 来对社交媒体中的用户进行建模，精准地对用户画像。BCPF 模型不但可以建模用户产生的内容，而且可以很自然地整合各种上下文信息，如时空足迹、社交影响等。

11.3.4 层次化上下文推荐算法

在很多上下文中存在着显性的层次结构，例如，在 IT 部门工作的技术人员经常在上班时间点击科技网页，而在下班回家后喜欢浏览体育网站。这里，用户可以被组织在性别或职业的层次中，网页可以按照内容组织在层次中，时间和地点有天然的层次结构。为进一步提升推荐的性能，推荐系统现阶段的一个主要研究方向是探索利用上下文中预先存在或蕴含的层次信息进行层次化上下文推荐。

文献[48]描述了一个多维推荐模型，可以支持多维、层次和聚集评分。使用的多维方体结构可以支持不同维度的聚集层次。产品维度可以使用标准的工业产品层次，如北美产业分类体系（NAICS）；时间维度的层次包含分钟、小时、天、月、季度等；用户维度可以按年龄或职业分层；电影维度的层次可设置为风格、导演、年代等。

文献[49]为产品推荐开发了本体模型。其中,关于产品的本体包含具有多层次的大量概念,高层次的概念具有更广泛的含义,而低层次的概念有更具体的含义。首先根据当前的上下文为用户推荐位于高层次上的信息,然后根据用户在推荐列表中的选择识别出兴趣概念,自动切换到低层次上的概念,从而向用户推荐更准确的产品。

文献[50]提出一个上下文依赖的层次化结块聚类技术,为用户推荐个性化的标签。具体来说,先把每个标签放置到一个单独的簇中,再根据簇中标签的相似性,把相似性高的簇聚集为新的簇,从而建立一个树状的层次结构。当用户选择一个标签后,自动地找出标签在树结构中的位置,并返回所在结点的父亲或祖先结点,剪掉其他的分支。最后,把与用户上下文相关的子树的分支分到不同的簇中。

文献[51]把广告点击预测视作一个协同过滤中的矩阵填充问题,并指出协同过滤和广告点击预测的区别。使用矩阵因子分解来模拟广告点击预测中的逻辑回归,并把一个置信加权方案应用到目标函数中。可以把网页和广告的各种显性特征融合到框架中,并把网页和广告的层次信息以层次正则化的形式混入因子分解模型中。

文献[52]提出组合多个上下文的相关信息来提升推荐系统的性能。在每个上下文中的实体对应一个局部的潜在因子向量,不同上下文中的局部潜在因子特征向量借助于一个树状马尔科夫模型共享一个全局特征向量。最终,把卡尔曼滤波算法和矩阵因子分解相结合从而提升预测准确性。

文献[53]指出传统的矩阵因子分解模型均匀地分解评分矩阵,不能根据不同的上下文来进行分解,从而提出一个层次化的考虑局部上下文的因子分解模型 RPMF。RPMF 模型层次化地分割原始的评分矩阵,使得相似的用户和物品被分组到一起,形成多个子评分矩阵,从而形成局部的隐含上下文矩阵,然后在每个子评分矩阵上使用传统的矩阵因子分解模型训练模型参数。其工作流程如图 11.7 所示。

文献[54]使用随机决策树来处理时间、地点等上下文信息,使得具有相似上下文的评分聚集在一起,然后使用传统的矩阵因子分解来预测子评分矩阵中的缺失值。为了有效利用社交网络上下文信息,使得模型的性能得到进一步提升,在矩阵因子分解的目标函数中引入了社交正则化项,从而使得模型能够通过好友的品位来推断用户的偏好。

文献[55]提出一个层次重要性感知因子分解机模型 HIFM,用于移动广告点击预测。首先,为网页和广告构建一个层次结构,示例如图 11.8 所示。然后,在层次之间的结点上设置层次正则化,使得子结点上潜在特征向量的先验更相似于其父结点上的潜在特征向量。

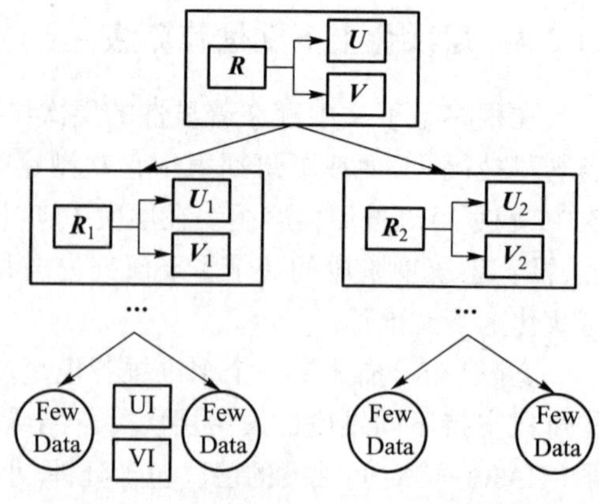

图 11.7　RPMF 模型的工作流程[53]

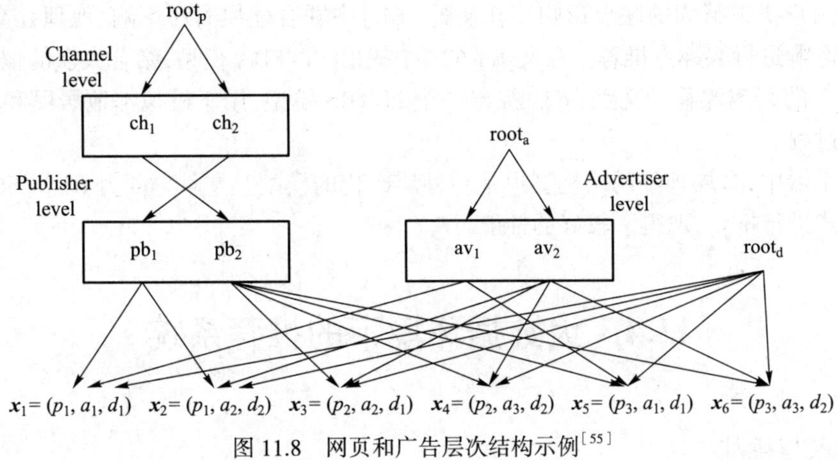

图 11.8 网页和广告层次结构示例[55]

文献[56]指出显性的层次结构经常是不可用的，尤其是用户偏好的层次结构，提出探索隐性的层次结构来提升推荐系统的性能，即 HSR 模型。该模型的基本思想就是，递归地使用加权非负矩阵因子分解（WNMF），把评分矩阵分解为两个非负的低秩矩阵。HSR 模型框架示意如图 11.9 所示。

文献[57]使用主题模型来对用户建模，并使用图模型来展示。图模型中超参、参数、隐变量、观察量等用圆圈来表示，方框表示内部的重复。圆圈之间用箭头连接，形成一个具有层次结构的有向图。该文献提出的 LA-LDA 模型的图模型表示如图 11.10 所示。使用基于位置的评分来对用户建模和产生推荐。

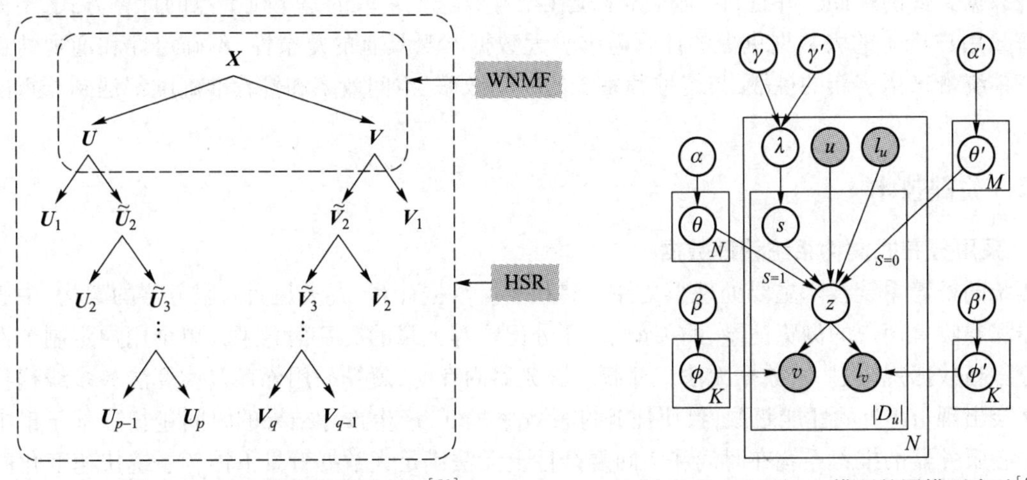

图 11.9 HSR 模型框架示意图[56]

图 11.10 LA-LDA 模型的图模型表示[57]

在文献[58]中提出 TCAM 模型，把用户自身的兴趣和时间上下文融合起来提升推荐效果。在文献[59]和[60]中提出 TRM 模型，用于同时发现用户签到活动的语义、时序和空间模式，并建模它们对用户决策行为的联合影响。在文献[61]中联合建模时序影响、地理社交影响、内容影响和口碑影响进行兴趣点推荐。在文献[62]中提出 ST-LDA 模型,结合大众的偏好来应对用户在不同地点的兴趣漂移。文献[63]提出一个 LSARS 模型,用于模拟本地居民和旅游者在签到时的决策过程。

在深度学习中,多层神经网络模型也是一种层次化的模型。文献[64][65][66]等使用深度学习的方式进行推荐,取得了较好的性能。

11.4　大数据环境下的推荐系统

11.4.1　特点与挑战

虽然推荐系统已被成功运用于很多大型系统及网站,但是在当前大数据的时代背景下,推荐系统的应用场景越来越多样,推荐系统不仅面临数据稀疏、冷启动、兴趣偏见等传统难题,还面临由大数据引发的更多、更复杂的实际问题。例如,用户数目越来越多,海量用户同时访问推荐系统所造成的性能压力,使传统的基于单节点 LVS 架构的推荐系统不再适用。同时 Web 服务器处理系统请求在大数据集下变得越来越多,Web 服务器响应速度缓慢制约了当前推荐系统为大数据集提供推荐。另外,基于实时模式的推荐系统在大数据集下面临着严峻考验,用户难以忍受超过秒级的推荐结果返回时间。传统推荐系统的单一数据库存储技术在大数据集下变得不再适用,亟需一种对外提供统一接口、对内采用多种混合模式存储的存储架构,来满足大数据集下各种数据文件的存储。并且,传统推荐系统在推荐算法上采取的是单机节点的计算方式,不能满足海量用户产生的大数据集上的计算需求。大数据本身具有的复杂性、不确定性和涌现性也给推荐系统带来诸多新的挑战,传统推荐系统的时间效率、空间效率和推荐准确度都遇到严重的瓶颈。

11.4.2　关键技术

1. 采用分布式文件系统管理数据

传统的推荐系统技术主要处理小文件存储和少量数据计算,大多是面向服务器的架构,中心服务器需要收集用户的浏览记录、购买记录、评分记录等大量的交互信息来为单个用户定制个性化推荐。当数据规模过大,数据无法全部载入服务器内存时,就算采用外存置换算法和多线程技术依然会出现 I/O 上的性能瓶颈,致使任务执行效率过低,产生推荐结果的时间过长。基于集中式的中心服务器的推荐系统在时间和空间复杂性上无法满足大数据背景下推荐系统快速变化的需求。

大数据推荐系统采用基于集群技术的分布式文件系统管理数据。建立一种高并发、可扩展、能处理海量数据的大数据推荐系统架构是非常关键的,它能为大数据集的处理提供强有力的支持。Hadoop 的分布式文件系统(Hadoop distributed file system, HDFS)架构是其中的典型。与传统的文件系统不同,数据文件并非存储在本地单一节点上,而是通过网络存取在多台节点上。并且文件的位置索引管理一般都由一台或几台中心节点负责。客户端从集群中读写数据时,首先通过中心节点获取文件的位置,然后与集群中的节点通信,客户端通过网络从节点读取数据到本地或把数据从本地写入节点。在这个过程中由 HDFS 来管理数据冗余存储、大文件的切分、中间网络通信、数据出错恢复等,客户端根据 HDFS 提供的接口进行调用即可,非常方便。

2. 采用基于集群技术的分布式计算框架

集群上实现分布式计算的框架很多,Hadoop 中的 MapReduce 作为推荐算法并行化的依托平台,既是一种分布式的计算框架,也是一种新型的分布式并行计算编程模型,应用于大规模数据的并行处理,是一种常见的开源计算框架。MapReduce 算法的核心思想是"分而治之",把对大规模数据集的操作分发给一个主节点管理下的各个分节点共同完成,然后通过整合各节点的中间结果得到最终结果。MapReduce 框架负责处理并行编程中分布式存储、工作调度、负载均衡、容错均衡、容错处理以及网络通信等复杂问题,把处理过程高度抽象为两个函数:map 和 reduce。map 函数负责把任务分解成多个任务,reduce 函数负责把分解后多任务处理的结果汇总起来。例如,2010 年,Zhao ZhiDan 等人针对协同过滤算法的计算复杂性在大规模推荐系统下的局限性,在 Hadoop 平台上实现了基于物品的协同过滤算法。2011 年,针对推荐系统无法在每秒内给大量用户进行推荐的问题,Jiang 等人将基于物品的协同过滤推荐算法的 3 个主要计算阶段切分成 4 个 MapReduce 阶段,切分后各阶段可以并行运行在集群的各节点上。同时他们还提出了一种 Hadoop 平台下的数据分区策略,减少了节点间的通信开销,提高了推荐系统的推荐效率。

3. 推荐算法并行化

很多大型企业所需的推荐算法要处理的数据量非常庞大,从 TB 级到 PB 级甚至更高,例如,腾讯 Peacock 主题模型分析系统需要进行高达十亿文档、百万词汇、百万主题的主题模型训练,仅一个百万词汇乘以百万主题的矩阵,其数据存储量已达 3 TB,如果再考虑十亿文档乘以百万主题的矩阵,其数据量则高达 3 PB。面对如此庞大的数据,若采用传统串行推荐算法,则时间开销太大。当数据量较小时,时间复杂度高的串行算法能有效运作,但数据量极速增加后,这些串行推荐算法的计算性能过低,无法应用于实际的推荐系统中。因此,面向大数据集的推荐系统从设计上就应考虑到算法的分布式并行化技术,使得推荐算法能够在海量的、分布式、异构数据环境下得以高效实现。

11.5 开源大数据典型推荐软件

1. Mahout

Mahout 是 Apache Software Foundation(ASF)旗下的一个全新的开源项目,其主要目标是提供一些可伸缩的机器学习领域经典算法的实现,供开发人员在 Apache 许可下免费使用,以帮助开发人员更加方便、快捷地开发大规模数据上的应用程序。除了常见的分类、聚类等数据挖掘算法外，还包括协同过滤（CF）、维缩减（dimensionality reduction）、主题模型（topic model）等。Mahout 集成了基于 Java 的推荐系统引擎 Taste，用于生成个性化推荐。Taste 支持基于用户、物品以及 slope-one 的推荐系统。在 Mahout 的推荐类算法中，主要有基于用户的协同过滤（user-based CF）、基于物品的协同过滤（item-based CF）、交替最小二乘法（ALS）、具有隐含反馈的 ALS（ALS on implicit feedback）、加权矩阵分解（weighted MF）、SVD++、并行的随机梯度下降（parallel SGD）等。

2. Spark MLlib

Spark MLlib 对常用的机器学习算法进行了实现，包括逻辑回归、支持向量机、朴素贝叶斯等分类预测算法，*K*-Means 聚类算法，各种梯度下降优化算法以及协同过滤推荐算法。MLlib 当前支持的是基于矩阵分解的协同过滤方法，其函数优化过程可采用交替最小二乘法或梯度下降法来实现，同时支持显性反馈和隐性反馈信息。

3. EasyRec

EasyRec 是 SourceForge 的一个开源项目。它针对个人用户，提供低门槛的易集成、易扩展、好管理的推荐系统。该开源产品包括数据录入、数据管理、推荐挖掘、离线分析等功能，可以同时给多个不同的网站提供推荐服务。需要推荐服务的网站用户只需配合发送一些用户行为数据到 EasyRec，EasyRec 则会进行后台的推荐分析，并将推荐结果以 XML 或 JSON 的格式发送回网站。用户行为数据包括用户看了哪些商品、买了哪些商品、对哪些商品进行了评分等。EasyRec 为网站用户提供了访问全部功能的接口，可通过调用这些接口来实现推荐业务。

4. GraphLab

GraphLab 始于 2009 年，是由美国卡内基 · 梅隆大学开发的一个项目。它基于 C++ 语言，主要功能是提供一个基于图的高性能分布式计算框架。GraphLab 能够高效地执行与机器学习相关的数据依赖性强的迭代型算法，为 Boosted 决策树、深度学习、文本分析等提供了可扩展的机器学习算法模块，能对分类和推荐模型中的参数进行自动调优，和 Spark、Hadoop、Apache Avro、OBDC Connectors 等进行了集成。由于功能独特，GraphLab 在业界很有名气。针对大规模的数据集，采用 GraphLab 来进行随机游走（random walk）或基于图的推荐算法非常有效。另外，GraphLab 还实现了交替最小二乘法、随机梯度下降法、SVD++、Weighted-ALS、Sparse-ALS、非负矩阵分解等算法。

5. Duine

Duine 框架是一套以 Java 语言编写的软件库，可以帮助开发者建立预测引擎。Duine 提供混合算法配置，即算法可根据数据情况，在基于内容的推荐和协同过滤中动态转换。例如在冷启动条件下，它侧重基于内容的分析法。推荐模块主要通过算法从用户资料和商品信息中提取信息、计算预测值。它主要包括以下几种方法：协同过滤法、基于实例的推理（用户给出相似评分的商品）、GenreLMS（对分类的推理）。Duine 具有一个反馈处理器模块，它以增强预测为目标，利用程序学习和获取用户的显性和隐性反馈，用算法进行处理后用以更新用户的资料。

11.6 大数据推荐系统研究面临的问题

1. 特征提取问题

推荐系统的推荐对象种类丰富，例如新闻、博客等文本类对象，视频、图片、音乐等多媒体对象以及可以用文本描述的一些实体对象等。如何对这些推荐对象进行特征提取，一直是学术界和工业界的热门研究课题。对于文本类对象，可以借助信息检索领域已成熟的文本特征提取技术来提取特征。对于多媒体对象，由于需要结合多媒体内容分析领域的相关技术来提取特征，而多媒体内容分析技术目前在学术界和工业界还有待完善，因此多媒体对象的特征提取是推荐系统目前面临的一大难题。此外，推荐对象特征的区分度对推荐系统的性能有非常重要的影响。目前还缺乏特别有效的提高特征区分度的方法。

2. 数据稀疏问题

现有的大多数推荐算法都是基于用户 - 物品评分矩阵数据，数据的稀疏性问题主要是指用户 - 物品评分矩阵的稀疏性，即用户与物品的交互行为太少。一个大型网站可能拥有上亿数量级的用户和物品，飙升的用户评分数据总量在面对增长更快的用户 - 物品评分矩阵时，仍然只占极少的一部分。推荐系统研究中的经典数据集 MovieLens 的稀疏度仅 4.5%，Netflix 百万大赛中提供的音乐数据集的稀疏度是 1.2%。这些都是已经处理过的数据集，实际上真实数据集的稀疏度都远远低于 1%。例如，BibSonomy 的稀疏度是 0.35%，Delicious 的稀疏度是 0.046%，淘宝网数据的稀疏度甚至仅在 0.01% 左右。根据经验，数据集中用户行为数据越多，推荐算法的精准度越高，性能也越好。若数据集非常稀疏，只包含极少量的用户行为数据，推荐算法的准确度会大打折扣，极容易导致推荐算法的过拟合，影响算法的性能。

3. 冷启动问题

冷启动问题是推荐系统所面临的最大问题之一。冷启动问题总体来说可以分为 3 类：系统冷启动问题、新用户问题和新物品问题。

系统冷启动问题指的是由于数据过于稀疏，用户 - 物品评分矩阵的密度太低，导致推荐系统得到的推荐结果准确性极低。

新物品问题是指由于新的物品缺少用户对该物品的评分，这类物品很难通过推荐系统被推荐给用户，因此用户难以对这些物品评分，如此形成恶性循环，导致一些新物品始终无法被有效推荐。新物品问题对于不同的推荐系统影响程度不同。用户可以通过多种方式查找物品的网站，新物品问题并没有太大影响，如电影推荐系统等，因为用户可以有多种途径找到电影观看并评分；而获取物品途径主要来自推荐的网站，新物品问题会对推荐系统造成严重影响。通常解决这个问题的办法是激励或雇佣少量用户对每一个新物品进行评分。

新用户问题是目前对现实推荐系统挑战最大的冷启动问题。当一个新的用户使用推荐系统时，他没有对任何项目进行评分，因此系统无法对其进行个性化推荐；即使当新用户开始对少量项目进行评分时，由于评分太少，系统依然无法给出精确的推荐，这甚至会导致用户因为推荐体验不佳而停止使用推荐系统。当前解决新用户问题主要是通过结合基于内容和基于用户特征的方法，掌握用户的统计特征和兴趣特征，在用户只有少量评分甚至没有评分时做出比较准确的推荐。

4. 可扩展性问题

扩展性问题是推荐系统面临的又一难题，特别是随着大数据时代的到来，用户数与物品数飞涨，传统推荐系统会随着问题规模的扩大而效率大大降低。花费大量时间才能得到推荐结果是难以接受的，特别是对于一些实时性要求较高的在线推荐系统。使用基于内存的推荐系统，用户或物品间的相似度计算会耗费大量时间；使用基于模型的推荐系统，利用机器学习算法学习模型参数同样会耗费大量时间，这里学习时间主要用在求解全局最优问题上。解决扩展性问题，工业界一般采取的方法是线下学习、线上使用，即先通过离线数据算好用户 / 物品间相似度或者模型参数，然后线上利用这些算好的数值进行推荐。但是这并没有从根本上提高推荐算法的效率。Sarwar 等人 2002 年提出了一种增量 SVD 协同过滤算法，当评分矩阵中增加若干新分值时，系统不用对整个矩阵重新计算，而是只需要进行少量计算对原模型进行调整，因此大大加快了模型的更新速度。同时，若干文献提出使用聚类的方式解决扩展性问题，通过聚类能有效减少用户和物品规模，但是这样会一定程度地降低推荐精度。在求解模型全局优化问题上学者也做了大量工作，希望能加快收敛速度，例如提出并行的随机梯度下降法和交替最小二乘法等。

小　　结

随着互联网的飞速发展，人们对于个性化的信息需求已非常急切，推荐系统的出现，可以很好地解决用户在使用互联网和电子商务网站时的“信息爆炸”问题。本章主要针对互联网背景下推荐系统的产生和发展现状、系统架构和典型算法、大数据环境下推荐系统的特点挑战和关键技术、开源大数据典型推荐软件、大数据推荐系统研究面临的问题等进行了介绍。

大数据推荐系统的未来研究方向主要在以下几个方面：

① 从系统推荐到社会推荐。即在推荐的过程中除了考虑用户的历史行为信息，还需要利用用户的社会网络信息来增强推荐的效果。同时，在进行社会网络上的人与人之间的推荐时，也要综合利用用户的历史行为信息，做到社会网络和历史行为信息的互相利用和推荐效果的相互增强。

② 从以精确性为中心到综合考虑精确性、多样性和新颖性的评估体系。

③ 从单一数据源到交叉融合数据平台。比如依据用户的跨网站行为数据解决某一网站上的冷启动推荐问题。

④ 从高速服务器到并行处理，再到云计算。

⑤ 从静态算法到动态增量算法、自适应算法，从脆弱算法到健壮算法。

习 题 11

1. 推荐系统的本质是什么?

2. 推荐系统的系统架构通常包括哪几部分?

3. 用户的长期兴趣和短期兴趣分别指什么?什么是用户偏好的显性反馈?什么是用户偏好的隐性反馈?如何获得用户的隐性偏好?

4. 基于内容的推荐方法的主要思想是什么?

5. 基于用户相似度的协同过滤和基于物品相似度的协同过滤之间的区别和联系是什么?

6. 在基于上下文的推荐方法中,有哪些将上下文和推荐算法相结合的方法?

7. 大数据环境下的推荐系统具有哪些特点?面临哪些挑战?

8. 典型的开源大数据推荐软件有哪些?

9. 大数据推荐系统研究面临的问题有哪些?

第4篇 大数据技术

随着计算机及互联网的飞速发展,当今社会已进入大数据时代,不仅需管理的数据数量呈爆炸式快速增长,而且类型也越来越多,越来越复杂。大数据时代对人类的数据驾驭能力提出了新的挑战,也为人们获得更为深刻、全面的洞察能力提供了前所未有的空间与潜力。可以说,大数据的掌握与拥有能力成为国家主权或企业自主知识产权的重要体现,大数据的处理与分析能力成为推动生产力增长和保证国家安全与社会进步的关键因素。

目前,大数据时代的数据处理和分析技术还处于百家争鸣的阶段,每年都会涌现出大量的新技术、新工具、新平台,成为大数据获取、存储、分析或可视化的有效手段。可以说,大数据技术的发展正处在日新月异的阶段,还无法用一个有效的分类体系概而括之。因此,本篇仅对目前工业界和学术界比较流行的大数据处理和分析新技术进行概要介绍。

第 12 章　大数据技术概述

12.1　大数据处理与分析的理论与技术

根据大数据的生命周期，大数据处理与分析的理论和技术通常分为大数据获取与管理、大数据存储与处理、大数据分析与理解、大数据可视化计算以及大数据隐私与安全等方面。下面对它们做简要介绍。

① 大数据获取与管理。人类对周围世界的感知、监测会产生大量数据，科学实验和仿真可以很容易地产生 PB 级的数据，对这些数据的有效采集和预处理是大数据管理和分析的基础。但是，其中许多数据是不重要的，需要研究有效的数据约减技术，既能将数据智能地约减到一个能够处理的规模，又能不丢失有用信息。此外，因为数据太大，无法将所有数据存储下来后再进行约减，需要研究“在线”分析技术，从而可以不间断地处理随时到达的数据流。

② 大数据存储与处理。大数据环境下的存储与处理软件，需要对上层应用提供高效的数据访问接口，存取 PB 甚至 EB 量级的数据，并且能够在可接受的响应时间内完成数据的存取，同时保证数据的正确性和可用性；对底层设备，存储与处理软件需要充分高效地管理存储资源，合理地利用设备的物理特性，以满足上层应用对存储性能和可靠性的要求。在大数据带来的新挑战下，要完成以上这些要求，需要更进一步研究存储与处理软件技术。

③ 大数据分析与理解。因为数据规模很大，要对大数据进行有效分析，分析过程需要按照完全自动化的方式进行。这就要求计算机能够理解数据在结构上的差异，明白数据所要表达的语义，然后“自动”地进行分析。对大数据分析来说，设计一个好的适于分析的知识表示模式是非常重要的。比如，可以用决策树来表示分类的知识，或者用线性模型表示回归的知识等。此外，大数据需要下一代可实时应答的交互式数据分析，即系统应该能够根据网站的内容自动构造查询，自动提供热门推荐，自动分析数据的价值并决定是否需要保存。目前，在保证交互式响应的同时如何进行 TB 级的复杂查询处理已成为一个重要的研究课题。

④ 大数据可视化计算。在大数据时代，数据的数量和复杂度的提高带来了对数据探索、分析、理解和呈现的巨大挑战。除了直接统计或者数据挖掘的方式，可视化通过交互式视觉表现的方式来帮助人们探索和解释复杂的数据。一个典型的可视化流程是，首先将数据通过软件程序系统转化为用户可以观察分析的图像，利用人类视觉系统高通量的特性，用户通过视觉系统并结合自己的背景知识对可视化结果图像进行认知，从而理解和分析数据的内涵与特征。

⑤ 大数据隐私与安全。在大数据时代,传统的隐私数据的内涵与外延有了巨大突破与延伸,隐私数据保护不力所造成的恐慌已不能由个人或团体承受,隐私数据保护技术面临更多的挑战。大数据时代下的隐私数据保护与安全体系除涉及技术、管理外,还涉及法律、人伦、生物、道德、商业利益、生活方式等。从本质上来说,大数据的安全与隐私问题就是要能在大数据时代兼顾安全与自由、个性化服务与商业利益、国家安全与个人隐私的基础上,从数据中挖掘其潜在的巨大商业价值和学术价值,并使其研究成果真正地服务社会。

12.2 大数据的特征

人们通常用 4 个 V 来刻画大数据的特征,分别是数据量大(Volume)、类型多(Variety)、变化快(Volocity)和质量低(Veracity)。下面对其分别进行介绍。

① 数据量大是大数据最典型的特征。那到底多大的数据量才可以称之为“大数据”呢?大数据没有一个明确的标准,是一个相对的概念。有的人认为,当时所处的硬件条件下单机无法处理的数据量就可以称之为大数据。根据维基百科的定义,大数据的大小从 TB 级别到 PB 级别不等。然而到目前为止,尚未有公认的标准来界定大数据的大小。

② 类型多是大数据最显著的特征。大数据中除了传统的结构化数据,还包括文本、图像、声音、视频等各种非结构化数据。如何在同一个系统平台中同时处理多种不同类型的数据,是大数据处理和分析技术的核心挑战之一。

③ 变化快指大数据的产生和处理都极快。因此,大数据的整个流程就要求能够快速响应。不论是数据的产生速度、增长速度、处理速度还是分析速度,都要求能够在秒级完成。

④ 质量低指大数据中有价值的数据所占比例很小。大数据通常都是自动采集的,天然具有噪声。如何使其在有噪声的情况下还能被有效地运用,需要通过从大量不相关的各种类型的数据中,挖掘出对未来趋势与模式预测分析有价值的数据。

12.3 大数据与数据仓库

随着大数据时代的来临,一个很自然的问题就是,大数据与数据仓库是什么关系?大数据解决方案是否会取代数据仓库解决方案?还是会出现二者并存的局面?针对这个问题,数据仓库之父 W.H. Inmon 认为,大数据解决方案是一种技术,而数据仓库解决方案是一种架构。这里说的技术是指如何存储和管理大量的数据,而数据仓库是一种组织数据的方式,经过该方式组织之后的数据能够提供给企业一个统一的、一致的视图,可以同时供不同用户为不同的目的使用。一家企业可以只有大数据解决方案而没有数据仓库解决方案,也可以只有数据仓库解决方案而没有大数据解决方案;可以二者都有,也可以二者都没有。

也就是说，大数据解决方案和数据仓库解决方案之间没有必然的关联性，二者相对独立。有了大数据解决方案后，是否还需要数据仓库，关键看企业是否需要统一的、一致的数据。如果企业中的每一个人都需要访问一个统一的、一致的数据，则需要建立一个数据仓库，这跟企业是否已具备大数据的解决方案没有关系。

12.4　大数据时代的数据仓库 Hive

大数据时代，随着数据量的急剧增加，传统的数据仓库解决方案逐渐无法胜任。为此，Facebook 公司基于 Hadoop 架构设计开发了 Hive 系统。它是一种开源的数据仓库解决方案，使用类 SQL 语言（HiveQL，简记为 HQL），并提供完整的 SQL 查询功能。HQL 查询语句被自动编译成能够在 Hadoop 上执行的 MapReduce 任务，屏蔽了底层的 MapReduce 实现细节，从而将数据仓库使用者从繁琐复杂的 MapReduce 编程中解脱出来。

Facebook 将 Hive 用于处理大量的用户数据和日志数据，目标用户是熟悉并习惯使用 SQL 的数据分析师。通过提供 HQL 描述语言，Hive 可以让数据分析人员只专注于具体业务模型，而不需要深入了解 MapReduce 的编程细节。

可以看出，Hive 的优点在于封装了底层的 MapReduce 过程，提供的 HQL 语言可以使开发人员用类似 SQL 的方式来实现业务处理逻辑，非专业程序员也可以方便使用，从而加快了应用程序开发的效率。

本节简单介绍 Hive 系统的工作组件、工作流程、支持的数据模型以及 Hive 系统中 SQL 语句转换成 MapReduce 作业的基本操作过程。

12.4.1　Hive 的工作组件

Hive 的系统架构如图 12.1 所示。Hive 的主要组件包括外部接口（Interface）、Thrift 服务器（Thrift Server）、驱动程序（Driver）、元数据存储（Metastore）。

① 外部接口。Hive 既提供用户接口，也提供应用程序接口。用户接口包括命令行接口（Command Line Interface，CLI）和 Web 接口（Web Interface）。命令行接口模式下，用户用命令行进行操作。Web 接口模式下，用户通过浏览器访问 Hive 系统。应用程序接口主要包括 JDBC/ODBC 接口。JDBC/ODBC 接口模式下，Hive 通过 Thrift 服务器与系统进行交互。

② Thrift 服务器。Thrift 服务器是一种跨语言服务框架，在该框架中用一种语言（如 Java）写的服务器能够支持用其他语言写的客户端的访问，目前支持 C++/Java/PHP/Python/Perl 等。

③ 驱动程序。驱动程序管理 HQL 语句，包括从编译到优化，再到执行的整个生命周期。首先接收用户提交的 HQL 查询命令，然后将 HQL 查询语句交由编译器（Compiler）进行解析，解析过程将查询语句转换成一个查询计划。该查询计划是一个有向无环图，图中的边表示 MapReduce 任务间的依赖关系。查询计划经优化器（Optimizer）优化后交由执行器（Executor）执行。

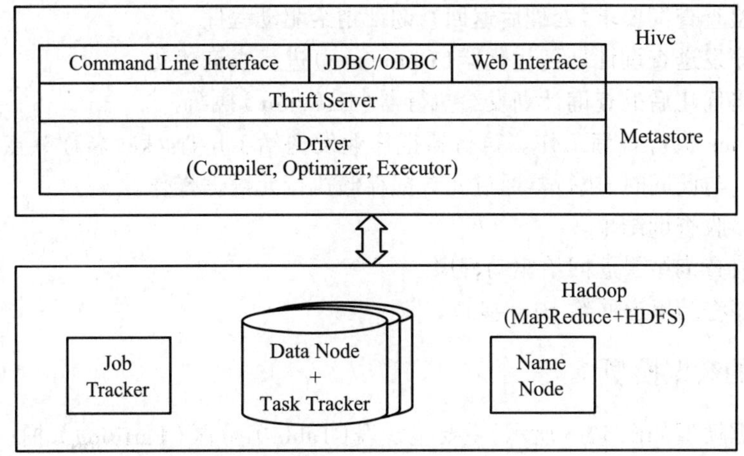

图 12.1　Hive 系统架构图

④ 元数据存储。元数据存储中存储的是系统目录,包括有关 Hive 中所存储的表的元数据信息等。这些元数据信息在创建表时产生,并在后续用 HQL 进行表查询时反复被使用。

12.4.2　Hive 的工作流程

Hive 的工作流程如图 12.2 所示。

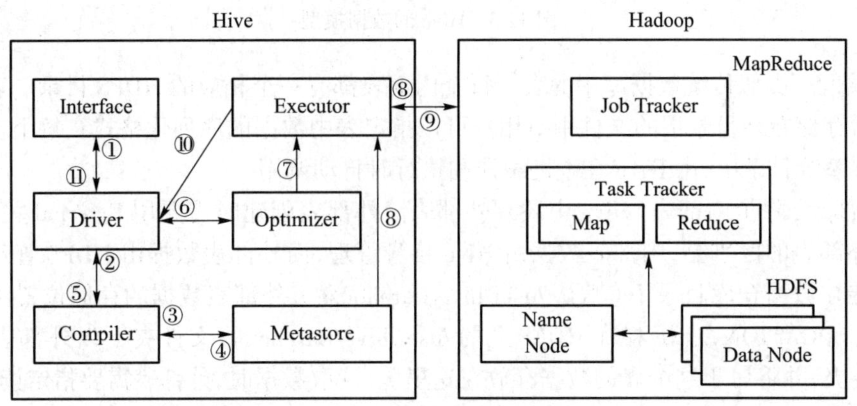

图 12.2　Hive 的工作流程

具体步骤如下:

① Hive 接口(Interface)发送查询给驱动程序(Driver)。

② 在驱动程序帮助下调用编译器(Compiler),进行语法检查和查询解析。

③ 编译器发送元数据请求到元数据存储(Metastore)。

④ 元数据存储向编译器返回元数据。

⑤ 编译器检查查询要求，处理后返回查询计划给驱动程序。

⑥ 驱动程序发送查询计划到优化器（Optimizer）进行查询优化。

⑦ 优化器将优化后的查询计划发给执行器（Executor）执行。

⑧ MapReduce 执行查询工作。执行器把作业发送给 Job Tracker 名称节点，并把作业分配到 Task Tracker。与此同时，执行器通过元数据存储执行元数据操作。

⑨ 执行器接收查询结果。

⑩ 执行器将查询结果返回给驱动程序。

⑪ 驱动程序将结果返回给 Hive 接口。

12.4.3　Hive 的数据模型

Hiver 的数据模型如图 12.3 所示，主要包含表（Table）、分区（Partition）、桶（Bucket）等数据形式。其中表又分为内部表和外部表。

<table>
<tr><td colspan="10">Database</td></tr>
<tr><td colspan="5">Table</td><td colspan="5">Table</td></tr>
<tr><td colspan="3">Partition</td><td rowspan="2">Partition</td><td rowspan="2">Partition</td><td colspan="3">Partition</td><td rowspan="2">Partition</td><td rowspan="2">Partition</td></tr>
<tr><td>Bucket</td><td>Bucket</td><td>Bucket</td><td>Bucket</td><td>Bucket</td><td>Bucket</td></tr>
</table>

图 12.3　Hive 的数据模型

① 内部表：类似传统数据库中的表。每个内部表都有一个相应的 HDFS 目录。表中的数据被序列化后存储在该目录下的文件中。用户可以指定表中数据的序列化格式。每个表的序列化格式存放在系统目录中，由 Hive 在查询编译和执行时自动调用。

② 外部表：除了内部表，Hive 中还有外部表。外部表创建时需要用 External 关键字指定。内部表与外部表的区别是，内部表数据由 Hive 自身管理，而外部表数据由 HDFS 管理。内部表的数据存储在数据仓库目录下（默认 /user/hive/warehouse），外部表数据的存储位置由自己指定（如果没有 LOCATION，Hive 将在 HDFS 上的 /user/hive/warehouse 文件夹下以外部表的表名创建一个文件夹，并将属于这个表的数据存放在这里）。读取数据时，外部表需要指定读取的目录，而内部表因创建时存放数据到默认路径，因此也从默认路径读出，不需要特别指定目录。删除数据时，内部表将数据和元数据全部删除；而外部表只删除元数据，数据文件不会删除。外部表和内部表在元数据的组织上是相同的，但其应用场景不同：如果要使用 HDFS 中已经存在的文件，则推荐使用外部表；而如果要先创建表，之后再向表中插入数据，则推荐使用内部表。实际上外部表在日常开发中用得很多，比如原始日志文件或被多个部门同时操作的数据需要使用外部表；如果不小心将元数据删除了，HDFS 上的数据还在，可以恢复，从而增加了数据的安全性。

③ 分区：Hive 将一个表的数据分成多个分区，每个分区在一列或多列上的取值相同。比

如,学生表 Student 可以按照属性 Department 的值划分成不同的分区。每个分区被存放在表目录下与列的取值相对应的子目录下。比如,某表 T 存放在 /Wh/T 目录下,如果 T 按照列 ds 和列 ctry 进行了划分,则列 ds 取值为 20190202 和列 ctry 取值为 US 的分区会存放在 /Wh/T/ds=20190202/ctry=US 子目录下。

④ 桶:每一个分区中的数据又可以进一步分成多个桶,每个桶都是表目录(如果表没有被分成分区)或者分区目录下的一个文件。

12.4.4 Hive 的工作机制

本小节通过连接操作和分组操作的执行过程,简要介绍 Hive 系统把 SQL 语句转换成 MapReduce 作业的工作流程。

1. 连接操作

例 12.1 从用户表 User 和订单表 Order 中查询出每位用户的姓名 name 和该用户的订单号 orderid。

完成该查询的 SQL 语句如下:

```
SELECT name, orderid   FROM User u JOIN Order o ON u.uid=o.uid;
```

完成该操作的过程如图 12.4 所示,具体步骤如下:

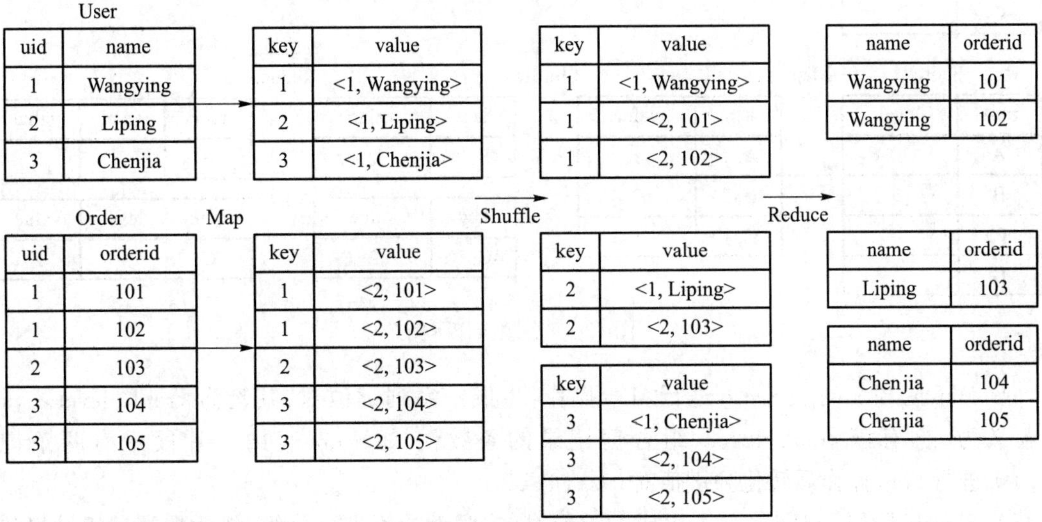

User

uid	name
1	Wangying
2	Liping
3	Chenjia

Order

uid	orderid
1	101
1	102
2	103
3	104
3	105

Map

key	value
1	<1, Wangying>
2	<1, Liping>
3	<1, Chenjia>

key	value
1	<2, 101>
1	<2, 102>
2	<2, 103>
3	<2, 104>
3	<2, 105>

Shuffle

key	value
1	<1, Wangying>
1	<2, 101>
1	<2, 102>

key	value
2	<1, Liping>
2	<2, 103>

key	value
3	<1, Chenjia>
3	<2, 104>
3	<2, 105>

Reduce

name	orderid
Wangying	101
Wangying	102

name	orderid
Liping	103

name	orderid
Chenjia	104
Chenjia	105

图 12.4 连接操作示例

① Map 阶段。用户表以 uid 为键(key),以 name 和表的标记位为值(value)进行 Map 操作,转换为一系列键值对的形式。例如,用户表中的记录(1, Wangying)转换为键值对(1, <1, Wangying >),其中第一个"1"是 uid 的值,第二个"1"是用户表的标记位,用来标示这个键值对来自用户表;同样,订单表以 uid 为键,以 orderid 和表的标记位为值进行 Map 操作,把表中的记

录转换为一系列键值对。

② Shuffle 阶段。把用户表和订单表生成的键值对按键进行分组，然后传送给对应的 Reduce 机器。比如键值对（1，<1，Wangying>）、（1，<2，101>）、（1，<2，102>）传送到同一台 Reduce 机器上。当 Reduce 机器接收到这些键值对时，按表的标记位对这些键值对进行排序，以优化连接操作。

③ Reduce 阶段。对同一台 Reduce 机器上的键值对，根据 value 中的表标记位对来自用户表和订单表的数据进行连接操作，以生成最终结果。

2. 分组操作

例 12.2　现有教师工资表 Score（rank，level），其中 rank 表示职称，level 表示对应的工资级别，对 Score 表中的 rank 和 level 进行分组聚集操作。完成该查询的 SQL 语句如下：

```
SELECT rank, level, count(*) as value FROM Score GROUP BY rank, level;
```

完成该操作的过程如图 12.5 所示，具体步骤如下：

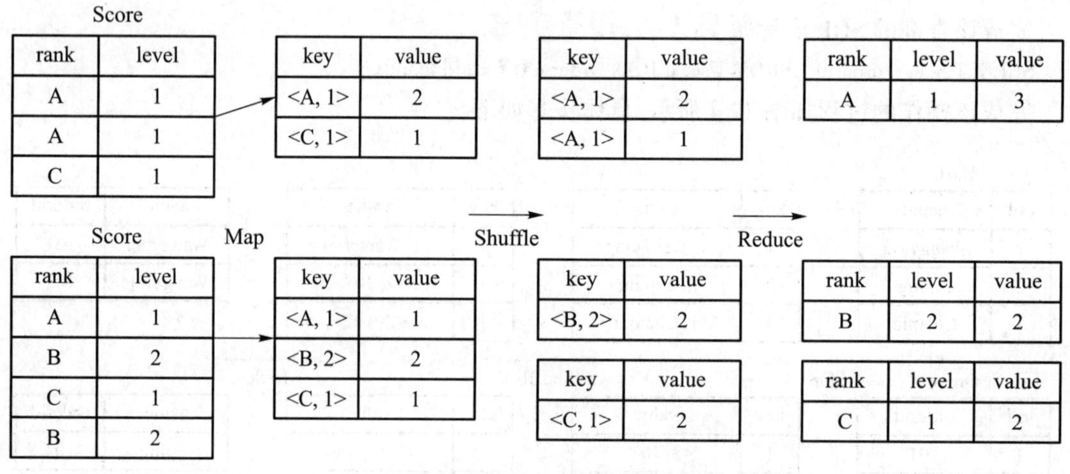

图 12.5　分组操作示例

① Map 阶段。对表 Score 进行 Map 操作，生成一系列键值对，其键为 <rank，level>，value 的含义为“拥有该 <rank，level> 组合值记录的条数”。如 Score 表第一片段中有两条记录（A，1），进行 Map 操作后转化为键值对（<A，1>，2）。

② Shuffle 阶段。对 Score 表生成的键值对，按照键的值进行分组，然后根据分组结果传送给对应的 Reduce 机器。键值对（<A，1>，2）、（<A，1>，1）传送到同一台 Reduce 机器上；键值对（<B，2>，2）传送到另一台 Reduce 机器上。

③ Reduce 阶段。把具有相同键值的键值对的 value 进行累加，生成分组的最终结果。在同一台 Reduce 机器上的键值对（<A，1>，2）和（<A，1>，1）进行 Reduce 操作后的输出结果为（<A，1>，3）。

12.5 大数据分析

近年来,大数据分析几乎推动着社会生活的方方面面,包括移动服务、零售业、制造业、金融服务、生命科学和物质科学等,但其巨大潜力和分析的目标实现之间还存在着鸿沟。大数据分析在许多应用中成为一个显著的瓶颈,主要缘于 3 个方面:

① 有待分析的数据对象日趋复杂。

② 人们的分析需求不断提升。

③ 缺乏可扩展的算法和有效的模型。

12.5.1 大数据分析的挑战

1. 分析对象日趋复杂

大数据环境下的数据很多都是非结构化的,如 Twitter 和博客数据都是弱结构的文本片段;图像和视频数据虽具有存储和播放结构,但这种结构并不适合进行上下文语义分析和搜索。如何将各种非结构化、半结构化的数据转化为有结构的格式,以供日后分析?对人类而言处理异构数据不是特别困难,相反,丰富的异构数据还可以提供更有价值的深度分析。但对机器而言异构数据带来的挑战是非常大的,分析算法只能处理同构的数据,并不能理解具有细微差别的异构数据。因此,大数据分析的第一步是必须将数据结构化。记录的项目如果具有相同的大小和结构,计算机的工作效率会提高很多。针对半结构化数据的高效表达、存取和分析技术还需要进一步的研究工作。此外,即使在大数据分析之前进行了数据的清洗和纠错,数据仍有可能存在缺失和错误。在进行大数据分析时,必须对这些缺失和错误数据进行处理。

另一方面,数据规模一直在增长,且其增长的速度已经超过了计算资源增长的速度。处理器由于功率的限制,时钟速度基本上无法再获得提升,主要通过增加内核的数量来提升速度,必须考虑节点内的并行性。另外,出于节能考虑,数据处理系统将有可能主动管理系统硬件的功耗。这些前所未有的变化要求人们重新思考如何设计、构造和运行数据处理组件。一种办法是借助云计算技术,将多个具有不同性能目标的工作负载聚集成非常大的集群。但如何在昂贵的大型集群上进行资源共享需要新的方法,该方法决定如何执行数据处理工作,以便用较低的代价来完成每一个工作负载的目标,并处理系统故障。另一种办法是改变传统的 I/O 子系统。现在,硬盘驱动器正在逐步被固态硬盘取代,其他技术如相变内存等即将来临。这些新的存储技术在顺序和随机 I/O 性能上不像旧技术那样有巨大差距。这就需要重新考虑如何设计数据处理系统的存储子系统,而存储子系统的改变涉及数据处理的每一个方面,包括查询处理算法、查询调度、数据库设计、并发控制方法和恢复方法。

2. 分析需求不断提升

大数据为数据分析提供了更加逼近现实世界的数据资源,人们对数据分析结果精确性的预期也随之不断提升。人们更期待对数据的深层特征和复杂关联关系进行分析,而不仅仅是对数据的表层特征和直观联系进行分析。同时,很多应用要求数据分析具有实时性,能立即得到分析结果。例如,在进行信用卡交易时,如果怀疑该信用卡涉嫌欺诈,应在交易完成之前做出判断,以防非法交易的产生。这就需要事先对部分结果进行预计算,结合新数据进行少量的增量计算并迅速做出判断。而对于给定的一个大数据集,往往需要从中找出符合指定要求的元素。在进行大数据分析的过程中,这种搜索可能反复出现。为了支持大数据上的新型查询,需要设计新的索引结构来支持此类查询。当数据量越来越大且查询响应时间有严格限制时,索引结构的设计非常具有挑战性。

另一方面,在进行数据分析的同时,如何保护个人隐私是特别引人关注的问题。在大数据环境下,该问题更为突出。有效地管理隐私既是一个技术问题,又是一个社会问题。为了实现大数据的潜在价值,这个问题必须从技术和社会两个角度加以解决。例如,基于位置的服务需要用户和服务提供商分享其位置,这会造成明显的隐私问题,攻击者或基于位置的服务器可以从位置信息中推断出用户的身份。而隐藏一个用户的位置比隐藏身份更具有挑战性。还有许多其他具有挑战性的问题。例如,应如何分享私人数据,才能既保证数据隐私不被泄漏,又能保证数据的正常使用。

此外,真实数据不是静态的,而是随着时间的变化而变化。当前没有一种技术能在这种情况下产生持续有用的结果。还有另一个非常重要的方向是在大数据情况下,重新考虑信息共享的安全性。今天,许多在线服务要求人们共享私人信息,但是在记录级的访问控制之外,人们还不清楚共享数据会意味着什么,不清楚共享后的数据会怎样被连接起来,更不清楚如何让用户对共享后的数据仍能进行细粒度控制。

3. 模型和算法亟需更新

大数据环境下数据的规模、种类、特征维度等都明显增多,传统的基于单一种类、低维度、小数据的数据分析模型都无法直接使用。大数据环境下,要求分析模型能够适应于更多的应用场景和数据种类,要求模型具有更好的数据表达能力和更强的结果泛化能力,要求构建模型和使用模型的算法具有更好的可扩展性。

大数据的挑战推动了数据分析方法的改进,以深度学习为代表的深度学习模型,如卷积神经网络、循环神经网络、深度信念网络等应运而生。大数据一方面为深度学习模型提供了大规模的训练数据,另一方面也为深度学习方法提供了能充分体现其价值的应用场景。

同时,针对大数据的算法特性和应用需求,产生了多种不同的分布式计算平台。在批数据处理方面,如支持 MapReduce 模型的 Hadoop 平台和支持内存计算模式的 Spark 平台等;在流数据处理方面,如 Storm 系统和 S3 平台等。还有如 Yahoo 和 Metamarkets 等少数企业构建的可以同时处理批数据和流数据的平台,以及如 Pregel、GraphLab 等专门处理图数据的平台。

12.5.2 深度学习模型简介

如前所述,大数据的挑战推动了深度学习模型的广泛接受和使用。本节重点介绍深度学习模型在数据分析中的应用，对当前流行的卷积神经网络（convolutional neural networks，CNN）和循环神经网络（recurrent neural networks，RNN）进行讲解。

1. 深度学习简介

深度学习是指在多层神经网络上运用各种机器学习算法解决图像、文本等问题的算法集合，是机器学习的一个分支。在第 9 章已介绍过神经网络，并介绍了经典的反向传播算法。深度学习模型从大类上可以归入神经网络，不过在具体实现上有许多变化。深度学习的核心是特征学习，旨在通过分层网络获取分层次的特征信息，从而解决以往需要人工设计特征的重要难题。

如图 12.6 所示，深度学习模型通常以用户的各种原始数据 x（代表如声音、像素、单词、字母等）作为输入，经过学习获得多层的表示（也可以称作特征，这里为 h^1，h^2）和一个最后的输出 h^3。与传统机器学习中通过手工抽取特征相比，通过深度学习的自动学习特征不仅省时省力，而且学习到的特征更准确，适应性更强。目前已在语音识别、计算机视觉、图像分类、自然语言处理等领域取得了非常好的应用效果。

2. 卷积神经网络

卷积神经网络是一种典型的深度神经网络，它的出现基于人们对大脑认知原理的研究，尤其是视觉原理的研究。1981 年的诺贝尔医学奖得主 David Hubel 和 Torsten Wiesel 的研究表明：人脑视觉系统的信息处理在可视皮层是分级的，大脑的工作过程是一个不断迭代、不断抽象的过程。如图 12.7 所示，人类识别物体的过程是先接收原始信号（比如瞳孔看到像素），接着做初步处理（大脑皮层某些细胞发现边缘和方向），然后抽象出物体的部分（大脑判定眼前的物体组件是眼睛、鼻子等），然后进一步抽象出物体（大脑进一步判定该物体是张人脸）。

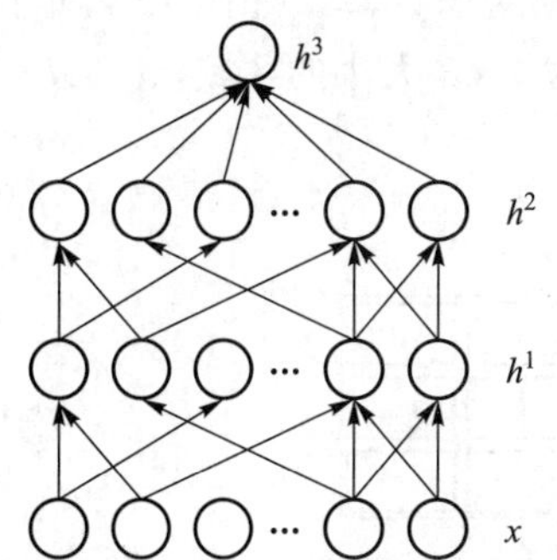

图 12.6 深度学习模型的多层表示

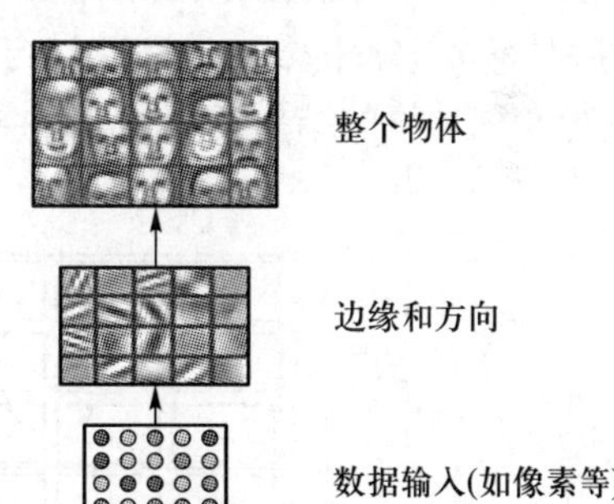

图 12.7 人脑视觉系统的信息处理过程

多层神经网络就是模仿了人类大脑的这个特点，由较低层网络识别图像的初级特征，由若干初级特征组成上一层的高级特征，最终通过多个层级特征的组合在顶层做出分类。

卷积神经网络是一种专门用来处理具有类似网格结构的数据的神经网络，例如一维的时间序列数据和二维的图像数据。卷积神经网络是一种多层神经网络，它通过一系列方法将数据量庞大的图像识别问题不断降维，最终使其能够被训练。其主要特点是，至少在网络的某一层使用卷积运算来代替矩阵乘法运算。

卷积神经网络最早由 Yan LeCun 提出并应用在手写体识别上，他提出的网络称为 LeNet-5，网络结构如图 12.8 所示。

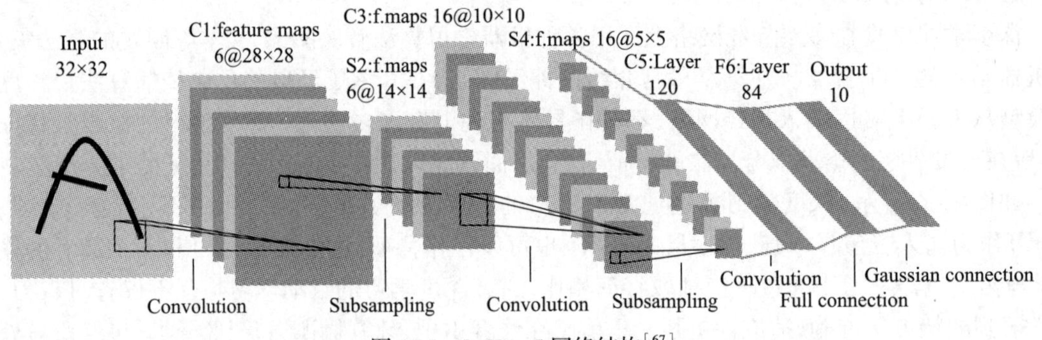

图 12.8　LeNet-5 网络结构[67]

图 12.8 所示是一个典型的卷积网络，由输入（Input）层、卷积（Convolution）层、池化（Pooling）层、全连接（Full connection）层组成。其中卷积层与池化层配合，组成多个卷积组，逐层提取特征，最终通过若干个全连接层来完成分类。卷积神经网络通过卷积来模拟特征，并且通过卷积的权值共享及池化来降低网络参数的数量级，最后通过传统神经网络来完成分类等任务。

输入层通常输入的是原始图像矩阵或向量化的文本矩阵等形式。

卷积层是卷积神经网络的核心部分，卷积神经网络的名称也由此而来。每个卷积层由若干个卷积单元组成，每个卷积单元其实就是一个过滤器（卷积核）。卷积操作涉及两个步骤：

① 卷积计算。将输入矩阵的部分区域和卷积核矩阵做内积计算。如图 12.9 所示，一个 3×3 的卷积核 $[r,s,t;u,v,w;x,y,z]$ 与图像左上角的同样为 3×3 大小的区域 $[a,b,c;e,f,g;i,j,k]$ 进行卷积计算的结果为 $ar+bs+ct+eu+fv+gw+ix+jy+kz$。

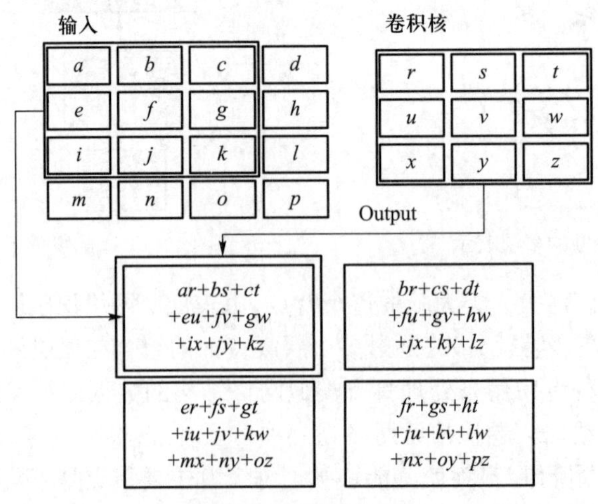

图 12.9　卷积操作示例

卷积过程可以理解为使用一个卷积核来过滤图像的各个小区域，从而得到这些小区域的特征值。在实际训练过程中，卷积核的值是在学习过程中学到的。在具体应用中往往有多个卷积核，可以认为每个卷积核代表了一种图像模式，如果某个图像块与此卷积核卷积出的值大，则认为此图像块十分接近于此卷积核。如果设计了6个卷积核，可以理解为这个图像上有6种底层纹理模式，也就是用6种基础模式就能描绘出一幅图像。

② 窗口滑动。为了对图像矩阵的不同区域进行卷积操作，设置了一个和卷积核同样大小的滑动窗口。该窗口按照一定的步长在图像矩阵上滑动，每滑动一次，便锁定一个区域做一次卷积计算。如图12.9所示，如果步长为1，窗口按照从左到右、从上到下的顺序滑动，则可以进行4次卷积计算，得到4个特征图。如果步长为2，也可以进行4次卷积计算，得到4个特征图。但是，窗口在按照大小为2的步长向下滑动的过程中出现了跃出边界的情况，此时需要进行补零的操作，即在原图像矩阵的边界外用零来填充一行（一列）。

可以看到，在卷积神经网络中每个卷积核被复制到整个图像矩阵中，这些复制的单元共享相同的参数（卷积核矩阵和偏差），极大地减少了需要学习的自由参数的数量（如一个5×5的卷积核，只需要25个可学习的参数），从而降低了运行神经网络的内存需求，并使得在更大的网络进行训练成为可能。由于每个卷积核只能获取一种特征，因此一般需要在每个卷积层设置多个卷积核。

池化层的目的主要是缩小图像的大小。将图像缩小的操作称为下采样（subsampling），其主要目的是生成对应图像的缩略图。下采样的原理是，对于一幅 $m \times n$ 大小的图像，对其进行 s 倍下采样后，得到的图像大小为（m/s）×（m/s）。这里，s 必须是 m 和 n 的公约数。如果考虑的是矩阵形式的图像，实际上就是把原始图像中 $s \times s$ 窗口内的图像变成一个像素。在实际应用中，分为最大值采样（max-pooling）与平均值采样（mean-pooling）。最大值采样使用采样窗口中的最大值作为池化后像素的值，平均值采样使用采样窗口中的平均值作为池化后像素的值。

图12.10是一个池化过程的例子。可以看到，原始图片是4×4的，对其进行最大值下采样，采样窗口为2×2，最终将其采样成为一个2×2大小的特征图。之所以这么做，是因为即使做完了卷积图像仍然很大（因为卷积核比较小），为了降低数据维度而进行采样。即使减少了许多数据，特征的统计属性仍能够描述图像，而且由于降低了数据维度，有效地避免了过拟合。

全连接层的目的是把所有局部特征结合变成全局特征，用来计算最后每一类的得分。另外，常采用softmax作为激活函数，进行多分类输出。

再回到图12.8所示的LeNet-5网络结构，看看它如何应用于手写体的数字识别。可以看到，不包含输入层时LeNet-5共有7层。每层都包含可训练参数，每个层有多个特征图（feature map），每个特征图通过一种卷积核提取输入的一种特征。

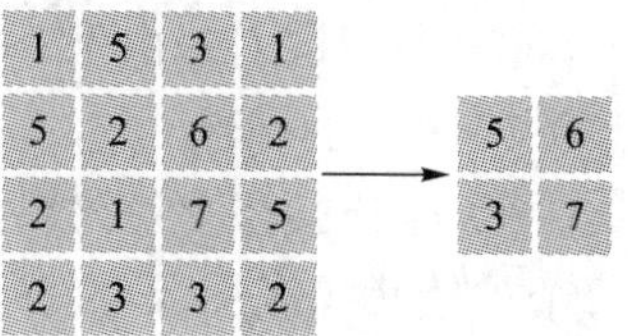

图12.10　池化过程示例

给定一个大小为32×32的图像，将其输入LeNet-5后，后续各层的处理如下。

① 卷积层C1：原始的32×32的图像输入进来以后，先进入

一个卷积层 C1（由 6 个 5×5 的卷积核组成），卷积计算出 6 个 28×28 的图像。

② 池化层 S2：用 2×2 的采样窗口进行下采样，得到 6 个 14×14 的图像。

③ 卷积层 C3：由 16 个 5×5 的卷积核组成，将 6 个 14×14 的图像进行卷积计算后，得到 16 个 10×10 的图像。需要注意的是，C3 中的每个特征图可以连接到 S2 中的所有特征图，表示本层的特征图是上一层提取到的特征图的不同组合。一种可能的连接方式如图 12.11 所示，C3 的前 5 个特征图以 S2 中 3 个相邻的特征图子集为输入，接下来 5 个特征图以 S2 中 4 个相邻的特征图子集为输入，再下面的 5 个特征图以不相邻的 4 个特征图子集为输入，最后一个特征图将 S2 中所有特征图作为输入。之所以要采取这种方式，一是为了减少参数，二是这种不对称的组合连接的方式有利于提取多种组合特征。

	0	1	2	3	4	5	6	7	8	9	10	11	12	13	14	15
0				X	X			X	X	X		X	X	X	X	X
1	X				X	X		X		X	X		X	X		X
2	X	X				X	X			X	X	X			X	X
3	X	X	X			X	X		X			X	X		X	X
4		X	X	X		X	X	X	X		X		X	X		X
5			X	X	X		X	X	X	X	X	X		X	X	X

图 12.11　不同的特征图子集

C3 与 S2 中的第 1—3 个图像相连的卷积结构如图 12.12 所示。

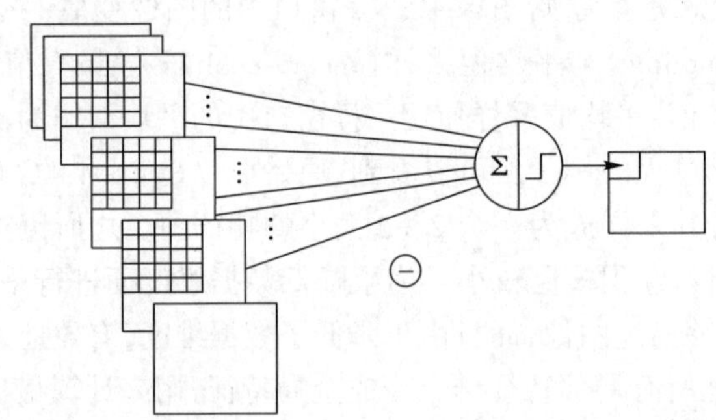

图 12.12　C3 与 S2 中的第 1—3 个图像相连的卷积结构

④ 池化层 S4：用 2×2 的采样窗口进行下采样，得到 16 个 5×5 的图像。

⑤ 卷积层 C5：由 120 个 5×5 的卷积核组成，在 16 个 5×5 的图像上进行卷积操作后得到 120 个 1×1 的图像。

⑥ 全连接层 F6：该层由 12×7 个神经元（假设真实数字 0—9 的图像大小为 12×7）组成，每个神经元代表图像上的一个像素。用 C5 层得到的 120 维的向量作为输入，与该层的 84 个神经元进行全连接。计算输入向量和连接权重向量之间的点积，再加上一个偏置，结果通过 sigmod

函数输出。

⑦ 输出(Output)层:该层也是全连接层,共包含 10 个神经元,分别对应于 0—9 共 10 个数字。F6 层的 84 个神经元与该层的 10 个神经元进行全连接。假设 x_j 对应 F6 层第 j 个单元的输出,w_{ij} 对应第 i 个数字的图像第 j 个像素的 bitmap 编码,则输出层 10 个神经元中第 i 个神经元的输出 y_i 由下式得出:

$$y_i = \sum_j (x_j - w_{ij})^2$$

该值越接近于 0,则原始图像越接近于第 i 个数字的图像(越接近于其 bitmap 编码图),表示当前网络输入的识别结果就是数字 i。

卷积神经网络在使用时往往使用多层卷积,然后再使用全连接层进行训练。卷积层和池化层只会提取特征,并减少原始图像带来的参数。全连接层在整个卷积神经网络中起到"分类器"的作用。之所以要多层卷积,是因为单层卷积学到的特征是局部的,卷积的层数越多,学到的特征就越全局化。当然,网络也就越复杂。

卷积神经网络的训练过程与传统神经网络类似,也是参照了反向传播算法。第一阶段,向前传播输入阶段:① 从样本集中取一个样本(X, Yp),将 X 输入网络;② 计算相应的实际输出 Op。第二阶段,向后传播误差阶段:① 计算实际输出 Op 与相应的理想输出 Yp 的差;② 按极小化误差的方法反向传播调整权矩阵。

3. 循环神经网络

循环神经网络(RNN)也是一种典型的深度神经网络。它的特点是除了层间的连接外,同层单元之间还彼此连接,构成一个有向图。RNN 比较擅长处理时间序列数据(如语音片段、手写文本片段等)。时间序列数据长短不一,难以拆分成一个个单独的样本,通过如 CNN 等进行训练。RNN 可使用内部状态(称为隐藏状态)来处理输入序列。它的输入和输出都可以是序列,每一条序列由索引号 1, 2, …, τ 进行时间标记。由于一条序列当前时刻的输出与上一时刻的输出有关,要求 RNN 对上一时刻的输出进行记忆并将其作为当前时刻的输入。

(1) RNN 网络结构

图 12.13 展示了一个简单的 RNN 网络结构图。

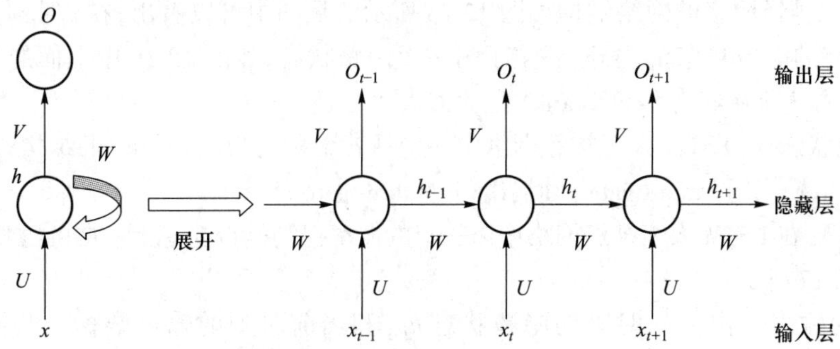

图 12.13 一个简单的 RNN 网络结构图

图 12.13 最左侧是 RNN 没按时间展开的图，按时间顺序展开后即为图 12.13 右侧所示。按时间顺序展开后的图包含以下几部分：

① 输入层。x_t 代表训练样本在 t 时刻的输入，相应地，x_{t-1} 和 x_{t+1} 代表训练样本在时刻 $t-1$ 和 $t+1$ 时刻的输入。

② 隐藏层。h_t 代表网络在 t 时刻的隐藏状态。h_t 的值由 x_t 和 h_{t-1} 共同决定。即 $h_t=f_1(U x_t+W h_{t-1}+b)$，其中 f_1 为激活函数，一般为 tanh，b 为偏置。U 和 W 为线性参数。

③ 输出层。O_t 代表网络在 t 时刻的输出。O_t 的值只由网络当前的隐藏状态 h_t 决定。即 $O_t=f_2(Vh_t+c)$，其中 f_2 为激活函数，一般是 softmax，c 为偏置。V 是线性参数。

在 RNN 中，参数 U、W、V 是共享的，这个共享性体现了 RNN 的循环反馈思想。RNN 的训练过程与传统神经网络类似，也是参照了反向传播算法。但在训练的过程中，有时会出现梯度消失（梯度趋近于 0）或梯度爆炸（梯度趋近于无穷）的现象，使得 RNN 一般无法直接用于应用领域。在语音识别、机器翻译、手写体识别等应用领域，实际应用比较广泛的是改进版本的 RNN，如 LSTM 人工神经网络、BiRNN 等。

（2）LSTM 人工神经网络

如果略去输出层，图 12.13 网络结构图中按时间顺序展开部分可以简化成如图 12.14 的形式。由于 RNN 的梯度消失或梯度爆炸问题，人们对 RNN 的隐藏结构进行了改进，提出了长短期记忆（long short-term memory，LSTM）人工神经网络。

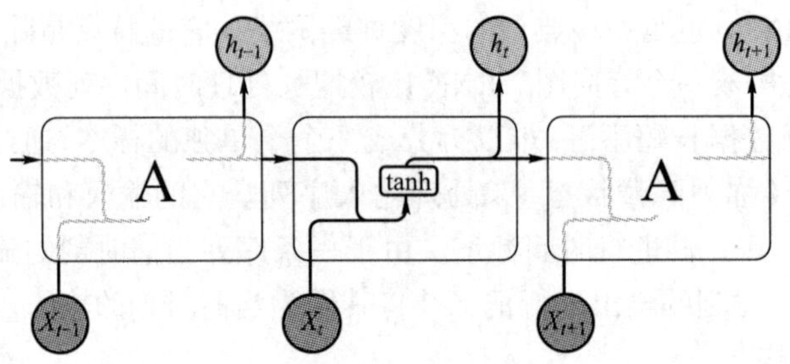

图 12.14　RNN 的简化结构图[68]

LSTM 人工神经网络的网络结构如图 12.15 所示。从图中可以看出，在 t 时刻向前传播的除了 RNN 中具有的隐藏状态 h_t 之外，还多了另一个隐藏状态，如图 12.16 中上面的长横线。这个隐藏状态通常称为细胞状态（cell state），记为 C_t。

除了细胞状态外，LSTM 人工神经网络中还包括若干称之为门（gate）的结构，通常包含遗忘门（forget gate）、输入门（input gate）和输出门（output gate）。

① 遗忘门：在 LSTM 人工神经网络中以一定的概率控制是否遗忘上一层的隐藏细胞状态，其子结构如图 12.17 所示。

遗忘门的输出 f_t 由上一时刻的隐藏状态 h_{t-1} 和当前时刻的输入数据 x_t 共同决定，即 $f_t=\sigma(W_f h_{t-1}+U_f x_t+b_f)$。其中，$\sigma$ 是激活函数，一般是 sigmoid；W_f、U_f、b_f 是参数。

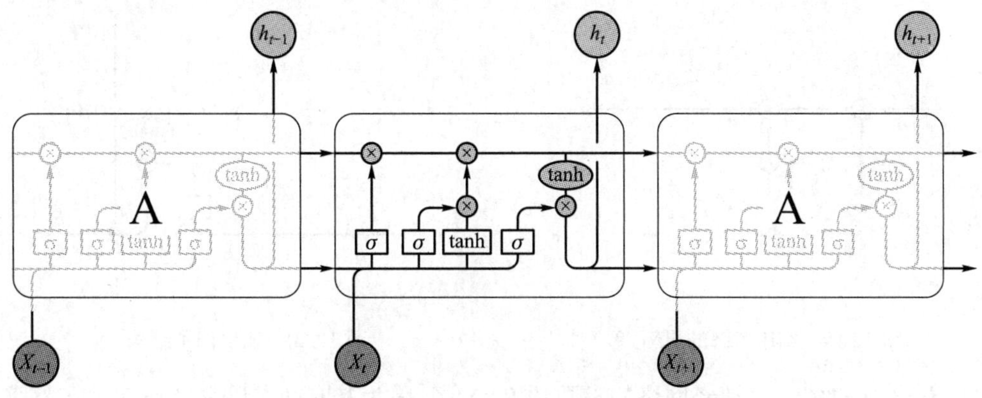

图 12.15 LSTM 人工神经网络的网络结构图[68]

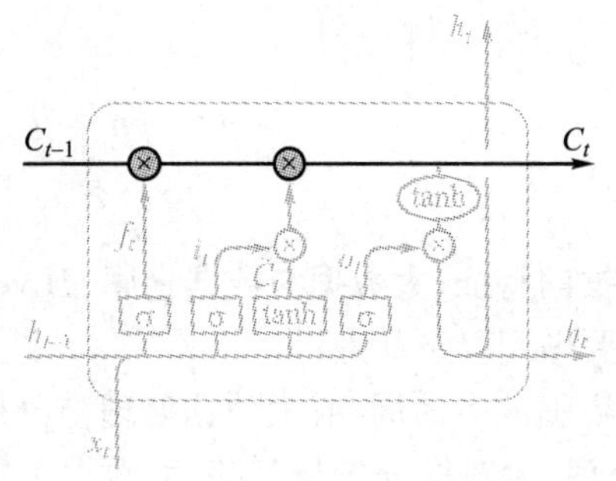

图 12.16 细胞状态 C_t[68]

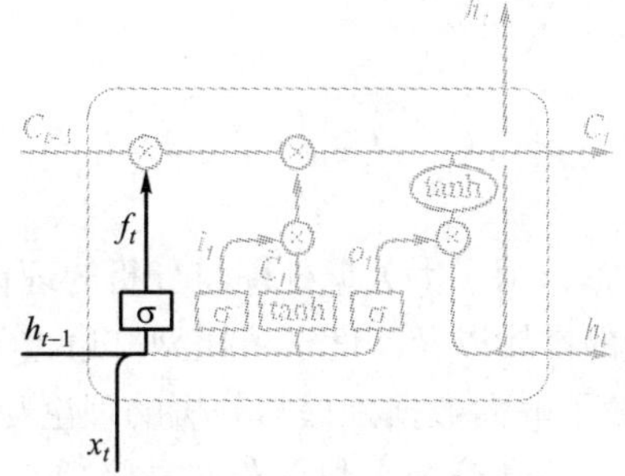

图 12.17 遗忘门子结构[68]

② 输入门：在 LSTM 人工神经网络中负责处理当前时刻的输入，其子结构如图 12.18 所示。从图中可以看出，输入门由 i_t 和 $\tilde{C}_t$ 两部分组成。第一部分 i_t 的值由上一时刻的隐藏状态 h_{t-1} 和当前时刻的输入 x_t 共同决定，即 $i_t=\sigma\,(W_ih_{t-1}+U_ix_t+b_i)$。其中 σ 是激活函数，一般是 sigmoid；W_i、U_i、b_i 是参数。第二部分 $\tilde{C}_t$ 的值也是由 h_{t-1} 和 x_t 共同决定，即 $\tilde{C}_t=\sigma\,(W_Ch_{t-1}+U_Cx_t+b_C)$。其中，$\sigma$ 是激活函数，一般是 tanh；W_C、U_C、b_C 是参数。

③ 细胞状态：在 LSTM 人工神经网络中，遗忘门和输入门的结果都会作用于细胞状态 C_t。如图 12.19 所示，C_t 的值由两部分组成，第一部分是上一时刻细胞状态 C_{t-1} 和当前时刻遗忘门输出 f_t 的乘积，第二部分是当前时刻输入门的 i_t 和 $\tilde{C}_t$ 的乘积，即 $C_t=C_{t-1}\cdot f_t+i_t\cdot\tilde{C}_t$。

④ 输出门：在 LSTM 人工神经网络中，输出门输出当前 t 时刻隐藏状态 h_t 的值。如图 12.20 所示，h_t 的值由两部分组成，第一部分是当前 t 时刻的输出 o_t，第二部分是由 C_t 和 tanh 激活函数构成，即 $o_t=\sigma\,(W_oh_{t-1}+U_ox_t+b_o)$，$h_t=o_t\cdot\tanh(C_t)$。其中 σ 是激活函数，一般是 sigmoid，W_o、U_o、b_o 是参数。

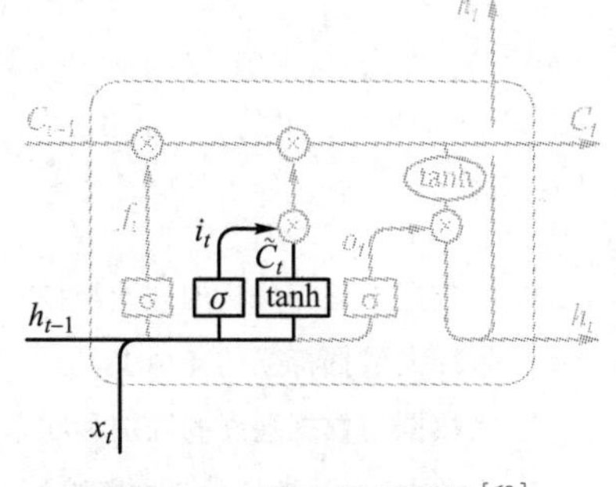

图 12.18 输入门子结构[68]

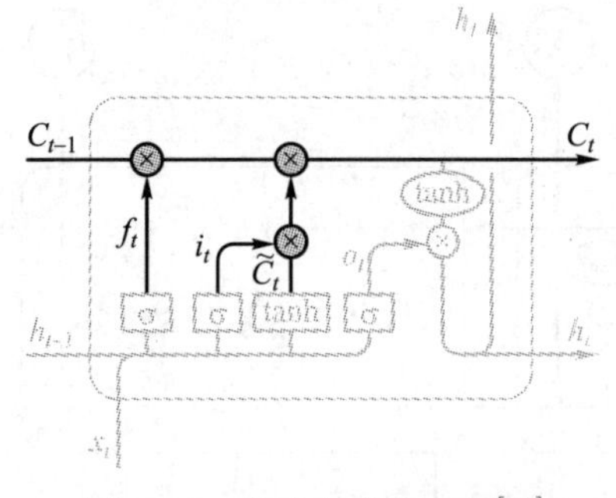

图 12.19　细胞状态的更新[68]

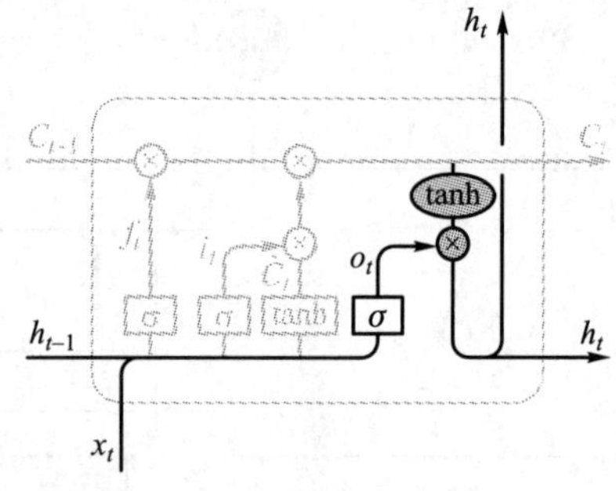

图 12.20　输出门子结构[68]

可以看出，LSTM 人工神经网络的参数比 RNN 多，因为其有两个隐藏状态 h_t 和 C_t。实际应用中有很多 LSTM 人工神经网络结构的变种，但原理基本一样。

小　　结

本章介绍了大数据处理与分析的理论与技术、大数据的特征、大数据与数据仓库、Hive、大数据分析的挑战以及深度学习模型。通过学习本章，应主要做到以下几点：

① 了解大数据处理与分析的理论与技术。了解大数据的生命周期，大数据处理与分析的理论和技术通常分为大数据获取与管理、大数据存储与处理、大数据分析与理解、大数据可视化计算以及大数据隐私与安全 5 个方面。

② 掌握大数据特征的 4 个 V，分别是数据量大（Volume）、类型多（Variety）、变化快（Volocity）和质量低（Veracity）。

③ 了解大数据解决方案和数据仓库解决方案之间没有必然的关联性，二者相互独立。大数据解决方案是一种技术，而数据仓库解决方案则是一种架构。

④ 了解 Hive 的工作组件、工作流程、数据模型和工作机制。

⑤ 了解大数据分析的挑战，了解卷积神经网络、循环神经网络、LSTM 人工神经网络等深度学习模型的基本结构和原理。

习　题　12

1. 大数据处理与分析的理论与技术包含哪些方面？

2. 解释大数据特征的 4 个 V。

3. 大数据与数据仓库的区别和联系是什么？大数据时代的数据仓库 Hive 系统的工作组件包括哪几部分？

4. 大数据时代，数据分析面临哪些新的挑战？

5. 深度学习模型与传统的浅层学习模型的区别有哪些?

6. 举例说明卷积神经网络是如何进行卷积计算的。

7. LeNet-5 是一种典型的卷积神经网络,试述将其应用于手写数字识别的工作过程。

8. 循环神经网络的结构如何体现"循环反馈"的思想?

9. 试着给出一种常见的 LSTM 人工神经网络的结构。

参考文献

[1] INMON W H.Building the data warehouse[M].4th ed, 2005.

[2] SISMANIS Y, DELIGIANNAKIS A, ROUSSOPOULOS N, et al.Dwarf: shrinking the petacube [C].In Proceedings Of ACM-SIGMOD International Conference on Management of Data, 2002.

[3] WANG Wei, FENG Jianlin, LU Hongjun, et al.Condensed cube: an effective approach to reducing data cube size[C].In Proceedings of 2002 International Conference on Data Engineering(ICDE'02), 2002.

[4] LAKSHMANAN L V S, PEI Jian, HAN Jiawei.Quotient cube: how to summarize the semantics of a data cube[C].VLDB'02: Proceedings of International Conference on Very Large Data Bases, 2002: 778-789.

[5] ROUSSOPOULOS N, KOTIDIS Y, ROUSSOPOULO M.Cubetree: organization of and bulk incremental updates on the data cube[C].In Proceedings of ACM-SIGMOD International Conference on Management of Data, 1997.

[6] KOTIDIS Y, ROUSSOPOULO N.An alternative storage organization for ROLAP aggregate views based on Cubetrees[C].In Proceedings of ACM-SIGMOD International Conference on Management of Data, 1998.

[7] CHAN C Y, IOANNIDIS Y E.An efficient bitmap encoding scheme for selection queries[C]. SIGMOD'99: Proceedings of ACM SIGMOD International Conference on Management of Data, 1999.

[8] HAND D J, MANNILA H, SMYTH P.Principles of data mining[M].MIT Press, 2001.

[9] AGRAWAL R, SRIKANT R.Fast algorithm for mining association rules[C].VLDB'94: Proceedings of the 20th International Conference on Very Large Data Bases, 1994: 487-499.

[10] PARK J S, CHEN M S, YU P S.An effective hash-based algorithm for mining association rules [C].In Proceedings of ACM-SIGMOD International Conference on Management of Data, 1995: 175-186.

[11] CHEN M S, HAN Jiawei, YU P S.Data mining: an overview from a database perspective[C]. IEEE Transactions on Knowledge and Data Engineering, 1996, 8(6): 866 - 883.

[12] LIU Bing, HSU W, CHEN Shu, et al.Analyzing the subjective interestingness of association rules[J].IEEE Intelligent Systems, 2000, 15(5): 47-55.

[13] AGRAWAL R, SRIKANT R.Mining sequential patterns[C].ICDE'95: Proceedings of the 11th International Conference on Data Engineering, 1995: 3-14.

[14] INOKUCHI A, WASHIO T, MOTODA H.An apriori-based algorithm for mining frequent substructures from graph data[C].PKDD '00: Principles of Data Mining and Knowledge Discovery, 4th European Conference, 2000: 13-23.

[15] KURAMOCHI M, KARYPIS G.Frequent subgraph discovery[C].ICDM'01: Proceedings of the 2001 IEEE International Conference on Data Mining, 2001: 313-320.

[16] HAN Jiawei, KAMBER M.Data mining: concepts and techniques[M]. 2nd ed.Morgan Kaufmann, 2006.

[17] YAN Xifeng, HAN Jiawei.gSpan: graph-based substructure pattern mining[C].Proceedings of the 2002 IEEE International Conference on Data Mining(ICDM 2002), 2002: 721-724.

[18] QUINLAN J R.Induction of decision trees[J].Machine Learning, 1986, 1: 81-106.

[19] FAYYAD U M.On the induction of decision trees for multiple concept learning[D].EECS Department, University of Michigan, 1991.

[20] FAYYAD U M, IRANI K B.Multi-interval discretization of continuous-valued attributes for classification learning[C].In Proceedings of the 13th International Joint Conference on Artificial Intelligence, 1993: 1022-1027.

[21] OSUNA E, FREUND R, GIROSI F.Training support vector machins: an application to face detection[C].CVPR'97: Proceedings of Conference on Computer Vision and Pattern Recognition, 1997: 130-136.

[22] NG R T, HAN Jiawei.Efficient and effective clustering method for spatial data mining[C]. VLDB'94: Proceedings of the 1994 International Conference on Very Large Data Bases, 1994: 144-155.

[23] ESTER M, KRIEGEL H P, SANDER J, et al.A density-based algorithm for discovering clusters in large spatial databases with noise[C].KDD'96: Proceedings of the 2nd International Conference on Knowledge Discovery and Data Mining, 1996: 226-231.

[24] ANKERST M, BREUNIG M M, KRIEGEL H P, et al.OPTICS: ordering points to identify the clustering structure[C].SIGMOD'99: proceedings of the 1999 ACM-SIGMOD International Conference on Management of Data. Philadelphia, 1999: 49-60.

[25] GOLDSTEIN J, RAMAKRISHNAN R, SHAFT U.Compressing relations and indexes[C]. IEEE'98: Proceedings of the 4th International Conference on Data Engineering, 1998: 370-379.

[26] AGRAWAL R, GEHRKE J, GUNOPULOS D, et al.Automatic subspace clustering of high dimensional data for data mining applications[C].Proceedings of the 1998 ACM-SIGMOD International Conference on Management of Data(SIGMOD'98), 1998: 94-105.

[27] ZHAI Chengxiang, Massung S.Text data management and analysis: a practical introduction to information retrieval and text mining[M].ACM Books, 2016.

[28] 邹本友. 基于上下文的个性化社会推荐技术研究[D]. 北京：中国人民大学信息学院，2015.

[29] PANNIELLO U, TUZHILIN A, GORGOGLIONE M, et al.Experimental comparison of pre-vs. post-filtering approaches in context-aware recommender systems[C].Proceedings of the 3rd ACM Conference on Recommender Systems, 2009: 265–268.

[30] SUN Jiantao, ZENG Huajun, LIU Huan, et al.CubeSVD: a novel approach to personalized Web search[C].Proceedings of the 14th International Conference on World Wide Web, Chiba, Japan, 2005: 382–390.

[31] KARATZOGLOU A, AMATRIAIN X, BALTRUNAS L, et al.Multiverse recommendation: n-dimensional tensor factorization for context-aware collaborative filtering[C].Proceedings of the 4th ACM Conference on Recommender Systems, 2010: 79–86.

[32] 邹本友，李翠平，谭力文，等. 基于用户信任和张量分解的社会网络推荐[J]. 软件学报，2014, 25(12): 2852–2864.

[33] ZOU Benyou, LI Cuiping, TAN Liwen, et al.GPUTENSOR: efficient tensor factorization for context-aware recommendations[J].Information Sciences, 2015, 299: 159–177.

[34] KOREN Y.Collaborative filtering with temporal dynamics[J].Communications of the ACM, 2010, 53(4): 89–97.

[35] BALTRUNAS L, LUDWIG B, RICCI F.Matrix factorization techniques for context aware recommendation[C].Proceedings of the 5th ACM Conference on Recommender Systems, 2011: 301–304.

[36] MA Hao, KING I, LYU M R.Learning to recommend with social trust ensemble[C]. Proceedings of the 32nd International ACM SIGIR Conference on Research and Development in Information Retrieval, 2009: 203–210.

[37] MA Hao, ZHOU Dengyong, Liu chao, et al.Recommender systems with social regularization [C].In Proceedings of the 4th ACM International Conference on Web Search and Data Mining (WSDM'2011), 2011: 287 - 296.

[38] TANG Jiliang, GAO Huiji, LIU Huan.mTrust: discerning multi-faceted trust in a connected world[C].WSDM'12: Proceedings of the 5th ACM International Conference on Web Search and Data Mining, 2012: 93–102.

[39] TANG Jiliang, HU Xia, GAO Huiji, et al.Exploiting local and global social context for recommendation[C].IJCAI'13: Proceedings of the 23rd International Joint Conference on Artificial Intelligence, 2013: 264–269.

[40] TANG Jiliang, WANG Suhang, HU Xia, et al.Recommendation with social dimensions[C], AAAI'16: Proceedings of the 30th AAAI Conference on Artificial Intelligence, 2016: 251–257.

[41] CHEN Tianqi, ZHANG Weinan, LU Qiuxia, et al.SVDFeature: a toolkit for feature-based collaborative filtering[J].Journal of Machine Learning Research, 2012, 13(1): 3619-3622.

[42] RENDLE S.Factorization machines[C].In Proceedings of the 10th IEEE International Conference on Data Mining(ICDM), 2010: 995 - 1000.

[43] GOPALAN P, HOFMAN J M, BLEI D M.Scalable recommendation with hierarchical poisson factorization[C].UAI'15: Proceedings of the 31st Conference on Uncertainty in Artificial Intelligence, 2015: 326-335.

[44] CHANEY A J B, BLEI D M, Rad T E.A probabilistic model for using social networks in personalized item recommendation [C].Proceedings of the 9th ACM Conference on Recommender Systems, 2015: 43-50.

[45] SCHEIN A, PAISLEY J, BLEI D M, et al.Bayesian poisson tensor factorization for inferring multilateral relations from sparse dyadic event counts[C].Proceedings of the 21th ACM SIGKDD International Conference on Knowledge Discovery and Data Mining, 2015: 1045-1054.

[46] WANG Shaoqing, WANG Zheng, LI Cuiping, et al.Learn to recommend local event using heterogeneous social networks[C].Web Technologies and Applications: the 18th Asia-Pacific Web Conference, Suzhou, China, 2016: 169-182.

[47] LU Haokai, CAVERLEE J, NIU Wei.Discovering what you're known for: a contextual poisson factorization approach[C].Proceedings of the 10th ACM Conference on Recommender Systems, 2016: 253-260.

[48] ADOMAVICIUS G, SANKARANARAYANAN R, SEN S, et al.Incorporating contextual information in recommender systems using a multidimensional approach[J].ACM Transactions on Information Systems(TOIS), 2005, 23(1): 103-145.

[49] KIM S, KWON J.Effective context-aware recommendation on the semantic web[J]. International Journal of Computer Science and Network Security, 2007, 7(8): 154-159.

[50] SHEPITSEN A, GEMMELL J, MOBASHER B, et al.Personalized recommendation in social tagging systems using hierarchical clustering[C].Proceedings of the 2008 ACM Conference on Recommender Systems, 2008: 259-266.

[51] MENON A K, CHITRAPURA K P, GARG S, et al.Response prediction using collaborative filtering with hierarchies and side-information[C].Proceedings of the 17th ACM SIGKDD International Conference on Knowledge Discovery and Data Mining, 2011: 141-149.

[52] AGARWAL D, CHEN B C, LONG B.Localized factor models for multi-context recommendation [C].Proceedings of the 17th ACM SIGKDD International Conference on Knowledge Discovery and Data Mining, 2011: 609-617.

[53] ZHONG Erheng, FAN Wei, YANG Qiang. Contextual collaborative filtering via hierarchical

matrix factorization[C], Proceedings of the 2012 SIAM International Conference on Data Mining, 2012: 744–755.

[54] LIU X, ABERER K.A social network aided context–aware recommender system[C]. Proceedings of the 22nd International Conference on World Wide Web, 2013: 781–802.

[55] OENTARYO R J, LIM E P, LOW J W, et al.Predicting response in mobile advertising with hierarchical importance–aware factorization machine[C].Proceedings of the 7th ACM International Conference on Web Search and Data Mining, 2014: 123–132.

[56] WANG Suhang, TANG Jiliang, WANG Yilin, et al.Exploring Implicit Hierarchical Structures for Recommender Systems[C].IJCAI'15: Proceedings of the 24th International Conference on Artificial Intelligence, 2015: 1813–1819.

[57] YIN Hongzhi, CUI Bin, CHEN Ling, et al.Modeling location–based user rating profiles for personalized recommendation[J].ACM Transactions on Knowledge Discovery from Data (TKDD), 2015, 9(3): 19.

[58] YIN Hongzhi, CUI Bin, CHEN Ling, et al.Dynamic user modeling in social media systems[J]. ACM Transactions on Information Systems (TOIS), 2015, 33(3): 10.

[59] YIN Hongzhi, CUI Bin, HUANG Zi, et al.Joint modeling of users' interests and mobility patterns for point–of–interest recommendation[C].Proceedings of the 23rd ACM International Conference on Multimedia, 2015: 819–822.

[60] YIN Hongzhi, CUI Bin, ZHOU Xiaofang, et al.Joint modeling of user check–in behaviors for real–time point–of–interest recommendation[J].ACM Transactions on Information Systems (TOIS), 2016, 35(2): 11.

[61] YIN Hongzhi, ZHOU Xiaofang, SHAO Yingxia, et al.Joint modeling of user check–in behaviors for point–of–interest recommendation[C].Proceedings of the 24th ACM International Conference on Information and Knowledge Management, 2015: 1631–1640.

[62] YIN Hongzhi, ZHOU Xiaofang, CUI Bin, et al.Adapting to user interest drift for poi recommendation[J].IEEE Transactions on Knowledge and Data Engineering, 2016, 28(10): 2566–2581.

[63] WANG Hao, FU Yanmei, WANG Qinyong, et al.A location–sentiment–aware recommender system for both home–town and out–of–town users[C].Proceedings of the 23rd ACM SIGKDD International Conference on Knowledge Discovery and Data Mining, 2017: 1135–1143.

[64] GUO Huifeng, TANG Ruiming, YE Yunming, et al.DeepFM: a factorization–machine based neural network for CTR prediction[C].Proceedings of the Twenty–Sixth International Joint Conference on Artificial Intelligence (IJCAI'17), 2017: 1725–1731.

[65] XUE Hongjian J, DAI Xinyu, ZHANG Jianbing, et al.Deep matrix factorization models for recommender systems[C].Proceedings of the Twenty–Sixth International Joint Conference on

Artificial Intelligence(IJCAI'17), 2017: 3203-3209.

[66] WANG Xuejian, YU Lantao, REN Kan, et al.Dynamic attention deep model for article recommendation by learning human editors' demonstration[C].Proceedings of the 23rd ACM SIGKDD International Conference on Knowledge Discovery and Data Mining, 2017: 2051-2059.

[67] YANN L, BENGIO Y, HAFFNER P.Gradient-based learning applied to document recognition [C].Proceedings of the IEEE, 1998, 86(11): 2278-2324.

[68] OLAH C.Understanding LSTM networks.Colah's Blog[EB/OL], 2015.

[69] 王珊,等.数据仓库技术与联机分析处理[M].北京:科学出版社,1998.

[70] 王珊,李翠平,李盛恩.数据仓库技术与联机分析教程[M].北京:高等教育出版社,2012.

[71] 王丽珍,周丽华,陈红梅,等.数据仓库与数据挖掘原理及应用[M].2 版.北京:科学出版社,2009.

[72] 陈安,陈宁,周龙骧,等.数据挖掘技术及应用[M].北京:科学出版社.2006.

[73] 蒋跃龙,王珊,陈红.ParaWare 存储结构设计[C]// 第 18 届全国数据库学术会议论文集.计算机科学,2001,28(8)增刊.

[74] 郑霄,陈红,杜小勇,等.基于语义数据块的两层缓存技术在并行数据仓库系统 ParaWare 中的实现[C]// 第 18 届全国数据库学术会议论文集.计算机科学,2001,28(8)增刊.

[75] 肖震,陈红,王珊.并行数据仓库 ParaWare 系统的查询优化[J].计算机科学,2003(5).

[76] 楼文武.EasyHouse 数据仓库系统的设计[D].北京:中国人民信息学院,1999.

[77] AGARWAL S, AGRAWAL R, DESHPANDE P M, et al.On the computation of multidimensional aggregates[C].VLDB'96: Proceedings of the 22th International Conference on Very Large Data Bases, 1996: 506-521.

[78] ALBRECHT J, BAUER A, Deyerling O, et al.Management of multidimensional aggregates for efficient online analytical processing[C].Proceedings of International Database Engineering and Applications Symposium, 1999.

[79] AGRAWAL S, CHAUNDHURI S, NARASAYYA V.Automated selection of materialized views and indexes in SQL databases[C].VLDB'00: Proceedings of International Conference on Very Large Data Bases, 2000: 496-505.

[80] ABITEBOUL S, DUSCHKA O M. Complexity of answering quries using materialized views [C].Proceedings of ACM SIGMOD-SIGACT Symposium on Principles of Database Systems (PODS), 1998: 254-263.

[81] AGRAWAL R, GUPTA A, SARAWAGI S.Modeling multidimensional database[C].ICDE'97: Proceedings of the 13th International Conference on Data Engineering, 1991: 232-243.

[82] ALSABBAGH J R, RAGHAVAN V V.A framework for multiple-query optimization[C].The 2nd Internatioal Workshop on Research Issues in Data Engineering, 1992: 157-162.

[83] AFRATI F N, LI Chen, ULLMAN J D.Generating efficent plans for queries using views[C]. SIGMOD'01: Proceedings of the 2001 ACM SIGMOD International Conference on Management of Data, 2001: 319–330.

[84] BASSIOUNI M A.Data compression in scientific and statistical databases[J].IEEE Transactions on Software Engineering, 1985 , 10: 1047–1057.

[85] Beckmann N, KRIEGEL H P, Schneide R, et al.The R*–tree: an efficient and robust access method for points and rectangles[C].In Proceedings of ACM–SIGMOD International Conference on Management of Data, 1990: 322–331.

[86] BALMIN A, PAPADIMITRIOU T, PARAKONSTANTINOU Y.Hypothetical queries in an OLAP environment[C].VLDB'00: Proceedings of the 26th International Conference on Very Large Data Bases, 2000: 220–231.

[87] Baralis E, PARABOSCHI S, TENIENTE E.Materialized view selection in a multidimensional database[C].VLDB'97: Proceedings of the 23rd International Conference on Very Large Data Bases, 1997: 156–165.

[88] BEYER K, RAMAKRISHNAN R.Bottom–up computation of sparse and iceberg CUBEs[C]. SIGMOD'99: Proceedings of 1999 ACM–SIGMOD International Conference on Management of Data, Philadelphia, 1999: 359–370.

[89] BLASCHKA M, SAPIA C, HOFLING G, et al.Finding your way through multidimensional data models[C].Proceedings of the 9th International Workshop on Database and Expert Systems Applications(DEXA), 1998: 198–203.

[90] BREIMAN L, FRIEDMAN J H, OLSHEN R A, et al.Classification and regression trees, the wadsworth statistics and probability series[J].Wadsworth International Group, 1984.

[91] CARNEY D, CETINTEMEL U, CHERNIACK M, et al.Monitoring streams–a new class of data management applications[C].VLDB'02: Proceedings of the 28th International Conference on Very Large Data Bases, 2002: 215–226.

[92] CHAUDHURI S, DAYAL U.An overview of data warehouseing and OLAP technology[C]. SIGMOD Record, 1997, 25(1).

[93] CHANDRASEKARAN S, FRANKLIN M J.Streaming queries over streaming data[C].VLDB'02: Proceedings of the 28th International Conference on Very Large Data Bases, 2002: 203–214.

[94] CHAN C Y, IOANNIDIS Y E.Bitmap index design and evaluation[C]SIGMOD'98: Proceedings of the 1998 ACM SIGMOD International Conference on Management of Data, 1998: 355–366.

[95] CHATZIANTONIOU D.Evaluation of ad hoc OLAP: in–place computation[C].In Proceedings of International Conference on Scientific and Statistical Data Management(SSDBM), 1999: 34–43.

[96] CHAUDHURI S, KRISHNAMURTHY R, POTAMIANOS S, et al.Optimizing queries with materialized views[C].ICDE'95: Proceedings of International Conference on Data Engineering, 1995: 190–200.

[97] COLLIAT G.OLAP, relational, and multidimensinal database systems[J].ACM SIGMOD Record , 1996, 25(3).

[98] CHATZIANTONIOU D, ROSS K A.Querying multiple features of groups in relational database [C].VLDB'96: Proceedings of the 22th International Conference on Very Large Data Bases, 1996: 295–306.

[99] CHAUDHURI S, SHIM K.Including group-by in query optimization [C].VLDB'94: Proceedings of the 20th International Conference on Very Large Data Bases, 1994: 354–366.

[100] CHAUDHURI S, SHIM K.Optimizing queries with aggregate views[C].EDBT'96: Proceedings of International Conference on Extending Database Technology, 1996: 167–182.

[101] CABIBBO L, TORLONE R.Querying multidimensional databases[C].Proceedings of International Conference on Database Programming Language Workshops, 1997: 319–335.

[102] CABIBBO L, TORLONE R.A logical approach to multidimensional databases[C].EDBT'98: Proceedings of International Conference on Extending Database Technology, 1998: 183–197.

[103] CERI S, WIDOM J.Deriving production rules for incremental view maintenance[C]. Proceedings of International Conference on Very Large Data Bases(VLDB), 1991: 577–589.

[104] DEHNE F, EAVIS T, HAMBRUSCH S, et al.Parallelizing the data cube[C].ICDT 2001: Proceedings of International Conference on Database Thoery, 2001: 129–143.

[105] MICHAEL S D, FRANKLIN M J, JONSSON B T, et al.Semantic data caching and replacement[C].VLDB'96: Proceedings of the 22nd International Conference on Very Large Data Bases, 1996: 330–341.

[106] DUSCHKA O M, GENESERETH M R.Answering querying recursive queries using views[C]. In Proceedings of ACM SIGMOD–SIGACT Symposium on Principles of Database Systems (PODS), 1997: 109–116.

[107] Davey B A, PRIESTLEY H A.Introduction to lattices and order[M].Cambridge University Press, 1990.

[108] DESHPANDE P M, RAMASAMY K, SHUKLA A, et al.Caching multidimensional quries using chunks[C].Proceedings of ACM–SIGMOD International Conference on Management of Data(SIGMOD), 1998: 259–270.

[109] EGGERS S J, SHOSHANI A.Efficient access of compressed data[C].VLDB'80: Proceedings of the 6th International Conference on Very Large Data Bases, 1980: 205–211.

[110] ESPIL M M, VAISMAN A A.Efficient intensional redefinition of aggregation hierarchies in multidimensional databases[C].DOLAP'01: Proceedings of the 4th ACM International

Workshop on Data Warehousing and OLAP, 2001: 1–8.

[111] FALOUTSOS C.Multiattribute hashing using gray codes[C].Proceedings of the ACM SIGMOD International Conference on Management of Data, 1986: 227–238.

[112] GEFFNER S, AGRAWAL D, ABBADI A E.The dynamic data cube[C].EDBT'2000: Proceedings of International Conference on Extending Database Technology, 2000: 237–253.

[113] GRAY J, BOSWORTH A, LAYMAN A, et al.Data cube: a relational aggragation operator generalizing group-by, cross-tab, and subtotals[C].In Proceedings of International conference on Data Engineering(ICDE), 1996.

[114] GM L, GONZALES L. IBM 数据仓库及 IBM 商务智能工具[M]. 吴刚,董志国,等,译. 北京: 电子工业出版社, 2004.

[115] GUPTA H, HARINARAYAN V, RAJARAMAN A, et al.Index selection for OLAP[C].In Proceedings of International Conference on Data Engineering(ICDE), 1997.

[116] GRIFFIN T, RICHARD H.A framework for implementing hypothetical queries[C]. Proceedings of the ACM-SIGMOD International Conference on Management of Data (SIGMOD), 1997: 231–242.

[117] DUPTA A, HARINARAYAN V, QUASS D.Aggregate-query processing in data warehousing envinroments[C].In Proceedings of International Conference on Very Large Data Bases (VLDB), 1995: 358–369.

[118] GYSSENS M, LAKSHMANAN L V S.A foundation for multi-dimensional databases[C]. VLDB'97: Proceedings of International Conference on Very Large Data Bases, 1997: 106–115.

[119] GRAEFE G.Query evaluation techniques for large databases[J].ACM Computing Surveys, 1993, 25(2): 73–170.

[120] GUHA S, RASTOGI R, SHIM K.ROCK: a robust clustering algorithm for categorical attributes[C].ICDE'99: Proceedings of the 1999 International Conference on Data Engineering, 1999: 512–521.

[121] GRUMBACH S, RAFANELLI M, TINININI L.Querying aggregate data[C].PODS'99: Proceedings of the 18th ACM SIGMOD-SIGACT Symposium on Principles of Database Systems, 1999: 174–184.

[122] GUPTA H, MUMICK I S.Selection of views to materialize in a data warehouse[C].ICDT'97: Proceedings of the 6th International Conference on Database Theory, 1997: 98–112.

[123] GUTTMAN A.R-trees: a dynamic index structure for spatial searching[C]: SIGMOD'84 Proceedings of the 1984 ACM-SIGMOD International Conference on Management of Data, 1984: 47–57.

[124] HO C T, AGRAWAL R, MEGIDDO N, et al, Range queries in OLAP data cubes[C].ACM

SIGMOD Record, 1997: 73-88.

[125] HURTADO C A, MENDELZON A O.Reasoning about summarizability in heterogeneous multidimensional schemas.[C].ICDT'01: Proceedings of International Conference on Database Thoery, 2001: 375-389.

[126] HURTADO C A, MENDELZON A O.OLAP dimension constraints[C].PODS'02: Proceedings of the 21st ACM SIGMOD-SIGACT Symposium on Principles of Database Systems, 2002: 169-179.

[127] HAMMER J, MOLINA H G, WIDOM J, et al.The stanford data warehousing project[J]. IEEE Data Engineering Bulletin, 1995, 18(2): 41-48.

[128] HAN Jiawei, PEI Jian, DONG Guozhu, et al.Efficient computation of iceberg cubes with complex measures[C].In Proceedings of ACM-SIGMOD International Conference on Management of Data, 2001: 1-12.

[129] HAN Jiawei, PEI Jian, YIN Yiwen.Mining frequent patterns without candidate generation [C].In Proceedings of ACM SIGMOD International Conference on Management of Data, 2000.

[130] HARINARAYAN V, RAJARAMAN A, ULLMAN J D.Implementing data cubes efficiently[J]. In Proceedings of ACM-SIGMOD International Conference on Management of Data, 1996.

[131] INMON W H.Building the data warehouse[M].John Wiley & Sons, 1993.

[132] IYER B R, WILHITE D.Data compression support in databases[C].VLDB'94: Proceedings of the 20th International Conference on Very Large Data Bases, 1994: 695-704.

[133] IMIELINSKI T, KHACHIYAN L, ABDULGHANI A.Cubegrades: generalizing association rules[J].Data Mining and Knowledge Discovery, 2002, 6: 219-257.

[134] IYER B R, WILHITE D.Data compression support in databases[C]: VLDB'94: Proceedings of International Conference on Very Large Data Bases, 1994 : 695-704.

[135] JAGADISH H V.Linear clustering of objects with multiple attributes[C].In Proceedings of ACM-SIGMOD International Conference on Management of Data, 1990: 332-342.

[136] Johnson T, CHATZIANTONIOU D.Extending complex ad-hoc OLAP[C].In Proceedings of International Conference on Information and Knowledge Management(CIKM), 1999: 170-179.

[137] JAGADISH H V, LAKSHMANAN L V S, SRIVASTAVA D.What can hierarchies do for data warehouses? [C].In Proceedings of VLDB, 1999: 530-541.

[138] KARYPIS G, HAN E H S, KUMAR V.CHAMELEON: a hierarchical clustering algorithm using dynamic modeling[J].Computer, 1998, 32(8): 68-75.

[139] KIMBALL R.The data warehouse tookit: practical techniques for building dimensional data warehouses[M].John wiley & Sons, 1996.

[140] KALNIS P, MAMOULIS N, PAPADIAS D.View selection using randomized search[C].In Proceedings of ACM-SIGMOD International Conference on Management of Data, 2002: 322-333.

[141] KALNIS P, PAPADIAS D.Optimization algorithms for simultaneous multidimensional queries in OLAP environments[C]: In Proceedings of International Conference on Data Warehousing and Knowledge Discovery (DaWaK), 2001: 264-273.

[142] KOTIDIS Y, ROUSSOPOULOS D.DynaMat: A dynamic view management system for data warehouse[C].In Proceedings Of ACM-SIGMOD International Conference on Management of Data, 1999: 371-382.

[143] LEE S Y, LING T W, LI Huagang.Hierarchical compact cube for rang-max queries[C]. VLDB'00: Proceedings of the 26th International Conference on Very Large Data Bases, 2000: 232-241.

[144] LEVY A Y, MENDELZON A O, SAGIV Y, et al.Answering queries using views[C]. Proceedings of ACM SIGMOD-SIGACT Symposium on Principles of Database Systems (PODS), 1995: 95-104.

[145] LIANG Weifa, ORLOWSKA M E, YU J X.Optimizing multiple dimensional queries simultaneously in multidimensional databases[J].The VLDB Journal, 2000, 8 (3-4).

[146] LABOI W, QUASS D, ADELBERG B.Physical database design for data warehouses[C]. ICDE'97: Proceedings of International Conference on Data Engineering, 1997: 277-288.

[147] LEVY A Y, RAJARAMAN A, ORDILLE J J.Querying heterogeneous information sources using source descriptions[C].VLDB'96: Proceedings of International Conference on Very Large Data Bases, 1996: 318-329.

[148] LI Jianzhong, ROTEM D, SRIVASTAVA J.Aggregation algorithms for very large compressed data warehouses[C].Proceedings of VLDB, 1999: 651-662.

[149] LENZ H J, SHOSHANI A.Summarizability in OLAP and statisical data bases[C].In Proceedings of International Conference on Scientific and Statistical Data Management (SSDBM), 1997: 132-143.

[150] LU Hongjun, TAN K L.Batch query processing in shared-nothing multiprocessors[C]. Proceedings of the 4th International Conference on Database Systems for Advanced Applications (DASFAA'95), 1995: 238-245.

[151] LI Chang, WANG Xiaoyang.A data model for supporting on-line analytical processing[C]. In Proceedings of Conference on Information and Knowledge Management (CIKM), 1996: 81-88.

[152] LABIO W J, YERNENI R, GARCIA-MOLINA H.Shrinking the warehouse update window.In Proceedings of ACM-SIGMOD International Conference on Management of Data (SIGMOD),

1999: 383–394.

[153] MARKL V, Bauer M G, BAYER R.Variable UB–trees: an efficient way to accelerate OLAP queries[C].In Proceedings of International Conference on Data Mining and Data Warehousing(DMDW), 1999: 79–88.

[154] MUTO S, KITSUREGAWA M.A dynamic load balancing strategy for parallel datacube computation[C].In Proceedings of International Workshop on Data Warehousing and OLAP (DOLAP), 1999: 67–72.

[155] ANKERST M, BREUNIG M M, KRIEGEL H P, et al.OPTICS: ordering points to identify the clustering structure[J].Sigmod Record.1999, 28: 49–60.

[156] MOERKOTTE G.Small materialized aggregates: a light weight index structure for data warehousing[C].In Proceedings of International Conference on Very Large Data Bases (VLDB), 1998: 476–487.

[157] MADDEN S, SHAH M, RAMAN V.Continuously adaptive continuous queries over streams [C].In Proceedings of ACM–SIGMOD International Conference on Management of Data (SIGMOD), 2002.

[158] MEHTA M, SOLOVIEV V, DEWITT D J.Batch scheduling in parallel database systems[C]. In Proceedings of the 9th International Conference on Data Engineering, 1993: 400–410.

[159] MENDELZON A O, VAISMAN A A.Temporal queries in OLAP[C].In Proceedings of International Conference on Very Large Data Bases(VLDB), 2000: 242–253.

[160] NEIL P O, GRAEFE G.Multi–table joins through bitmapped join indices[J].Sigmod Record, 1995, 24(3): 8–11.

[161] NEIL P O.Model 204 architecture and performance[C].In Proceedings of International Workshop on High Performance Transactions Systems, 1987: 40~59.

[162] NEIL E J O, NEIL P E O, WEIKUM G.The LRU–K page replacement algorithm for database disk buffering[C].In Proceedings of ACM–SIGMOD International Conference on Management of Data, 1993: 297–306.

[163] NEIL P O, QUASS D.Improved query performance with variant indexes[C].In Proceedings of ACM–SIGMOD International Conference on Management of Data, 1997: 38–49.

[164] PASQUIER N, BASTIDE Y, TAOUIL R, et al.Discovering frequent closed itemsets for association rules[C].ICDT'99: Proceedings of International Conference on Database Theory, 1999: 398–416.

[165] PEDERSEN T B, JENSEN C S.Multidimensional data modeling for complex data[C].In Proceedings of International Conference on Data Engineering(ICDE), 1999: 336–345.

[166] PARK C, KIM M, LEE Y.Rewriting OLAP queries using materialized views and dimension hierarchies in data warehouse[C].In Proceedings of 2001 International Conference on Data

Engineering(ICDE), 2001.

[167] POTTINGER R, LEVY A.Scalable algorithm for answering queries using views[C].In Proceedings of International Conference on Very Large Data Bases(VLDB), 2000: 484–495.

[168] QIAN Xiaolei.Query folding[C].In Proceedings of International Conference on Data Engineering(ICDE), 1996: 48–55.

[169] RAO S J, BADIA A, GUCHT D V.Providing better support for a class of decision support queries[C].In Proceedings of ACM–SIGMOD, 1996: 217–227.

[170] ROTH M A, HORN S J V.Database compression [J].SIGMOD Record, 1993, 22 (3) : 31–39.

[171] RINFRET D, NEIL P E O, NEIL E J O.Bit–sliced index arithmetic[C].In Proceedings of ACM–SIGMOD International Conference on Management of Data, 2001 : 1–7.

[172] ROY P, RAMAMRITHAM K, SESHADRI S, et al.Don't trash your intermediate results, cache'em[R].Technical Report.Department of CSE, IIT–Bombay, 2000.

[173] AGRAWAL R, SRIKANT R.Fast algorithm for mining association rules[C].In Proceedings of the 20th International Conference on Very Large Data Bases(VLDB), 1994.

[174] ROSS K, SRIVASTAVA D.Fast computation of sparse datacubes[C].In Proceedings of the 1997 International Conference on Very Large Data Bases(VLDB'97), 1997: 116.

[175] ROY P, SESHADRI S, SUDARSHAN S, et al.Efficient and extensible algorithms for multi query optimization.In Proceedings of ACM–SIGMOD International Conference on Management of Data(SIGMOD), 2000: 249–260.

[176] EGGERS S J, SHOSHANI A.Efficient access of compressed data[C].VLDB'80: Proceedings of Internation Conference on Very Large Data Bases, 1980: 205–211.

[177] SARAWAGI S, AGRAWAL R, MEGIDDO N.Discovery–driven exploration of OLAP data cubes[C].In Proceedings of International Conference on Extending Database Technology (EDBT), 1998: 168–182.

[178] SARAWAGI S.User adaptive exploration of OLAP data cubes[C].In Proceedings of International Conference on Very Large Data Bases(VLDB), 1999: 42–53.

[179] SARAWAGI S.Explaining differences in multidimensional aggregates[C].In Proceedings of International Conference on Very Large Data Bases(VLDB), 2000: 307–316.

[180] SAPIA C, BLASCHKA M, HOFLING G, et al.Extending the E/R model for the multidimensional paradigm[C].In Proceedings of International Conference on Conceptual Modeling(ER), 1998: 105–116.

[181] SRIVASTAVA D, DAR S, JAGADISH H V, et al.Answering queries with aggregation using views[C].In Proceedings of International Conference on Very Large Data Bases(VLDB), 1996: 318–329.

[182] SHUKLA A, DESHPANDE P, NAUGHTON J F.Materialized view selection for multidimensional datasets[C].In Proceedings of International Conference on Very Large Data Bases(VLDB), 1998.

[183] SHOSHANI A.OLAP and statistical databases: similarities and differences[C].In Proceedings of ACM SIGMOD-SIGACT Symposium on Principles of Database Systems (PODS), 1997: 185-196.

[184] SEEGER B, KRIEGEL H P.The buddy-tree: an efficient and robust access method for spatial data base systems[C].In Proceedings of International Conference on Very Large Data Bases (VLDB), 1990: 590-601.

[185] SARAWAGI S, STONEBRAKER M.Efficient organization of large multidimensional arrays [C].In Proceedings of International Conference on Data Engineering(ICDE), 1994.

[186] STÖHR T, MÄRTENS H, RAHM E.Multi-dimensional database allocation for parallel data warehouses[C].In Proceedings of International Conference on Very Large Data Bases (VLDB), 2000: 273-284.

[187] SELLIS T, ROUSSOPOULOS N, FALOUTSOS C.The R+-tree: a dynamic index for multi-dimensional objects[C].In Proceedings of International Conference on Very Large Data Bases(VLDB), 1987: 507-518.

[188] SATHE G, SARAWAGI S.Intelligent rollups in multidimensional OLAP data[C].In Proceedings of International Conference on Very Large Data Bases(VLDB), 2001: 531-540.

[189] SMITH J M, SMITH D C P.Database abstractions: aggregation and generalization[J].ACM Transaction on Database Systems(TODS), 1977, 2(2): 105-133.

[190] SCHEUERMANN P, SHIM J, VINGRALEK R.WATCHMAN: a data warehouse intelligent cache manager[C].In Proceedings of International Conference on Very Large Data Bases (VLDB), 1996.

[191] SHIM J, SCHEUERMANN P, VINGRALEK R.Dynamic caching of query results for decision support systems[C].In Proceedings of the 11th International Conference on Scientific and Statistical Database Management, 1999.

[192] Subramanian S N, Venkataraman S.Cost-based optimization of decision support queries using transient-views[C].Proceedings of SIGMOD, 1998: 319-330.

[193] TRYFONA N, BUSBORG F, CHRISTIANSEN J G B.starER: a conceptual model for data warehouse design.Proceedings of International Workshop on Data Warehousing and OLAP (DOLAP), 1999: 3-8.

[194] THEODORATOS D, SELLIS T.Data warehouse configuration [C].In Proceedings of International Conference on Very Large Data Bases(VLDB), 1997.

[195] VASSILIADIS P.Modeling multidimensional databases, cubes and cube operations[C].

In Proceedings of International Conference on Scientific and Statistical Data Management (SSDBM), 1998: 53–62.

[196] VRBSKY S V.Approximate: a query processor that produces monotonically improving approximate answers [R].IEEE Transaction on Knowledge and Data Engineering, 1993.

[197] VITTER J S, WANG M, LYER B.Data cube approximation and histograms via wavelets [C].In Proceedings of International Conference on Information and Knowledge Management (CIKM), 1998: 96–104.

[198] VITTER J S, WANG M.Approximate computation of multidimensional aggregates of sparse data using wavelets [C].In Proceedings of ACM–SIGMOD International Conference on Management of Data (SIGMOD), 1999.

[199] WU M C, BUCHMANN A P.Encoded bitmap indexing for data warehouses [C].In Proceedings of International Conference on Data Engineering (ICDE), 1998.

[200] WELCH T A.A technique for high–performance data compression [J].IEEE Computer, 1984: 8–18.

[201] WU Mingchuan.Query optimization for selections using bitmaps [C].In Proceedings of ACM–SIGMOD International Conference on Management of Data (SIGMOD), 1999: 127–138.

[202] WANG Wei, YANG Jiong, MUNTZ R R.STING: a statistical information grid approach to spatial data mining [C].In Proceedings of 1997 International Conference on Very Large Data Bases (VLDB'97), 1997: 186–195.

[203] YANG Jian, KARLAPALEM K, LI Qing.Algorithms for materialized view design in data warehousing environment [C].In Proceedings of International Conference on Very Large Data Bases (VLDB), 1997.

[204] YANG H Z, LARSON P A.Query transformation for PSJ–queries.In Proceedings of International Conference on Very Large Data Bases (VLDB), 1987: 245–254.

[205] ZAHARIOUDAKIS M, COCHRANE R, LAPIS G, et al.Answering complex SQL queries using automatic summary tables [C].In Proceedings of ACM–SIGMOD International Conference on Management of Data (SIGMOD), 2000: 105–115.

[206] ZAHARIOUDAKIS M, COCHRANE R, LAPIS G, et al.Answering complex SQL queries using automatic summary tables [C].In Proceedings of ACM–SIGMOD International Conference on Management of Data (SIGMOD), 2000.

[207] ZHAO Yihong, DESHPANDE P M, NAUGHTON J F.An array–based algorithm for simultaneous multidimensional aggregates [C].In Proceedings of ACM–SIGMOD International Conference on Management of Data (SIGMOD), 1997.

[208] ZHAO Yihong, DESHPANDE P M, NAUGTON J F, et al.Simultaneous optimization and evaluation of multiple dimensional queries [C].In Proceedings of ACM–SIGMOD

International Conference Management of Data (SIGMOD), 1998.

[209] ZAKI M J, HSIAO C J.Charm: an efficent algorithm for closed association rule mining[R]. Technical Report .Computer Science, Rensselaer Polytechnic Institute, 1999.

[210] ZAKI M J, GOUDA K.Fast vertical mining using diffsets[R].RPI Technical Report. Department of Computer Science, Rensselaer Polytechnic Institute, 2001.

[211] LIU Bing.Sentiment analysis and opinion mining[M].Morgan &Claypool Publishers, 2012.

[212] BELL R M, KOREN Y.Lessons from the Netflix prize challenge[J].ACM SIGKDD Explorations Newsletter, 2007, 9 (2): 75~79.

[213] SU Xiaoyuan, KHOSHGOFTAAR T M.A survey of collaborative filtering techniques[J]. Advances in Artificial Intelligence, 2009.

[214] CHEE S H S, HAN Jiawei, WANG Ke.Rectree: an efficient collaborative filtering method [C]: DaWaK'01: Proceedings of the 3rd International Conference on Data Warehousing and Knowledge Discovery Munich, Germany, 2001.

[215] CONNOR M, HERLOCKER J.Clustering items for collaborative filtering[C].In Proceedings of ACM SIGIR Workshop on Recommender Systems, New Orleans, Louisiana, USA, 2001.

[216] KOREN Y.Factorization meets the neighborhood: a multifaceted collaborative filtering model [C].In Proceedings of the 14th ACM SIGKDD Conference on Knowledge Discovery and Data Mining, Las Vegas, Nevada, 2008: 426–434.

[217] TEKLEMICAEL F, ZHANG Yong, XING Chunxiao, et al.An analysis of open source recommender systems in the big data era[J].Computer and Digital Engineering, 2013, 41 (10): 1563–1566.

[218] THUSOO A, SARMA J S, JAIN N, et al.Hive–a petabyte scale data warehouse using hadoop [C].ICDE 2010: Proceedings of the 26th International Conference on Data Engineering, 2010.

[219] 王绍卿 . 层次化上下文感知推荐技术研究[D]. 北京: 中国人民大学信息学院, 2017.

[220] 米可菲, 张勇, 邢春晓, 等 . 面向大数据的开源推荐系统分析[J], 计算机与数字工程, 2013, 41 (10): 1563–1566.

[221] 刘士琛 . 面向推荐系统的关键问题研究及应用[D]. 合肥: 中国科学技术大学, 2014.

[222] 徐洁磐 . 数据仓库与决策支持系统[M]. 北京: 科学出版社, 2005.

郑重声明